"十四五"职业教育国家规划教材

自动化生产线拆装与调试

（三菱FX$_{3U}$机型）

第2版

主　编　王烈准　江玉才
副主编　孙吴松　金　何
参　编　徐巧玲　刘自清
主　审　王晓勇

机械工业出版社

本书第 1 版已获评"十三五"职业教育国家规划教材和"十四五"职业教育国家规划教材。

本书以亚龙 YL-335B 自动化生产线设备为载体，基于工作过程组织内容，遵循由单机到联机的顺序，将整个设备的拆装与调试过程分为 7 个学习情境，并将设备拆装与调试所需的理论知识与实践技能分解到各学习情境中，旨在加强对学生专业能力、职业素养和创新能力的培养。本书主要内容包括绪论、供料单元的拆装与调试、加工单元的拆装与调试、装配单元Ⅰ的拆装与调试、装配单元Ⅱ的拆装与调试、分拣单元的拆装与调试、输送单元的拆装与调试，以及 YL-335B 自动化生产线联机调试。本书结构紧凑、图文并茂，配套资源丰富，具有极强的可读性、实用性和先进性。

本书适合高等职业教育专科装备制造大类专业学生使用，也可作为高等职业教育本科、应用型本科、中等职业教育相关专业的教学用书，还可作为相关工程技术人员学习自动化生产线的参考书。

为方便教学，本书配有电子课件、模拟试卷等，凡选用本书作为教学用书的教师，均可来电（010-88379375）索取或登录机械工业出版社教育服务网（www.cmpedu.com）注册后下载。

图书在版编目（CIP）数据

自动化生产线拆装与调试：三菱 FX3U 机型 / 王烈准，江玉才主编. -- 2 版. -- 北京：机械工业出版社，2025.8. --（"十四五"职业教育国家规划教材）.
ISBN 978-7-111-78316-9

Ⅰ．TP278

中国国家版本馆 CIP 数据核字第 202593GN40 号

机械工业出版社（北京市百万庄大街22号　邮政编码100037）
策划编辑：王宗锋　　　　　责任编辑：王宗锋　苑文环
责任校对：龚思文　李　婷　封面设计：鞠　杨
责任印制：任维东
唐山楠萍印务有限公司印刷
2025 年 8 月第 2 版第 1 次印刷
184mm×260mm · 16.75 印张 · 422 千字
标准书号：ISBN 978-7-111-78316-9
定价：49.00 元

电话服务　　　　　　　　　　网络服务
客服电话：010-88361066　　　机　工　官　网：www.cmpbook.com
　　　　　010-88379833　　　机　工　官　博：weibo.com/cmp1952
　　　　　010-68326294　　　金　书　网：www.golden-book.com
封底无防伪标均为盗版　　　机工教育服务网：www.cmpedu.com

前　言

党的二十大报告提出："建设现代化产业体系。坚持把发展经济的着力点放在实体经济上，推进新型工业化，加快建设制造强国、质量强国、航天强国、交通强国、网络强国、数字中国。实施产业基础再造工程和重大技术装备攻关工程，支持专精特新企业发展，推动制造业高端化、智能化、绿色化发展。"智能制造是制造强国建设的主攻方向，其发展程度直接关乎我国制造业质量水平。智能制造工程的核心是智慧产品和智慧工厂，自动化生产线是实现智能制造工程核心的基础。

自动化生产线是一种较为典型的机电一体化装置，涵盖了机械、气动、传感器、PLC、电动机驱动、网络通信、电气控制、人机交互等多项技术。

本书自 2017 年出版以来，在全国高等职业院校自动化类专业教学中取得了较好的使用效果，各兄弟院校对本书的内容体系和结构设计给予了很高的评价，同时，也对本书配套的信息化资源及内容编排提出了很好的建议。本次修订是在广泛征求本书使用院校师生意见和建议的前提下，结合 YL-335B 自动化生产线实训考核装备中部分设备的升级改造进行的。

本书遵循高职学生的认知习惯和学习特点，对基本理论和方法的描述力求简洁、易于理解，尽可能用图、表来表达相关信息。本书内容对接机电一体化技术、电气自动化技术等有关专业教学标准的要求，全面落实立德树人根本任务，融入素质教育内容，注重专业素养、职业精神、工匠精神的培养，具有较强的可读性、实用性和先进性。

本书具有以下特点。

1）基于工作过程组织内容。以典型的自动化生产线设备为载体，遵循从简单到复杂、循序渐进的教学规律，学习情境均按照相关知识、硬件部分的拆装、程序编制与调试运行组织设计，结构清晰，理实一体，学生易学、易懂、易上手。

2）内容充实，综合性强。从基础的机械、气动、电气、传感检测技术到复杂的变频、伺服、联网通信、组态控制等相关内容均有涉及，知识覆盖面广。同时，内容安排由单一到综合，既包含必需的理论知识，又体现较强的可操作性和先进性。

3）目标明确、针对性强。按照"学中做、做中学"的教学理念设计各学习情境的内容，学习情境均设计有知识目标、能力目标、素质目标及教学重、难点，使学生明确学什么、如何学，针对性强，旨在提高学习效果。

4）"岗课赛证"融通。本书每一任务的实施与考核，紧扣电工职业技能等级证书考核标准，融入世界职业院校技能大赛中"智能产线安装与调试"和"机电一体化技术"赛项的竞赛内容及评价标准，践行了"岗课赛证"融通。

5）配套较为丰富的数字化教学资源。本书配有课程设计、课程标准、电子课件、微课视频、源程序、试题库等资源包，并在安徽省网络课程学习中心"e 会学"平台（网址：http://www.ehuixue.cn/）配套完整的在线课程，读者可自行前往免费学习。

本书第 1 版曾获 2017 年安徽省质量工程项目规划教材（2017ghjc282）立项，是六安职业技术学院与亚龙智能装备集团股份有限公司合作开发编写的理论实践一体化教材，是"十三五"职业教育国家规划教材和"十四五"职业教育国家规划教材。本次修订由王烈准、江玉才任主编；孙吴松、金何任副主编；徐巧玲、刘自清参与编写。南京工业职业技术大学王晓勇对全书进行了审读。

其中，六安职业技术学院王烈准编写了绪论和学习情境七，六安职业技术学院金何编写了学习情境一与附录，江淮电机有限公司刘自清编写了学习情境二，六安职业技术学院徐巧玲编写了学习情境三与学习情境四，六安职业技术学院孙吴松编写了学习情境五，六安职业技术学院江玉才编写了学习情境六。本书配套资源由王烈准和江玉才制作。

本书在编写过程中得到了浙江亚龙智能装备集团股份有限公司的大力支持。此外，编者参考了全国职业院校技能大赛"自动化生产线安装与调试"赛项的竞赛规则和赛题，并引用了其中的一些资料，在此一并表示感谢。

由于编者水平及经验有限，书中难免有不足与缺漏之处，恳请专家、读者批评指正。

编　者

二维码索引

页码	名称	图形	页码	名称	图形
17	供料单元的气动元件及气动控制原理图		84	三菱 FX 系列 PLC 原点回归指令 ZRN、DSZR 的应用	
21	供料单元的传感器		87	三菱 FX 系列 PLC 定位指令 DRVI、DRVA 的应用	
25	供料单元的安装		105	分拣单元增量式光电编码器的应用	
42	加工单元的安装		122	分拣单元 $FX_{3U}-3A-ADP$ 模拟量输入/输出适配器的使用	
45	加工台滑动机构的拆装与调试		128	分拣单元 $FX_{3U}-485ADP$ 通信适配器的使用	
63	装配单元落料机构的拆装与调试		141	分拣单元的安装	
63	装配单元的安装		142	分拣单元检测元件与旋转编码器的安装与调试	
65	回转物料台的拆装与调试		148	分拣单元脉冲当量的测算	

(续)

页码	名称	图形	页码	名称	图形
166	输送单元伺服驱动器的安装接线与参数设置		198	全线运行 $N:N$ 网络的构建与参数设置	
172	三菱 FX 系列 PLC 脉冲指令 PLSY、PLSR 和 PLSV 的应用		—	三菱 FR－E800 变频器参数	
175	输送单元的安装		—	松下 A6 驱动器参数和模式设定	

目　录

前言
二维码索引
绪论 ·· 1
学习情境一　供料单元的拆装与调试 ·· 15
　一、供料单元的组成及工作过程 ··· 15
　二、知识链接 ··· 17
　　（一）供料单元的气动元件及气动原理图 ··· 17
　　（二）供料单元使用的相关传感器 ··· 20
　三、供料单元的拆装 ··· 25
　四、供料单元的编程与运行 ··· 28
　　（一）工作任务 ··· 28
　　（二）PLC 的 I/O 分配与接线图 ··· 29
　　（三）PLC 的安装与接线 ··· 31
　　（四）PLC 程序的编制 ·· 31
　　（五）调试与运行 ··· 33
　　（六）问题与思考 ··· 34
　五、任务实施与考核 ··· 35
　　（一）任务实施 ··· 35
　　（二）任务考核 ··· 36
学习情境二　加工单元的拆装与调试 ·· 38
　一、加工单元的组成及工作过程 ··· 38
　二、知识链接 ··· 40
　　（一）直线导轨简介 ·· 40
　　（二）加工单元的气动元件及气动原理图 ··· 41
　三、加工单元的拆装 ··· 42
　四、加工单元的编程与运行 ··· 47
　　（一）工作任务 ··· 47
　　（二）PLC 的 I/O 分配与接线图 ··· 47
　　（三）PLC 的安装与接线 ··· 48
　　（四）PLC 程序的编制 ·· 48
　　（五）调试与运行 ··· 51
　　（六）问题与思考 ··· 52
　五、任务实施与考核 ··· 53

（一）任务实施 ··· 53
　　（二）任务考核 ··· 54

学习情境三　装配单元Ⅰ的拆装与调试 ··· 55
一、装配单元Ⅰ的组成及工作过程 ··· 55
二、知识链接 ·· 58
　　（一）装配单元Ⅰ的气动元件及气动原理图 ································· 58
　　（二）光纤传感器 ··· 60
三、装配单元Ⅰ的拆装 ·· 63
四、装配单元Ⅰ的编程与运行 ·· 67
　　（一）工作任务 ··· 67
　　（二）PLC 的 I/O 分配与接线图 ·· 68
　　（三）PLC 的安装与接线 ·· 70
　　（四）PLC 程序的编制 ·· 70
　　（五）调试与运行 ··· 73
　　（六）问题与思考 ··· 74
五、任务实施与考核 ·· 74
　　（一）任务实施 ··· 74
　　（二）任务考核 ··· 76

学习情境四　装配单元Ⅱ的拆装与调试 ··· 77
一、装配单元Ⅱ的组成及工作过程 ··· 77
二、知识链接 ·· 79
　　（一）PM-L25U 型光电传感器 ·· 79
　　（二）行星齿轮减速机 ·· 80
　　（三）步进电动机及其驱动装置 ··· 80
　　（四）FX_{3U} 系列 PLC 的定位指令及编程 ································ 84
三、装配单元Ⅱ的拆装 ·· 90
四、装配单元Ⅱ的编程与运行 ·· 93
　　（一）工作任务 ··· 93
　　（二）PLC 的 I/O 分配与接线图 ·· 93
　　（三）PLC 的安装与接线 ·· 94
　　（四）步进驱动器参数设置 ··· 94
　　（五）PLC 程序的编制 ·· 94
　　（六）调试与运行 ··· 98
　　（七）问题与思考 ··· 99
五、任务实施与考核 ·· 99
　　（一）任务实施 ··· 99
　　（二）任务考核 ··· 101

学习情境五　分拣单元的拆装与调试 ··· 102
一、分拣单元的组成及工作过程 ·· 102
二、知识链接 ·· 104
　　（一）光电编码器概述 ·· 104

（二）三菱 FR－E800 系列变频器简介 ……………………………………… 106
　　（三）变频器采用模拟量输入控制 ………………………………………… 122
　　（四）变频器采用通信方式控制 …………………………………………… 127
三、分拣单元的拆装 …………………………………………………………… 139
四、分拣单元的编程与运行 …………………………………………………… 144
　　（一）工作任务 ……………………………………………………………… 144
　　（二）PLC 的 I/O 分配与接线图 …………………………………………… 144
　　（三）PLC 的安装与接线 …………………………………………………… 145
　　（四）PLC 程序的编制 ……………………………………………………… 145
　　（五）套件分拣 PLC 程序的编制 …………………………………………… 152
　　（六）调试与运行 …………………………………………………………… 155
　　（七）问题与思考 …………………………………………………………… 156
五、任务实施与考核 …………………………………………………………… 157
　　（一）任务实施 ……………………………………………………………… 157
　　（二）任务考核 ……………………………………………………………… 158

学习情境六　输送单元的拆装与调试 ……………………………………… 159

一、输送单元的组成及工作过程 ……………………………………………… 159
二、知识链接 …………………………………………………………………… 163
　　（一）认知伺服电动机及伺服驱动器 ……………………………………… 163
　　（二）FX_{3U} 系列 PLC 的脉冲输出指令及编程 …………………………… 172
三、输送单元的拆装 …………………………………………………………… 175
四、输送单元的编程与运行 …………………………………………………… 180
　　（一）工作任务 ……………………………………………………………… 180
　　（二）PLC 的 I/O 分配与接线图 …………………………………………… 182
　　（三）PLC 的安装与接线 …………………………………………………… 183
　　（四）PLC 程序的编制 ……………………………………………………… 183
　　（五）调试与运行 …………………………………………………………… 192
　　（六）问题与思考 …………………………………………………………… 193
五、任务实施与考核 …………………………………………………………… 194
　　（一）任务实施 ……………………………………………………………… 194
　　（二）任务考核 ……………………………………………………………… 195

学习情境七　YL－335B 自动化生产线联机调试 ………………………… 196

一、认知三菱 FX_{3U} 系列 PLC $N:N$ 网络通信 ……………………………… 196
　　（一）三菱 FX_{3U} 系列 PLC $N:N$ 网络通信的特性 ……………………… 197
　　（二）组建 $N:N$ 通信网络 ………………………………………………… 198
　　（三）编制 $N:N$ 网络参数程序 …………………………………………… 199
二、认知 TPC7062Ti 人机界面 ……………………………………………… 203
　　（一）TPC7062Ti 人机界面的硬件连接 …………………………………… 204
　　（二）触摸屏设备组态 ……………………………………………………… 207
三、系统联机控制的工作任务 ………………………………………………… 209
　　（一）自动化生产线的工作目标 …………………………………………… 209
　　（二）需要完成的工作任务 ………………………………………………… 209

四、系统联机运行功能的实现 ·· 214
　（一）设备的安装和调整 ·· 214
　（二）有关参数的设置与测试 ·· 215
　（三）人机界面组态 ·· 215
　（四）主站 FX_{3U} 系列 PLC 与触摸屏（TPC7062Ti）之间 RS-485 通信的设置 ········ 240
　（五）PLC 程序编制和调试 ·· 242
　（六）问题与思考 ·· 252
五、任务实施与考核 ·· 254
　（一）任务实施 ·· 254
　（二）任务考核 ·· 255

参考文献 ·· 256

绪 论

一、自动化生产线简介

（一）自动化生产线产生的背景

自动化生产线是现代工业的生命线。机械制造、电子信息、石油化工、轻工纺织、食品、制药、汽车制造及军工生产等的发展都离不开自动化生产线的支撑作用。

自动化生产线是在自动化专机的基础上发展起来的。自动化专机是单台的自动化设备，所完成的功能是有限的，只能完成产品生产过程中单个或少数几个工序。在工序完成后，经常需要将已完成的半成品及生产过程信息采用人工方式传送到其他专机上继续新的生产工序。整个生产过程需要一系列不同功能的专机和人工参与才能完成，既降低了场地的利用率，又增加了人员和附件设备，还增加了生产成本，尤其是人工参与，可能会给产品的生产质量带来各种隐患，不利于实现产品生产的高效率和高质量。

若将产品生产所需要的一系列不同自动化专机按照生产工序的先后次序排列，并通过自动化输送系统将全部专机连接起来，即可省去专机之间的人工参与过程。一台专机完成相应工序操作后输送至下一工序，直到完成全部工序为止。这样不仅可减轻工人的劳动强度、降低生产成本、提高生产效率、增强企业的竞争力，而且保证了产品质量。这就是自动化生产线产生的背景。

（二）自动化生产线的概念

自动化生产线是在流水线和自动化专机的基础上逐步发展形成的、自动工作的机电一体化装置系统。它通过自动控制系统及其他辅助设备，按照预定的生产工艺流程将各种自动化设备组合为一个系统，并通过驱动单元、传动单元、信号检测单元和电气控制单元使各部分配合协调动作，使整个系统按照规定的程序自动、有序、可靠地运行。这种自动工作的机电一体化系统称为自动化生产线。

简而言之，自动化生产线是由工件传送系统、执行系统和控制系统组成，按照一定的工艺要求连接起来，自动完成整体或局部功能的生产系统，简称自动线。自动化生产线即在非标自动化设备中能实现产品生产过程自动化的一种机器体系。

（三）自动化生产线的技术特点

自动化生产线最大的技术特点是它的系统性和综合性。技术系统性指的是自动化生产线上的检测与控制、驱动与执行、通信与处理等部件在可编程序控制器（PLC）微处理单元的

1

作用下有条不紊地工作，并通过一定的辅助设备构成一个完整的机电一体化系统，自动地完成预定的全部任务。而技术综合性指的是将机械、气动、传感检测、电动机驱动、PLC、网络通信及人机界面等多种技术有机结合，并综合应用到自动化生产线上，如图0-1所示。

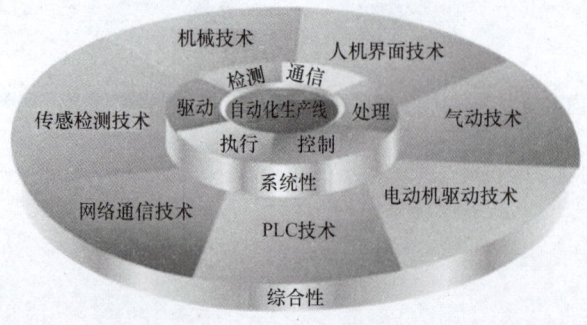

图0-1　自动化生产线的技术特点

（四）自动化生产线的发展概况

自动化生产线涉及的技术领域非常广泛，它的完善和发展与其他相关技术的进步密切相连，各种技术的不断更新推动了它的迅速发展。自动化生产线与其他相关技术之间的关系见表0-1。

表0-1　自动化生产线与其他相关技术之间的关系

技　　术	关　　系
PLC 技术	PLC 是一种以顺序控制为主，网络调节为辅的工业控制器。它不仅能完成逻辑判断、定时、计数、记忆和算术运算等功能，而且能大规模地控制开关量和模拟量。基于这些优点，PLC 取代了传统的顺序控制器，开始广泛应用于自动化生产中的控制系统
机器人技术	由于微型计算机的出现，内装的控制器被计算机代替而产生了工业机器人，以工业机械手最为普遍。各具特色的机器人和机械手在自动化生产中的工件装卸、定位夹紧、工件传输、包装等环节得到了广泛应用。现在正在研制的新一代智能机器人不仅具有运动操作技能，而且有视觉、听觉、触觉等感觉的辨别能力，具有判断、决策能力。这种机器人的成功研制，将把自动化生产带入一个全新的领域
液压和气动技术	液压和气动技术，特别是气动技术，由于使用取之不尽的空气作为介质，具有传动反应快、动作迅速、气动元件制作容易、成本低及便于集中供应和长距离输送等优点，因而引起人们的普遍重视。气动技术已经发展成一个独立的技术领域，在各行业，特别是自动化生产线中得到了迅速发展和广泛使用
传感技术	随着材料科学的发展和固体效应的不断出现，传感技术逐渐形成了一个新型的科学技术领域。在应用上出现了带微处理器的智能传感器，它在自动化生产中监视着各种复杂的自动控制程序，起着极其重要的作用
网络通信技术	网络通信技术的飞跃发展，无论是现场总线还是工业以太网，都使得自动化生产线各控制单元构建成一个和谐的整体。5G 技术使 PLC 控制更精准、更灵敏
触摸屏技术	人机界面和组态软件的出现，使得工程技术人员与控制设备对话变为现实，使自动化技术发展进入了一个新的阶段

二、自动化生产线的发展方向及应用领域

（一）自动化生产线的应用现状

自动化生产线在电力、冶金、机械制造、汽车、轻工纺织、食品加工、医药及化工等各行各业中得到应用，如药品自动化包装生产线、家具自动化包装生产线、电缆桥架自动化生产线、矿泉水自动化包装生产线、面包自动化生产线及汽车自动化生产线等。

目前，我国工业控制自动化技术产业和应用都有了很大的发展，工业计算机系统已经形成，工业控制自动化技术正在向智能化、网络化和集成化方向发展。

近年来，我国国内生产总值（Gross Domestic Product，GDP）增长率较高，其原因之一是自动化生产线应用的普及。随着国家对工业自动化装备研究领域的投入，涌现出了一大批从事自动化生产线相关装备研究和开发的企业和人才，目前已经具备自主创新设计的能力，为现代化生产提供了大量各种功能的自动化生产线。

图 0-2 所示是某汽车公司的自动化汽车生产线。该公司拥有全球先进的冲压、焊装、树脂涂装及总装等整车制造总成的自动化生产线系统。通过该自动化生产线可实现汽车制造中高效率、高精度、低能耗的冲压加工；借助生产线上配备的各种自动化机器人可实现车身更精密、柔性化的焊接，有力地确保了产品质量。

图 0-3 所示是某轮胎生产企业的自动化生产线。从原材料进入工厂开始，到胎体成型和硫化的每一个生产环节基本上都是由自动化设备在操作。智能运输、机械手臂等全自动化设备在轮胎生产企业中十分常见。

图 0-2 某汽车公司的自动化汽车生产线

图 0-3 某轮胎生产企业的自动化生产线

高度自动化为产品质量打下了标准化的基础。以裁断为例，其精度直接影响轮胎成型半成品的质量，由于采用了一次性裁断机，充分保证了裁断精度。

同时，在线监测系统会对制造过程中的压出重量、压出宽度、压延层厚度、裁断宽度等生产数据进行标准化监控。均匀性检测、动平衡测试和 X 光检测同样全部由机器完成。高度的自动化程度也为产品质量提供了保证。

图 0-4 所示是某电气设备生产企业的自动化装配线。该生产线是目前我国建成的国际开关行业第一条 252kV GIS 隔离开关自动化装配线。它采用机器人、助力机械手、PLC、变频器、人机界面、电动力矩扳手和激光传感器等电动和气动设备组织生产，极大地提高了生产效率。

图 0-5 所示是某工厂的自动灌装线。它主要完成自动上料、灌装、封口、检测、打标、

包装及码垛等多道生产工序，极大地提高了生产效率，降低了企业成本，保证了产品质量，实现了集约化大规模生产，增强了企业的竞争力。

图 0-4　某电气设备生产企业的自动化装配线

图 0-5　某工厂的自动灌装线

（二）自动化生产线的发展趋势

1. 以工业 PC 为基础的低成本工业控制自动化将成为主流

20 世纪 90 年代以来，工业计算机（简称工业 PC）快速发展，以工业 PC、I/O 装置、监控装置、控制网络组成的 PC-based（基于 PC）自动化系统得到了迅速普及，成为实现低成本工业控制自动化的重要途径。例如，重庆钢铁（集团）有限责任公司的几乎全部大型加热炉拆除了原来的集散控制系统（Distributed Control System，DCS）或单回路数字式调节器，改用工业 PC 组成控制系统，并采用模糊控制算法，获得了良好效果。

2. 向微型化、网络化、PC 化和开放化方向发展

长期以来，PLC 在工业控制自动化领域为各种各样的自动化控制设备提供可靠的控制方案，与 DCS 和工业 PC 形成了三足鼎立之势。同时，PLC 也承受着其他技术产品的冲击，尤其是工业 PC 所带来的冲击。微型化、网络化、PC 化和开放化是 PLC 未来发展的主要方向。在基于 PLC 自动化的早期，PLC 体积大且价格昂贵，如今，微型 PLC（I/O 点数小于 32）迅速发展，价格只有几百元。随着软 PLC（Soft PLC）控制组态软件的进一步完善和发展，软 PLC 控制组态软件和 PC-based 控制的市场份额将逐步增长。

当前，过程控制领域最大的发展趋势之一是以太网（Ethernet）技术的扩展，PLC 也不例外。越来越多的 PLC 供应商开始提供 Ethernet 接口。可以预见，PLC 将继续向开放式控制系统方向发展，尤其是基于工业 PC 的控制系统。

3. 向测控管一体化设计的 DCS 方向发展

DCS 问世于 1975 年，生产厂家主要集中在美国、日本、德国等国家。我国在 20 世纪 70 年代中后期，大型进口设备成套引入国外的 DCS，有化纤、乙烯、化肥等进口项目。当时，我国主要行业（如电力、石化、建材和冶金等）的 DCS 基本全部依靠进口。20 世纪 80 年代初期，在引进、消化和吸收国外 DCS 技术的同时，国内开始了国产化 DCS 的技术攻关。

小型化、多样化、PC 化和开放化是未来 DCS 发展的主要方向。目前，小型 DCS 所占有的市场已逐步与 PLC、工业 PC、现场总线控制系统（Fieldbus Control System，FCS）相当。今后小型 DCS 可能首先与这三种系统融合，而且软 PLC 技术将首先在小型 DCS 中得到发展。PC-based 控制将更加广泛地应用于中小规模过程控制，各 DCS 厂商也将纷纷推出基于工业 PC 的小型 DCS。开放性的 DCS 将同时向上和向下双向延伸，使来自生产过程的现场数据在整个企业内部自由流动，实现信息技术与控制技术的无缝连接，向测控管一体化方向发展，控制系统正在向现场总线控制方向发展。

由于 3C（Computer，Control，Communication）技术的发展，过程控制系统由 DCS 发展到 FCS，FCS 可以将 PID 控制彻底分散到现场设备（Field Device）中。基于现场总线的 FCS 是全分散、全数字化、全开放和可互操作的新一代生产过程自动化系统，它将取代现场一对一的模拟信号线，给传统的工业自动化控制系统体系结构带来很大变化。

三、YL-335B 自动化生产线

（一）YL-335B 自动化生产线的组成

亚龙 YL-335B 自动化生产线实训考核装置（以下简称 YL-335B 自动化生产线）由安装在铝合金导轨式实训台上的供料单元、加工单元、装配单元、分拣单元和输送单元组成，如图 0-6 所示。

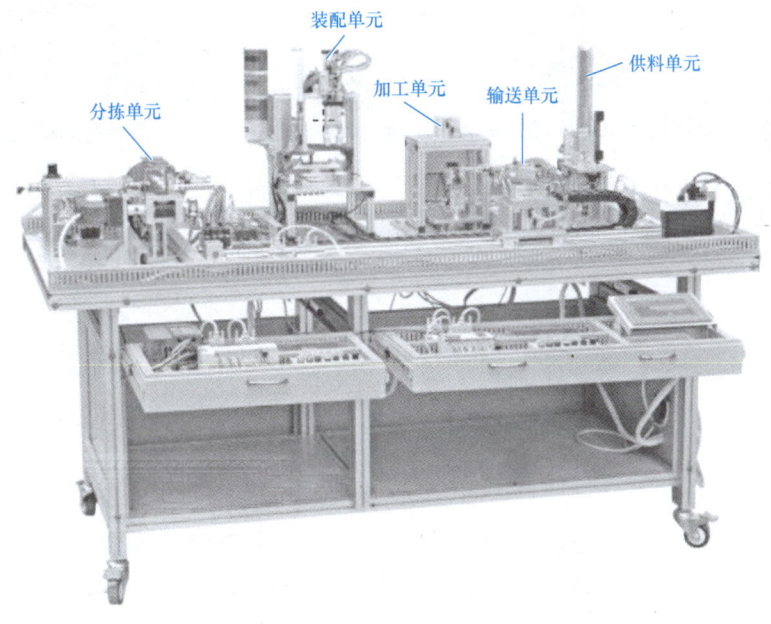

图 0-6 YL-335B 自动化生产线实训考核装置

其中，每一工作单元（工作站）都可自成一个独立系统，同时也都是一个机电一体化系统。各个单元的执行机构以气动执行机构为主，但输送单元机械手装置的整体运动则采取伺服电动机驱动、精密定位的位置控制，其驱动系统具有行程长、定位点多的特点，是一个典型的一维位置控制系统。分拣单元的传送带驱动则采用通用变频器驱动三相异步电动机的交流传动装置。位置控制和变频器技术是现代工业中应用广泛的电气控制技术。

在 YL-335B 自动化生产线上应用了多种类型的传感器，分别用于判断物体的运动位置、物体通过的状态、物体的颜色及材质等。传感器技术是机电一体化技术中的关键技术之一，是现代工业实现高度自动化的前提之一。

在控制方面，YL-335B 自动化生产线采用了基于 RS-485 串行通信的 PLC 网络控制方案，即采用每一工作单元由一台 PLC 承担其控制任务、各 PLC 之间通过 RS-485 串行通信

实现互联的分布式控制方式。用户可根据需要选择不同厂家的PLC及其所支持的RS-485通信模式,组建成一个小型的PLC网络。小型PLC网络因其结构简单、价格低廉的优点在小型自动化生产线中仍然有着广泛的应用,在现代工业网络通信中仍占据相当大的份额。另一方面,掌握基于RS-485串行通信的PLC网络技术,将为进一步学习现场总线技术、工业以太网技术等打下良好的基础。

(二) YL-335B自动化生产线的基本功能

YL-335B自动化生产线采用每一单元由一台PLC控制,每一单元既可单独运行完成一定的功能,又可将5台PLC通过$N:N$串行通信实现互联的分布式小型控制系统,从而完成完整的控制功能,其工作过程如图0-7所示。YL-335B自动化生产线各工作单元在实训台上的分布如图0-8所示。

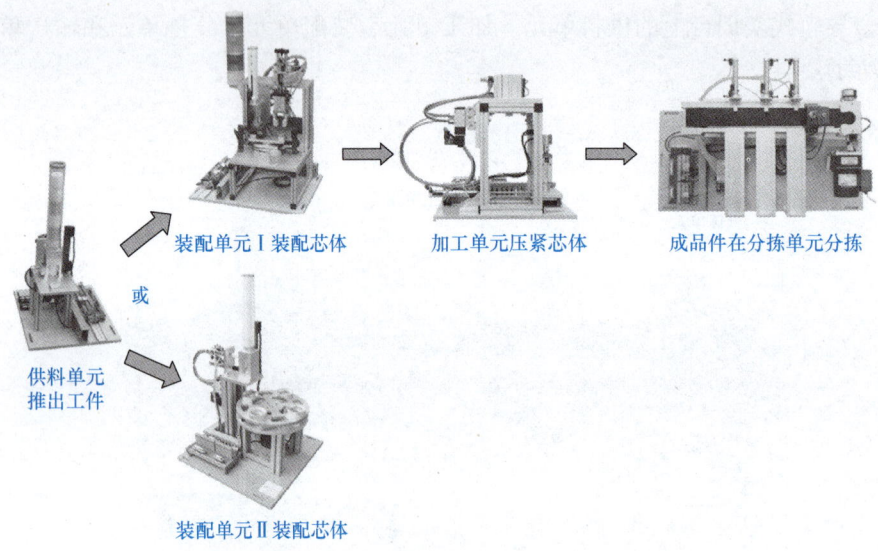

图0-7 YL-335B自动化生产线的工作过程

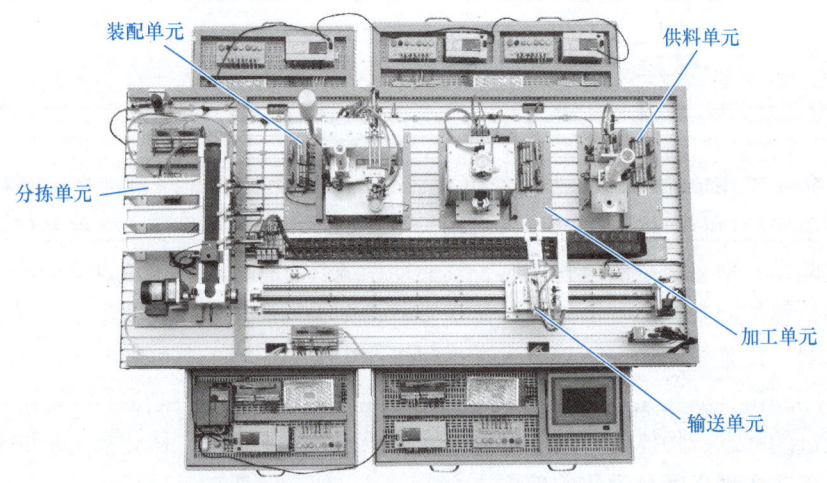

图0-8 YL-335B自动化生产线各单元分布

1. 供料单元的基本功能

供料单元是 YL-335B 自动化生产线的起始单元，在整个系统中起着向系统中的其他单元提供原料的作用。具体功能：按照需要将放置在料仓中的待加工工件（原料）自动推出到物料台（出料台）上，以便输送单元的机械手将其抓取并输送到其他单元。

2. 装配单元的基本功能

装配单元完成将该单元料仓内的金属、塑料黑色或白色小圆柱芯体嵌入到装配台上待装配的工件中的工作过程。

3. 加工单元的基本功能

加工单元把该单元加工台上的工件（工件由输送单元的机械手送来）送到冲压机构下方，完成一次冲压加工动作，然后加工台返回初始位置，松开工件，等待输送单元的机械手（也称抓取机械手）取走。

4. 分拣单元的基本功能

分拣单元将上一单元送来的已装配、加工的工件进行分拣，实现不同属性（颜色、材料等）工件从不同料槽分流的功能。

5. 输送单元的基本功能

输送单元通过直线传动机构驱动机械手沿直线导轨运动，定位到指定单元的物料台处，并从该物料台上抓取工件，把抓取到的工件输送到指定地点并放下，从而实现传送工件的功能。

（三）YL-335B 自动化生产线的电气控制

1. YL-335B 自动化生产线的供电电源

YL-335B 自动化生产线的外部供电电源采用三相五线制 AC 380V/220V，图 0-9 为供电电源的一次回路原理图。图中，总电源开关选用 DZ47LE-32/C32 型三相四线制剩余电流断路器（3P+N 结构形式）。系统各主要负载通过断路器单独供电。其中，变频器电源通过 DZ47 C16/3P 三相断路器供电；各工作站 PLC 均采用 DZ47 C5/2P 单相断路器供电。此外，系统配置 4 台 DC 24V、6A 开关稳压电源，分别用于供料、加工、分拣及输送单元的直流供电。配电箱设备安装图如图 0-10 所示。

2. YL-335B 自动化生产线电气控制的结构特点

YL-335B 自动化生产线中各工作单元的结构特点是机械装置和电气控制部分相对分离。每一工作单元的机械装置整体安装在底板上，而控制工作单元生产过程的 PLC 装置则安装在工作台两侧的抽屉板上。因此，工作单元机械装置与 PLC 装置之间的信息交换是一个关键问题。YL-335B 自动化生产线的解决方案：机械装置上的各电磁阀和传感器引线均连接到装置侧的接线端口上；PLC 的 I/O 引出线连接到 PLC 侧的接线端口上；两个接线端口间通过多芯信号电缆互连。图 0-11 和图 0-12 分别是装置侧的接线端口和 PLC 侧的接线端口。

装置侧接线端口的接线端子采用三层端子结构，上层端子用于连接 DC 24V 电源的 24V 端，底层端子用于连接 DC 24V 电源的 0V 端，中间层端子用于连接各信号线。

PLC 侧接线端口的接线端子采用两层端子结构，上层端子用于连接各信号线，其端子号与装置侧接线端口的接线端子相对应。底层端子用于连接 DC 24V 电源的 24V 端和 0V 端。

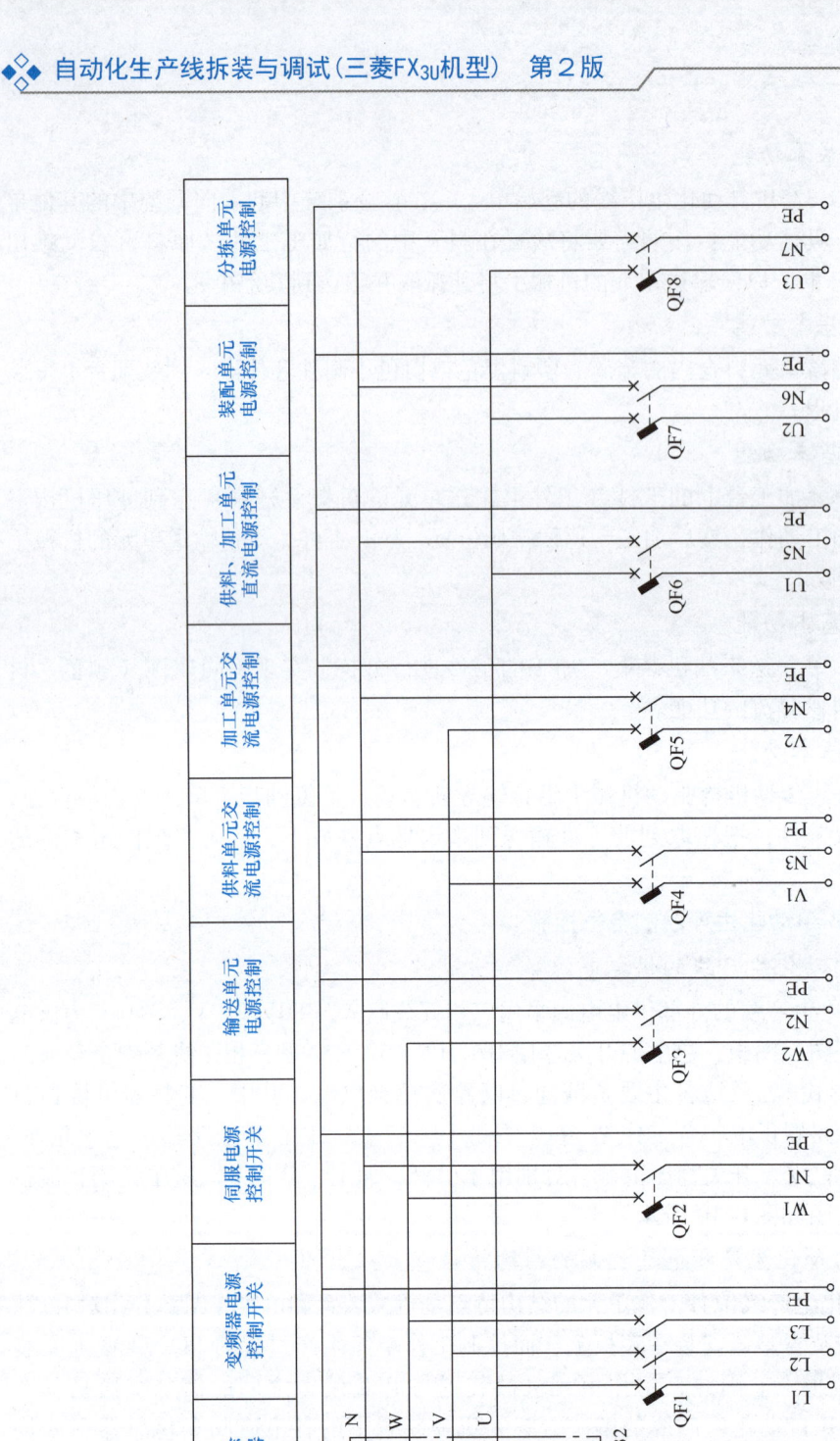

图 0-9 供电电源一次回路原理图

注：QF1 为 DZ47 C16/3P；QF2～QF8 为 DZ47 C5/2P。

绪　论

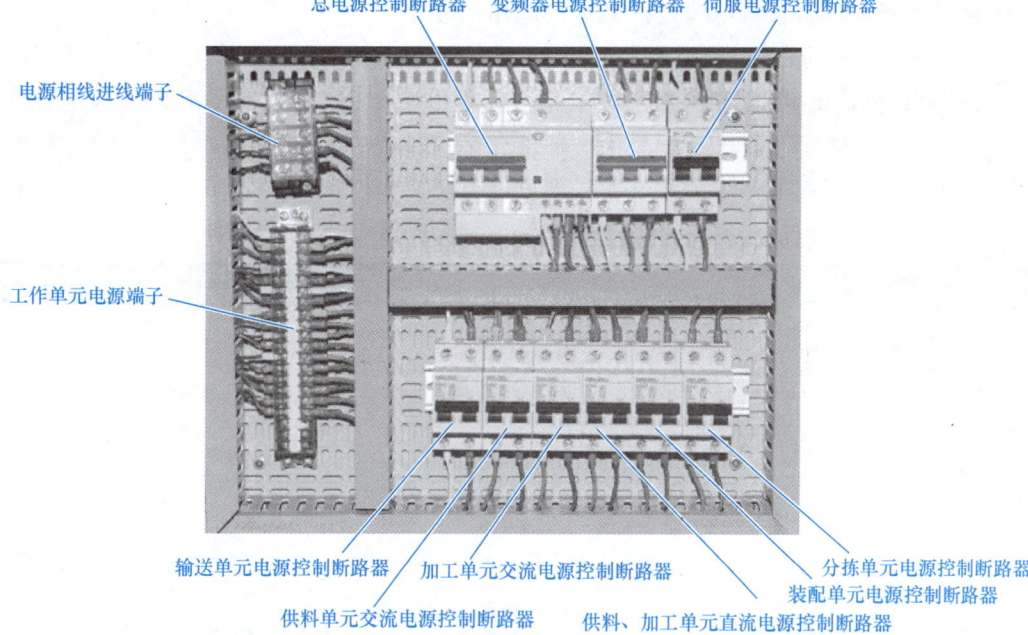

图 0-10　配电箱设备安装图

图 0-11　装置侧接线端口

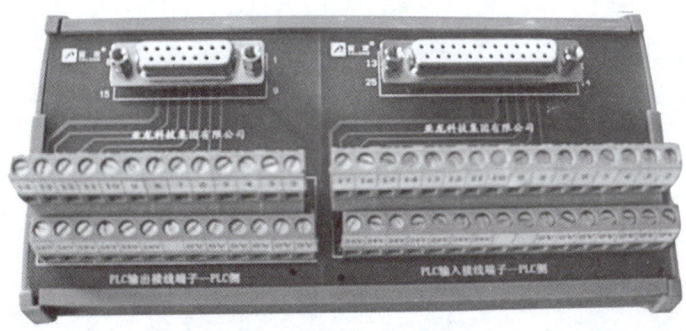

图 0-12　PLC 侧接线端口

装置侧接线端口和PLC侧接线端口之间通过专用电缆连接。其中，25针接头电缆连接PLC的输入信号，15针接头电缆连接PLC的输出信号。

3. YL-335B自动化生产线的控制系统

YL-335B自动化生产线每一工作单元的工作都由一台PLC控制。PLC的配置主要有两种：一种是西门子的S7-1200 PLC，另一种是三菱FX_{3U} PLC，这里仅介绍三菱FX_{3U}机型的配置。各工作单元FX_{3U} PLC基本单元及扩展设备的配置见表0-2。

表0-2 各工作单元FX_{3U}PLC基本单元及扩展设备的配置

单元名称		FX_{3U}基本单元	扩展设备	说明
供料单元		FX_{3U}-32MR	FX_{3U}-485-BD	485BD通信扩展板用于串行通信
装配单元	装配单元Ⅰ	FX_{3U}-48MR		
	装配单元Ⅱ	FX_{3U}-48MT		
加工单元		FX_{3U}-32MR		
分拣单元		FX_{3U}-32MR	FX_{3U}-485-BD、FX_{3U}-3A-ADP、FX_{3U}-485-ADP	485BD通信扩展板用于串行通信，选用FX_{3U}-3A-ADP模拟量输入/输出适配器、FX_{3U}-485-ADP通信适配器分别实现对变频器的模拟量控制和通信控制
输送单元		FX_{3U}-48MT	FX_{3U}-485-BD、FX_{3U}-485-ADP	485BD通信扩展板用于串行通信，FX_{3U}-485-ADP通信适配器用于连接触摸屏RS-485通信接口

YL-335B自动化生产线的每一工作单元都可自成一个独立的系统，同时也可以通过网络互连构成一个分布式的控制系统。

1) 当工作单元自成一个独立的系统时，其设备运行的主令信号及运行过程中的状态显示信号，来源于该工作单元按钮/指示灯模块。按钮/指示灯模块如图0-13所示。模块上的指示灯和按钮的端脚全部引到端子排上。

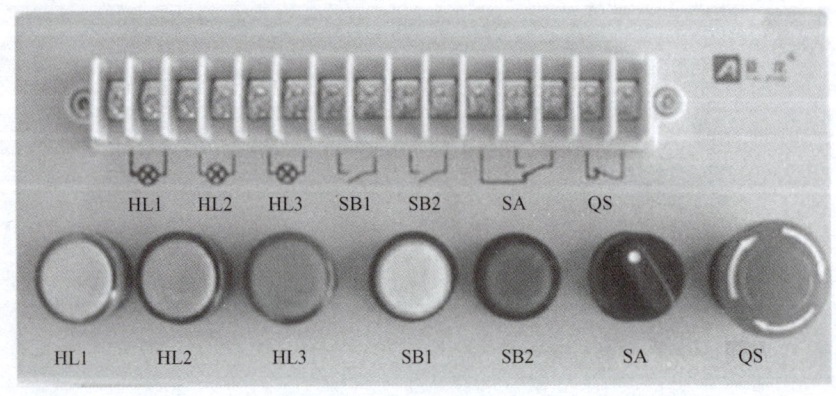

图0-13 按钮/指示灯模块

按钮/指示灯模块上的器件包括:

① 指示灯(DC 24V):黄色(HL1)、绿色(HL2)、红色(HL3)各1只。

② 主令器件:1只绿色常开按钮SB1、1只红色常开按钮SB2、1只选择开关SA(1对转换触点)和1只急停开关QS(1个常闭触点)。

2)当各工作单元通过网络互连构成一个分布式的控制系统时,对于采用三菱FX系列PLC的设备,YL-335B自动化生产线的标准配置是采用基于RS-485串行通信的$N:N$通信方式。

YL-335B自动化生产线的通信网络如图0-14所示。

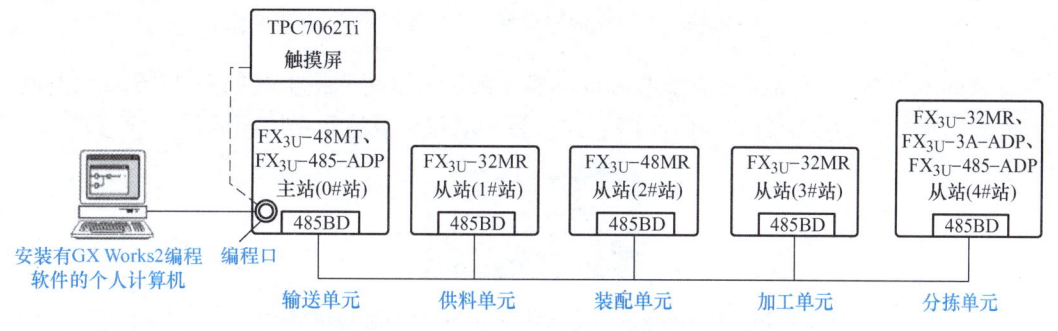

图0-14　YL-335B自动化生产线的通信网络

4. 人机界面与嵌入式组态软件

YL-335B自动化生产线运行的主令信号(复位、起动、停止等)通过触摸屏人机界面给出。同时,人机界面上也显示系统运行的各种状态信息。人机界面是在操作人员和机器设备之间做双向沟通的桥梁。使用人机界面能够明确指示并告知操作人员机器设备目前的状况,使操作变得简单生动,并且可以减少操作上的失误,即使是新手也可以轻松地操作整个机器设备。使用人机界面还可以使机器的配线标准化、简单化,能减少PLC控制器所需的I/O点数,降低生产成本,同时由于面板控制的小型化及高性能,相对提高了整套设备的附加价值。

YL-335B自动化生产线采用了昆仑通态TPC7062Ti触摸屏作为其人机界面。TPC7062Ti触摸屏是一款以Cortex-A8 CPU为核心(主频600MHz)的高性能嵌入式一体化工控机。该产品设计采用了7in(1in=2.54cm)高亮度TFT液晶显示屏(分辨率为800×480像素)、四线电阻式触摸屏(分辨率为4096×4096像素)。同时还预装了MCGS嵌入式组态软件(运行版),具有强大的图像显示和数据处理功能。

运行在TPC7062Ti触摸屏上的各种界面,需要首先用运行于PC的Windows操作系统下的画面组态软件制作"工程文件",再通过PC和触摸屏的USB(通用串行总线)口或以太网口把组建好的"工程文件"下载到人机界面中运行,与生产设备的控制器(PLC等)不断交换信息,实现实时监控。人机界面的连接与运行过程示意图如图0-15所示。

MCGS嵌入式组态软件除了联机运行外,还具有模拟运行的功能,用户在模拟环境中就可以查看组态的界面美观性、功能的实现情况及性能的合理性,从而解决了用户组态调试中必须将PC与触摸屏嵌入式系统相连的问题。因此,MCGS嵌入式体系结构分为组态环境、模拟运行环境和运行环境三部分。

MCGS嵌入式组态软件须安装到计算机上才能使用,具体安装步骤请参阅《MCGS嵌入

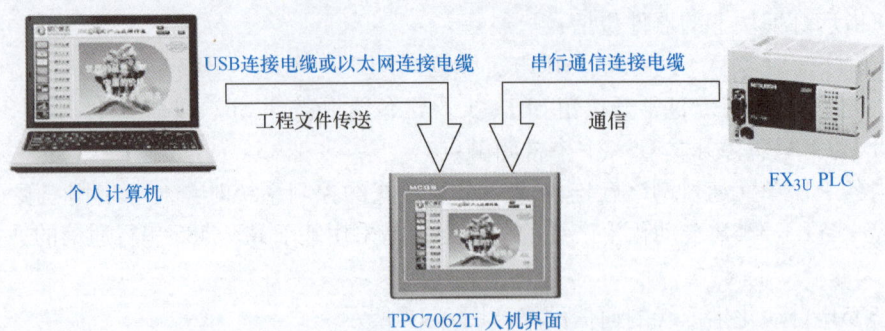

图 0-15　人机界面的连接与运行过程示意图

版组态软件说明书》。安装完成后，Windows 操作系统的桌面上将生成如图 0-16 所示的两个快捷方式图标，分别用于启动 MCGS 嵌入式组态环境和模拟运行环境。

图 0-16　MCGS 嵌入式组态环境和模拟运行环境快捷图标

MCGS 嵌入式组态软件及 TPC7062Ti 触摸屏的使用、人机界面的组态方法将在学习情境七中介绍。

（四）YL-335B 自动化生产线的气源处理装置

1. 气源装置

气源装置是用来生产具有足够压力和流量的压缩空气，并将其净化、处理及存储的一种装置。自动化生产线使用气泵作为气源装置。YL-335B 自动化生产线配置的是小型气泵，其结构如图 0-17 所示。空气压缩机把电能转换为压力能，所产生的压缩空气用储气罐先储存起来，再通过气源控制开关输出，这样可减少输出气流的压力脉动，使输出气流具有流量连续性和气压稳定性。储气罐内的压力用压力表显示，压力控制则由压力开关实现，即达到设定的最高压力时压缩机停止，达到最低压力时重新激活压缩机。当压力超过允许的限度时，则用过载安全保护器将压缩空气排出。输出压缩空气的净化由主管道过滤器实现，其功能是清除主管道内的灰尘、水分及油分。

图 0-17　小型气泵结构

2. 气源处理器

从空气压缩机输出的压缩空气中含有大量的水分、油分和粉尘等污染物。质量不良的压缩空气是气动系统出现故障的主要因素，它会大大降低气动系统的可靠性和使用寿命。因此，压缩空气进入气动系统前应进行二次过滤，以滤除压缩空气中的水分、油分、粉尘及其他杂质，以达到启动系统所需要的净化程度。

为确保系统压力的稳定性，减小因气源气压突变对阀门或执行器等硬件的损伤，进行空气过滤后，应调节或控制气压的变化，并保持降压后的压力值固定在需要的值上。实现方法是使用减压阀。

气压系统的机体运动部件须进行润滑。对不方便加润滑油部件的润滑，可以采用油雾器实现。油雾器是气压系统中一种特殊的注油装置，其作用是把润滑油雾化后，经压缩空气携带进入系统需润滑的部位，满足润滑的需要。

工业上的气动系统常常使用组合的气动三联件作为气源处理装置。气动三联件是指空气过滤器、减压阀和油雾器。各元件之间采用模块式组合的方式连接，如图0-18所示。这种方式安装简单，密封性好，易于实现标准化、系列化，可缩小外形尺寸，节省空间和配管，便于维修，也便于集中管理。

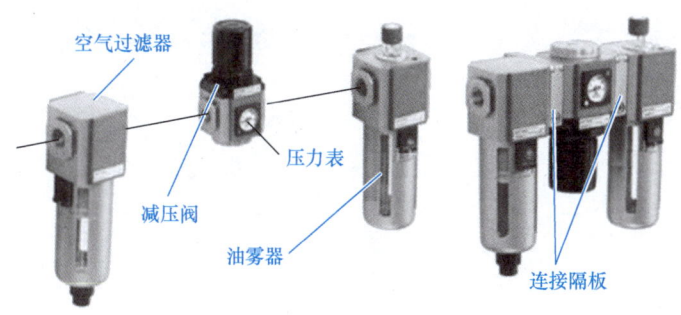

a) 气动三联件实物图

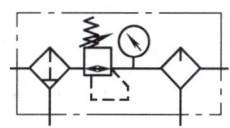

b) 图形符号

图0-18 气动三联件实物与图形符号

有些品牌的电磁阀和气缸能够实现无油润滑（靠润滑脂实现润滑功能）时，便不需要使用油雾器。这时只需把空气过滤器和减压阀组合在一起，称为气动二联件。YL-335B自动化生产线的所有气缸都是无油润滑气缸。

3. 气源处理组件

YL-335B自动化生产线的气源处理组件及气动原理图如图0-19所示。气源处理组件是将空气过滤器和减压阀集装在一起的气动二联件结构。它的作用是除去压缩空气中所含的杂质及凝结水，调节并保持恒定的工作压力。

在图0-19中，气源处理组件的输入气源来自空气压缩机，所提供的压力要求为0.6~1.0MPa。组件的气路入口处安装一个快速气路开关，用于启/闭气源。当把快速气路开关向左拔出时，气路接通气源；反之，把快速气路开关向右推入时，气路关闭。组件的输出压力为0~0.8MPa可调。

输出的压缩空气通过快速三通接头和气管输送到各工作单元。进行压力调节时，在转动旋钮前应先拉起，压下旋钮为定位。旋钮向右旋转为调高出口压力，向左旋转为调低出口压力。调节压力时，应逐步均匀地调至所需压力值，不应一步调节到位。

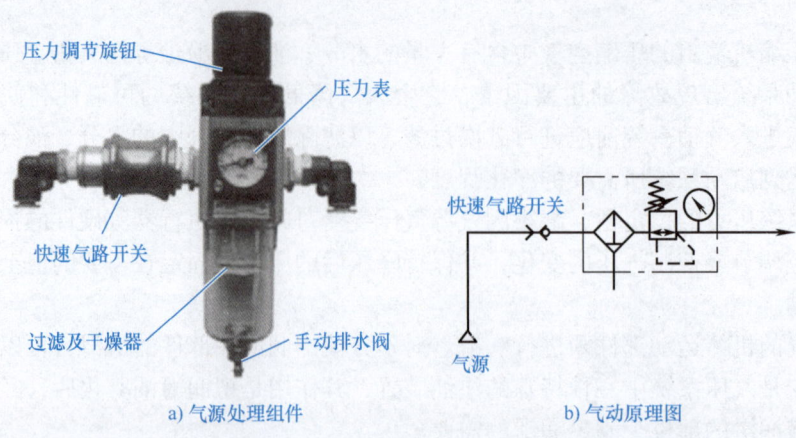

a) 气源处理组件　　　　b) 气动原理图

图 0-19　YL-335B 自动化生产线的气源处理组件及气动原理图

本组件的空气过滤器采用手动排水方式。手动排水时，在水位达到滤芯下方水平线之前必须排出。因此在使用时，应经常检查过滤器中凝结水的水位，在超过最高标线前必须排放，以免被重新吸入。

学习情境一

供料单元的拆装与调试

教学目标	知识目标	1. 熟悉供料单元的结构组成及工作过程 2. 掌握双作用气缸、单电控电磁阀等基本气动元件的功能及特性 3. 掌握磁性开关、电感式接近开关、光电式接近开关等的结构、特点及电气接口特性 4. 掌握用步进指令编制顺序控制程序的方法 5. 掌握子程序调用指令的应用
	能力目标	1. 会分析供料单元的工作过程 2. 能进行供料单元气路的连接及调整 3. 能进行供料单元传感器的安装接线,并能正确调试 4. 能进行程序的离线和在线调试 5. 能在规定时间内完成供料单元的拆装与调整,根据控制要求完成程序的编制与调试,并能解决安装与运行过程中出现的问题
	素质目标	1. 通过供料单元的拆装,培养学生细致工作、规范操作、一丝不苟、精益求精的工匠精神 2. 在供料单元的电气接线、程序编制及调试运行中,注重团队合作,有效沟通,发现问题并共同解决问题,形成团队意识,增强使命担当 3. 通过任务实施培养学生的工程意识、安全意识、责任意识及创新意识
教学重点		气路的调整、传感器的调试、供料控制程序的编制
教学难点		传感器的调试、控制程序的编制与调试运行

一、供料单元的组成及工作过程

供料单元是自动化生产线的起始站,在整个生产线中主要承担向其他单元(站)输出原材料的任务。其主要功能是将料仓内的工件推到物料台(出料台)上,等待输送单元的机械手将其抓取并送到下一工作单元。

供料单元主要由管形料仓、工件推出装置、支撑架、电磁阀组、接线端口、传感器、PLC模块及按钮/指示灯模块等组成。其装置侧部分结构如图1-1所示。

其中,管形料仓和工件推出装置用于储存工件原料,并在需要时将料仓中最下层的工件推出到物料台上。该部分主要由管形料仓、推料气缸、顶料气缸、磁感应式接近开关、漫反射式光电接近开关组成。供料操作示意图如图1-2所示。

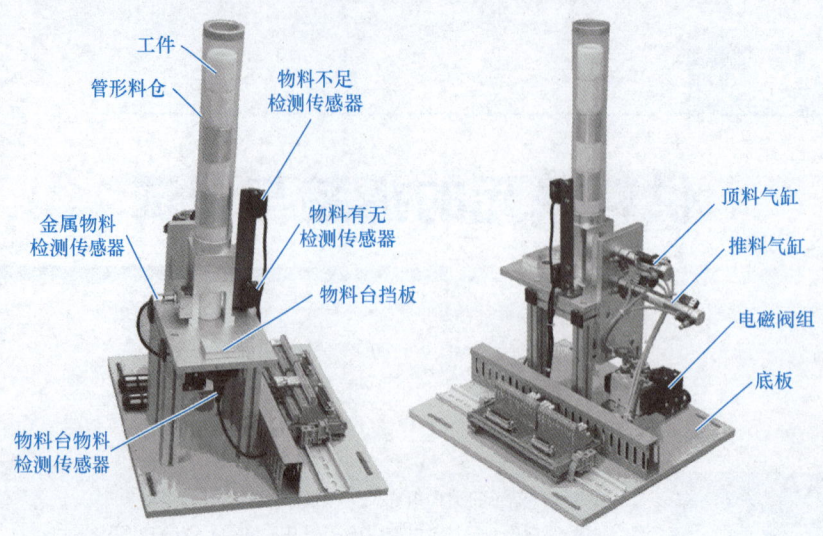

图 1-1 供料单元的装置侧部分结构

供料操作过程：工件竖直叠放在料仓中，推料气缸处于料仓的底层且其活塞杆可从料仓的底部通过，当其活塞杆在缩回位置时，它与最下层工件处于同一水平位置，而顶料气缸则与次下层工件处于同一水平位置。供料操作过程：当需要将工件推出到物料台上时，首先使顶料气缸的活塞杆推出，顶住次下层工件；然后使推料气缸活塞杆伸出，把最下层工件推到物料台上；接着推料气缸活塞杆缩回，缩回到位后，顶料气缸活塞杆缩回，松开次下层工件，料仓中的工件在重力作用下自动向下移动，为下一次推出工件做好准备。

在图 1-2 所示的料仓底座和管形料仓第 4 层工件位置分别安装一个漫反射式光电接近开关。它们的功能是检测料仓中有无储料或储料是否足够。若该部分机构内没有工件，则处于

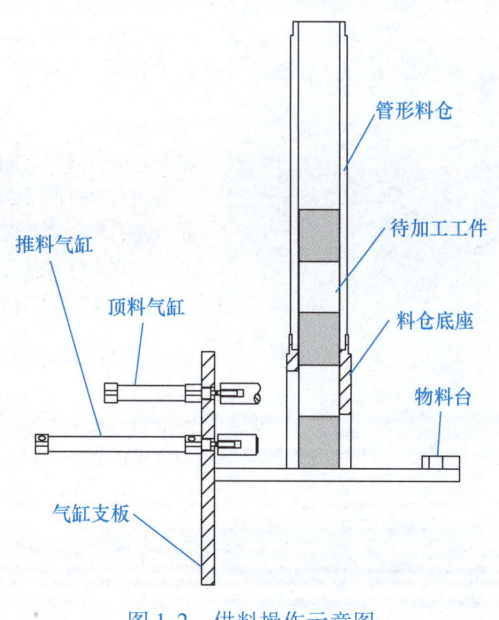

图 1-2 供料操作示意图

料仓底座和第 4 层工件位置的两个漫反射式光电接近开关均处于常态；若从料仓底座起仅有 3 个工件，则料仓底座处漫反射式光电接近开关动作而第 4 层工件位置处漫反射式光电接近开关处于常态，表明工件已经快用完了。这样，料仓中有无储料或储料是否足够，就可用这两个漫反射式光电接近开关的信号状态反映出来。

推料气缸把工件推出到物料台上。物料台面开有小孔，物料台下面设有一个圆柱形漫反射式光电接近开关，工作时向上发出光线，从而透过小孔检测是否有工件存在，以便向系统反馈本单元物料台有无工件的信号。在输送单元的控制程序中，可以利用该信号状态判断是否需要驱动机械手抓取此工件。

二、知识链接

（一）供料单元的气动元件及气动原理图

1. 标准双作用气缸

标准气缸是指功能和规格是普遍使用的、结构容易制造的、制造厂通常作为通用产品供应市场的气缸。在气缸运动的两个方向上，根据受气压控制的方向个数的不同，气缸可分为单作用气缸和双作用气缸。单作用气缸在缸盖一端气口输入压缩空气使活塞杆伸出（或缩回），而另一端靠弹簧力、自重或其他外力等使活塞杆恢复到初始位置。单作用气缸只在动作方向需要压缩空气，故可节约一半压缩空气，主要用在夹紧、退料、阻挡、压入、举起和进给等操作上。

供料单元的气动元件及气动控制原理图

根据复位弹簧位置的不同，可将单作用气缸分为预缩型单作用气缸和预伸型单作用气缸，如图1-3所示。当弹簧装在有杆腔内时，由于弹簧的作用力而使气缸活塞杆初始位置处于缩回位置，这种气缸称为预缩型单作用气缸；当弹簧装在无杆腔内时，气缸活塞杆初始位置为伸出位置，这种气缸称为预伸型单作用气缸。

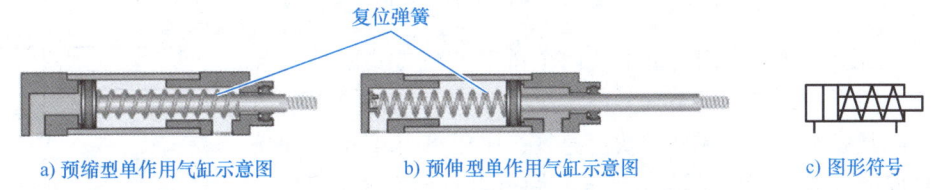

a) 预缩型单作用气缸示意图   b) 预伸型单作用气缸示意图   c) 图形符号

图1-3　单作用气缸示意图及图形符号

双作用气缸是应用最为广泛的气缸，其动作原理：从无杆腔端的气口输入压缩空气时，若气压作用在活塞无杆端面上的力克服了运动摩擦力、负载等各种反作用力，则当活塞前进时，有杆腔内的空气经有杆腔端气口排出，使活塞杆伸出。同样，当有杆腔端气口输入压缩空气时，活塞杆缩回至初始位置。通过无杆腔和有杆腔交替进气和排气，活塞杆伸出和缩回，气缸实现往复直线运动。双作用气缸示意图及图形符号如图1-4所示。

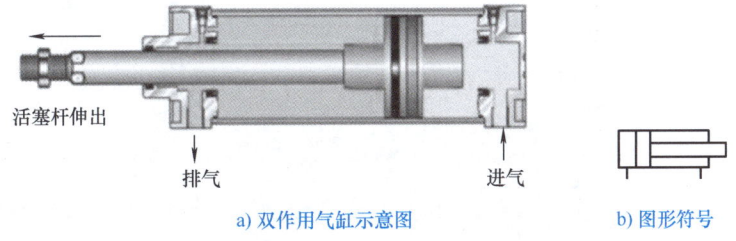

a) 双作用气缸示意图   b) 图形符号

图1-4　双作用气缸示意图及图形符号

双作用气缸具有结构简单、输出力稳定、行程可根据需要选择的优点，但由于是利用压缩空气交替作用于活塞上实现伸缩运动的，回缩时压缩空气的有效作用面积较小，所以产生的力要小于伸出时产生的推力。

为了使气缸的动作平稳可靠，应对气缸的运动速度加以控制，常用的方法是使用单向节流阀来实现。

单向节流阀是由单向阀和节流阀并联而成的流量控制阀，常用于控制气缸的运动速度，所以也称为速度控制阀。单向阀的功能是靠单向密封圈来实现的。单向节流阀实物、结构及图形符号如图1-5所示。当空气从气缸排气口排出时,单向密封圈位于封堵位置,单向阀关闭,这时只能通过调节手轮使节流阀杆上下移动,改变气流开度,从而达到节流作用。反之,在进气时,单向密封圈被气流冲开,单向阀开启,压缩空气直接进入气缸进气口,节流阀不起作用。因此,这种节流方式称为排气节流方式。

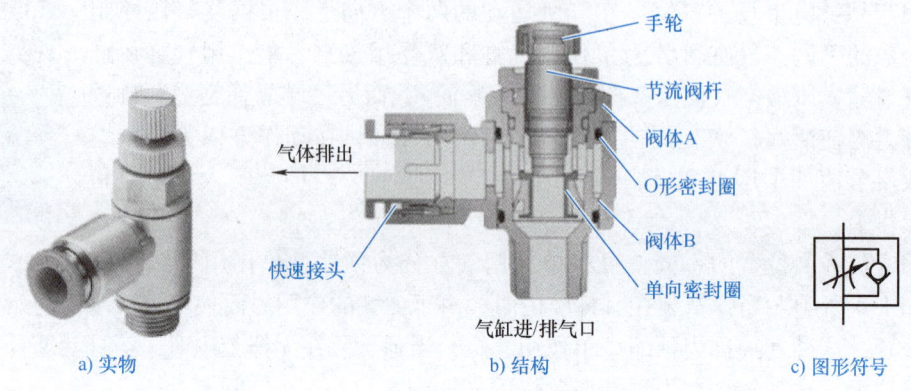

图1-5 单向节流阀实物、结构及图形符号

图1-6给出了在双作用气缸上装两个排气节流方式的单向节流阀的连接示意图,当压缩空气从A端进气、从B端排气时,A端的单向阀开启,向气缸无杆腔快速充气;由于B端的单向阀关闭,有杆腔的气体只能经节流阀排气,调节B端节流阀的开度,便可改变气缸伸出时的运动速度。反之,调节A端节流阀的开度则可改变气缸缩回时的运动速度。采用这种控制方式,活塞运行稳定,是最常用的方式。

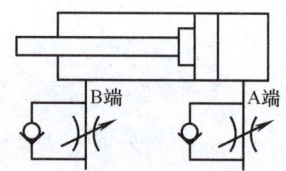

图1-6 节流阀连接和调整原理示意图

节流阀上带有气管的快速接头,只要将合适外径的气管插到快速接头上就可以完成连接,使用十分方便。图1-7是安装了带快速接头的限出型气缸节流阀的气缸示意图。

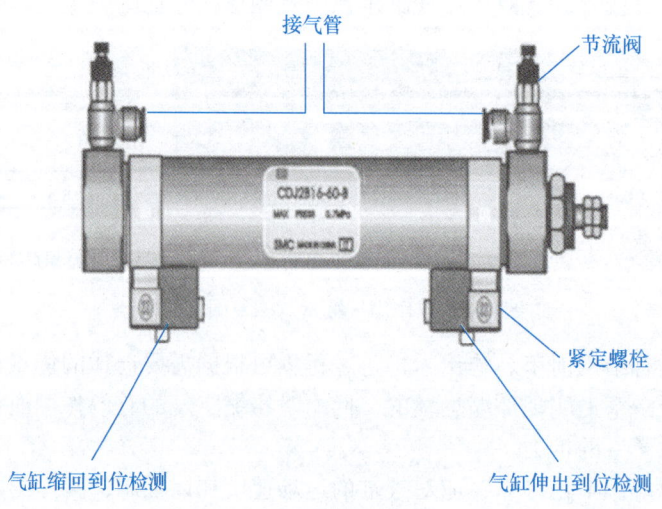

图1-7 安装了带快速接头的限出型气缸节流阀的气缸示意图

2. 单电控电磁换向阀、电磁阀组

如前所述，顶料气缸或推料气缸的活塞运动是依靠向气缸一端进气，并从另一端排气，以及从另一端进气，一端排气来实现的。气体流动方向的改变则由能改变气体流动方向或通断的控制阀即方向控制阀进行控制。在自动控制中，方向控制阀常采用电磁控制方式，因而称为电磁换向阀。

电磁换向阀是利用其电磁线圈通电时，静铁心对动铁心产生电磁吸力，从而使阀芯切换，达到改变气流方向的目的。图1-8所示是单电控二位三通电磁换向阀的工作原理示意图。

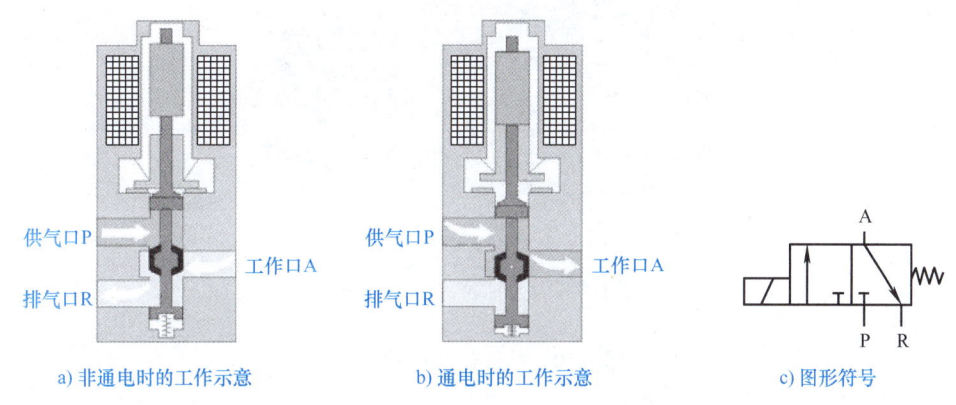

a) 非通电时的工作示意　　b) 通电时的工作示意　　c) 图形符号

图1-8　单电控二位三通电磁换向阀的工作原理示意图

所谓"位"，指的是为了改变气体方向，阀芯相对于阀体所具有的不同工作位置。"通"的含义则指换向阀与系统相连的通口，有几个通口即为几通。在图1-8中，只有两个工作位置，具有供气口P、工作口A和排气口R，故称为二位三通阀。

图1-9分别给出了二位三通、二位四通和二位五通单电控电磁换向阀的图形符号，图形中有几个方格就是几位，方格中的"⊤"和"⊥"符号表示各接口互不相通。

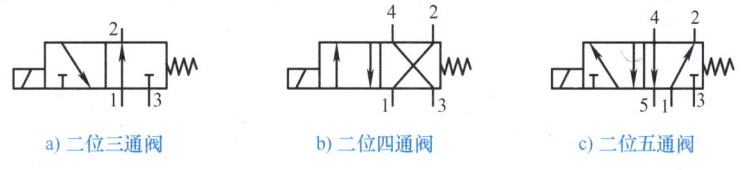

a) 二位三通阀　　　　b) 二位四通阀　　　　c) 二位五通阀

图1-9　部分单电控电磁换向阀的图形符号

YL-335B自动化生产线所有工作单元的执行气缸都是双作用气缸，控制它们工作的电磁换向阀需要有两个工作口、两个排气口及一个供气口，故使用的电磁换向阀均为二位五通电磁换向阀。

供料单元用了两个二位五通单电控电磁换向阀。这两个电磁换向阀带有手控开关和加锁钮，有锁定（LOCK）和开启（PUSH）两个位置。用螺钉旋具把加锁钮旋到"LOCK"位置时，手控开关向下凹进去，不能进行手控操作。只有在"PUSH"位置时，才可用工具向下按手控开关，信号为"1"，等同于该侧的电磁信号为"1"；常态时，手控开关的信号为"0"。在进行设备调试时，可使用手控开关对阀进行控制，从而实现对相应气路的控制，以改变推料气缸等执行机构的动作，达到调试的目的。

两个电磁换向阀是集中安装在汇流板上的。汇流板中两个排气口末端均连接了消声器,消声器的作用是减少压缩空气向大气排放时的噪声。这种将多个阀与消声器、汇流板等集中在一起构成的一组控制阀的集成称为阀组,而每个阀的功能是彼此独立的。阀组的结构如图1-10所示。

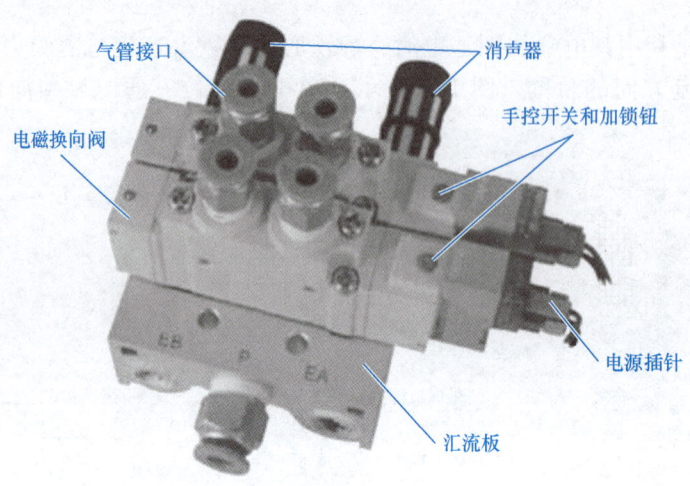

图1-10 供料单元电磁阀组

3. 气动控制回路原理图

能传输压缩空气并使各种气动元件按照一定规律动作的通道即为气动控制回路。气动控制回路的控制逻辑是由PLC实现的。

供料单元的气动系统主要由气源、气动汇流排、气缸、单电控二位五通电磁换向阀、单向节流阀、消声器、快速接头和气管等组成,其主要作用是完成顶料和工件的推出。供料单元气动控制原理图如图1-11所示。图中1A和2A分别为顶料气缸和推料气缸。1B1和1B2分别为安装在顶料气缸的两个工作位置的磁性开关,2B1和2B2分别为安装在推料气缸的两个工作位置的磁性开关。1YV和2YV分别为控制顶料气缸和推料气缸的单电控二位五通电磁换向阀。通常这两个气缸的初始位置均设定在缩回状态。

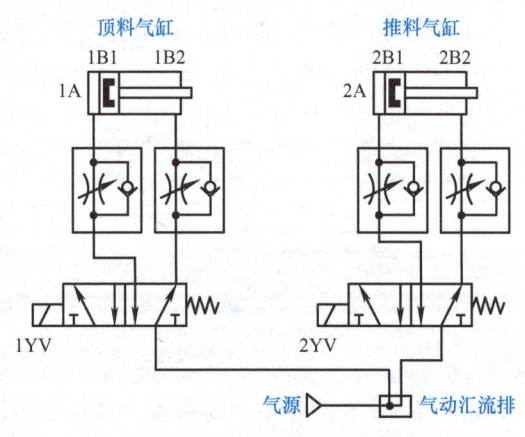

图1-11 供料单元气动控制原理图

(二)供料单元使用的相关传感器

YL-335B自动化生产线各工作单元所使用的传感器都是接近传感器,它利用传感器对所接近物体具有的敏感特性来识别物体的接近,并输出相应的开关信号,因此,接近传感器通常也称为接近开关。

接近传感器有多种检测方式,如利用电磁感应引起检测对象金属体中产生电涡流的方式、捕捉检测体接近引起的电气信号容量变化的方式、利用磁体和引导开关的方式、利用光电效应和光电转换器件作为检测元件的方式等。YL-335B自动化生产线使用的是磁感应式接近开关（或称为磁性开关）、电感式接近开关、漫反射式光电接近开关（或称为漫反射式光电开关）和光纤传感器等。本单元使用了磁性开关、电感式接近开关和漫反射式光电开关，下面分别进行介绍。

1. 磁性开关

YL-335B 自动化生产线所使用的气缸都是带磁性开关的气缸。这些气缸的缸筒采用导磁性弱、隔磁性强的材料，如硬铝、不锈钢等。在非磁性体的活塞上安装一个永久磁铁的磁环，这样就提供了一个反映气缸活塞位置的磁场。而安装在气缸外侧的磁性开关则用来检测气缸活塞位置，即检测活塞的运动行程。

供料单元的传感器

有触点式磁性开关用舌簧开关作为磁场检测元件。舌簧开关成型于合成树脂块内，一般还有动作指示灯、过电压保护电路塑封在内。图 1-12 是带磁性开关气缸的工作原理图。当气缸中随活塞移动的磁环靠近开关时，舌簧开关的两根簧片被磁化而相互吸引，触点闭合；当磁环移开开关后，簧片失磁，触点断开。触点闭合或断开时发出电控信号，在 PLC 的自动控制中，利用该信号判断推料气缸及顶料气缸的运动状态或所处的位置，以确定工件是否被推出或气缸是否返回。

在磁性开关上设置的 LED 用于显示其信号状态，供调试时使用。磁性开关动作时，输出信号"1"，LED 亮；磁性开关不动作时，输出信号"0"，LED 不亮。

磁性开关的安装位置可以调整，调整方法是松开它的紧定螺栓，让磁性开关顺着气缸滑动，到达指定位置后，再旋紧紧定螺栓。

磁性开关有蓝色和棕色两根引出线，使用时，蓝色引出线连接到 PLC 输入公共端，棕色引出线连接到 PLC 输入端。磁性开关的内部电路如图 1-13 所示。

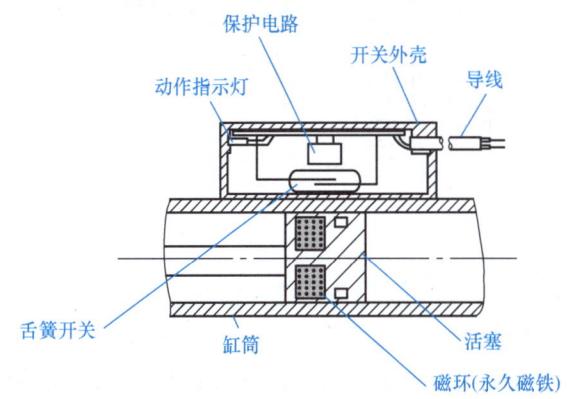 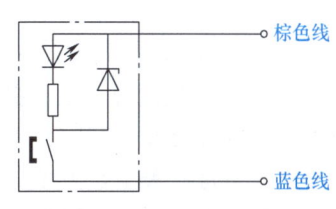

图 1-12　带磁性开关气缸的工作原理图　　　图 1-13　磁性开关的内部电路

2. 电感式接近开关（电感式传感器）

电感式接近开关是利用电涡流效应制造的传感器。电涡流效应是指当金属物体处于一个交变磁场中时，金属内部产生交变的电涡流，该电涡流又会反作用于产生它的磁场的一种物理效应。如果这个交变磁场是由一个电感线圈产生的，则这个电感线圈中的电流就会发生变化，用于平衡电涡流产生的磁场。

利用这一原理，以高频振荡器（LC 振荡器）中的电感线圈作为检测元件，当被测金属物体接近电感线圈时产生电涡流效应，引起振荡器振幅或频率的变化，由传感器的信号调理电路（包括检波、放大、整形、输出等电路）将该变化转换成开关量输出，从而达到检测的目的。电感式接近开关的工作原理框图如图1-14所示。常见的电感式接近开关外形有圆柱形、螺纹形、长方体形和U形等。在供料单元中，为了检测待加工工件是否是金属材质，在管形料仓底座侧面安装了一个圆柱形电感式接近开关，如图1-15所示。

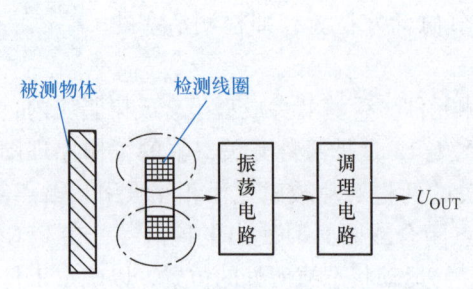

图1-14 电感式接近开关工作原理框图

图1-15 供料单元上的电感式接近开关

在选用和安装接近开关时，必须认真考虑检测距离、设定距离，保证生产线上的传感器可靠动作。其安装距离如图1-16所示。

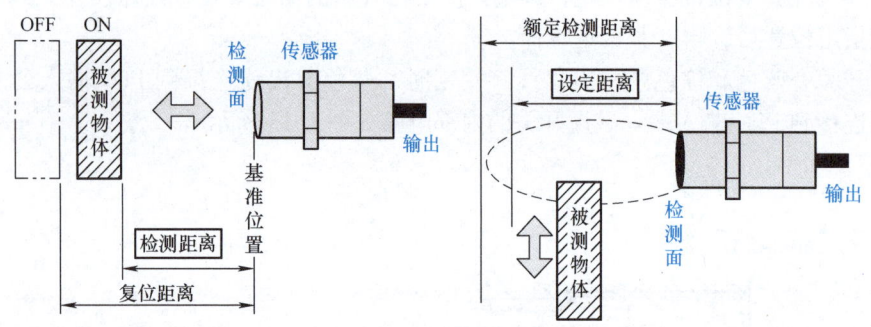

图1-16 安装距离

3. 光电式接近开关（光电开关）

（1）光电式接近开关的类型　光电传感器是利用光的各种性质，检测物体有无和表面状态变化等的传感器。其中，输出形式为开关量的光电传感器称为光电式接近开关。

光电式接近开关主要由光发射器和光接收器构成。如果光发射器发射的光线因被测物体不同而被遮掩或反射，到达光接收器的光量将会发生变化。光接收器的敏感元件将检测出这种变化，并将其转换为电信号进行输出。大多使用可见光（主要为红色，也用绿色、蓝色）和红外光。

按照光接收器接收光的不同方式，光电式接近开关可分为对射式、回归反射式和漫反射式三种，如图1-17所示。

对射式光电开关的光发射器和光接收器在结构上相互分离，分别处于相对的位置上工作，根据光信号的有无判断信号是否进行输出改变，常用于检测不透明的物体。

回归反射式光电开关的光发射器和光接收器是一体化结构，在其相对的位置上安置一个反射镜，光发射器发出的光以反光镜是否有反射光被光接收器接收来判断有无物料。

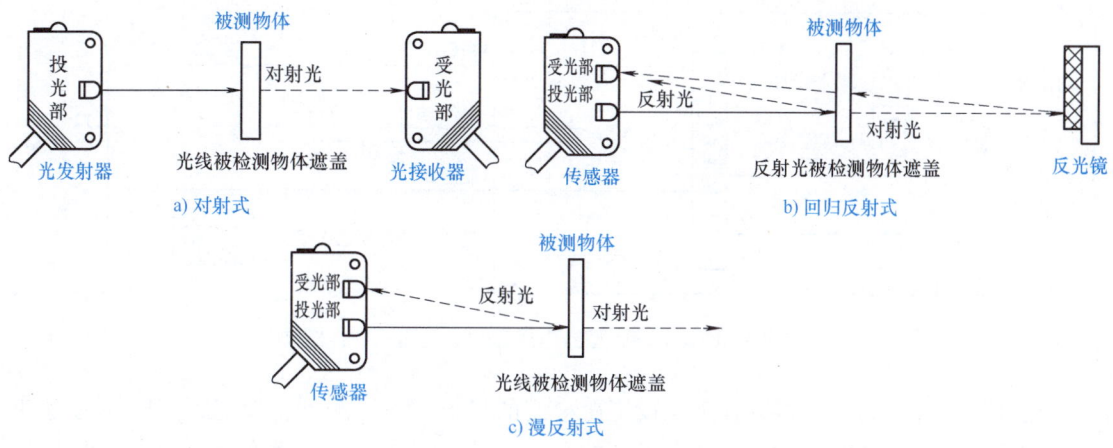

图 1-17　光电式接近开关的类型

漫反射式光电开关的光发射器和光接收器处于同一侧位置，且为一体化结构，利用光照射到被检测物体上反射回来的光线而工作。由于物体反射的光线为漫反射光，故称为漫反射式光电开关。工作时，光发射器始终发射检测光，若接近开关前方一定距离内没有物体，则没有光被反射到接收器，接近开关处于常态而不动作；反之，若接近开关的前方一定距离内出现物体，只要反射回来的光强度足够，则接收器接收到足够的漫反射光就会使接近开关动作而改变输出状态。

（2）供料单元使用的漫反射式光电开关

1）在供料单元中用来检测工件不足或工件有无的漫反射式光电接近开关选用欧姆龙公司的 E3Z－LS63 型光电接近开关。该光电开关是一种小型、可调节检测距离、放大器内置的漫反射式光电接近开关，具有光束细小（光点直径约为 2mm）、可检测同等距离的黑色和白色物体、检测距离可精确设定等特点。该光电接近开关的外形和顶端面上的调节旋钮和指示灯如图 1-18 所示。

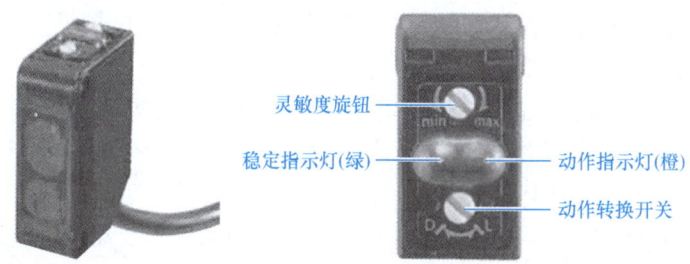

图 1-18　E3Z－LS63 型光电接近开关的外形和调节旋钮、指示灯

E3Z－LS63 型光电接近开关有 BGS（背景抑制模式）和 FGS（前景抑制模式）两种检测模式供用户选择。当检测物体远离背景时，选择 BGS 功能；在检测物体与背景接触或检测物体是光泽物体等情况下，选择 FGS 功能。E3Z－LS63 型光电接近开关电路原理框图如图 1-19 所示，该光电接近开关有 4 根引出线，除电源进线、信号输出线（NPN 型晶体管集电极开路输出）外，粉红色引出线用于选择检测模式，若开路或连接到 0V，选择 BGS 模式，若连接到 +V，则选择 FGS 模式。YL－335B 自动化生产线上所使用的 E3Z－LS63 型光电接近开关粉红色引出线均开路，即选择 FGS 模式。

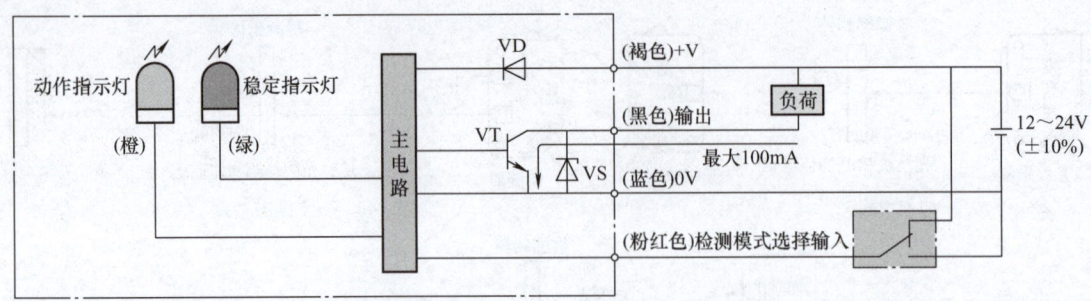

图 1-19　E3Z－LS63 型光电接近开关电路原理框图

在 BGS 模式下，光电接近开关至设定距离间的物料可被检测到，设定距离以外的物料不能被检测到，从而实现检测料仓内工件的目的。设定距离通过灵敏度旋钮设定，设定方法：在料仓中放入工件，将灵敏度旋钮沿逆时针方向旋到最小检测距离"min"（约 20mm），然后沿顺时针方向逐步旋转旋钮，直到橙色动作指示灯稳定地点亮（受光动作模式）。

注意：灵敏度旋钮只能旋转 5 圈，超过就会空转，调整距离时须逐步轻微旋转。

动作转换开关用来选择光电接近开关的动作输出模式：当受光元件接收到反射光时，输出为 ON（橙色灯亮），称为受光动作（Light）模式；另一种动作输出模式是在未能接收到反射光时输出为 ON（橙色灯亮），称为遮光动作（Drag）模式。即当此开关沿顺时针方向充分旋转时（L 侧），则进入检测（ON）模式；当此开关沿逆时针方向充分旋转时（D 侧），则进入检测（OFF）模式。实际使用时，选择哪一种检测模式取决于编程者的思路。

例如，在供料单元中，管形料仓第一层（最底层）和第四层工件位置分别安装了漫反射式光电接近开关，若均选择受光动作模式，当料仓没有工件时，两个光电接近开关的投光器发出去的检测光始终没有被反射到受光器，所以两个接近开关均不动作；而当料仓有 1~3 个工件时，第一层的光电接近开关发射的检测光被反射到受光器，所以有动作，输出为 ON，而第四层的光电接近开关没有接收到反射光而不动作，输出为 OFF，此时表明系统处于料不足状态。可见，料仓中有无物料和物料是否足够可以用这两个光电接近开关的信号状态反映出来。若选择遮光动作模式，则正好相反。

状态指示灯中有一个稳定显示灯（绿色 LED），用来对设置后的环境变化（温度、电压、灰尘等）裕度进行自我诊断，如果裕度足够，指示灯点亮；反之，若该指示灯熄灭，则说明现场环境不合格，应从环境方面排除故障，如温度过高、电压过低、光线不足等。

2）用来检测物料台上有无物料的光电开关是一个圆柱形漫反射式光电开关，工作时向上发出光线，从而透过小孔检测是否有工件存在，该光电开关选用德国 SICK 公司 MHT15－N2317 型产品，其外形如图 1-20 所示。

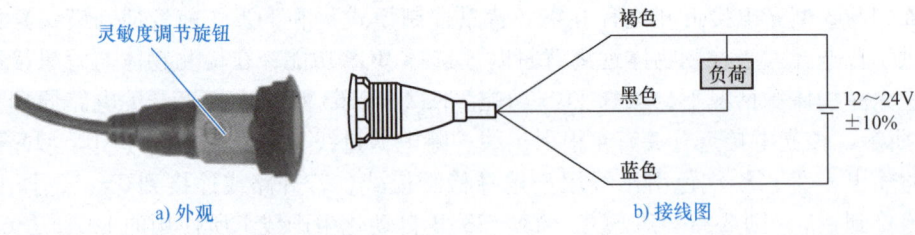

a）外观　　　　　　　　　　　　b）接线图

图 1-20　圆柱形漫反射式光电开关

4. 接近开关的图形符号

接近开关的图形符号如图 1-21 所示。图 1-21a～c 均使用 NPN 型晶体管集电极开路输出。如果使用 PNP 型，则正负极性应反过来。

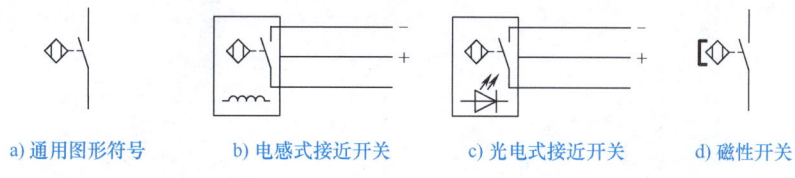

　a) 通用图形符号　　b) 电感式接近开关　　c) 光电式接近开关　　d) 磁性开关

图 1-21　接近开关的图形符号

三、供料单元的拆装

1. 任务目标

1）将供料单元拆开成组件和零件的形式，学会正确使用拆装工具。
2）将供料单元组件和零件组装成原样，掌握该单元的正确安装步骤。
3）学会机械部分的装配、气路的连接与调整及电气接线。

2. 供料单元装置侧的拆卸

1）松开底板紧固螺钉，拆下总进气管，将供料单元搬到拆装工作台。
2）拆卸气路、电磁阀组。
3）依次拆卸接线端子及端子上的导线、端子卡座、线槽、底座等。
4）将供料单元机械部分拆成组件。
5）将各组件拆成散件，并将拆卸下的零配件整理整齐。

供料单元的安装

3. 供料单元的安装步骤和方法

（1）机械部分的安装　机械部分的安装是供料单元安装的基础，应按照"零件—组件—组装"的顺序进行安装。用螺栓把装配好的组件连接为整体，再用橡胶锤把管形料仓敲入料仓底座中，然后在相应的位置上安装传感器（磁性开关、光电式接近开关和电感式接近开关），最后把电磁阀组件和电气接线端子排组件安装在底板上。

1）把供料站各零件组合成整体安装时的组件。

供料单元组件包括：铝合金型材支承架组件、料仓底座及出料台组件和推料机构组件。各组件装配牢固后，将两个气缸上的磁性开关安装上位，不需要紧固，以便下一步进行调试。各组件装配过程见表 1-1。

表 1-1　供料单元各组件装配过程

组件名称及外观	组件装配过程
铝合金型材支承架组件	

（续）

组件名称及外观	组件装配过程
料仓底座及出料台组件	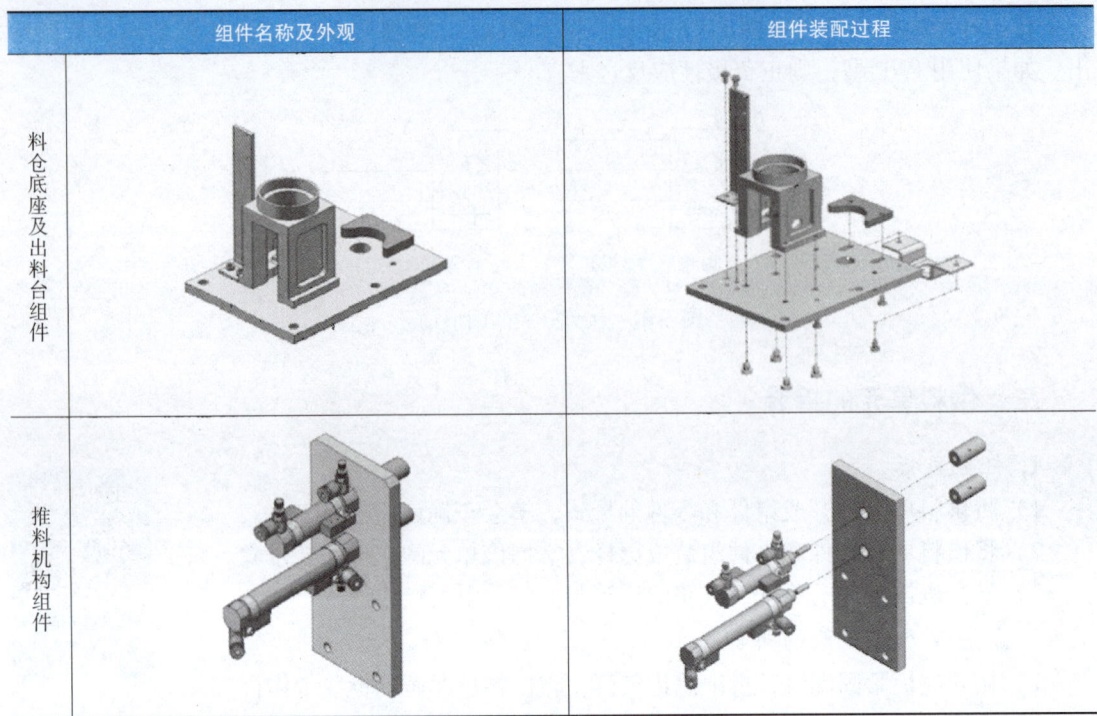
推料机构组件	

2）如图1-22所示，将装配好的各组件用螺栓连接为总体，再用橡胶锤把管形料仓敲入料仓底座。

3）机械部分装配完成后，在料仓底座及出料台组件的传感器支架上安装料不足及缺料检测光电传感器、在料仓底座传感器安装孔处安装电感式传感器，再将连接好供料单元机械部分及电磁阀组、接线端子排固定在底板上。

4）完成装置侧机械部分和各传感器的安装后，固定底板，完成供料单元装置侧的安装。

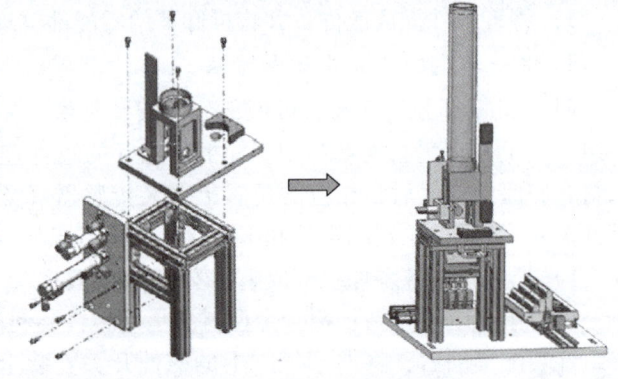

图1-22　供料单元总装图

安装机械部分时应注意以下几点：

① 装配铝合金型材支承架时，注意调整好各边的平行及垂直度，锁紧螺栓。

② 对于气缸安装板和铝合金型材支承架的连接，须预先在特定位置的铝型材T形槽中放置与之相配的螺母。如果没有放置螺母或没有放置足够多的螺母，将造成无法安装或安装不可靠。

③ 在底板上固定机械机构时，须将底板移动到操作台的边缘，螺栓从底板的反面拧入，将底板和机械机构部分的支承型材连接起来。

（2）气动元件（气路）的连接

1）单向节流阀应分别安装在气缸的工作口上，并缠好密封带，以免运行时漏气。

2）单电控二位五通电磁换向阀的进气口和工作口应安装好快速接头，并缠好密封带，以免运行时漏气。

3）气动汇流排的排气口应安装好消声器，并缠好密封带，以免运行时漏气。

4）气动元件对应气口之间用塑料气管进行连接，做到安装美观，气管不交叉且保持气路畅通。

安装气路系统时应注意以下几点：

① 一个电磁阀工作口连接的两根气管应与一个气缸工作口实现对应连接。

② 气管插入快速接头时，确保不能随意拉出，且保证气管连接处无漏气现象。

③ 从快速接头拔出气管时，要先用左手按下快速接头上的伸缩件，右手轻轻拉出气管。

④ 连接气管时，进、出气管最好使用不同颜色，以便于识别。

⑤ 气管的连接要做到走线整齐、美观，不能交叉、打折，扎带绑扎距离保持在4~5cm为宜。

（3）气路调试　供料单元气动系统的调试主要是针对气缸的运行情况进行的。其调试方法如下。

1）通过手动控制单电控电磁换向阀上的手控开关和加锁钮，验证顶料气缸和推料气缸的初始位置和动作位置是否正确。在气缸运行过程中检查各气管的连接处是否有漏气现象，是否存在气管不畅通现象。

2）调整气缸节流阀以控制活塞杆的往复运动速度，伸出速度以不推倒工件为准。

（4）传感器的安装

1）磁性开关的安装。供料单元中顶料气缸和推料气缸的非磁性体活塞上安装了一个永久磁铁的磁环，随着气缸的移动，气缸的外壳上产生了一个能反映气缸位置的磁场，安装在气缸外侧极限位置上的磁性开关可在气缸活塞移动时检测出位置（磁性开关受磁场的影响而输出触点闭合信号）。安装磁性开关时，先将其套接在气缸上并定位在极限位置，然后旋紧紧固螺钉。

2）光电式接近开关的安装。供料单元中的光电式接近开关主要用于物料台上的物料检测、物料不足及有无检测。安装时，应注意其机械位置，特别是安装物料台物料检测传感器时，应注意光电式接近开关与工件中心透孔的位置错开，避免因光的穿透无反射信号而导致信号错误。

3）电感式接近开关的安装。供料单元中电感式接近开关安装在料仓底座的侧面，用于检测金属工件，安装时，应注意传感器与工件的位置。

安装传感器时应注意以下几点：

① 安装磁性开关时应注意位置和紧固可靠性。

② 磁性开关必须与气缸配合使用。

③ 安装光电式接近开关时应注意安装位置的调整、接线颜色及灵敏度调整的适度。

④ 安装电感式接近开关时要注意安装距离和接线的颜色。

（5）装置侧电气接线及工艺要求　电气接线包括供料单元装置侧各传感器、电磁阀等引线到装置侧接线端口之间的接线。该单元装置侧接线端口的接线端子采用三层端子结构，详见图0-11。

供料单元装置侧接线端口上各传感器和电磁阀信号端子的分配见表1-2。

表 1-2 供料单元装置侧接线端口信号端子的分配

输入端口中间层			输出端口中间层		
端子号	设备符号	信号线	端子号	设备符号	信号线
2	1B2	顶料到位检测	2	1YV	顶料电磁阀
3	1B1	顶料复位检测	3	2YV	推料电磁阀
4	2B2	推料到位检测	4		
5	2B1	推料复位检测	5		
6	SC1	物料台物料检测	6		
7	SC2	物料不足检测	7		
8	SC3	物料有无检测	8		
9	SC4	金属工件检测	9		
10#~17#端子没有连接			4#~14#端子没有连接		

1）磁性开关的接线。磁性开关为两线式传感器，连线时，4 个磁性开关（1B1、1B2、2B1、2B2）的棕色线分别与供料单元装置侧输入端口中间层 2~5 号端子（见表1-2）连接，蓝色线分别与该端口下层相应端子相连。

2）光电式接近开关的接线。光电式接近开关为三线式传感器，连线时，三个光电式接近开关（SC1~SC3）的黑色线分别与供料单元装置侧输入端口中间层 6~8 号端子（见表1-2）连接，褐色线分别与该端口上层相应端子连接，蓝色线分别与该端口下层相应端子连接。

3）电感式接近开关的接线。电感式接近开关也是三线式传感器，连线时，SC4 的黑色线与供料单元装置侧输入端口中间层 9 号端子（见表1-2）连接，棕色线与该端口上层相应端子连接，蓝色线与该端口下层相应端子连接。

4）电磁阀的接线。电磁阀对外引出两根线，连线时，两个电磁阀（1YV、2YV）的蓝色线分别与供料单元装置侧输出端口中间层 2、3 号端子（见表1-2）连接，红色线分别与该端口上层相应端子连接。

电气接线时应注意以下几点：

① 一定要遵守安全规则，并严格按照电气图连接。

② 在装置侧接线端口中，输入端口的上层端子（+24V）只能作为传感器的正电源端。电磁阀等执行元件的正电源端应连接到输出端口上层端子（+24V）的相应端子上。

③ 接线端子上的螺钉紧固时用力要适度，以免卡住。

④ 电气接线的工艺应符合国家职业标准的规定，例如，连线要横平竖直，转弯处有一定的转弯半径；导线连接到端子时，采用压紧端子压接方法；连接线须有符合规定的标号；每一端子连接的导线不超过两根等。

⑤ 装置侧接线完成后，应用扎带绑扎，力求整齐美观。

4. 检查调试

1）调整气动部分，检查气路是否正确、气压是否合理、气缸的动作速度是否合适。

2）检查各传感器安装是否合理、灵敏度是否合适，确保检测的可靠性。

四、供料单元的编程与运行

（一）工作任务

本任务只考虑供料单元作为独立设备运行时的情况。供料单元工作的主令信号和工作状态显示信号来自 PLC 旁边的按钮/指示灯模块，且按钮/指示灯模块的工作方式选择开关（单机/全线转换开关）SA 应置于"单站方式"位置。

1. 控制要求

1) 设备上电、气源接通后,若供料单元的两个气缸均处于缩回位置,且料仓内有足够的待加工工件,则"正常工作"指示灯 HL1 常亮,表示设备已准备好;否则,该指示灯以 1Hz 的频率闪烁。

2) 若设备已准备好,按下起动按钮,供料单元起动,"设备运行"指示灯 HL2 常亮。起动后,若物料台上没有工件,则应把工件推到物料台上。物料台上的工件被人工取出后,若没有停止信号,则进行下一次推出工件操作。

3) 如果在运行中按下停止按钮,则在完成本工作周期任务后,工作单元停止工作,指示灯 HL2 熄灭。

4) 如果运行中料仓内工件不足,则供料单元继续工作,但"正常工作"指示灯 HL1 以 1Hz 的频率闪烁,"设备运行"指示灯 HL2 保持常亮。若料仓内没有工件,则指示灯 HL1 和 HL2 均以 2Hz 频率闪烁,工作单元在完成本周期任务后停止工作,在料仓补足工件前,工作单元不能再起动。

2. 要求完成的任务

1) 规划 PLC 的 I/O 分配与接线图。
2) 系统安装接线。
3) 按控制要求编制 PLC 程序。
4) 调试与运行。

(二) PLC 的 I/O 分配与接线图

1. I/O 分配

供料单元 PLC 的 I/O 分配见表 1-3。

表 1-3 供料单元 PLC 的 I/O 分配

输入信号				输出信号			
序号	PLC 输入点	信号名称	信号来源	序号	PLC 输出点	信号名称	信号来源
1	X000	顶料到位检测	装置侧	1	Y000	顶料电磁阀	装置侧
2	X001	顶料复位检测		2	Y001	推料电磁阀	
3	X002	推料到位检测		3	Y002		
4	X003	推料复位检测		4	Y003		
5	X004	物料台物料检测		5	Y004		
6	X005	物料不足检测		6	Y005		
7	X006	物料有无检测		7	Y006		
8	X007	金属工件检测		8			
9	X010			9	Y007	正常工作指示	按钮/指示灯模块
10	X011			10	Y010	设备运行指示	
11	X012	停止按钮	按钮/指示灯模块	11	Y011	报警指示	
12	X013	起动按钮					
13	X014	急停开关(未用)					
14	X015	单机/全线转换开关					

2. I/O 接线图

根据供料单元 I/O 点数及工作任务的要求,该单元 PLC 选用三菱 FX_{3U}-32MR,为 16 点输入和 16 点输出继电器输出型。该单元 I/O 接线图如图 1-23 所示。图中,各传感器由外部

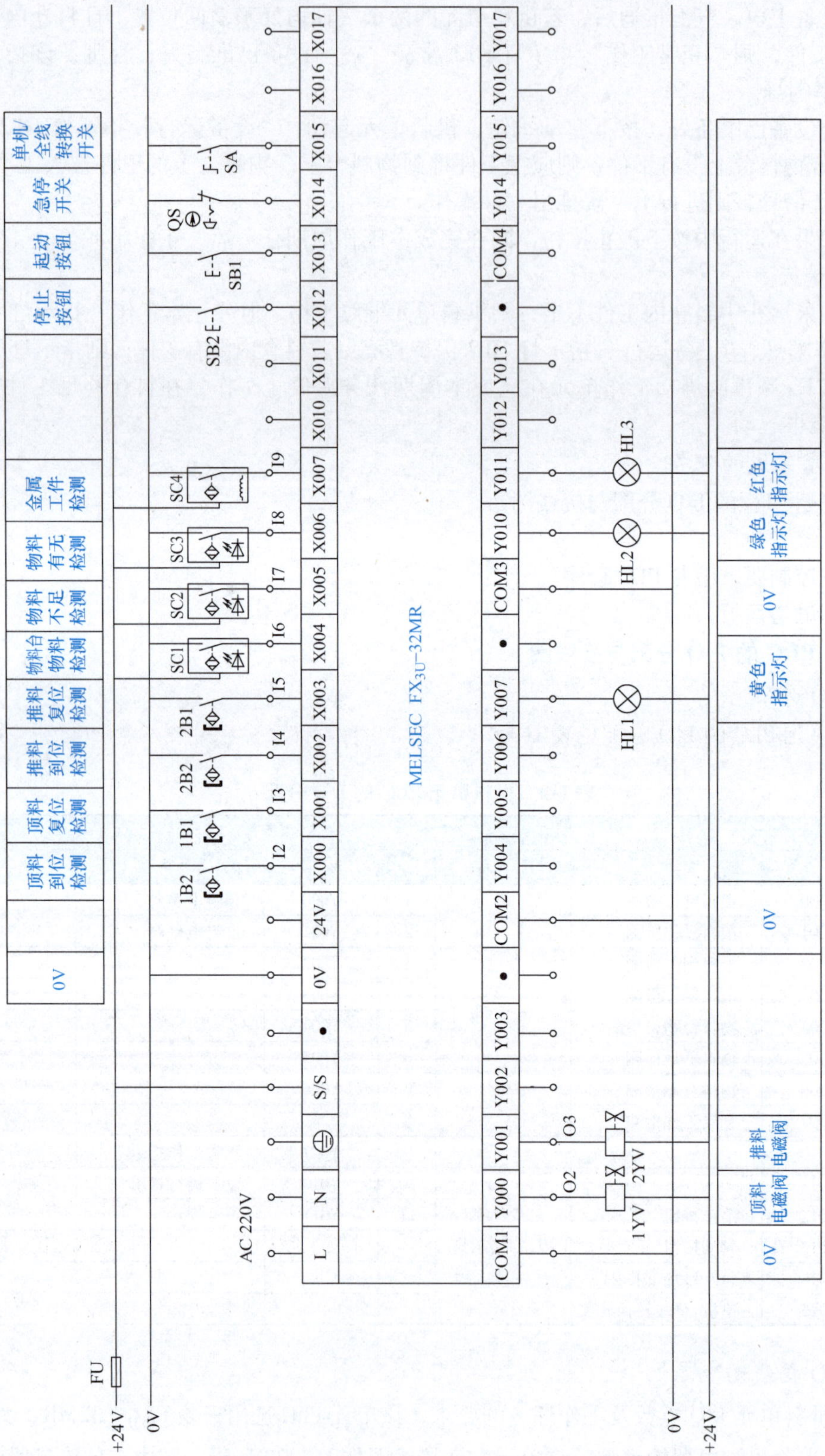

图 1-23 供料单元 PLC 的 I/O 接线图

直流电源供电，未使用 PLC 内置的 DC 24V 传感器电源。YL‑335B 自动化生产线各工作单元均采用这种方式，其他各单元将不再说明。

(三) PLC 的安装与接线

首先，将 PLC 安装在导轨上，然后进行 PLC 侧接线，包括电源接线、PLC 输入/输出端子接线及按钮/指示灯模块接线三部分。

根据图 1-23，将 PLC 输入端的 L、N 端子与交流电源的相线和中性线连接，S/S、0V 端与直流电源的 +24V 端和 0V 端连接。在进行 PLC 输入/输出端子接线时，PLC 侧部分接线端子排为双层两列端子（详见图 0-12），左边较窄的一列主要接 PLC 的输出端子，右边较宽的一列接 PLC 的输入端子。两列中的下层分别接直流电源 +24V 和 0V。左列上层接 PLC 的输出端子，右列上层接 PLC 的输入端子。按钮/指示灯模块中的按钮、选择开关、急停开关接线端子分别连接至 PLC 的输入端子，信号指示灯端子接至 PLC 的输出端子。

在进行 PLC 接线时，一定要依据表 1-2 和图 1-23 进行。PLC 侧输入/输出端子的上层端子与装置侧输入/输出端子的中间层端子编号是一一对应的。接线完成后，用多芯信号电缆将供料单元装置侧输入/输出端子与该单元 PLC 侧输入/输出端子互连。

进行 PLC 接线时应注意以下几点：
1) PLC 接线应使用合适的导线及接线护套。
2) PLC 的 I/O 接线要与动力线可靠隔离。
3) PLC 每个电气连接点上的连线应不超过两根。
4) PLC 的 I/O 点与外部器件连接时要使用接线端子。
5) PLC 输出点连接感性负载时要配备浪涌保护电路。

(四) PLC 程序的编制

供料单元的程序主要由两部分组成：一部分是主程序；另一部分是状态指示子程序。主程序是一个周期循环扫描的程序，包括初始状态检查、系统起动与停止及供料控制。主程序在每一扫描周期都调用状态指示子程序，仅在运行状态已经建立时才可能进入供料控制过程。

PLC 上电后，应首先进入初始状态检查阶段，确认系统已经准备就绪后才允许投入运行，这样可及时发现问题，避免出现事故。例如，若两个气缸在上电和气源接入时不在初始位置（这是气路连接错误的缘故），显然是不允许系统投入运行的。PLC 控制系统往往有这种常规要求。供料单元运行的主要过程是供料控制，它是一个步进顺序控制过程。其顺序功能图如图 1-24 所示。

如果没有停止要求，顺序控制过程将周而复始地不断循环。常见的顺序控制系统的正常停止要求是：接收到停止指令后，系统在完成本工作周期任务（即返回到初始步）后复位，运行状态停止。当料仓中最后一个工件被推出后，将发生缺料报警。推料气缸复位到位，亦即完成本工作周期任务返回到初始步后，也应退出运行状态而停止。与正常停止不同的是，发生缺料报警而退出运行状态后，必须向料仓加入足够的工件，才能再按起动按钮使系统重新起动。

系统主程序梯形图如图 1-25 所示，图中略去了步进顺序控制程序的梯形图。读者可根据图 1-24 编制其梯形图。

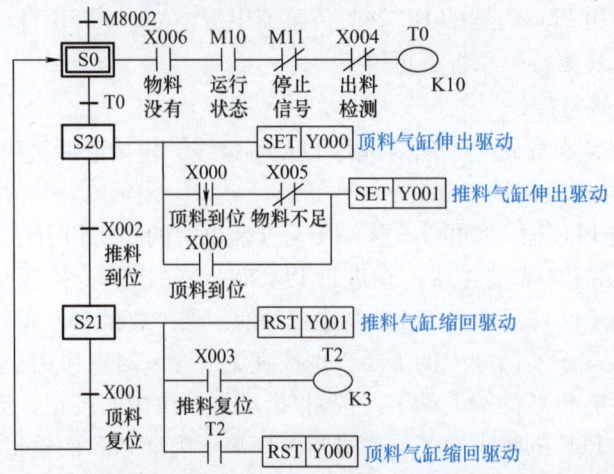

图 1-24 供料控制顺序功能图

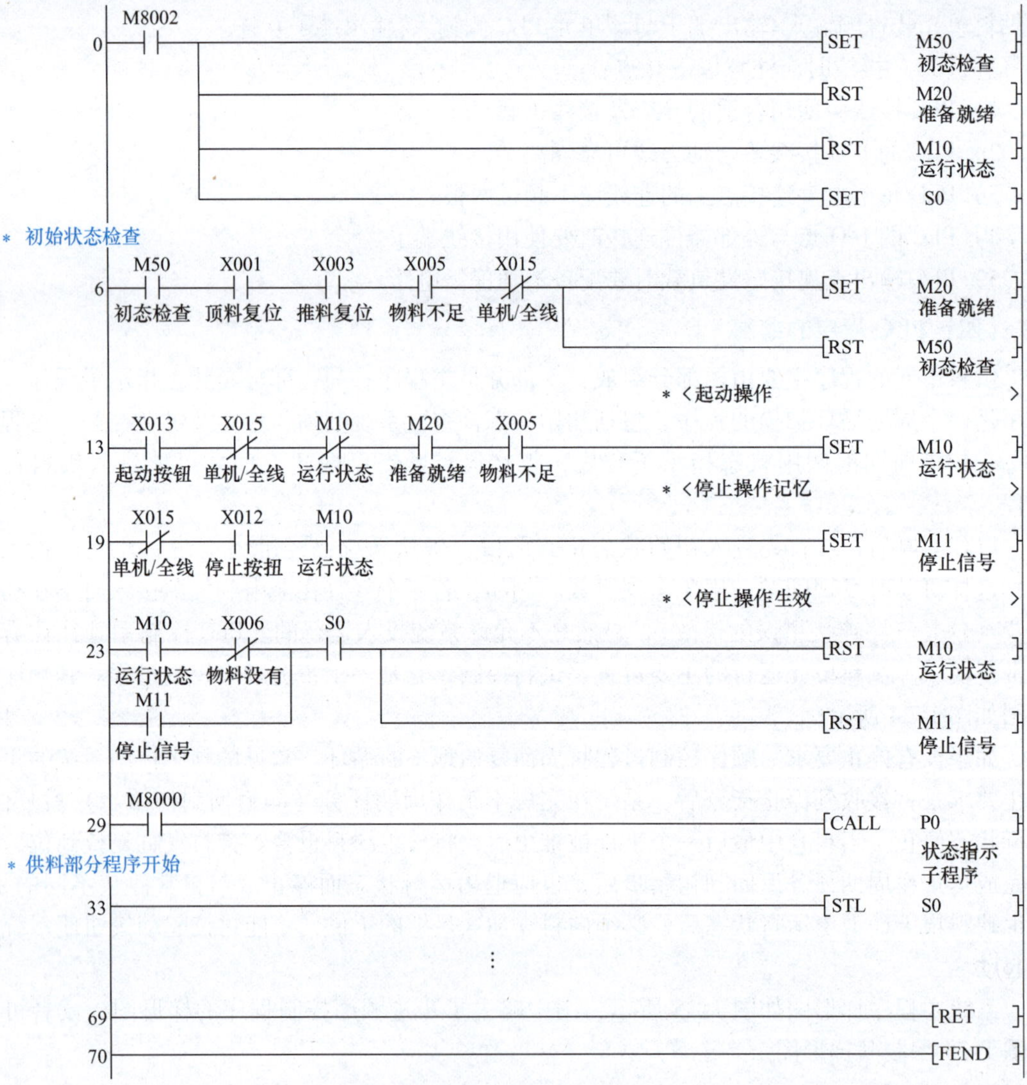

图 1-25 供料单元主程序梯形图

系统的工作状态可通过在每一扫描周期调用状态指示子程序实现，工作状态包括：是否准备就绪、运行/停止状态、工件不足预报警以及缺料报警等。供料单元状态指示子程序梯形图如图1-26所示。

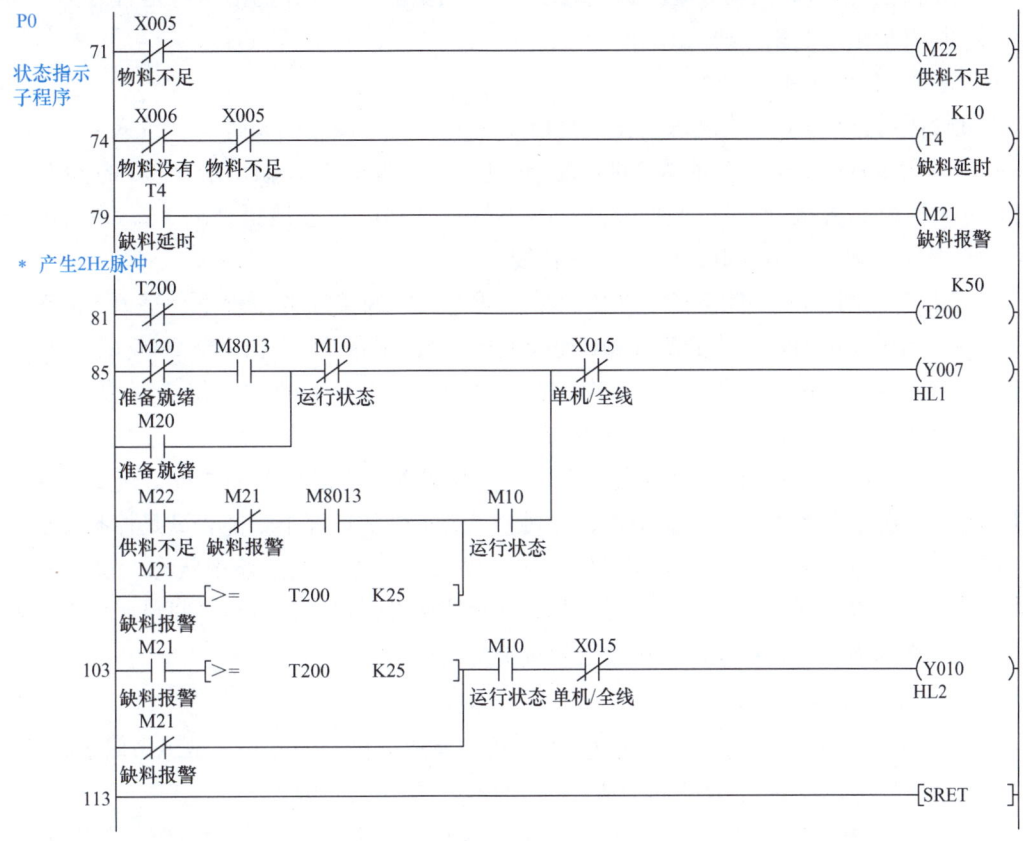

图1-26　供料单元状态指示子程序梯形图

（五）调试与运行

1）调整气动部分，检查气路是否正确、气压是否合理、气缸的动作速度是否合适。

2）检查磁性开关的安装位置是否正确、磁性开关工作是否正常。

在供料单元通电、气源接通的条件下，用手拉动顶料气缸活塞杆（伸出/缩回）和推料气缸活塞杆（伸出/缩回），观察PLC输入端X000～X003的LED是否点亮，若不亮，则应检查磁性开关的安装位置及接线。

3）检查I/O接线是否正确。

4）检查光电式接近开关安装是否合理、距离设定是否合适，保证检测的可靠性。

在供料单元通电、气源接通的条件下，模拟物料台物料检测、物料不足检测、物料有无检测等工况，观察PLC输入端X004～X006的LED是否点亮，若不亮，则应检查光电式接近开关的安装位置及接线。

5）按钮/指示灯的功能测试。

① 按钮的功能测试。为供料单元通电，用于按下停止按钮、起动按钮、急停开关、单机/全线转换开关，观察PLC输入端X012～X015的LED是否点亮，若不亮，则应检查对应

② 指示灯的功能测试。为供料单元通电，进入 GX Works2 编程软件，利用软件的强制功能分别将 PLC 的 Y007、Y010、Y011 置 1，观察 PLC 的输出端 Y007、Y010、Y011 的 LED 是否点亮，按钮/指示灯模块对应的黄色指示灯、绿色指示灯、红色指示灯是否点亮，若不亮，则应检查指示灯及连接线。

6）气动元件的功能测试。

① 顶料电磁阀 1YV 功能测试。在供料单元通电、气源接通的条件下，进入 GX Works2 编程软件，利用软件的强制功能为 Y000 通/断电一次，观察 PLC 输出端 Y000 的 LED 是否点亮、顶料气缸是否执行伸出/缩回动作，若不执行，则应检查顶料气缸 1A、顶料电磁阀 1YV 的气路连接部分及顶料电磁阀 1YV 的接线。

② 推料电磁阀 2YV 功能测试。在供料单元通电、气源接通的条件下，进入 GX Works2 编程软件，利用软件的强制功能为 Y001 通/断电一次，观察 PLC 输出端 Y001 的 LED 是否点亮、推料气缸是否执行伸出/缩回动作，若不执行，则应检查推料气缸 2A、推料电磁阀 2YV 的气路连接部分及推料电磁阀 2YV 的接线。

7）运行程序，检查动作是否满足任务要求。调试各种可能出现的情况，例如，在料仓工件不足的情况下，系统能否可靠工作；在料仓没有工件的情况下，能否满足控制要求。

在运行程序过程中，可以利用编程软件在编程界面将程序调至监视状态。观察 PLC 程序的能流状态，以此判断程序正确与否，并有针对性地进行修改，直至供料单元按工艺要求运行。这里特别强调的是程序每次修改后须重新写入 PLC。

（六）问题与思考

1）总结检查气动连线与传感器接线、I/O 检测及故障排除的方法。试思考以下问题：

① 如果气缸活塞杆伸出或缩回的速度过于缓慢，是什么原因？

② 如果把光电式接近开关的动作转换开关切换到 Drag 模式，应如何编制控制程序？

2）试分析供料单元缺料信号延时发出的原因。

3）如果按钮/指示灯模块中一个按钮用作其他用途，试编写只用一个按钮实现设备起动和停止的程序。

注：用一个按钮实现设备起动和停止的程序是一个典型的程序，实现方法有多种，下面举几个例子说明。

① 用置位（SET）指令和复位（RST）指令实现，梯形图程序如图 1-27a 所示。

② 用自锁回路实现，梯形图程序如图 1-27b 所示。

③ 用交替输出（ALT）指令实现，梯形图程序如图 1-27c 所示。

④ 用计数器实现，梯形图程序如图 1-27d 所示。

显然，用交替输出指令编制的程序所需的步数最少，但在某些情况下，如系统有紧急停止的要求，在紧急复位后继续运行，这时使用置位指令和复位指令会更方便。

图 1-27a、b 都使用了上升沿触发，且都使用了中间变量 M1，试分析其原因。

4）试用位移位指令编制供料单元供料控制的梯形图。

5）如果要求供料单元推出金属工件的个数达到 5 个后，本单元立即停止运行，程序应如何编制？

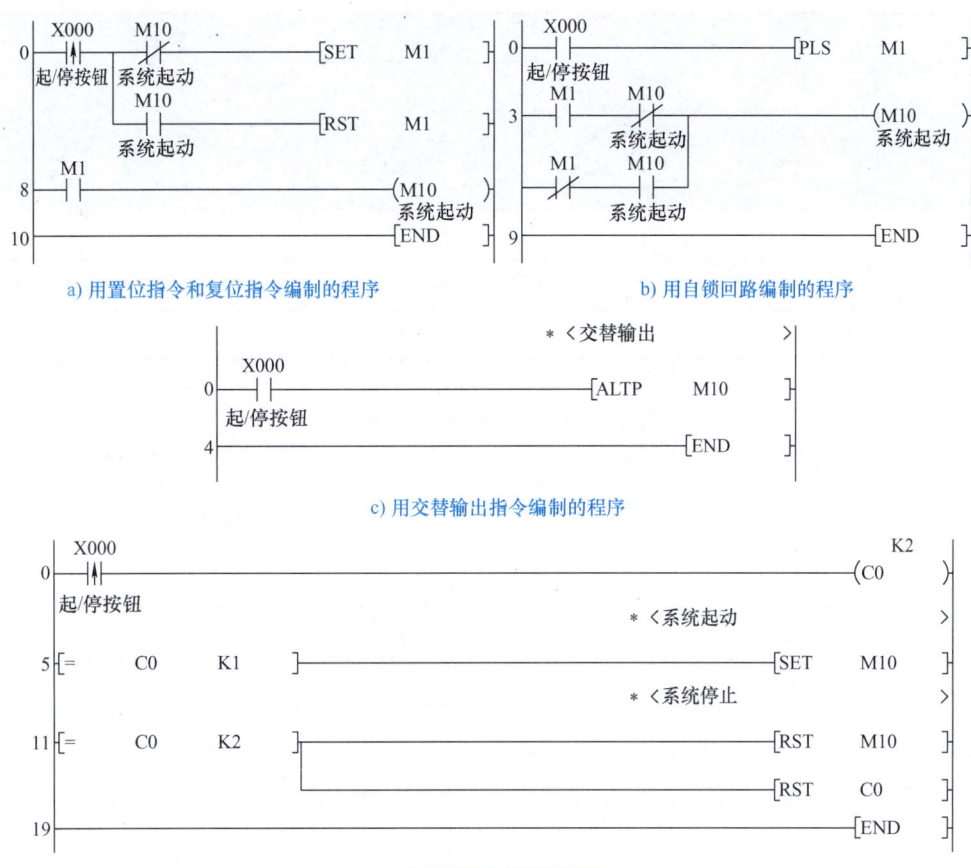

图 1-27　用一个按钮实现设备起动和停止的程序

6）当料仓内只剩下一个工件时，如何使顶料气缸不动作，而只有推料气缸动作，从而把工件推到物料台上？

7）若供料控制要求改为：起动后，如果物料台上无工件，只有收到请求供料信号（可用 SB2 模拟）时，才把工件推到物料台上，控制程序应如何编写？

五、任务实施与考核

（一）任务实施

基于供料单元单站运行，要求学生以小组（2~3 人）为单位，完成机械部分、传感器、气路等的拆装，电气部分接线，PLC 程序编制及单元的调试运行。

学生应完成的成果清单如下：

1）供料单元拆装与调试工作计划。

2）气动回路原理图。

3）PLC I/O 接线图。

4）梯形图。

5）任务实施记录单，见表 1-4。

表1-4 任务实施记录单

课程名称	自动化生产线拆装与调试		
学习情境一	供料单元的拆装与调试		
实施方式	学生集中时间独立完成,教师检查指导		
序号	实施过程	出现的问题	解决的方法
实施总结			
班级		组号		姓名	
指导教师签字			日期	

(二)任务考核

填写任务考核评价表,见表1-5。

表 1-5 任务考核评价表

课程名称			自动化生产线拆装与调试				
学习情境一			供料单元的拆装与调试				
评价项目	内容	配分	要求		互评	教师评价	综合评价
实施过程	机械部分拆装与调整	20 分	能正确使用拆装工具完成机械部分的拆装,机械部分应动作顺畅协调,紧固件应无松动,辅助件应安装到位				
	气路部分拆装与连接	10 分	气动系统拆装正确,气动元件安装紧固,气路连接正确,无漏气现象,气缸运行顺畅平稳、动作速度合理				
	电气部分拆装与接线	10 分	PLC拆装正确,接线规范整齐,接线符合工艺要求(接线端口的导线应套上标号管,且标注规范,PLC侧所有端子接线必须采用压接方式),接线端子连接牢固,无松动现象,电气接线满足原理图要求				
功能测试	传感器功能测试	5 分	磁性开关、光电式接近开关调试能按控制要求正确动作				
	电磁阀功能测试	5 分	电磁阀能按控制要求正确动作				
	供料单元运行	10 分	初始状态正确,能正确完成供料控制,能正常起动、停止,料不足和缺料状态显示正确				
团队协作职业素养	分工与配合	5 分	任务分配合理,分工明确,配合紧密				
	职业素养	5 分	注重安全操作,工具及器件摆放整齐				
任务书及成果清单的填写	任务书	10 分	搜集信息,引导问题回答正确				
	工作计划	3 分	计划步骤安排合理,时间安排合理				
	材料清单	2 分	材料齐全				
	气动回路原理图	3 分	气动回路原理图绘制正确、规范				
	I/O 接线图	4 分	I/O 接线图绘制正确,符号规范				
	梯形图	4 分	程序正确				
	调试运行记录单	4 分	气动回路调试及单元运行调试过程记录完整、真实				
总评							
班级			姓名		组号		组长签字
指导教师签字					日期		

学习情境二

加工单元的拆装与调试

教学目标	知识目标	1. 熟悉加工单元的结构组成及工作过程 2. 掌握薄型气缸、气动手指等气动元件的功能及特性 3. 掌握磁性开关、光电式接近开关等的结构、特点及电气接口特性 4. 掌握用步进指令编制顺序控制程序的方法 5. 掌握用跳转指令或主控指令进行急停控制的程序编制
	能力目标	1. 会分析加工单元的工作过程 2. 能进行加工单元气路的连接及调整 3. 会进行加工单元传感器的安装接线,并能正确调试 4. 能进行程序的离线和在线调试 5. 会加工(冲压)机构、加工台及滑动机构、直线导轨等机械机构的安装与调整 6. 能在规定时间内完成加工单元的拆装与调整,根据控制要求完成程序的编制与调试,并能解决安装与运行过程中出现的问题
	素质目标	1. 通过加工单元的拆装培养学生细致工作、规范操作、一丝不苟、精益求精的工匠精神 2. 在加工单元的电气接线、程序编制及调试运行中,注重团队合作,有效沟通,发现问题并共同解决问题,形成团队意识,增强使命担当 3. 通过任务实施培养学生工程意识、安全意识、责任意识及创新意识
教学重点		气路的调整、传感器的调试、加工控制程序的编制
教学难点		传感器的调试、控制程序的编制与调试运行

一、加工单元的组成及工作过程

加工单元的功能是将待加工工件夹紧在加工台,并移送到加工区域冲压气缸的正下方,完成对工件的冲压加工,然后把加工好的工件重新送回进料位置。

加工单元由加工台及滑动机构、加工(冲压)机构、电磁阀组、接线端口、传感器、PLC模块及按钮/指示灯模块等组成。其装置侧结构如图2-1所示。

1. 加工台及滑动机构

加工台及滑动机构如图2-2所示。加工台用于固定待加工工件,并把工件移到加工(冲压)机构正下方进行冲压加工。它主要由气动手指、加工台伸缩气缸、直线导轨及滑块、

学习情境二 加工单元的拆装与调试

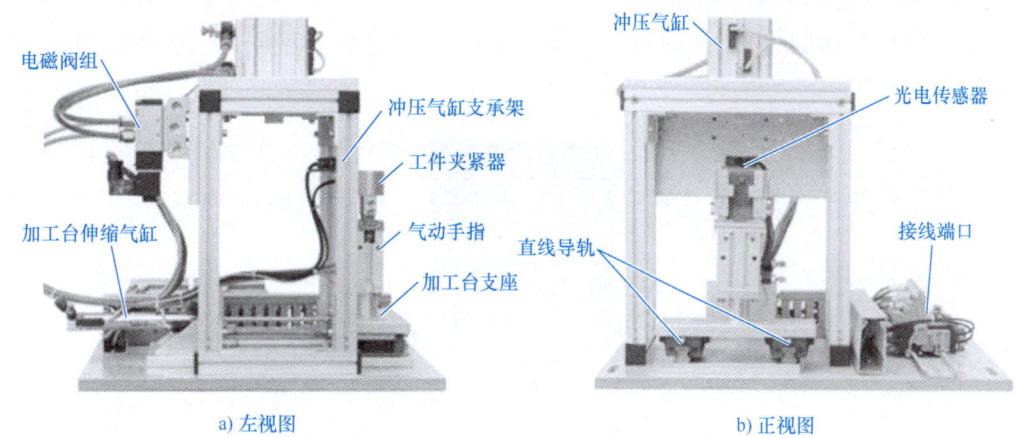

a) 左视图　　　　　　　　　　　b) 正视图

图 2-1　加工单元装置侧结构示意图

磁性开关、漫反射式光电开关等组成。

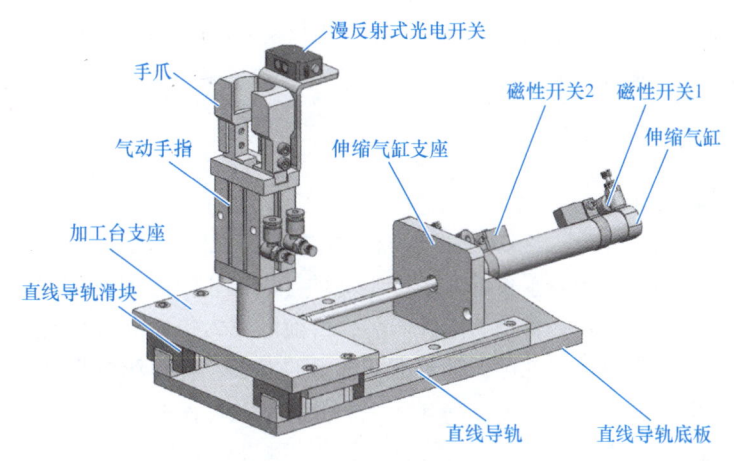

图 2-2　加工台及滑动机构

加工台及滑动机构在系统正常工作后的初始状态为加工台伸缩气缸伸出、气动手指张开。当输送机构把工件送到加工台上，物料检测传感器检测到工件后，PLC 控制程序驱动气动手指将工件夹紧→加工台回到加工区域冲压气缸下方→冲压气缸活塞杆向下伸出冲压工件→完成冲压动作后冲压气缸活塞杆向上缩回→加工台重新伸出→到位后，气动手指松开，完成工件加工工序，并向系统发出加工完成信号，为下一次工件加工做准备。

在加工台上安装一个漫反射式光电开关，用于检测来料情况。若加工台上没有工件，则漫反射式光电开关处于常态；若加工台上有工件，则漫反射式光电开关动作。该漫反射式光电开关的输出信号送到加工单元 PLC 的输入端，用以判别加工台上是否有工件需要进行加工。加工过程结束后，加工台伸出到初始位置。

加工台上安装的漫反射式光电开关选用 E3Z－LS63 型光电开关，该光电开关的原理、结构以及调试方法在学习情境一已介绍过，这里不再赘述。

加工台伸出和返回到位的位置是通过调整加工台伸缩气缸上两个磁性开关的位置来确定的。要求缩回到位位置位于加工冲压头正下方；伸出到位位置应与输送单元的机械手装置配合，确保输送单元的机械手装置能顺利地把待加工工件放到加工台上。

39

2. 加工（冲压）机构

加工（冲压）机构如图2-3所示。它主要用于对工件进行冲压加工，由冲压气缸、冲压头及安装板等组成。

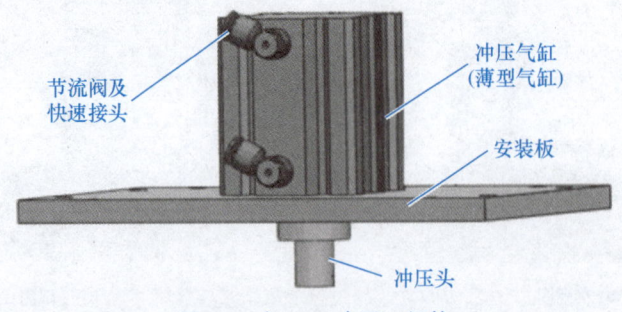

图2-3 加工（冲压）机构

当工件到达冲压位置即加工台伸缩气缸活塞杆缩回到位时，冲压气缸伸出，对工件进行加工，完成加工动作后，冲压气缸缩回，为下一次冲压做准备。

冲压头根据加工要求对工件进行冲压加工，冲压头安装在冲压气缸头部；安装板用于安装冲压气缸，对冲压气缸进行固定。

二、知识链接

（一）直线导轨简介

直线导轨是一种滚动导引，钢珠在滑块与导轨之间做无限滚动循环，使负载平台能沿导轨以高精度做直线运动，其摩擦系数可降至传统滑动导引的1/50，从而达到很高的定位精度。在直线传动领域，直线导轨副一直是关键性产品，目前已成为各种机床、数控加工中心、精密电子机械中不可缺少的重要功能部件。随着高新技术的发展，各种新类型和新功能的滚动直线导轨应运而生，并向智能化、高精度、高互换性、低成本及环保的方向发展。

直线导轨副通常按照滚珠与导轨和滑块的接触类型进行分类，主要有两列式和四列式两种。YL－335B自动化生产线均选用普通级精度的两列式直线导轨副，其接触角在运动中能保持不变，刚性也比较稳定。图2-4a为直线导轨副的截面示意图，图2-4b是装配好的直线导轨副。

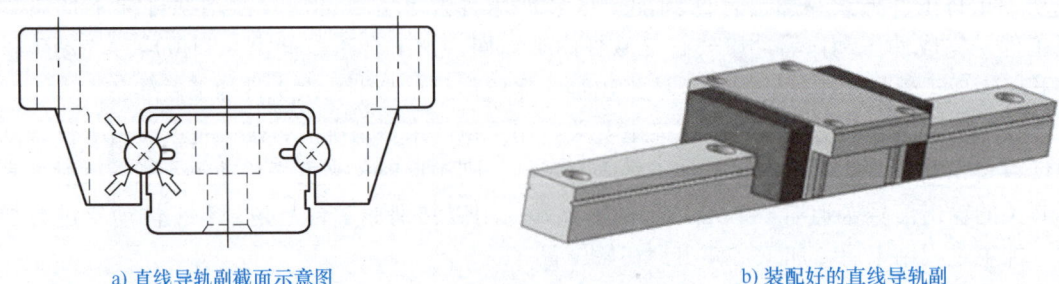

a) 直线导轨副截面示意图　　　　b) 装配好的直线导轨副

图2-4 两列式直线导轨副

安装直线导轨副时应注意：①要轻拿轻放，避免磕碰，防止影响直线导轨副的直线精度；②不要将滑块拆离导轨或超过行程后又推回去。

加工单元加工台的滑动机构由两个直线导轨副和导轨安装构成。安装滑动机构时，要注意调整两直线导轨的平行度。

(二) 加工单元的气动元件及气动原理图

加工单元所使用的气动元件包括标准直线气缸、薄型气缸和气动手指，下面介绍薄型气缸和气动手指。

1. 薄型气缸

薄型气缸属于省空间类型的气缸，即轴向或径向尺寸比标准气缸有较大减小的气缸，具有结构紧凑、重量轻及占用空间小等优点。图2-5是薄型气缸的实例图。

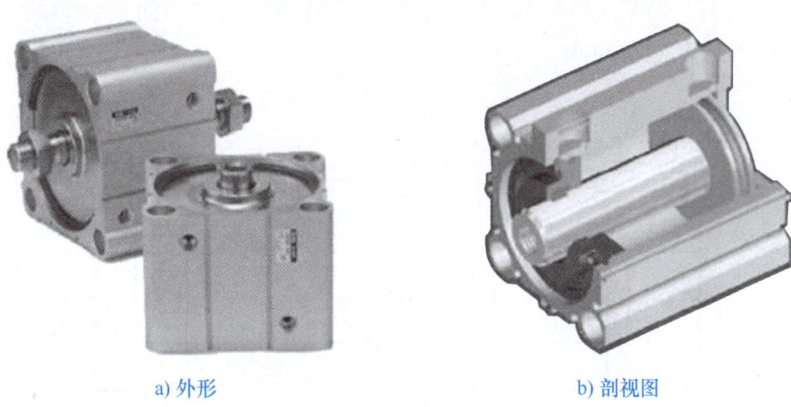

a) 外形   b) 剖视图

图2-5 薄型气缸实例图

薄型气缸的特点：缸筒与无杆侧端盖压铸成一体，无杆侧端盖用弹性挡圈固定，缸体为方形。这种气缸通常用于固定夹具和搬运时固定工件等。在YL-335B自动化生产线的加工单元中，采用薄型气缸进行冲压，主要是考虑到该气缸行程短的特点。

2. 气动手指

气动手指又称为手指气缸，俗称气爪，用于抓取、夹紧工件。气动手指通常有滑动导轨型、支点开闭型和回转驱动型等工作方式，如图2-6a所示。YL-335B自动化生产线的加工单元使用的是滑动导轨型，其工作原理如图2-6b、c所示。

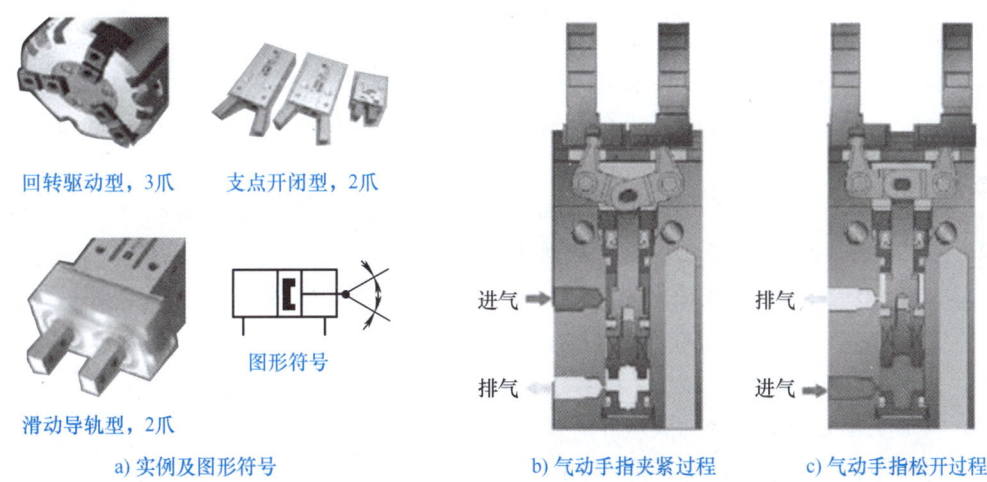

回转驱动型，3爪   支点开闭型，2爪

滑动导轨型，2爪

a) 实例及图形符号   b) 气动手指夹紧过程   c) 气动手指松开过程

图2-6 气动手指实例和工作原理

3. 气动控制回路原理图

加工单元的气动系统主要由气源、气动汇流排、气缸、单电控二位五通电磁换向阀、单向节流阀、消声器、快速接头和气管等组成。它们的主要作用是完成工件的夹紧和放松、加工台的伸出和缩回与冲压头的冲压和提起。

加工单元气动控制回路原理图如图2-7所示。其中，1A、2A和3A分别是冲压气缸、加工台伸缩气缸和气动手指。1B1 和 1B2 分别为安装在冲压气缸两个工作位置的磁性开关，2B1 和 2B2 分别为安装在加工台伸缩气缸两个工作位置的磁性开关，3B1 为安装在气动手指工作位置的磁性开关。1YV、2YV 和 3YV 分别为控制冲压气缸、加工台伸缩气缸和气动手指的单电控二位五通电磁换向阀。

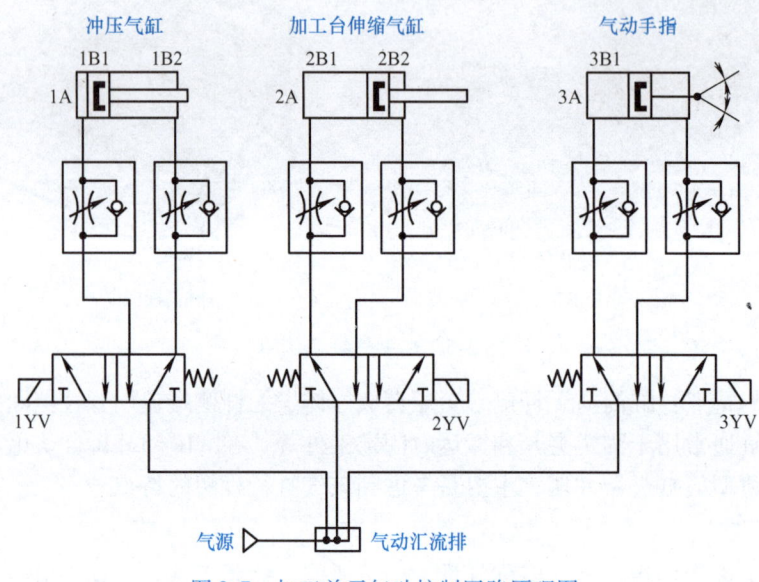

图2-7 加工单元气动控制回路原理图

三、加工单元的拆装

1. 任务目标

1）将加工单元的机械部分拆成组件和零件的形式，学会正确使用拆装工具。

2）将组件和零件组装成原样，掌握加工单元的正确安装步骤、调整方法与技巧。

3）学会机械部分的装配、气路的连接与调整及电气接线。

2. 加工单元装置侧的拆卸

1）松开底板紧固螺钉，拆下总进气气管，将加工单元搬到拆装工作台。

2）拆卸气路、电磁阀组。

3）依次拆卸接线端子及端子上的导线、端子卡座、线槽、底座等。

4）将加工单元机械部分拆成组件。

5）将各组件拆成散件，并将拆卸下的零配件整理整齐。

3. 加工单元的安装步骤和方法

（1）机械部分的安装　加工单元的装配过程包括加工机构组件装配和加工台滑动机构

组件装配两部分。加工机构组件装配包括支承架装配、冲压气缸与冲压头装配与冲压气缸安装到支承架上三步,其装配过程见表 2-1。

表 2-1 加工机构组件装配

步骤	过程示意
步骤一 支承架装配	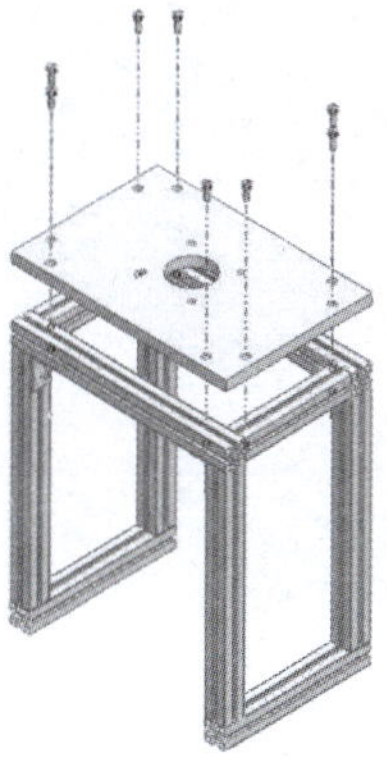
步骤二 冲压气缸与冲压头装配	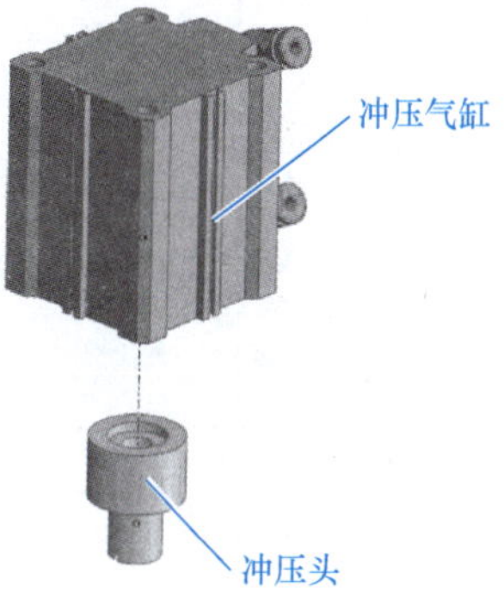 冲压气缸 冲压头
步骤三 冲压气缸安装到支承架上	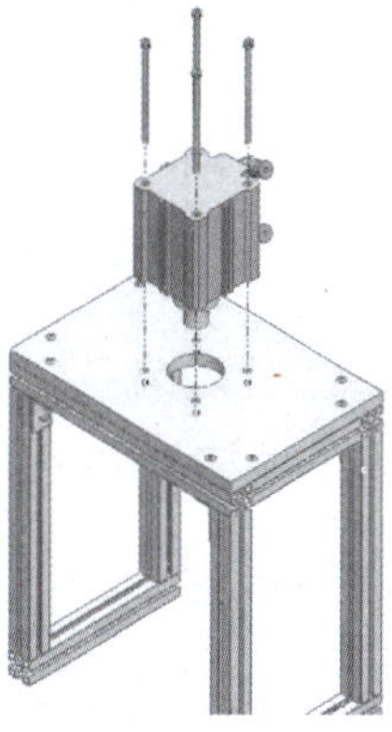

滑动加工台组件装配包括伸缩台组装、夹紧机构装配、夹紧机构安装到伸缩台上、直线导轨组装及加工机构安装到直线导轨上,其装配过程见表 2-2。

43

表2-2 滑动机构组件装配

步骤	过程示意
步骤一：伸缩台组装	
步骤二：夹紧机构装配	
步骤三：夹紧机构安装到伸缩台上	
步骤四：直线导轨组装	
步骤五：加工机构安装到直线导轨上	

在完成以上各组件的装配后,先将加工台及滑动机构固定到底板上,再将冲压机构及支承架安装在底板上,至此,加工单元的机械部分装配完成。其组装图如图2-8所示。

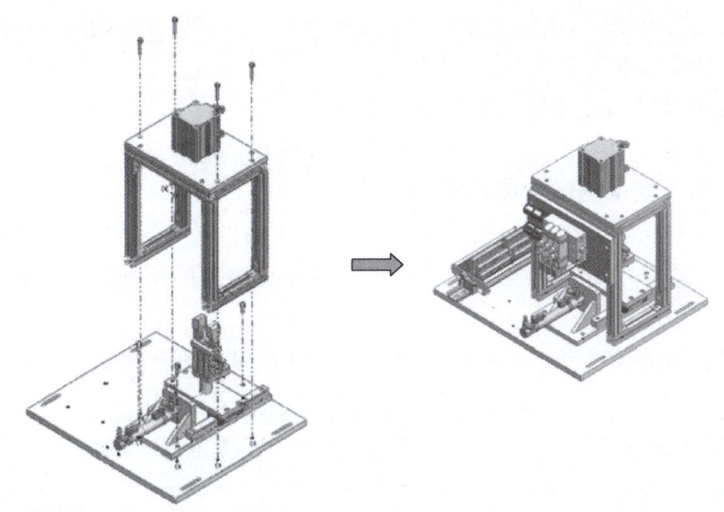

加工台滑动机构的拆装与调试

图2-8 加工单元组装

安装机械部分时应注意以下几点:

1)调整两直线导轨的平行度时,要一边移动安装在两导轨上的安装板,一边拧紧固定导轨的螺栓。

2)如果加工组件部分的冲压头和加工台上的工件中心没有对正,则可通过调整推料气缸旋入两导轨连接板的深度进行对正。

3)在组装组件的过程中,要细致耐心,做到精益求精。

(2)气动元件(气路)的连接

同学习情境一。

注意:气管走向应按序排布,均匀美观;不能交叉、打折;气管要在快速接头中插紧,不能有漏气现象。

安装气路系统时应注意以下几点:

1)电磁阀工作口与执行元件工作口要连接正确,以免工作时产生相反的动作而影响正常操作。

2)气管与快速接头插拔时,按压快速接头伸缩件要注意用力均匀,避免硬拉而导致接头损坏。

3)气管系统安装完毕后,应仔细检查冲压气缸、加工台伸缩气缸和气动手指的初始位置,若位置不对,应按图2-7进行调整。

(3)气路调试 加工单元气路系统的调试主要是针对气动元件的运行情况进行的。其调试方法是通过手动控制单电控电磁换向阀,观察各气动元件的动作情况。在气动元件运行过程中检查各管路的连接处是否有漏气现象,是否存在气管不畅通现象。同时,通过对各单向节流阀进行调整,以获得稳定的气动元件运行速度。

(4)传感器的安装

1)磁性开关的安装。加工单元有三个气动元件,即冲压气缸、加工台伸缩气缸和气动手指,分别由5个磁性开关作为气动元件的极限位置检测元件。磁性开关的安装方法与供料单元中磁性开关的安装方法相同,在此不再赘述。

2) 光电式接近开关的安装。加工单元中的光电式接近开关主要用于加工台物料的检测。光电式接近开关的安装方法与供料单元中光电式接近开关的安装方法相同,在此不再赘述。

安装传感器时应注意以下几点:
① 安装磁性开关时应注意位置和紧固可靠性。
② 安装光电式接近开关时应注意安装位置的调整和接线的颜色。
③ 光电式接近开关的灵敏度调整要适度。

(5) 装置侧电气接线及工艺要求 电气接线包括加工单元装置侧各传感器、电磁阀等引线到装置侧接线端口之间的接线。该单元装置侧接线端口的接线端子采用三层端子结构,详见图0-11。

加工单元装置侧接线端口上各传感器和电磁阀信号端子的分配见表2-3。

表2-3 加工单元装置侧接线端口信号端子的分配

输入端口中间层			输出端口中间层		
端子号	设备符号	信号线	端子号	设备符号	信号线
2	SC1	加工台物料检测	2	3YV	夹紧电磁阀
3	3B1	工件夹紧检测	3	—	—
4	2B2	加工台伸出到位	4	2YV	加工台伸缩电磁阀
5	2B1	加工台缩回到位	5	1YV	冲压电磁阀
6	1B1	冲压头上限			
7	1B2	冲压头下限			
8#~17#端子没有连接			6#~14#端子没有连接		

1) 磁性开关的接线。磁性开关为两线式传感器,连线时,5个磁性开关(3B1、2B2、2B1、1B1、1B2)的棕色线分别与加工单元装置侧输入端口中间层3~7号端子(见表2-3)连接,蓝色线分别与该端口下层相应端子相连。

2) 光电式接近开关的接线。光电式接近开关为三线式传感器,连线时,光电式接近开关SC1的黑色线与加工单元装置侧输入端口中间层2号端子(见表2-3)连接,棕色线与该端口上层相应端子连接,蓝色线与该端口下层相应端子相连。

3) 电磁阀的接线。电磁阀对外引出两根线,连线时,3个电磁阀(3YV、2YV、1YV)的蓝色线分别与加工单元装置侧输出端口中间层2、4、5号端子(见表2-3)连接,红色线分别与该端口上层相应端子连接。

电气接线的注意事项同学习情境一。

4. 检查调试

1) 调整气动部分,检查气路是否正确、气压是否合理、气缸的动作速度是否合适。
2) 检查磁性开关的安装位置是否到位,磁性开关工作是否正常。
3) 检查各传感器安装是否合理、灵敏度是否合适,确保检测的可靠性。

5. 问题与思考

1) 加工单元按上述方法完成装配后,直线导轨的运动依旧不是特别顺畅,此时,应该对加工台及滑动机构组件做何调整?

2)加工单元安装完成后,如果运行时间不长便造成物料夹紧及运动送料部分的直线气缸密封损坏,那么,这种情况可能是由哪些原因造成的?

四、加工单元的编程与运行

(一)工作任务

本任务只考虑加工单元作为独立设备运行时的情况,按钮/指示灯模块上的工作方式选择开关应置于"单站方式"位置。

1. 控制要求

1)初始状态:设备上电和气源接通后,加工台上没有物料,滑动加工台伸缩气缸处于伸出位置,加工台气动手指为松开的状态,冲压气缸处于缩回位置,急停开关没有按下。

若设备在上述初始状态,则"正常工作"指示灯 HL1 常亮,表示设备已准备好;否则,该指示灯以 1Hz 的频率闪烁。

2)若设备已准备好,按下起动按钮,设备起动,"设备运行"指示灯 HL2 常亮。当待加工工件被送到加工台上并被检测到后,设备执行"将工件夹紧,送往加工区域冲压,完成冲压后返回待料位置"的工件加工工序。如果没有停止信号输入,当再有待加工工件送到加工台上时,加工单元将开始下一周期的工作。

3)在工作过程中,若按下停止按钮,加工单元在完成本周期的动作后停止工作,指示灯 HL2 熄灭。当急停开关被按下时,本单元所有机构应立即停止运行,指示灯 HL2 以 1Hz 的频率闪烁。急停解除后,从急停前的断点开始继续运行,HL2 恢复常亮。

2. 要求完成的任务

1)规划 PLC 的 I/O 分配及接线图。
2)系统安装接线。
3)编制 PLC 程序。
4)调试与运行。

(二)PLC 的 I/O 分配与接线图

1. I/O 分配

加工单元 PLC 的 I/O 信号分配见表 2-4。

表 2-4 加工单元 PLC 的 I/O 信号分配

输入信号				输出信号			
序号	PLC 输入点	信号名称	信号来源	序号	PLC 输出点	信号名称	信号来源
1	X000	加工台物料检测	装置侧	1	Y000	夹紧电磁阀	装置侧
2	X001	工件夹紧检测		2	Y001	—	
3	X002	加工台伸出到位		3	Y002	加工台伸缩电磁阀	
4	X003	加工台缩回到位		4	Y003	冲压电磁阀	
5	X004	冲压头上限		5	Y004	—	—
6	X005	冲压头下限		6	Y005	—	—

(续)

序号	输入信号			序号	输出信号		
	PLC输入点	信号名称	信号来源		PLC输出点	信号名称	信号来源
7	X006	—	—	7	Y006	—	—
8	X007	—	—	8	Y007	正常工作指示	按钮/指示灯模块
9	X010	—	—	9	Y010	设备运行指示	
10	X011	—	—	10	Y011	报警指示	
11	X012	停止按钮	按钮/指示灯模块				
12	X013	起动按钮					
13	X014	急停开关					
14	X015	单站/全线转换开关					

2. I/O 接线图

根据加工单元 I/O 信号点数及工作任务的要求，该单元 PLC 选用三菱 FX_{3U}-32MR，为 16 点输入和 16 点输出继电器输出型。该单元 I/O 接线图如图 2-9 所示。

（三）PLC 的安装与接线

首先，将 PLC 安装在导轨上，然后进行 PLC 侧接线，包括电源接线、PLC 输入/输出端子接线及按钮/指示灯模块接线三部分。

在进行 PLC 接线时，一定要依据表 2-3 和图 2-9。其接线方法及注意事项同学习情境一。

（四）PLC 程序的编制

加工单元的工作流程与供料单元类似，PLC 上电后应首先进入初始状态检查阶段，确认系统已经准备就绪后，才允许接收起动信号投入运行。但加工单元工作任务中增加了急停功能，为了使急停发生后系统停止工作而状态保持，以便急停复位后能从急停前的断点开始继续运行，可以采用两种方法：一种方法是采用条件跳转（CJ）指令实现；另一种方法是采用主控指令实现。

1) 采用条件跳转指令实现急停信号处理的程序如图 2-10 所示。图中，当按下急停开关时，X014 为 OFF，条件跳转指令执行条件满足，程序跳转到指令所指定的指针标号 P1 开始执行。安排在跳转指令后面的步进顺序控制程序段被跳转而不再执行。

由于执行 CJ 指令后，被跳转部分程序将不被扫描，这意味着跳转前的输出状态（执行结果）将被保留，步进顺序控制程序段的状态将被保持，直到急停开关复位后又继续工作。需注意的是，如果急停恰好发生在 S22 步，正值冲压头压下，程序跳转后，压下状态将会保持下来，因此需要在 FEND 指令与 END 指令之间增加复位冲压电磁阀的程序内容。

当未按下急停开关时，X014 为 ON，程序按顺序执行，直到主程序结束指令 FEND 为止。

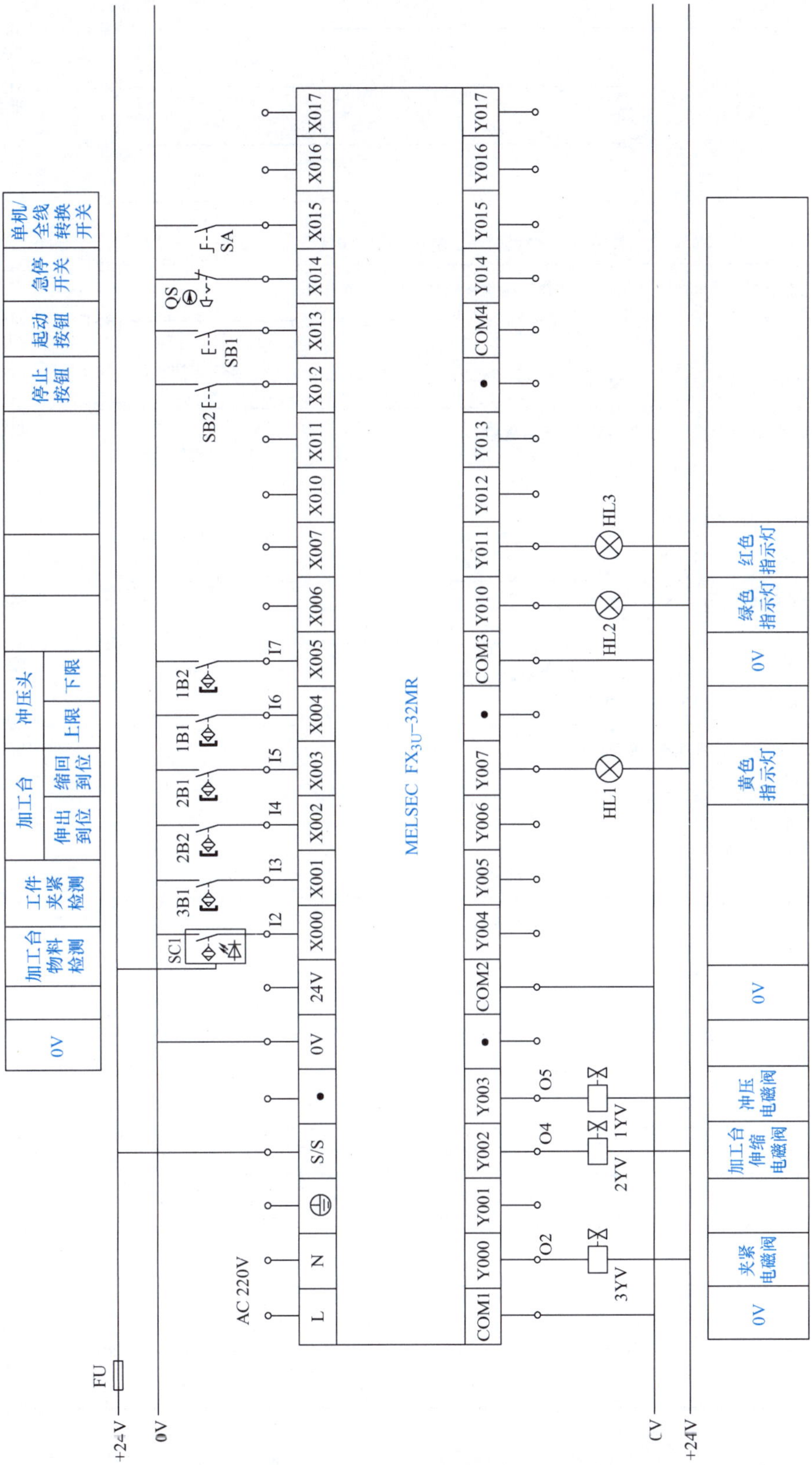

学习情境二 加工单元的拆装与调试

图2-9 加工单元PLC的I/O接线图

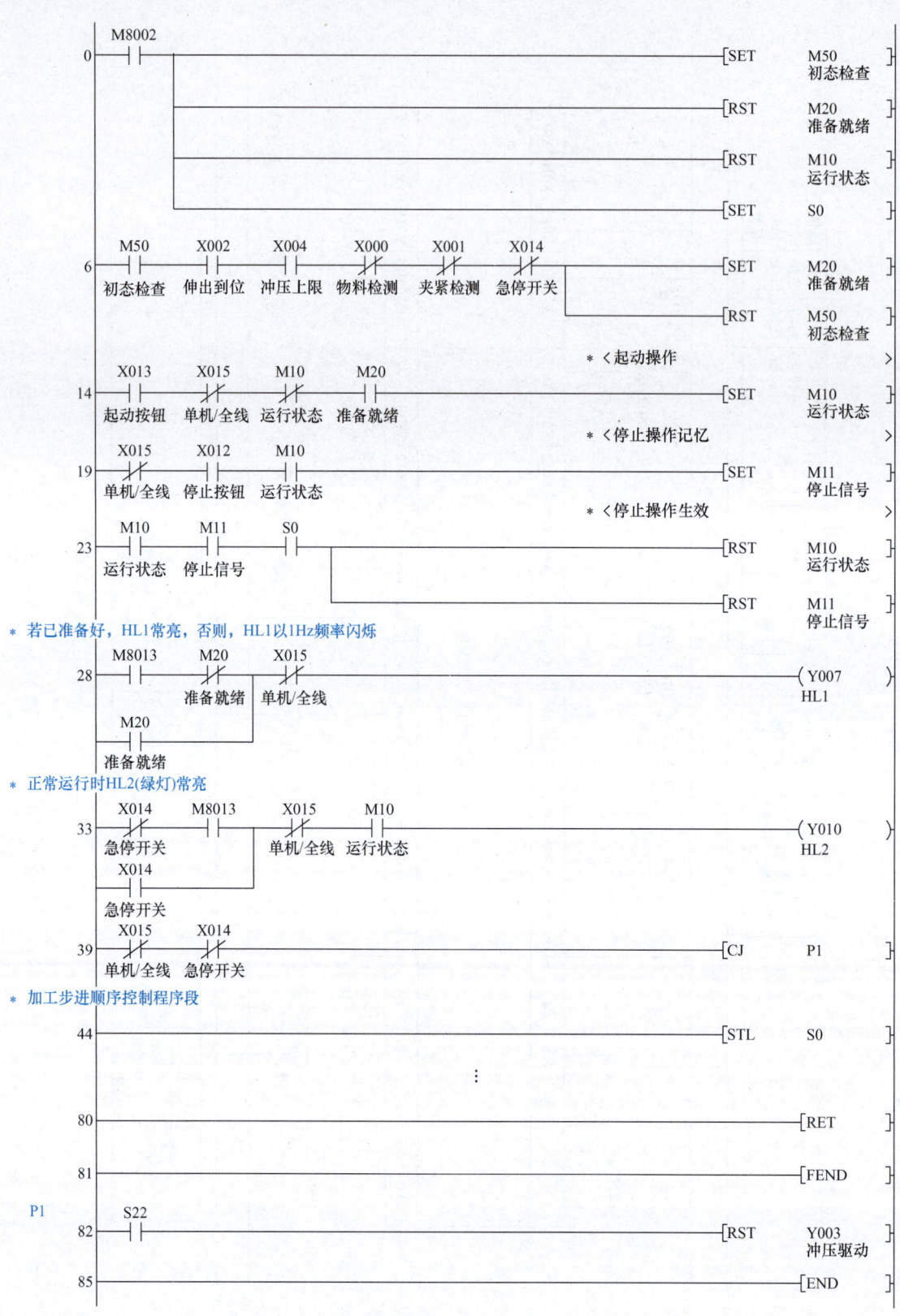

图 2-10 采用条件跳转指令实现急停信号处理的程序

2）用主控指令实现急停信号处理的程序如图 2-11 所示，程序主体控制部分放在主控指令中执行，即放在 MC（主控）和 MCR（主控复位）指令之间。图中，当未按下急停开关时，X014 为 ON（急停开关使用常闭触点），主控块内的步进顺序控制程序段被执行。反之，当按下急停开关时，X014 为 OFF，主控块内的程序停止执行，但正在活动状态的工步的 S 元件则保持置位状态，顺控内部的元件现状保持的有积算型定时器、计数器、用置位和复位指令驱动的元件。变成断开的元件有通用型（非积算）定时器、用 OUT 指令驱动的元件。这样，当急停开关复位后，设备将从急停前的断点开始继续运行。MC、MCR 指令的具体使用方法和其他注意事项请参考《FX$_{3U}$系列 PLC 编程手册》。

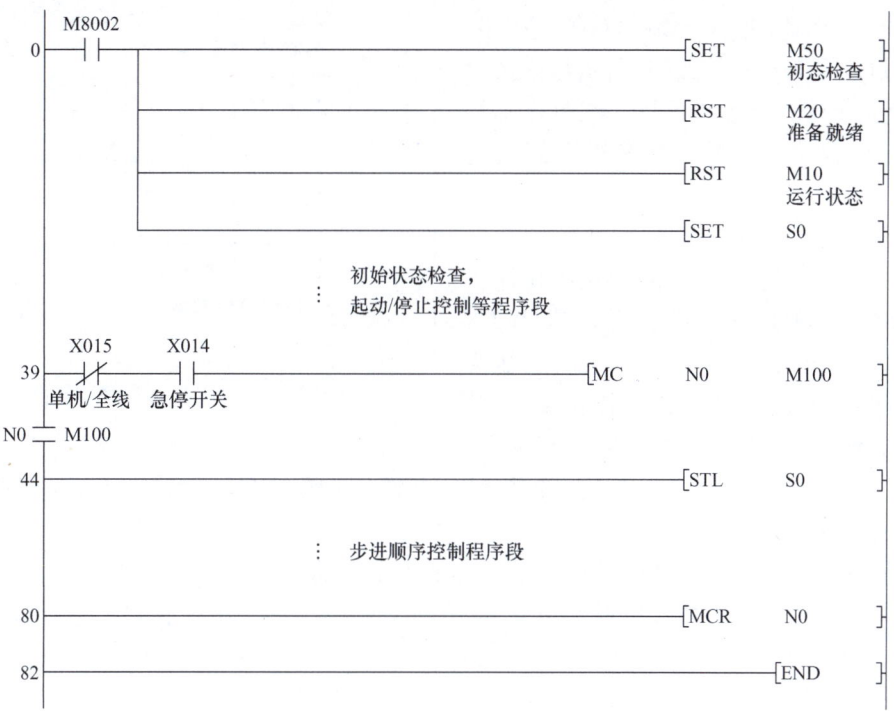

图 2-11　用主控指令实现急停信号处理的程序

程序中加工控制部分的顺序功能图如图 2-12 所示。

（五）调试与运行

1）调整气动部分，检查气路是否正确、气压是否合理、气缸的动作速度是否合适。

2）检查磁性开关的安装位置是否正确、磁性开关工作是否正常。

在加工单元通电、气源接通的条件下，手动控制 1YV~3YV，使冲压气缸、加工台伸缩气缸、气动手指动作和返回，观察 PLC 输入端 X001~X005 的 LED 是否点亮，若不亮，则应检查磁性开关的安装位置及接线。

3）检查 I/O 接线是否正确。

4）检查光电式接近开关安装是否合理、距离设定是否合适，保证检测的可靠性。

在加工单元通电、气源接通的条件下，模拟加工台物料检测现象，观察 PLC 输入端 X000 的 LED 是否点亮，若不亮，则应检查光电式接近开关的安装位置及接线。

5)按钮/指示灯的功能测试。

① 按钮的功能测试。为加工单元通电，用手按下停止按钮、起动按钮、急停开关、单机/全线转换开关，观察 PLC 输入端 X012～X015 的 LED 是否点亮，若不亮，则应检查对应的按钮或开关及连接线。

② 指示灯的功能测试。为加工单元通电，进入 GX Works2 编程软件，利用软件的强制功能分别将 PLC 的 Y007、Y010、Y011 置 1，观察 PLC 的输出端 Y007、Y010、Y011 的 LED 是否点亮，按钮/指示灯模块对应的黄色指示灯、绿色指示灯、红色指示灯是否点亮，若不亮，则应检查指示灯及连接线。

6)气动元件的功能测试。

① 夹紧电磁阀 3YV 功能测试。在加工单元通电、气源接通的条件下，进入 GX Works2 编程软件，利用软件的强制功能为 Y000 通/断电一次，观察 PLC 输出端 Y000 的 LED 是否点亮、气动手指是否执行夹紧/

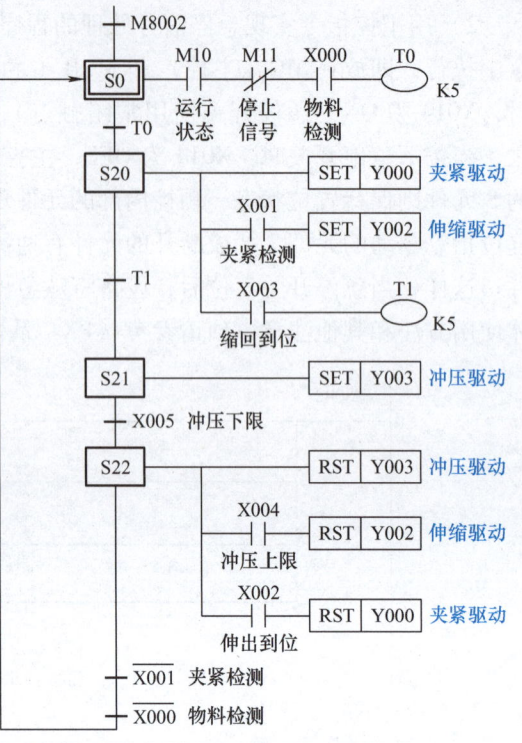

图 2-12 加工控制顺序功能图

松开动作，若不执行，则应检查气动手指 3A、夹紧电磁阀 3YV 的气路连接部分及夹紧电磁阀 3YV 的接线。

② 加工台伸缩电磁阀 2YV 功能测试。在加工单元通电、气源接通的条件下，进入 GX Works2 编程软件，利用软件的强制功能为 Y002 通/断电一次，观察 PLC 输出端 Y002 的 LED 是否点亮、加工台伸缩气缸是否执行缩回/伸出动作。若不执行，应检查加工台伸缩气缸 2A、加工台伸缩电磁阀 2YV 的气路连接部分及加工台伸缩电磁阀 2YV 的接线。

③ 冲压电磁阀 1YV 功能测试。在加工单元通电、气源接通的条件下，进入 GX Works2 编程软件，利用软件的强制功能为 Y003 通/断电一次，观察 PLC 输出端 Y003 的 LED 是否点亮、冲压气缸是否执行冲压/缩回动作。若不执行，应检查冲压气缸 1A、冲压电磁阀 1YV 的气路连接部分及冲压电磁阀 1YV 的接线。

7)运行程序，检查动作是否满足任务要求。在加工台放入工件，将 PLC 置于 RUN 状态，运行程序观察加工单元动作是否满足任务要求。

(六) 问题与思考

1) 总结检查气路连线与传感器接线、I/O 检测及故障排除的方法。
2) 如果用位移位指令实现加工过程的顺序控制，程序应如何编制？
3) 如果在加工过程中出现意外情况，应如何处理？
4) 若经冲压加工后，发现芯体没有完全嵌入工件中，试分析可能的原因？
5) YL-335B 自动化生产线在联机运行时，加工台的工件是由输送单元机械手放上去的。加工步进程序的启动，须在机械手缩回到位、发出放料完成信号以后。请用按钮 SB2 模拟输送单元发来的放料完成信号，编写加工单元的单站运行程序。

五、任务实施与考核

（一）任务实施

基于加工单元单站运行，要求学生以小组（2~3人）为单位，完成机械部分、传感器、气路等的拆装，电气部分接线，PLC程序编制及单元的调试运行。

学生应完成的成果清单如下：

1）加工单元拆装与调试工作计划。

2）气动回路原理图。

3）PLC I/O 接线图。

4）梯形图。

5）任务实施记录单见表2-5。

表2-5 任务实施记录单

课程名称	自动化生产线拆装与调试		
学习情境二	加工单元的拆装与调试		
实施方式	学生集中时间独立完成，教师检查指导		
序号	实施过程	出现的问题	解决的方法
实施总结			
班级		组号		姓名	
指导教师签字			日期	

（二）任务考核

填写任务考核评价表，见表2-6。

表2-6 任务考核评价表

课程名称	自动化生产线拆装与调试					
学习情境二	加工单元的拆装与调试					
评价项目	内容	配分	要　　求	互评	教师评价	综合评价
实施过程	机械部分拆装与调整	20分	能正确使用拆装工具完成机械部分的拆装，机械部分应动作顺畅协调，紧固件应无松动，辅助件应安装到位			
	气路部分拆装与连接	10分	气动系统拆装正确，气动元件安装紧固，气路连接正确，无漏气现象，气缸运行顺畅平稳、动作速度合理			
	电气部分拆装与接线	10分	PLC拆装正确，接线规范整齐，接线符合工艺要求（接线端口的导线应套上标号管，且标注规范；PLC侧所有端子接线必须采用压接方式），接线端子连接牢固，无松动现象，电气接线满足原理图要求			
功能测试	传感器功能测试	5分	磁性开关、光电式接近开关调试能按控制要求正确动作			
	电磁阀功能测试	5分	电磁阀能按控制要求正确动作			
	加工单元运行	10分	初始状态正确，能正确完成加工控制，能正常起动、停止			
团队协作职业素养	分工与配合	5分	任务分配合理，分工明确，配合紧密			
	职业素养	5分	注重安全操作，工具及器件摆放整齐			
任务书及成果清单的填写	任务书	10分	搜集信息，引导问题回答正确			
	工作计划	3分	计划步骤安排合理，时间安排合理			
	材料清单	2分	材料齐全			
	气动回路原理图	3分	气动回路原理图绘制正确、规范			
	I/O接线图	4分	I/O接线图绘制正确，符号规范			
	梯形图	4分	程序正确			
	调试运行记录单	4分	气动回路调试及整体运行调试过程记录完整、真实			
总评							
班级			姓名		组号	组长签字
指导教师签字					日期	

学习情境三

装配单元Ⅰ的拆装与调试

教学目标	知识目标	1. 熟悉装配单元Ⅰ的结构组成及工作过程 2. 掌握气动摆台、导向气缸等气动元件的功能、特性 3. 掌握磁性开关、光电传感器、光纤接近开关等传感器的结构、特点及电气接口特性 4. 熟练应用步进指令编制落料控制和装配控制程序 5. 掌握气动摆台摆动控制程序编制和子程序调用
	能力目标	1. 会分析装配单元Ⅰ的工作过程 2. 能进行装配单元Ⅰ气路的连接及调整 3. 能进行装配单元Ⅰ传感器的安装接线,并能正确调试 4. 能进行程序的离线和在线调试 5. 能进行落料机构、回转物料台、装配机械手等机械机构的安装与调整 6. 能在规定时间内完成装配单元Ⅰ的安装与调整,进行控制程序的设计和调试,并能解决安装与运行过程中出现的问题
	素质目标	1. 通过装配单元Ⅰ的拆装,培养学生细致工作、规范操作、一丝不苟、精益求精的工匠精神 2. 在装配单元Ⅰ的电气接线、程序编制及调试运行中,注重团队合作,有效沟通,发现问题并共同解决问题,形成团队意识,增强使命担当 3. 通过任务实施培养学生工程意识、安全意识、责任意识及创新意识
教学重点		气路的调整、传感器的调试、用步进指令编制落料控制和装配控制程序
教学难点		传感器的调试、控制程序的设计与运行调试

一、装配单元Ⅰ的组成及工作过程

装配单元Ⅰ的功能是将该单元料仓内的塑料黑色、白色或金属小圆柱芯体嵌入到放置在装配台料斗的待装配工件中。

装配单元Ⅰ主要由管形料仓、落料机构、回转物料台、装配机械手、装配台料斗、气动系统及电磁阀组、传感器、警示灯、接线端口、用于其他机构安装的铝型材支架、PLC模块、按钮/指示灯模块等组成。其装置侧机械结构如图3-1所示。

1. 管形料仓

管形料仓用来存储装配用的金属、塑料黑色或塑料白色小圆柱芯体,由塑料圆管和中空

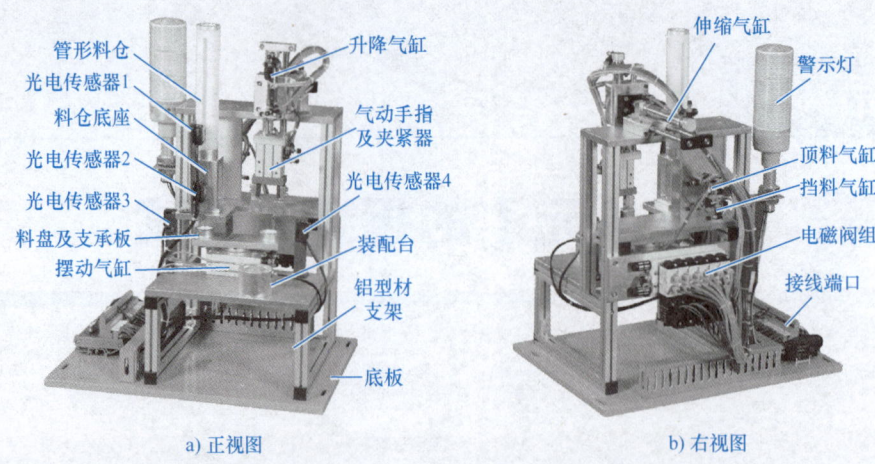

图 3-1 装配单元Ⅰ装置侧的机械结构

底座构成。塑料圆管顶端放置加强金属环，以防止破损；芯体竖直放入料仓的空心圆管内，由于二者之间有一定的间隙，芯体能在重力作用下自由下落。

为了能在料仓内芯体不足和芯体没有时报警，在塑料圆管底部和底座处分别安装了两个漫反射式光电传感器（即前文漫反射式光电接近开关）（E3Z－LS63 型），并在料仓塑料圆管上纵向铣槽，以使光电传感器的红外光斑能可靠照射到被检测的物料上，如图 3-2 所示。光电传感器的距离调节方式应以 BGS 模式为宜。

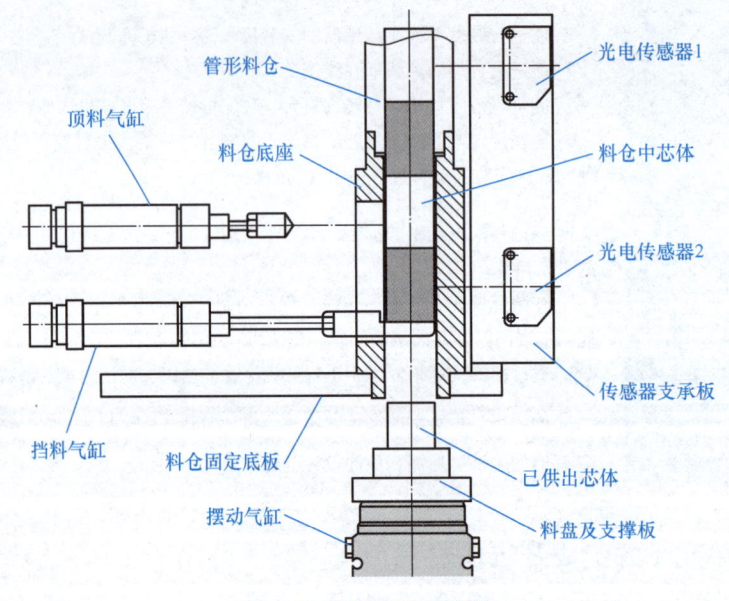

图 3-2 落料机构示意图

2. 落料机构

图 3-2 给出了落料机构示意图。图中，料仓底座的背面安装了两个直线气缸。上面的气缸称为顶料气缸，下面的气缸称为挡料气缸。

系统气源接通后，顶料气缸的初始状态在缩回位置，挡料气缸的初始状态在伸出位置。这样，当从料仓上面放下芯体时，芯体将被挡料气缸活塞杆终端的挡块阻挡而不能再下落。

需要进行落料操作时，首先使顶料气缸伸出，把次下层的芯体压紧，然后使挡料气缸缩回,芯体掉入回转物料台的料盘中。之后,挡料气缸复位伸出,顶料气缸缩回,次下层芯体下落到挡料气缸终端挡块上,为下一次供料做准备。

3. 回转物料台

该机构由摆动气缸和两个料盘组成,气动摆台能驱动料盘旋转 180°,从而把从供料机构落入料盘的芯体转移到装配机械手正下方,如图 3-3 所示。图中的光电传感器 3 和光电传感器 4 分别用来检测左料盘和右料盘是否有芯体。两个光电传感器均选用 E3Z－LS63 型。

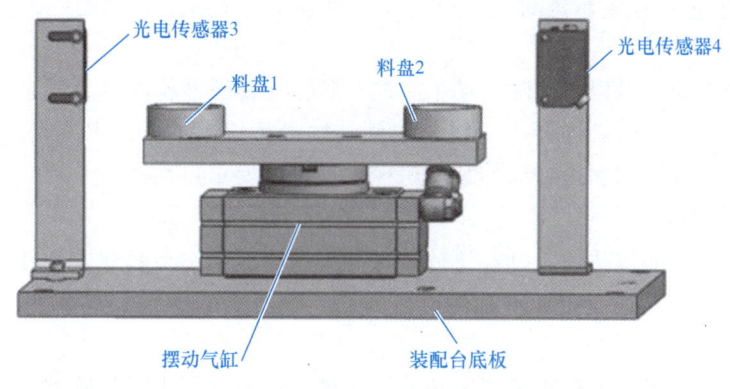

图 3-3 回转物料台的结构

4. 装配机械手

装配机械手是整个装配单元的核心。当装配机械手正下方的回转物料台料盘上有小圆柱芯体,且装配台料斗侧面的光纤传感器检测到装配台料斗有待装配工件时,装置机械手从初始状态开始执行装配操作过程。

装配机械手装置是一个三维运动的机构,主要由水平方向移动和竖直方向移动的两个导向气缸和气动手指组成,其结构组成如图 3-4 所示。

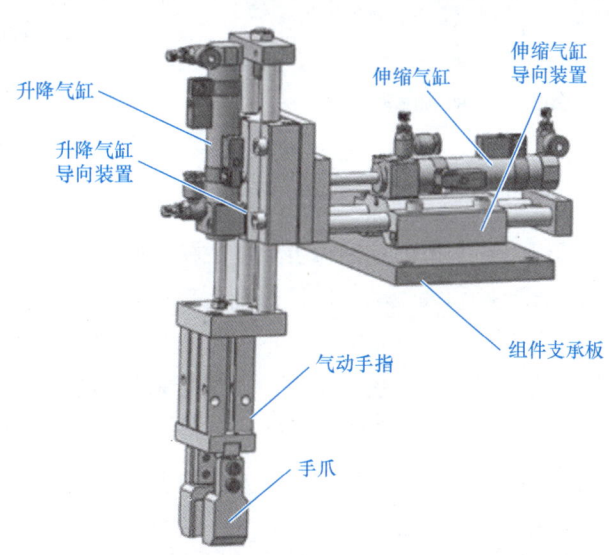

图 3-4 装配机械手的结构组成

装配机械手的动作过程如下。

1) 手爪下降:PLC 驱动手爪升降电磁阀,升降气缸驱动气动手指向下移动,到位后,气动手指驱动手爪夹紧芯体,并将夹紧信号通过磁性开关传送给 PLC。

2)手爪上升:在 PLC 的控制下,手爪升降电磁阀复位,被夹紧的芯体随气动手指一并提起。

3)手爪伸出:手爪提升到位后,PLC 驱动手爪伸缩电磁阀,伸缩气缸的活塞杆伸出。

4)手爪下降:手爪伸出到位后,升降气缸再次被驱动下移,到位后,气动手指松开,将芯体放入装配台料斗中待装配的工件内。

5)手爪回原位:经短暂延时,升降气缸和伸缩气缸先后上升和缩回,机械手返回至初始状态。

在整个机械手动作过程中,除气动手指松开到位无传感器检测外,其余动作的到位信号检测均采用与气缸配套的磁性开关,将采集到的信号传给 PLC,由 PLC 输出信号驱动电磁阀换向,使由气缸及气动手指组成的装配机械手按工艺要求自动运行。

5. 装配台料斗

输送单元运送来的待装配工件直接放置在装配台料斗中,由料斗定位孔与工件之间较小的间隙配合实现定位,从而完成准确的装配动作。装配台料斗与回转物料台组件共用支承板,如图 3-5a 所示。

为了确定装配台料斗内是否放置了待装配工件,可以使用光纤传感器进行检测。料斗的侧面开了一个 M6 的螺孔,光纤传感器的光纤头就固定在螺孔内,如图 3-5b 所示。

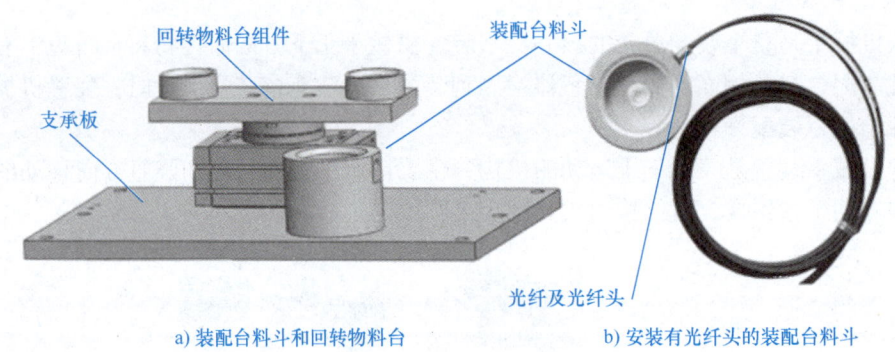

a)装配台料斗和回转物料台　　b)安装有光纤头的装配台料斗

图 3-5　装配台料斗

6. 电磁阀组

装配单元 I 的电磁阀组由 6 个单电控二位五通电磁换向阀组成,如图 3-6 所示。这些电磁换向阀分别对落料、位置变换和装配动作的气路进行控制,以改变各自的动作状态。

7. 警示灯

装配单元 I 上安装有红、橙、绿三色警示灯,对整个系统起警示作用。警示灯有五根引出线,其中黄绿双色线为"地线";红色线为红色灯控制线;黄色线为橙色灯控制线;绿色线为绿色灯控制线;黑色线为信号灯公共控制线。警示灯及其接线如图 3-7 所示。

二、知识链接

(一)装配单元 I 的气动元件及气动原理图

装配单元 I 使用的气动元件包括标准直线气缸、气动手指、摆动气缸和导向气缸,前两个元件在供料单元和加工单元中已叙述,下面只介绍摆动气缸和导向气缸。

图 3-6 装配单元 I 的电磁阀组

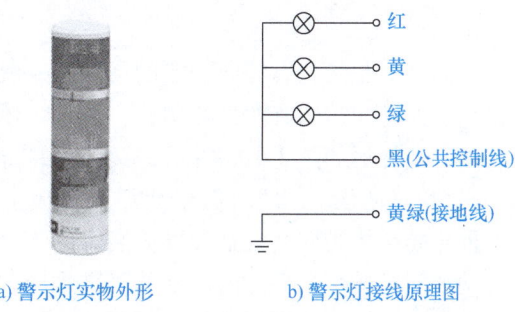

a) 警示灯实物外形　　　b) 警示灯接线原理图

图 3-7 警示灯及其接线

1. 摆动气缸

摆动气缸是利用压缩空气驱动输出轴在一定角度范围内往复回转的气动执行元件，用于物体的转位、翻转、分类、夹紧，阀门的开闭及机器手臂的动作等。摆动气缸有齿轮齿条式和叶片式两种类型，YL-335B 自动化生产线上所使用的均为齿轮齿条式。

齿轮齿条式摆动气缸的实物如图 3-8a 所示，工作原理示意图如图 3-8b 所示。空气压力推动活塞，带动齿条做直线运动，齿条推动齿轮做回转运动，由齿轮轴输出转矩并带动负载摆动。摆动平台是在转轴上安装的一个平台，平台可在一定角度范围内回转。齿轮齿条式摆动气缸的图形符号如图 3-8c 所示。

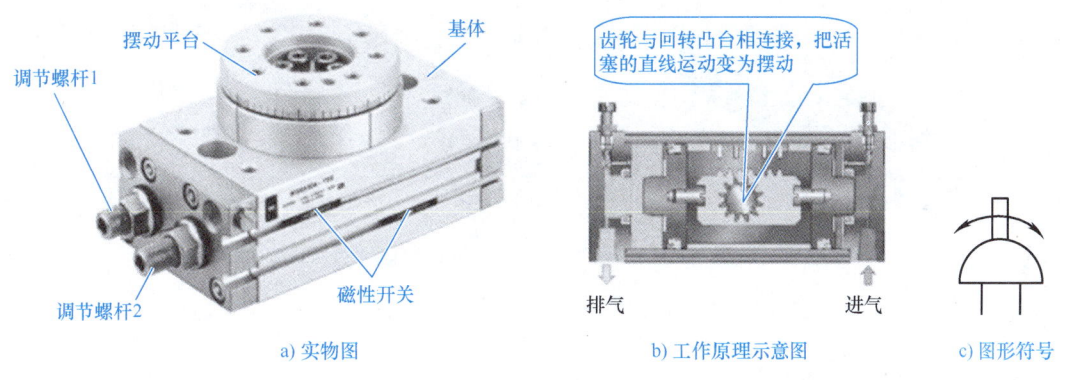

a) 实物图　　　b) 工作原理示意图　　　c) 图形符号

图 3-8 摆动气缸

装配单元 I 中的回转角度能在 0~180° 范围内任意调节。当需要调节回转角度或调整摆动位置精度时，应首先松开调节螺杆上的反螺纹螺母，通过旋入和旋出调节螺杆改变回转凸台的回转角度，调节螺杆 1 和调节螺杆 2 分别用于左旋和右旋角度的调整。当调整好回转角度后，应将反螺纹螺母与基体反螺纹锁紧，以防止调节螺杆松动，造成回转精度降低。

回转到位信号是通过调整摆动气缸滑轨内两个磁性开关的位置实现的。图 3-9 是磁性开关位置调整示意图。磁性开关安装在气缸体的滑轨内，松开磁性开关的紧定螺钉，磁性开关就可以沿着滑轨左右移动。确定开关位置后，旋紧紧定螺钉，即可完成位置的调整。

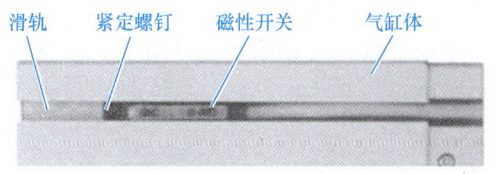

图 3-9 磁性开关位置调整示意图

2. 导向气缸

导向气缸是指具有导向功能的气缸，一般用于要求抗扭转力矩、承载能力强、工作平稳的场合。其导向结构有两种类型，一种是一体化结构，将与活塞杆平行的两根导杆与气缸组成一体，其外形如图3-10a所示，又称为带导杆气缸，具有结构紧凑、导向精度高的特点。YL-335B自动化生产线输送单元抓取机械手装置中的手臂伸缩气缸使用的就是这种结构。另一种导向结构为标准气缸和导向装置的集合体。YL-335B自动化生产线的装配单元Ⅰ用于驱动装配机械手水平方向移动的气缸采用这种结构，其外形如图3-10b所示，其结构说明如下：安装支架用于导杆导向件的安装和导向气缸整体的固定。连接件安装板用于固定其他需要连接到该导向气缸上的部件，并将两导杆和直线气缸活塞杆的相对位置固定，当直线气缸的一端接通压缩空气后，活塞被驱动，进行直线运动，活塞杆也一起移动，被连接件安装板固定到一起的两导杆也随活塞杆伸出或缩回，从而实现导向气缸的整体功能。安装在导杆末端的行程调整板用于调整气缸导杆的伸出行程。具体调整方法是松开行程调整板上的行程调节螺栓，让行程调整板在导杆上移动，当达到理想的伸出距离以后，锁紧紧定螺钉，完成行程的调节。

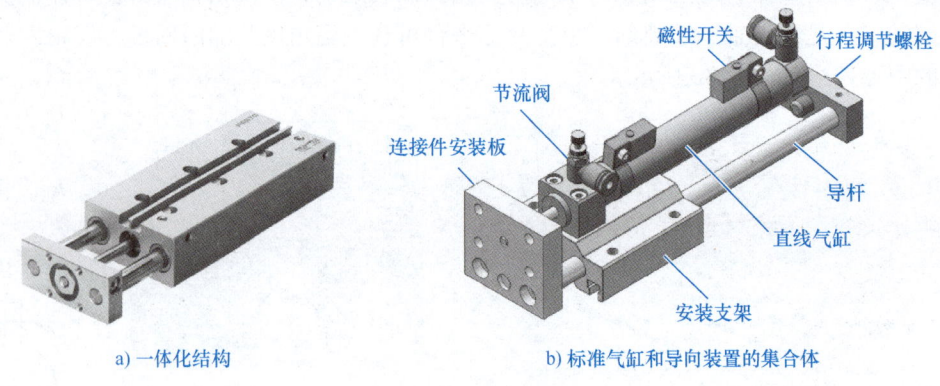

a) 一体化结构　　　　　　b) 标准气缸和导向装置的集合体

图3-10　导向气缸

3. 气动控制回路原理图

装配单元Ⅰ的气动系统主要由气源、气动汇流排、气缸、单电控二位五通电磁换向阀、单向节流阀、消声器、快速接头和气管等组成，它们的主要作用是完成芯体落料、芯体抓取及工件装配。

装配单元Ⅰ气动控制回路原理图如图3-11所示。图中，1A~6A分别为顶料气缸、挡料气缸、伸缩气缸、升降气缸、摆动气缸和气动手指。1B1、1B2分别为安装在顶料气缸上两个工作位置的磁性开关；2B1、2B2分别为安装在挡料气缸上两个工作位置的磁性开关；3B1、3B2分别为安装在伸缩气缸上两个位置的磁性开关；4B1、4B2分别为安装在升降气缸上两个工作位置的磁性开关；5B1、5B2分别为安装在摆动气缸上两个工作位置的磁性开关；6B1为安装在气动手指上极限位置的磁性开关。1YV~6YV分别为控制顶料气缸、挡料气缸、伸缩气缸、升降气缸、摆动气缸和气动手指的单电控二位五通电磁换向阀。在进行气路连接时，要注意各气缸的初始位置，其中，挡料气缸在伸出位置，升降气缸在提起位置。

（二）光纤传感器

光纤传感器也属于光电传感器，它是把投光器（光发射器）发出的光线用光纤维引导

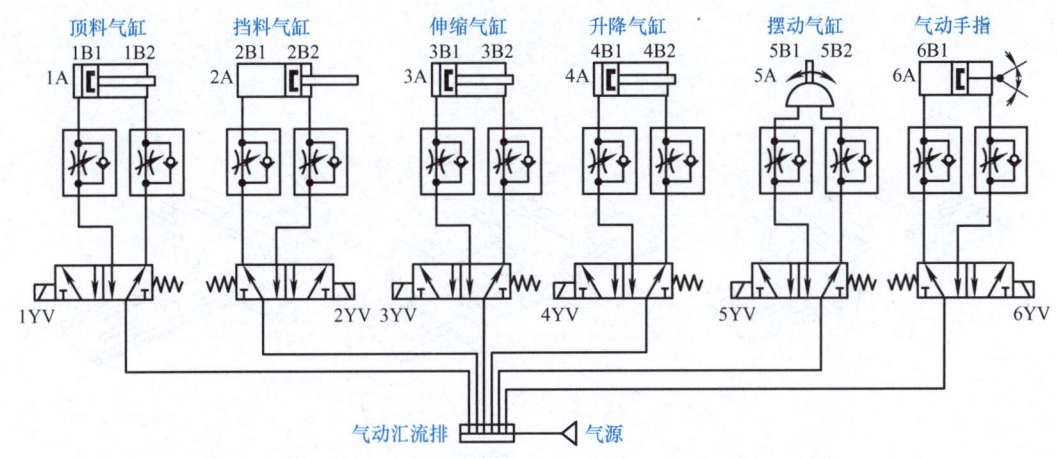

图 3-11　装配单元 I 气动控制回路原理图

到检测点,再把检测到的光信号用光纤维引导到受光器(光接收器)实现检测的。光纤传感器由光纤检测头(简称光纤头)和光纤放大器两部分组成。光纤放大器和光纤检测头是分离的两个部分,光纤检测头的尾端部分分成两条光纤,使用时分别插入光纤放大器的两个光纤孔。

光纤传感器的工作原理如图 3-12 所示。投光器和受光器均位于光纤放大器内,投光器发出的光线通过一条光纤内部从端面(光纤头)以约 60°的角度扩散,照射到检测物体上;同样,反射回来的光线通过另一条光纤的内部回送到受光器。光纤传感器由于检测部分(光纤)中完全没有电气部分,所以抗干扰性良好,且光纤头可安装在空间很小的地方,具有传输距离远、使用寿命长等优点。

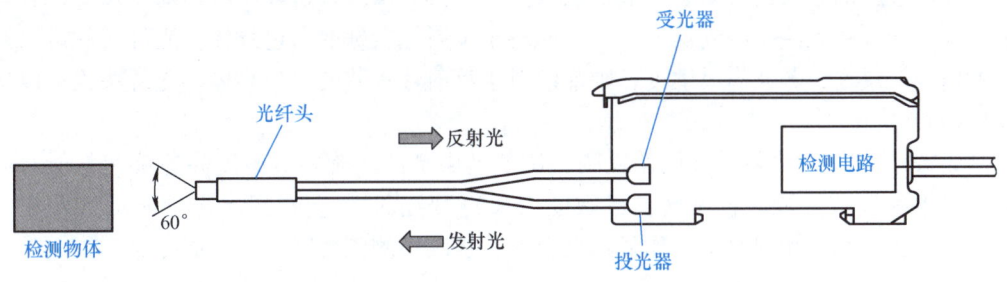

图 3-12　光纤传感器的工作原理

光纤传感器是精密器件,使用时,必须注意它的安装和拆卸方法。下面以 YL-335B 自动化生产线上使用的 E3Z-NA11 型光纤传感器(欧姆龙公司产)的装卸过程为例进行说明。

1. 放大器单元的安装和拆卸

图 3-13 给出了 E3Z-NA11 的放大器安装过程。拆卸时,以相反的顺序进行。

注意:在连接了光纤的情况下,不可从 DIN 导轨上将其拆卸。

2. 光纤的装卸

进行光纤连接或拆卸时,一定要切断电源。然后按下面的方法进行装卸,有关安装部位如图 3-14 所示。

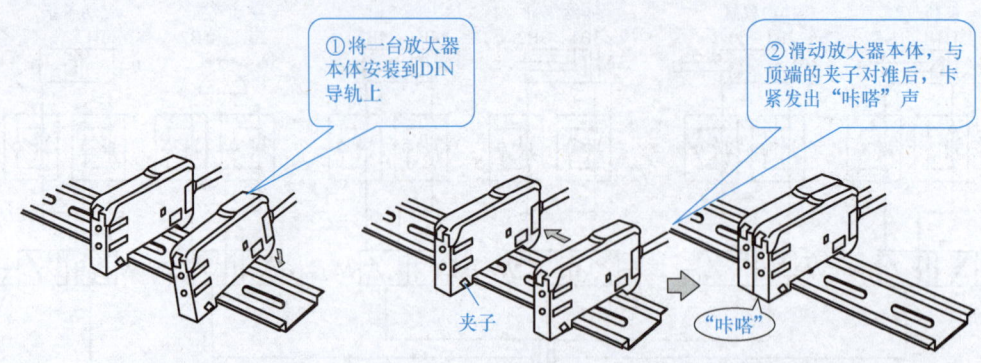

图3-13　E3Z－NA11的放大器安装过程

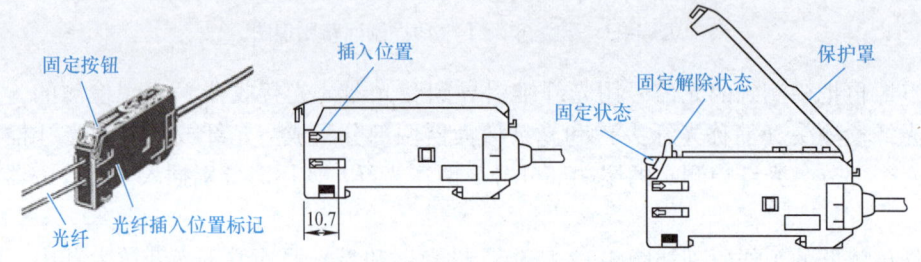

图3-14　光纤的装卸示意图

1）安装光纤：抬高保护罩，提起固定按钮，将光纤顺着放大器单元侧面的光纤插入位置标记插入，然后放下固定按钮。

2）拆卸光纤：抬高保护罩，提起固定按钮，将光纤取下来。

光纤传感器的放大器灵敏度调节范围较大。当其灵敏度调得较小时，对于反射性较差的黑色物体，光纤头无法接收到反射信号；而对于反射性较好的白色物体，光纤头就可以接收到反射信号。反之，若调高灵敏度，则即使对于反射性较差的黑色物体，光纤头也可以接收到反射信号。

图3-15给出了放大器单元的俯视图，调节其中部的8旋转灵敏度高速旋钮就能对放大器实现灵敏度调节（顺时针旋转，灵敏度增大）。调节时，会看到入光量显示灯发光的变化。当光纤头检测到物料时，动作显示灯会亮，提示检测到物料。

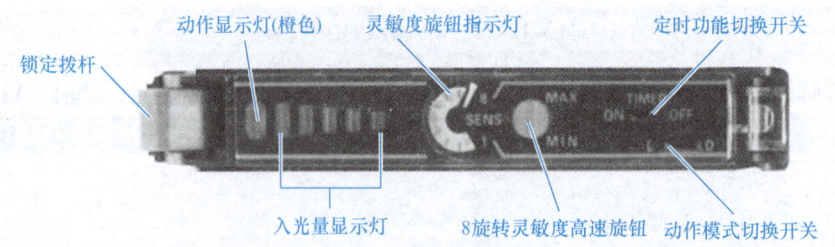

图3-15　光纤传感器放大器单元俯视图

E3Z－NA11型光纤传感器电路框图如图3-16所示。接线时，请注意根据导线颜色判断电源极性和信号输出线，切勿把信号输出线直接连接到电源+24V端。

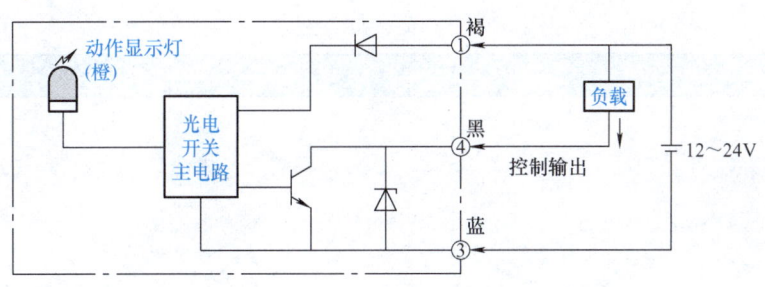

图 3-16　E3Z－NA11 型光纤传感器电路框图

三、装配单元Ⅰ的拆装

1. 任务目标

1）将装配单元Ⅰ的机械部分拆成组件和零件的形式，学会正确使用拆装工具。

2）将组件和零件组装成原样。掌握装配单元Ⅰ的正确安装步骤和方法。

3）学会机械部分的装配、气路的连接与调整及电气接线。

装配单元落料机构的拆装与调试

2. 装配单元Ⅰ装置侧的拆卸

1）松开底板紧固螺钉，拆下总进气气管，将装配单元Ⅰ搬到拆装工作台。

2）拆卸气路、电磁阀组。

3）依次拆卸接线端子及端子上的导线、端子卡座、线槽、底座等。

装配单元的安装

4）将装配单元Ⅰ机械部分拆成组件。

5）将各组件拆成散件，并将拆卸下的零配件整理整齐。

3. 装配单元Ⅰ的安装步骤和方法

（1）机械部分的安装　装配单元Ⅰ是整个 YL－335B 自动化生产线中包含气动元件较多、结构较为复杂的单元，为了减小安装难度和提高安装时的效率，在装配前应认真分析其结构组成和工作过程，认真观看装配视频，参考他人的装配工艺，认真思考，做好记录。按照"零件—组件—组装"的思路，首先将各个零件装配成组件，然后进行组装，所装配成的组件包括芯体落料组件、芯体料仓组件、回转机构及装配台组件、装配机械手组件、工作单元支承组件。各组件的装配过程见表 3-1。

表 3-1　装配单元Ⅰ各组件的装配过程

组件名称	组件外观	组件装配过程
芯体落料组件	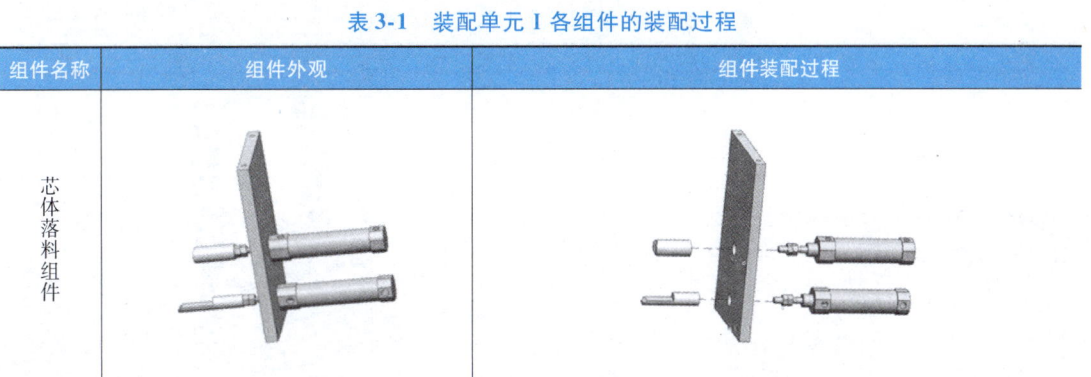	

（续)

组件名称	组件外观	组件装配过程
芯体料仓组件	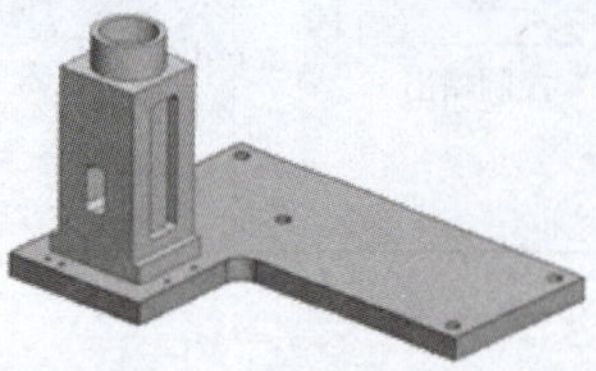	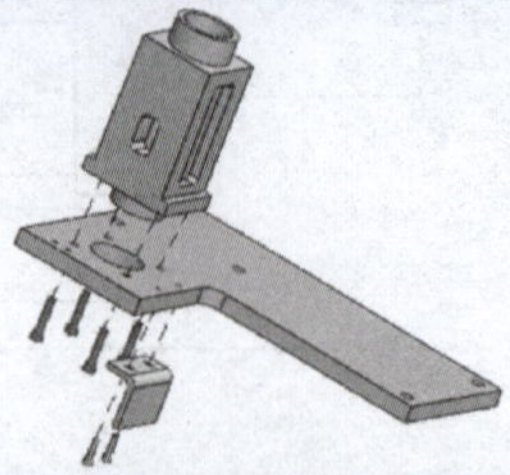
回转机构及装配台组件		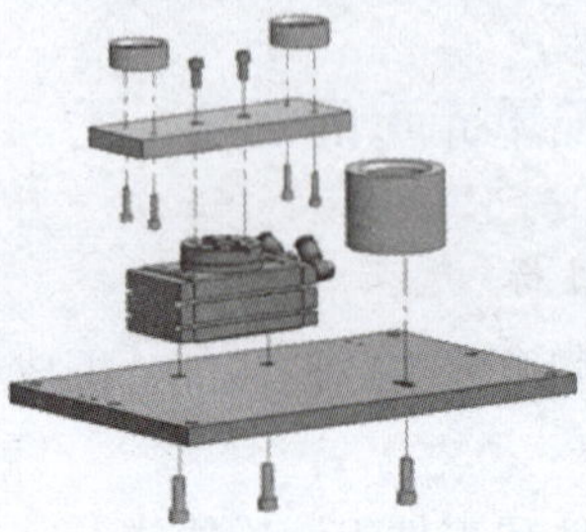
装配机械手组件	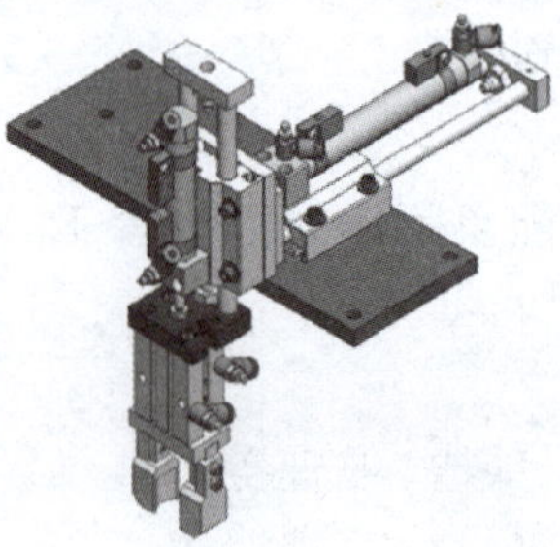	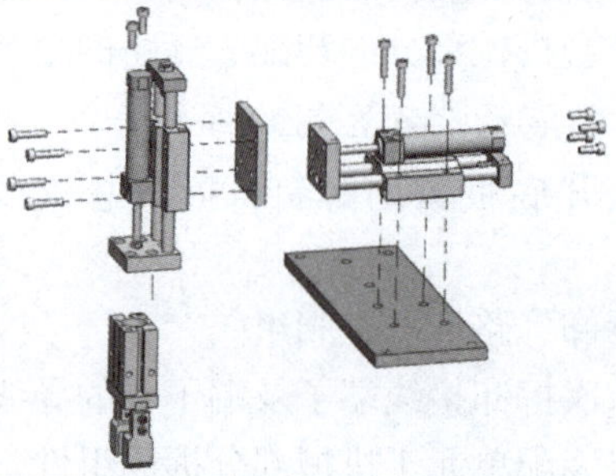
工作单元支承组件	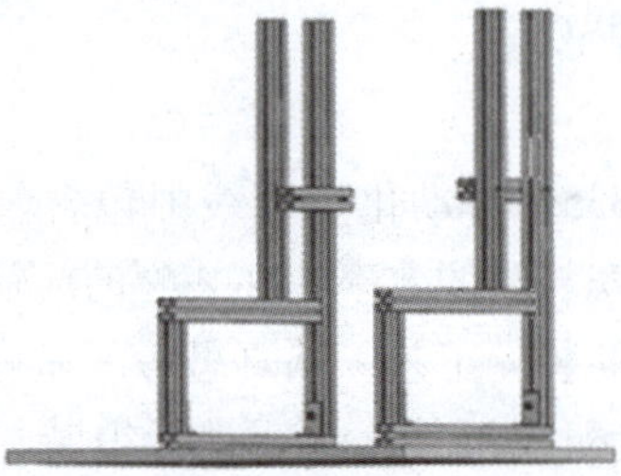	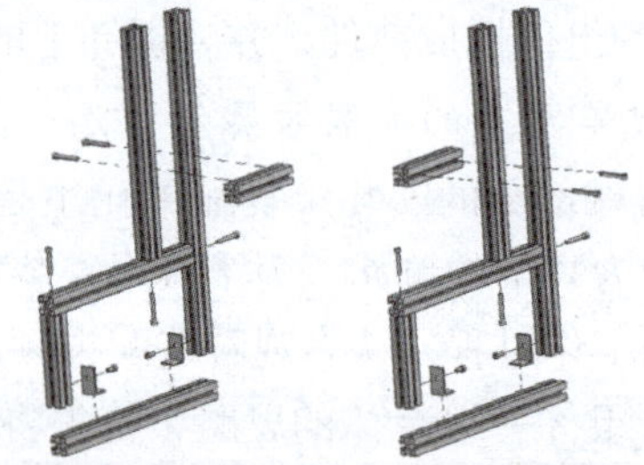

在完成以上组件的装配后，按表 3-2 的顺序进行总装。

表 3-2 装配单元 Ⅰ 总装配过程

安装步骤	安装效果图
步骤一：把回转机构及装配台组件安装到工作单元支承组件上	

（续）

安 装 步 骤	安装效果图
步骤二：安装芯体料仓组件	
步骤三：安装芯体落料组件和装配机械手支承板	
步骤四：安装装配机械手组件	

最后，插上管形料仓，安装电磁阀组、警示灯及传感器等，从而完成机械部分装配。

安装机械部分时应注意以下几点：

1）装配时，要注意摆动气缸的初始位置，以免装配完后摆动回转角度不到位。

2）预留螺母一定要足够，以免造成组件之间不能完成安装。

3）建议先进行装配，但不要一次拧紧各固定螺栓，待相互位置基本确定后，再依次进行调整固定。

4）装配工作完成后，须做进一步的校验和调整，如再次校验摆动气缸的初始位置和摆动回转角度；校验和调整机械手竖直方向移动的行程调节螺栓，使之在下限位置能可靠抓取芯体；调整水平方向移动的行程调节螺栓，使之能准确移动到装配台正上方进行装配工作。

（2）气动元件（气路）的连接 气动元件连接的方法同学习情境一，安装气路系统时的注意事项同学习情境二。

另外，气动系统安装完毕后应注意6个气缸的初始位置，位置不对时应按图3-11进行调整。

（3）气路调试 装配单元Ⅰ气路系统的调试主要是针对气动元件的运行情况进行的，其调试方法是通过手动控制单电控电磁换向阀，观察各气动元件的动作情况。在气动元件运行过程中检查各管路的连接处是否有漏气现象，是否存在气管不畅通现象。同时，通过对各单向节流阀的调整获得稳定的气动元件运行速度。

（4）传感器的安装

1）磁性开关的安装。装配单元Ⅰ有6个气动元件，即顶料气缸、挡料气缸、摆动气缸、气动手指、升降气缸和伸缩气缸，共使用11个磁性开关作为气动元件极限位置的检测元件。磁性开关的安装方法与供料单元中磁性开关的安装方法相同，此处不再赘述。

2）光电传感器的安装。装配单元Ⅰ中的光电传感器主要用于小芯体是否不足和有无检测以及左右料盘内的芯体检测。光电传感器的安装方法与供料单元中光电传感器的安装方法相同，此处不再赘述。

3）光纤传感器的安装。装配单元Ⅰ中光纤传感器主要用于装配台上工件的有无检测。它能识别不同颜色（白色、黑色）的工件，并判断装配台是否有工件存在。光纤传感器的安装方法：将光纤传感器的光纤头固定在装配台料斗侧面的螺孔内，然后将光纤传感器本体安装在DIN导轨上，抬高本体保护罩，提起固定按钮，将光纤顺着放大器单元侧面的光纤插入位置标记插入，然后放下固定按钮。

安装传感器时的注意事项同学习情境二。

（5）装置侧电气接线及工艺要求　电气接线包括装配单元Ⅰ装置侧各传感器、电磁阀等引线到装置侧接线端口之间的接线。该单元装置侧接线端口的接线端子采用三层端子结构，详见图0-11。

装配单元装置侧接线端口上各传感器和电磁阀信号端子的分配见表3-3。

表3-3　装配单元装置侧接线端口信号端子的分配

输入端口中间层			输出端口中间层		
端子号	设备符号	信号线	端子号	设备符号	信号线
2	SC1	芯体不足检测	2	2YV	挡料电磁阀
3	SC2	芯体有无检测	3	1YV	顶料电磁阀
4	SC3	左料盘芯体检测	4	5YV	回转电磁阀
5	SC4	右料盘芯体检测	5	6YV	手爪夹紧电磁阀
6	SC5	装配台工件检测	6	4YV	手爪升降电磁阀
7	1B2	顶料到位检测	7	3YV	手爪伸缩电磁阀
8	1B1	顶料复位检测	8		
9	2B2	挡料状态检测	9		
10	2B1	落料状态检测	10	AL1	红色警示灯
11	5B1	摆动气缸左限检测	11	AL2	橙色警示灯
12	5B2	摆动气缸右限检测	12	AL3	绿色警示灯
13	6B1	手爪夹紧检测	13		
14	4B2	手爪下降到位检测	14		
15	4B1	手爪上升到位检测			
16	3B1	手爪缩回到位检测			
17	3B2	手爪伸出到位检测			

1）磁性开关的接线。磁性开关为两线式传感器，连线时，11个磁性开关（1B2、1B1、2B2、2B1、5B1、5B2、6B1、4B2、4B1、3B1、3B2）的棕色线分别与装配单元Ⅰ装置侧输

入端口中间层7~17号端子（见表3-3）连接，蓝色线分别与该端口下层相应端子连接。

2）光电传感器的接线。光电传感器为三线式传感器，连线时，4个光电传感器（SC1~SC4）的黑色线分别与装配单元Ⅰ装置侧输入端口中间层2~5号端子（见表3-3）连接，棕色线分别与该端口上层相应端子连接，蓝色线分别与该端口下层相应端子连接。

3）光纤传感器的接线。光纤传感器也是三线式传感器，连线时，SC5的黑色线与装配单元Ⅰ装置侧输入端口中间层6号端子（见表3-3）连接，褐色线与该端口上层相应端子连接，蓝色线与该端口下层相应端子相连。

4）电磁阀的接线。电磁阀对外引出两根线，连线时，6个电磁阀（2YV、1YV、5YV、6YV、4YV、3YV）的蓝色线分别与装配单元Ⅰ装置侧输出端口中间层2~7号端子（见表3-3）连接，红色线分别与该端口上层相应端子连接。

5）警示灯的接线。警示灯对外引出五根线（其中，黄绿双色线为"地线"，没有使用），连线时，红色线、黄色线、绿色线分别与装配单元Ⅰ装置侧输出端口中间层10~12号端子（见表3-3）连接；黑色线与该端口上层8号端子连接。

电气接线时的注意事项同学习情境一。

4. 检查调试

检查与调试同学习情境二。工艺要求与供料单元相同。

四、装配单元Ⅰ的编程与运行

（一）工作任务

本任务只考虑装配单元Ⅰ作为独立设备运行时的情况。按钮/指示灯模块上的工作方式选择开关应置于"单站方式"位置。

1. 控制要求

1）装配单元Ⅰ各气缸的初始位置：挡料气缸处于伸出状态，顶料气缸处于缩回状态，料仓上已经有足够的小圆柱芯体；装配机械手的升降气缸处于提升（缩回）状态，伸缩气缸处于缩回状态，气动手指处于松开状态。

设备上电、气源接通后，若各气缸满足初始位置要求，且料仓中已经有足够的小圆柱芯体，工件装配台上没有待装配工件，则"正常工作"指示灯HL1常亮，表示设备已准备好。否则，该指示灯以1Hz的频率闪烁。

2）若设备已准备好，按下起动按钮，装配单元Ⅰ起动，"设备运行"指示灯HL2常亮。如果回转物料台上的左料盘内没有小圆柱芯体，则执行落料操作；如果左料盘内有小圆柱芯体，而右料盘内没有小圆柱芯体，则执行回转物料台回转操作。

3）如果回转物料台上的右料盘内有小圆柱芯体且装配台上有待装配工件，则执行"装配机械手抓取小圆柱芯体放入待装配工件中"的操作。

4）完成装配任务后，装配机械手应返回初始位置，等待下一次装配。

5）若在运行过程中按下停止按钮，则落料机构应立即停止落料，在装配条件满足的情况下，装配单元Ⅰ在完成本次装配后停止工作。

6）当在运行中发生"芯体不足"报警时，指示灯HL3以1Hz的频率闪烁，HL1和HL2常亮；在运行中发生"芯体没有"报警时，指示灯HL3以亮1s、灭0.5s的方式闪烁，HL2熄灭，HL1常亮，待左、右料盘均没有芯体时，工作单元在完成本周期装配后停止运行。只有向料仓补充足够的芯体，工作单元才能再起动。

2. 要求完成的任务

1) 规划 PLC 的 I/O 分配及接线图。
2) 系统安装接线和气路连接。
3) 编制 PLC 程序。
4) 调试与运行。

(二) PLC 的 I/O 分配与接线图

1. I/O 分配

装配单元 I PLC 的 I/O 信号分配见表 3-4。

表 3-4 装配单元 I PLC 的 I/O 信号分配

输入信号				输出信号				
序号	PLC 输入点	信号名称	信号来源	序号	PLC 输出点	信号名称	信号来源
1	X000	芯体不足检测	装置侧	1	Y000	挡料电磁阀	装置侧
2	X001	芯体有无检测		2	Y001	顶料电磁阀	
3	X002	左料盘芯体检测		3	Y002	回转电磁阀	
4	X003	右料盘芯体检测		4	Y003	手爪夹紧电磁阀	
5	X004	装配台工件检测		5	Y004	手爪升降电磁阀	
6	X005	顶料到位检测		6	Y005	手爪伸缩电磁阀	
7	X006	顶料复位检测		7	Y006		
8	X007	挡料状态检测		8	Y007		
9	X010	落料状态检测		9	Y010	红色警示灯	
10	X011	摆动气缸左限检测		10	Y011	橙色警示灯	
11	X012	摆动气缸右限检测		11	Y012	绿色警示灯	
12	X013	手爪夹紧检测		12	Y013		
13	X014	手爪下降到位检测		13	Y014		
14	X015	手爪上升到位检测		14	Y015	正常工作指示	按钮/指示灯模块
15	X016	手爪缩回到位检测		15	Y016	设备运行指示	
16	X017	手爪伸出到位检测		16	Y017	报警指示	
17	X020						
18	X021						
19	X022						
20	X023						
21	X024	停止按钮	按钮/指示灯模块				
22	X025	起动按钮					
23	X026	急停开关					
24	X027	单机/全线转换开关					

说明：警示灯用来指示 YL-335B 自动化生产线整体运行时的工作状态，本工作任务是装配单元 I 单独运行，没有要求使用警示灯，可以不用连接到 PLC 上。

2. I/O 接线图

根据装配单元 I I/O 点数及工作任务的要求，该单元 PLC 选用三菱 FX_{3U}-48MR，为 24 点输入和 24 点输出继电器输出型。该单元 I/O 接线图如图 3-17 所示。

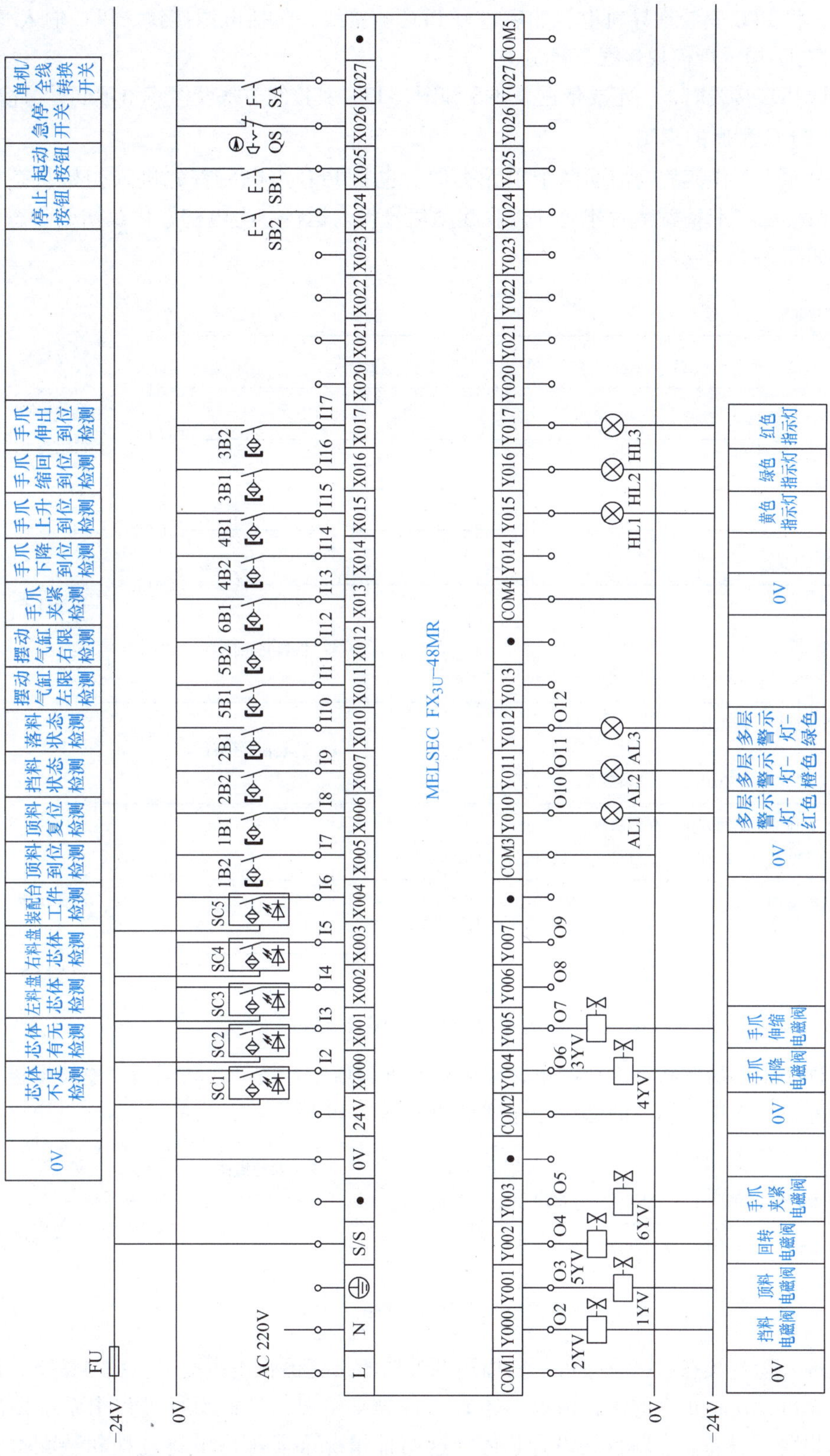

图 3-17 装配单元Ⅰ PLC 的 I/O 接线原理图

(三) PLC 的安装与接线

首先,将 PLC 安装在导轨上,然后进行 PLC 侧接线,包括电源接线、PLC 输入/输出端子接线及按钮/指示灯模块接线三部分。

在进行 PLC 接线时,一定要依据表 3-3 和图 3-17,其接线方法及注意事项同学习情境一。

(四) PLC 程序的编制

装配单元 I 工作流程与前面两个单元类似,也是 PLC 上电后首先进入初始状态检查阶段,确认系统已经准备就绪后才允许接收起动信号投入运行。上电初始化及初始状态检查部分的程序如图 3-18 所示。

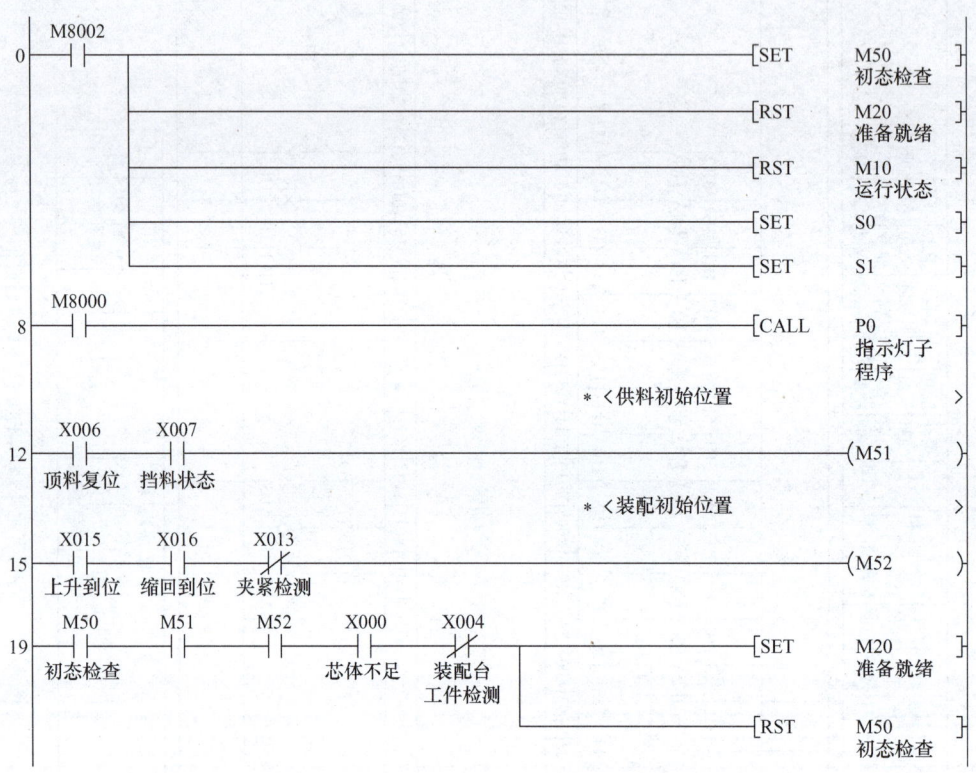

图 3-18 上电初始化及初始状态检查部分程序

在主程序中,初始状态检查结束,确认单元准备就绪,按下起动按钮,系统即进入运行状态。装配单元 I 单站运行的起动操作梯形图如图 3-19 所示。

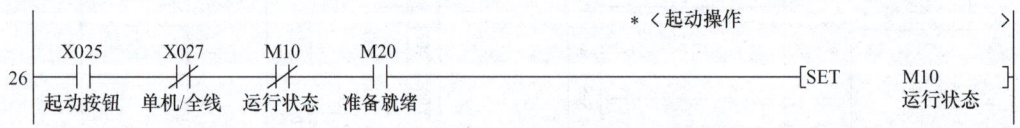

图 3-19 装配单元 I 单站运行的起动操作梯形图

系统进入运行状态后,应在每一扫描周期都监测有无停止按钮按下,一旦按下,即置位停止信号 M11,这是正常的停止请求,还有一种异常情况,是在运行过程中系统发出"芯体没有"报警,且左、右料盘均没有芯体,这两种情况都需等待供料过程和装配过程均返回到初始步之后,才能复位运行状态和停止信号的标志位。停止运行梯形图如图 3-20 所示。

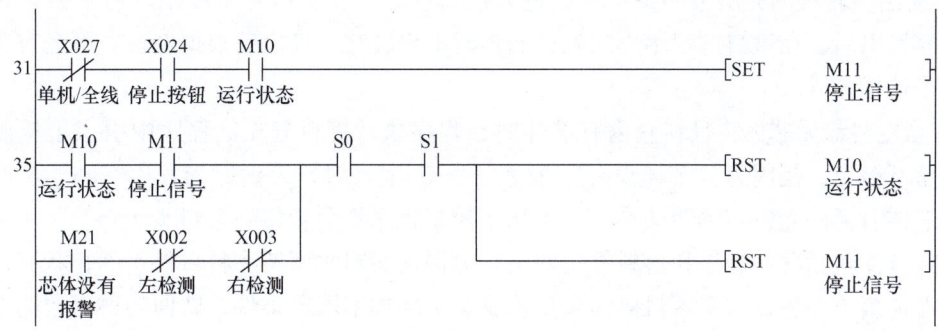

图 3-20　停止运行梯形图

1）进入运行状态后，装配单元Ⅰ的工作过程包括两个相互独立的子过程，一个是供料过程，另一个是装配过程。

供料过程就是通过供料机构按顺序操作，使料仓中的小圆柱芯体落下到回转物料台左边料盘上，然后回转物料台转动，使装有芯体的料盘转移到右边（装配机械手的正下方），以便装配机械手抓取芯体。

装配过程是当装配台上有待装配工件，且装配机械手下方有小圆柱芯体时，进行装配操作。

2）供料过程是具有两个分支的选择序列步进顺序控制，这是由于供料过程本身包含了落料和芯体转移两个阶段，其顺序控制功能图如图 3-21 所示，下面详细说明其工作过程。

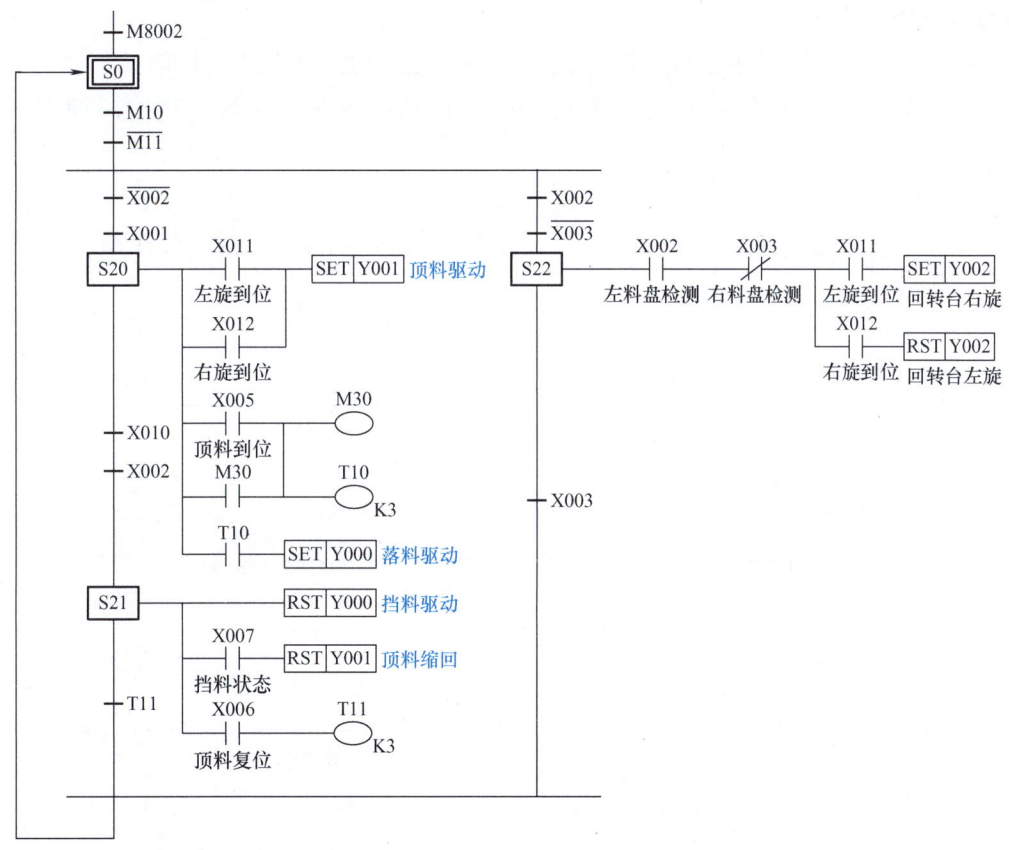

图 3-21　供料过程顺序控制功能图

① 初始步转移的先决条件是系统已进入运行状态,停止信号未发出。后一条件是确保停止信号发出后,在供料过程率先回到初始步时不再转移。且之后根据左、右料盘有无芯体引出两个选择分支。

② 当左料盘无芯体,且料仓内有芯体时,程序执行落料分支。程序中引入了检测芯体有无的常开触点,是因为"芯体没有"报警信号有2s延时,为确保当程序在初始步时,如果检测芯体有无的光电传感器动作,步进顺序控制程序不会转移到落料步。

落料分支包括落料操作和落料复位两步。为保证落料时回转物料台处于静止状态,能可靠地使芯体落入左料盘,在落料操作步顶料驱动中增加了限定条件,即回转物料台的左限位或右限位信号,落料操作按顶料气缸首先伸出,到位后经延时确认,为了保证料仓内最后一个芯体也能落下,这里用顶料到位检测信号X005常开触点控制辅助继电器M30并保持,从而确保当料仓只剩下最后一个芯体时,顶料气缸伸出到位时,X005瞬时接通后立即断开,也能正常延时。挡料气缸缩回,使料仓内最底层芯体下落到左料盘,当挡料气缸缩回到位且左料盘有芯体时,转移到落料复位步。复位操作则按相反的顺序进行,当顶料气缸缩回到位后,经延时确认回到初始步。

③ 当左料盘有芯体而右料盘无芯体时,程序执行回转物料台转动分支。

回转物料台转动分支用于完成芯体转移的功能,其转移条件是左料盘有芯体且右料盘没有芯体,而摆动气缸的旋转方向取决于摆动气缸的当前位置(左旋到位或右旋到位),编程时一定要注意这一转移条件,否则,摆动气缸左限位信号和右限位信号将交替为1,使摆动气缸反复旋转。

④ 如果左、右料盘都有芯体,即使系统在运行状态,也不发生步的转移。

3)机械手装配工件的过程是一个典型的步进顺序控制,其顺序功能图如图3-22所示。

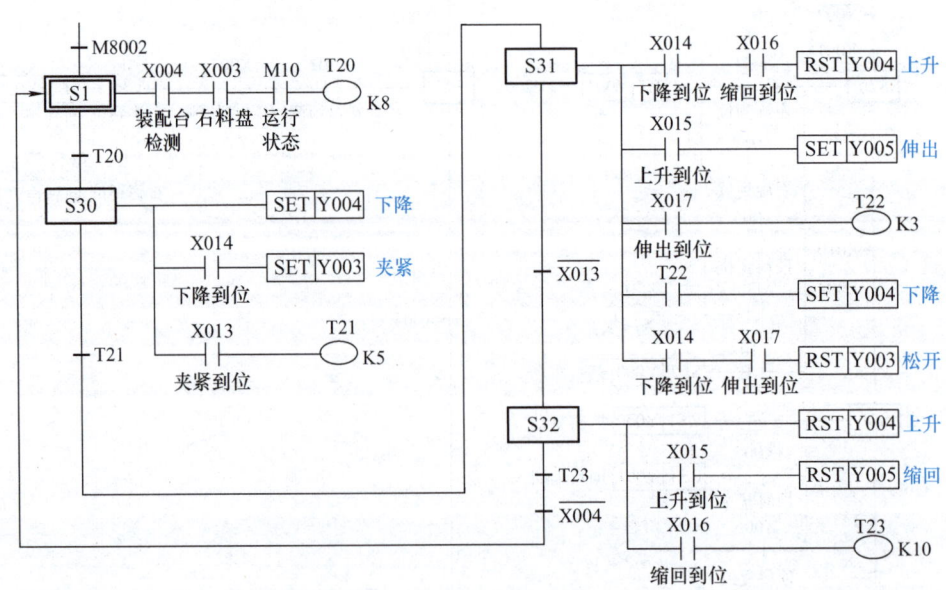

图3-22 机械手装配过程顺序功能图

需要注意的是，程序中供料控制和装配控制分别是两个相互独立的步进块，并不是并行序列，因此它们都必须分别以 RET 指令结束。

以上落料控制和摆台转动控制是采用一个步进顺序控制实现的。请读者自行尝试将落料过程和摆台转动过程分开，分别用顺序控制和基本指令编程，并与本程序进行比较。

（五）调试与运行

1) 调整气动部分，检查气路是否正确、气压是否合理、气缸的动作速度是否合适。

2) 检查磁性开关的安装位置是否正确、磁性开关工作是否正常。

在装配单元 I 通电、气源接通的条件下，手动控制 1YV~6YV，使顶料气缸、挡料气缸、伸缩气缸、升降气缸、摆动气缸和气动手指动作和返回，观察 PLC 输入端 X005、X006、X010、X007、X017、X016、X014、X015、X011、X012、X013 的 LED 是否点亮，若不亮，则应检查磁性开关的安装位置及接线。

3) 检查 I/O 接线是否正确。

4) 检查光电传感器和光纤传感器安装是否合理、距离设定是否合适，保证检测的可靠性。

在装配单元 I 通电、气源接通的条件下，模拟芯体不足检测、芯体有无检测、左料盘芯体检测、右料盘芯体检测、装配台工件检测等工况，观察 PLC 输入端 X000~X004 的 LED 是否点亮，若不亮，则应检查光电传感器或光纤传感器的安装位置及接线。

5) 按钮/指示灯的功能测试。

① 按钮的功能测试。为装配单元 I 接通电源，用手按下停止按钮、起动按钮、急停开关、单机/全线转换开关，观察 PLC 输入端 X024~X027 的 LED 是否点亮，若不亮，则应检查对应的按钮或开关及连接线。

② 指示灯的功能测试。为装配单元 I 通电，进入 GX Works2 编程软件，利用软件的强制功能分别将 PLC 的 Y015~Y017 置 1，观察 PLC 的输出端 Y015~Y017 的 LED 是否点亮，按钮/指示灯模块对应的黄色指示灯、绿色指示灯、红色指示灯是否点亮，若不亮，则应检查指示灯及连接线。

6) 多层警示灯的功能测试。为装配单元 I 通电，进入 GX Works2 编程软件，利用软件的强制功能分别将 PLC 的 Y010~Y012 置 1，观察 PLC 的输出端 Y010~Y012 的 LED 是否点亮，多层警示灯对应的红色警示灯、橙色警示灯、绿色警示灯是否点亮，若不亮，则应检查警示灯及连接线。

7) 气动元件的功能测试。

① 顶料电磁阀 1YV 功能测试。在装配单元 I 通电、气源接通的条件下，进入 GX Works2 编程软件，利用软件的强制功能为 Y001 通/断电一次，观察 PLC 输出端 Y001 的 LED 是否点亮、顶料气缸是否执行顶料/缩回动作，若不执行，则应检查顶料气缸 1A、顶料电磁阀 1YV 的气路连接部分及顶料电磁阀 1YV 的接线。

② 挡料电磁阀 2YV 功能测试。在装配单元 I 通电、气源接通的条件下，进入 GX Works2 编程软件，利用软件的强制功能为 Y000 通/断电一次，观察 PLC 输出端 Y000 的 LED 是否点亮、挡料气缸是否执行落料/挡料动作，若不执行，则应检查挡料气缸 2A、挡料电磁阀 2YV 的气路连接部分及挡料电磁阀 2YV 的接线。

③ 手爪伸缩电磁阀 3YV 功能测试。在装配单元 I 通电、气源接通的条件下，进入 GX

Works2 编程软件，利用软件的强制功能为 Y005 通/断电一次，观察 PLC 输出端 Y005 的 LED 是否点亮、伸缩气缸是否执行伸出/缩回动作，若不执行，则应检查伸缩气缸 3A、手爪伸缩电磁阀 3YV 的气路连接部分及手爪伸缩电磁阀 3YV 的接线。

④ 手爪升降电磁阀 4YV 功能测试。在装配单元Ⅰ通电、气源接通的条件下，进入 GX Works2 编程软件，利用软件的强制功能为 Y004 通/断电一次，观察 PLC 输出端 Y004 的 LED 是否点亮、升降气缸是否执行上升/下降动作，若不执行，则应检查升降气缸 4A、手爪升降电磁阀 4YV 的气路连接部分及手爪升降电磁阀 4YV 的接线。

⑤ 回转电磁阀 5YV 功能测试。在装配单元Ⅰ通电、气源接通的条件下，进入 GX Works2 编程软件，利用软件的强制功能为 Y002 通/断电一次，观察 PLC 输出端 Y002 的 LED 是否点亮、摆动气缸是否执行左旋/右旋动作，若不执行，则应检查摆动气缸 5A、回转电磁阀 5YV 的气路连接部分及回转电磁阀 5YV 的接线。

⑥ 手爪夹紧电磁阀 6YV 功能测试。在装配单元Ⅰ通电、气源接通的条件下，进入 GX Works2 编程软件，利用软件的强制功能为 Y003 通/断电一次，观察 PLC 输出端 Y003 的 LED 是否点亮、气动手指是否执行夹紧/松开动作，若不执行，则应检查气动手指 6A、手爪夹紧电磁阀 6YV 的气路连接部分及手爪夹紧电磁阀 6YV 的接线。

8) 运行程序，检查动作是否满足任务要求。调试各种可能出现的情况，例如，在料仓芯体不足的情况下，系统能否可靠工作；在料仓没有芯体的情况下，能否满足控制要求。

（六）问题与思考

1) 运行过程中出现小圆柱芯体不能准确下落至料盘中，或装配机械手装配不到位，或光纤传感器误动作等现象，请分析其原因，总结处理方法。

2) 如果需要考虑紧急停止等因素，程序应如何编制？

3) 如果用位移位指令实现供料过程的顺序控制，程序应如何编制？

4) 如果用位移位指令实现机械手装配工件的顺序控制，程序应如何编制？

5) 如果装配单元Ⅰ供料控制和装配控制采用并行序列顺序控制实现，程序应如何编制？

五、任务实施与考核

（一）任务实施

基于装配单元单站运行，要求学生以小组（2～3 人）为单位，完成机械部分、传感器、气路等的拆装，电气部分接线，PLC 程序编制及单元的调试运行。

学生应完成的成果清单如下：

1) 装配单元拆装与调试工作计划。

2) 气动回路原理图。

3) PLC I/O 接线图。

4) 梯形图。

5) 任务实施记录单，见表 3-5。

学习情境三 装配单元Ⅰ的拆装与调试

表 3-5 任务实施记录单

课程名称	自动化生产线拆装与调试		
学习情境三	装配单元Ⅰ的拆装与调试		
实施方式	学生集中时间独立完成,教师检查指导		
序号	实施过程	出现的问题	解决的方法

实施总结	

班级		组号		姓名	
指导教师签字				日期	

75

(二)任务考核

填写任务考核评价表,见表3-6。

表3-6 任务考核评价表

课程名称			自动化生产线拆装与调试				
学习情境三			装配单元Ⅰ的拆装与调试				
评价项目	内容	配分	要求	互评	教师评价	综合评价	
实施过程	机械部分拆装与调整	20分	能正确使用拆装工具完成机械部分的拆装,机械部分动作应顺畅协调,紧固件应无松动,辅助件应安装到位				
	气路部分拆装与连接	10分	气动系统拆装正确,气动元件安装紧固,气路连接正确,无漏气现象,气缸运行顺畅平稳、动作速度合理				
	电气部分拆装与接线	10分	PLC拆装正确,接线规范整齐,接线符合工艺要求(接线端口的导线应套上标号管,且标注规范,PLC侧所有端子接线必须采用压接方式),接线端子连接牢固,无松动现象,电气接线满足原理图要求				
功能测试	传感器功能测试	5分	磁性开关、光电传感器、光纤传感器调试能按控制要求正确动作				
	电磁阀功能测试	5分	电磁阀能按控制要求正确动作				
	装配单元Ⅰ运行	10分	初始状态正确,能正确完成落料、回转物料台摆动送料及装配控制,能正常起动、停止,芯体不足和芯体没有状态显示正确				
团队协作职业素养	分工与配合	5分	任务分配合理,分工明确,配合紧密				
	职业素养	5分	注重安全操作,工具及器件摆放整齐				
任务书及成果清单的填写	任务书	10分	搜集信息,引导问题回答正确				
	工作计划	3分	计划步骤安排合理,时间安排合理				
	材料清单	2分	材料齐全				
	气动回路原理图	3分	气动回路原理图绘制正确、规范				
	I/O接线图	4分	I/O接线图绘制正确,符号规范				
	梯形图	4分	程序正确				
	调试运行记录单	4分	气动回路调试及整体运行调试过程记录完整、真实				
总评							
班级			姓名		组号		组长签字
指导教师签字					日期		

学习情境四

装配单元Ⅱ的拆装与调试

教学目标	知识目标	1. 熟悉装配单元Ⅱ的结构组成及工作过程 2. 掌握磁性开关、光电传感器的结构、特点及电气接口特性 3. 掌握子程序调用及状态指示子程序的编制 4. 熟练应用步进指令编制装配过程顺序控制程序 5. 掌握旋转盘回原点及定位控制的编程
	能力目标	1. 会分析装配单元Ⅱ的工作过程 2. 能进行装配单元Ⅱ气路的连接及调整 3. 会进行装配单元Ⅱ传感器的安装接线,并能正确调试 4. 能进行供料机构、旋转装配机构等机械机构的安装与调整 5. 能进行步进电动机及驱动器装置的安装及电气接线,并能根据控制要求设置步进驱动器细分和细分电流 6. 能在规定时间内完成装配单元Ⅱ的安装与调整,进行控制程序的设计和调试,并能解决安装与运行过程中出现的问题
	素质目标	1. 通过装配单元Ⅱ的拆装,培养学生细致工作、规范操作、一丝不苟、精益求精的工匠精神 2. 在装配单元Ⅱ的电气接线、程序编制及调试运行中,注重团队合作,有效沟通,发现问题并共同解决问题,形成团队意识,增强使命担当 3. 通过任务实施培养学生工程意识、安全意识、责任意识及创新意识
教学重点		气路的调整、传感器的调试、定位控制编程、用步进指令编制装配过程顺序控制程序
教学难点		传感器的调试、控制程序的设计与运行调试

一、装配单元Ⅱ的组成及工作过程

装配单元Ⅱ的功能与装配单元Ⅰ的功能相同,都是将芯体装配至待装配的工件中。

装配单元Ⅱ的装置侧主要由供料机构和旋转装配机构两部分组成,其装置侧的结构如图 4-1 所示。

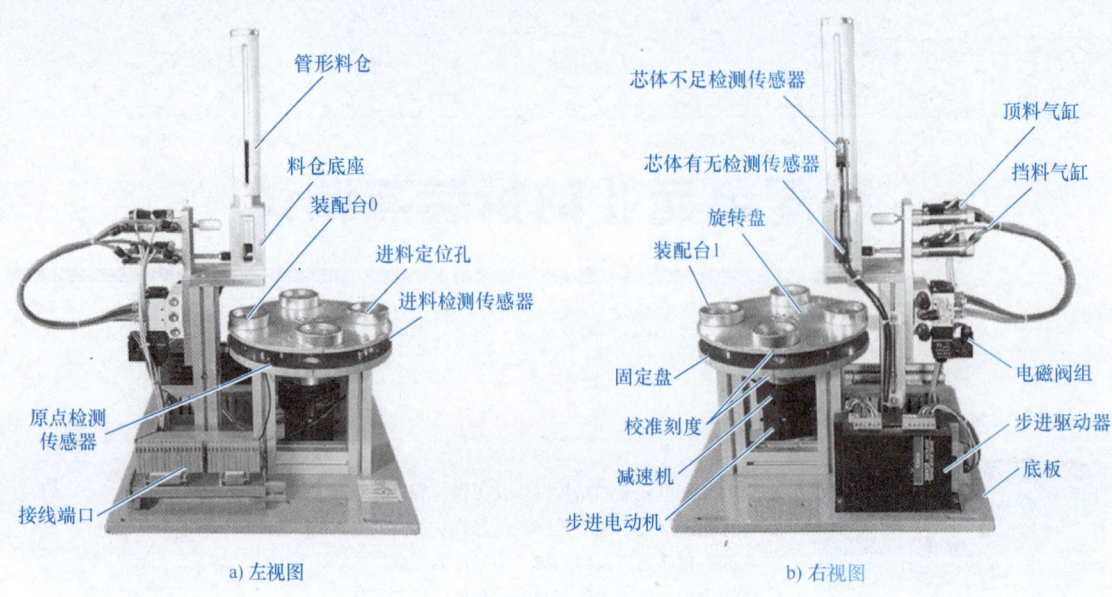

图 4-1 装配单元Ⅱ装置侧的结构

1. 供料机构

该单元的供料机构与装配单元Ⅰ的供料机构基本相同，也是包括管形料仓和落料机构两部分。

管形料仓由塑料圆管和中空底座构成，用来存储装配用的金属、黑色塑料盒白色塑料小圆柱芯体。与装配单元Ⅰ不同之处：开槽在圆管和底座左右两侧，用于检测是否欠、缺芯体的 E3Z－LS63 光电接近开关装在右侧，这样检测确保光电接近开关的红外光线能可靠地照射到被检测的芯体上。

供料单元的落料过程与装配单元Ⅰ完全相同，此处不再赘述。

2. 旋转装配机构

旋转装配机构主要由旋转盘、固定盘、行星齿轮减速机-步进电动机组件等组成。其中，固定盘被安装在 4 条腿的型材支承架上，主要用来安装固定减速机-步进电动机组件。该组件出厂时已连接好，作为一个整体，不作拆卸，组件通过减速机前端法兰盘与固定盘螺纹连接。旋转盘的 8 个中心孔与减速机输出轴的 8 个螺纹孔用螺钉连接。这样，步进电动机输出动力由减速机减速后传递到旋转盘上。回到原点后，旋转盘刻度线应与固定盘刻度线对齐。

旋转盘上有 4 个装配台。旋转盘在初始位置（原点）时，供料机构正下方的装配台被定义为装配台 0，进料位置处的装配台被定义为装配台 1。当装配台 1 下方的进料检测传感器检测到装配台 1 定位孔（进料定位孔）内有待装配工件时，旋转盘由步进电动机经减速机驱动旋转 180°，旋转台 1 载着待装配工件精确定位到供料机构正下方，然后由供料机构供料，芯体由于重力作用恰好落入待装配工件的孔中，从而完成精准的装配动作。完成装配后，装配台 1 承载已装配好的工件转回进料位置，以便输送单元机械手抓取该工件。除了进料位置的装配台 1，其他三个装配台可用于暂存备件。

3. 装配单元Ⅱ的工作过程

设备上电回原点后,当进料口检测到有待装配工件时,旋转盘载着待装配工件旋转180°,到达供料机构正下方,由供料机构实现供料装配,然后旋转盘转回进料口处,等待输送单元取走已装配好的工件。

4. 气动控制回路

装配单元Ⅱ的气动系统主要由气源、气动汇流排、气缸、单电控二位五通电磁换向阀、单向节流阀、消声器、快速接头和气管等组成。其作用是完成芯体的供料。

装配单元Ⅱ气动控制回路原理图如图4-2所示。图中,1A、2A分别为顶料气缸和挡料气缸,1B1、1B2分别为安装在顶料气缸上两个工作位置的磁性开关,2B1、2B2分别为安装在挡料气缸上两个工作位置的磁性开关。1YV、2YV分别为控制顶料气缸、挡料气缸的单电控二位五通电磁换向阀。在进行气路连接时,要注意各气缸的初始位置,其中,挡料气缸在伸出位置。

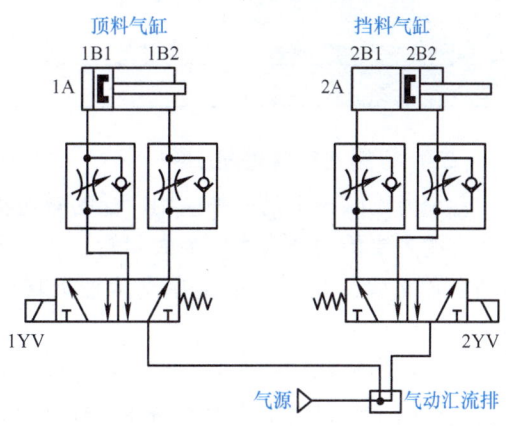

图4-2 装配单元Ⅱ气动控制回路原理图

二、知识链接

(一) PM-L25U型光电传感器

装配单元Ⅱ旋转盘原点位置的确定:通过安装在固定盘上的原点检测传感器检测到旋转盘下方安装的T形挡块实现。原点检测传感器选用的是PM-L25U型光电传感器。它是一种对射式光电接近开关,又称为U形光电接近开关,其外观如图4-3a所示。该传感器主要由红外线发射管和红外线接收管组成,以光为媒介,由发光体与受光体间红外光的接收与转换检测物体的位置,槽宽决定了感应接收信号的强弱与接收信号的距离。

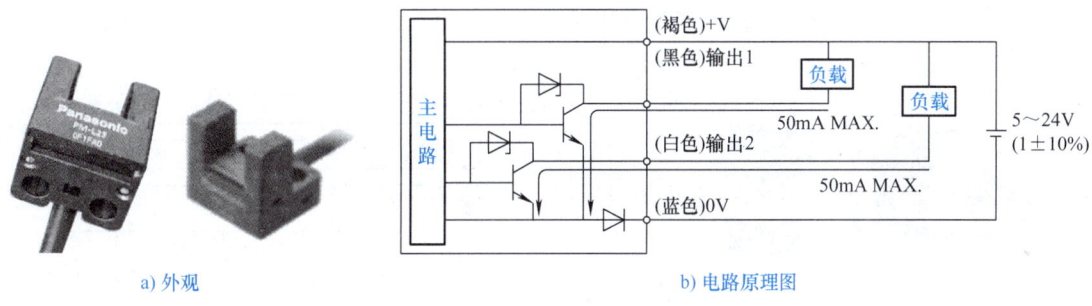

a) 外观 b) 电路原理图

图4-3 PM-L25U型光电传感器

PM-L25U型光电传感器采用NPN输出型,电路原理图如图4-3b所示。其中,输出1(黑色)为常闭触点,输出2(白色)为常开触点,主要技术参数见表4-1。

表 4-1　PM-L25U 型光电传感器的主要技术参数

检测距离	6mm（固定）
最小检测物体	0.8mm×1.2mm 不透明体
应差（迟滞）	0.05mm 以下
最大反应频率	3kHz
重复精度	0.01mm 以下
电源电压	DC（5～24）V（1±10%），脉动 10% V_{P-P} 以下
消耗电流	15mA 以下

（二）行星齿轮减速机

行星齿轮减速机是一种应用广泛的减速机，通常安装在步进电动机或伺服电动机的输出端。它的主要传动结构为一个太阳轮、若干个行星轮和一个齿轮圈。其中，行星轮由行星架的固定轴支承，允许行星轮在支承轴上转动。以三个行星轮结构为例，其各组成部件如图 4-4 所示。

减速机的整体结构如图 4-5 所示，行星轮与太阳轮、齿轮圈总是处于啮合状态。其中，将齿轮圈固定，以太阳轮为主动件、行星轮为从动件时，可获得较大的减速比。太阳轮作为输入元件，一般与步进电动机或伺服电动机连接，而行星架作为输出元件，一般与输出轴连接。

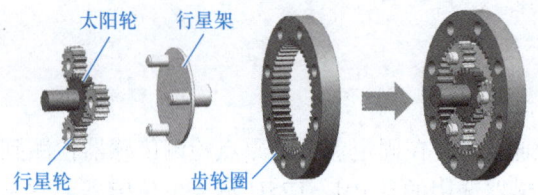

图 4-4　减速机的各组成部件

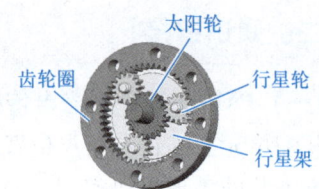

图 4-5　减速机的整体结构

装配单元Ⅱ采用的是法兰盘式行星齿轮减速机，型号是 PLH60-7-S2-P2，其外观及型号含义如图 4-6 所示。该减速机的减速比为 7，齿轮输出转矩为 33N·m，最大径向力为 680N，最大轴向力为 340N，满载效率为 98%。

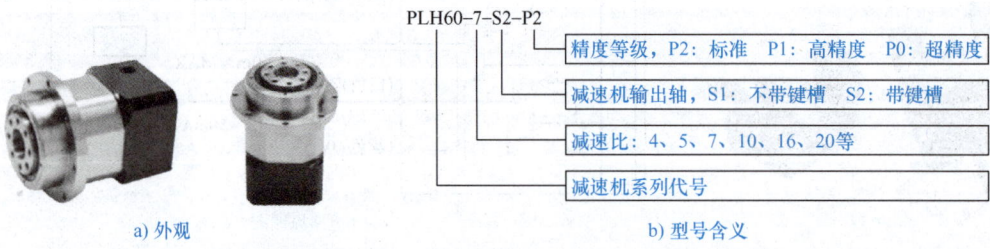

a) 外观　　　　　　　　　　　　b) 型号含义

图 4-6　行星齿轮减速机外观及型号含义

（三）步进电动机及其驱动装置

1. 步进电动机

步进电动机是将电脉冲信号转换为相应的角位移或直线位移的一种特殊执行电动机。每输入一个电脉冲信号,电动机就转动一个角度,它的运动形式是步进式的,所以称为步进电动机。

(1)步进电动机的工作原理 下面以一台最简单的三相反应式步进电动机为例,介绍步进电动机的工作原理。

图4-7是一台三相反应式步进电动机的工作原理图。定子铁心为凸极式,共有三对(六个)磁极,每两个空间相对的磁极上绕有一相控制绕组。转子用软磁性材料制成,也是凸极结构,只有四个齿,齿宽等于定子的极宽。

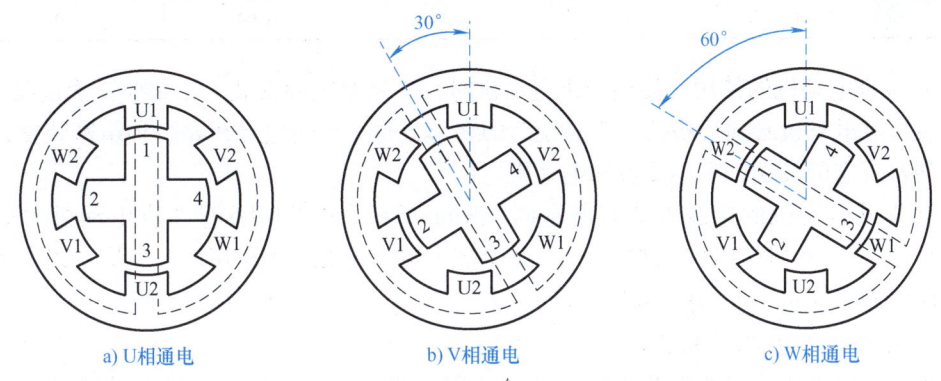

a) U相通电　　　　　　b) V相通电　　　　　　c) W相通电

图4-7　三相反应式步进电动机的工作原理图

当U相控制绕组通电,其余两相均不通电时,电动机内建立以定子U相极为轴线的磁场。由于磁通具有力图走磁阻最小路径的特点,使得转子齿1、3的轴线与定子U相极轴线对齐,如图4-7a所示。当U相控制绕组断电、V相控制绕组通电时,转子在反应转矩的作用下,逆时针转过30°,转子齿2、4的轴线与定子V相极轴线对齐,即转子走了一步,如图4-7b所示。若再断开V相,使W相控制绕组通电,转子将沿逆时针方向再转过30°,转子齿1、3的轴线与定子W相极轴线对齐,如图4-7c所示。依此按U—V—W—U的顺序轮流通电,转子就会一步一步地沿逆时针方向转动。其转速取决于各相控制绕组通电与断电的频率,旋转方向取决于控制绕组轮流通电的顺序。若按U—W—V—U的顺序通电,电动机则沿顺时针方向转动。

上述通电方式称为三相单三拍。"三相"是指三相步进电动机;"单三拍"是指每次只有一相控制绕组通电;控制绕组每改变一次通电状态称为一拍,"三拍"是指改变三次通电状态为一个循环。把每一拍转子转过的角度称为步距角,三相单三拍运行时,步距角为30°。显然,这个角度太大,不能在实际中应用。

如果把控制绕组的通电方式改为U→UV→V→VW→W→WU→U,即一相通电与二相通电间隔地轮流进行,完成一个循环需要经过六次改变通电状态,称之为三相单、双六拍通电方式。当U、V两相绕组同时通电时,转子齿的位置应同时考虑到两对定子极的作用,只有U相极和V相极对转子齿所产生的磁拉力相平衡的中间位置,才是转子的平衡位置。这样,在单、双六拍通电方式下,转子平衡位置增加了一倍,步距角变为15°。减少步距角的措施是采用定子磁极带有小齿,转子齿数很多的结构。分析表明,这种结构的步进电动机,其步距角可以做得很小。实际应用中的步进电动机产品都采用这种方法实现步距角的细分。

装配单元Ⅱ选用Kinco 3S57Q-04056型三相步进电动机,其步距角在整步方式下为

1.8°，半步方式下为 0.9°。除了步距角外，步进电动机还有保持转矩、阻尼转矩等技术参数。其中，保持转矩是指电动机各相绕组通入额定电流且处于静态锁定状态时，电动机所能输出的最大转矩。它体现了步进电动机通电但没有转动时，定子锁住转子的能力，是步进电动机最重要的参数之一；阻尼转矩则表征了步进电动机抵御振荡的能力。Kinco 3S57Q-04056 型步进电动机的主要技术参数见表 4-2。

表 4-2　Kinco 3S57Q-04056 型步进电动机的主要技术参数

参数名称	步距角/(°)	相电流/A	保持转矩/(N·m)	阻尼转矩/(N·m)	电动机惯量/(kg·cm²)
参数值	1.2（1±5%）	5.6	0.9	0.04	0.3

（2）步进电动机的使用　使用步进电动机时，一是要正确安装，二是要正确接线。

安装步进电动机必须严格按照产品说明的要求进行。步进电动机是一种精密装置，安装时，切勿敲打它的轴端，更不要拆卸电动机。

不同步进电动机的接线方式有所不同，Kinco 3S57Q-04056 型步进电动机的接线如图 4-8 所示。三个相绕组的六根引出线必须按头尾相连的原则连接成三角形。改变绕组的通电顺序就能改变步进电动机的转动方向。

2. 步进电动机的驱动装置

步进电动机需要专门的驱动装置（即驱动器）供电，驱动器和步进电动机是一个有机的整体。步进电动机的运行性能是电动机及其驱动器二者配合所反映的综合效果。

一般来说，每一台步进电动机都有其对应的驱动器。在装配单元Ⅱ中，选用 Kinco 3M458 型步进驱动器与 Kinco 3S57Q-04056 型步进电动机相匹配。Kinco 3M458 型步进驱动器的外观如图 4-9 所示。

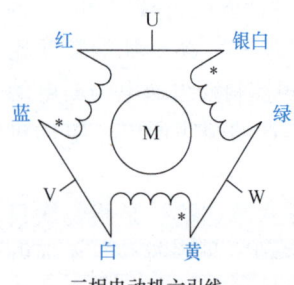

图 4-8　Kinco 3S57Q-04056 型步进电动机的接线

图 4-9　Kinco 3M458 型步进驱动器的外观

（1）步进驱动器的主要功能

1）在步进电动机的驱动过程中，控制脉冲通过脉冲分配器控制步进电动机励磁绕组按一定的顺序通、断电，从而使电动机绕组按输入脉冲的控制循环通电。

2）对脉冲分配器产生的开关信号波形进行脉冲宽度调制（PWM）及对相应的波形进行滤波整形处理。PWM 的基本思想是控制每相绕组的波形，使其阶梯上升或下降，即在 0 和最大值之间给出多个稳定的中间状态，定子磁场的旋转过程中也就有了多个稳定的中间状态，对应于电动机转子旋转的步数增多，将每一个步距角分成若干个细分步。采用这种细分驱动技术可以大大提高步进电动机的步进分辨率，减小转矩波动，避免了低频共振及运行噪声。

3)对脉冲信号的电压、电流进行功率放大,用功率元件直接控制电动机的各相绕组。

(2)Kinco 3M458 型步进驱动器的使用 Kinco 3M458 型步进驱动器的典型接线如图 4-10 所示。图中给出了三菱 FX_{3U} 系列 PLC 与步进驱动器的接线。

注意: 由于 PLC 给出的控制信号电压为 24V,为保证控制信号的电流符合驱动要求 (TTL 电平),驱动器 PLS(脉冲)及 DIR(方向)连接线路中需要串接 $2k\Omega$ 的电阻。

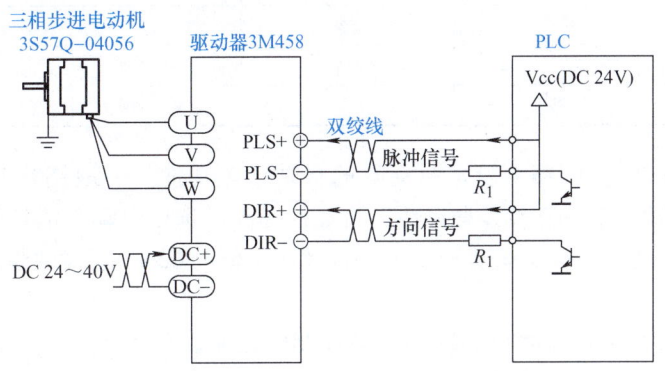

图 4-10 Kinco 3M458 型步进驱动器的典型接线

在 3M458 型步进驱动器的侧面连接端子中间有一个红色的八位 DIP 功能设定开关,DIP 开关功能划分说明如图 4-11 所示。DIP 开关可用来设定驱动器的工作方式和工作参数,包括细分设置、静态电流设置和运行电流设置。

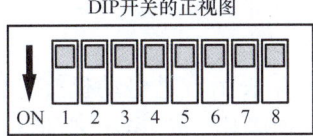

开关序号	ON功能	OFF功能
DIP1~DIP3	细分设置用	细分设置用
DIP4	静态电流全流	静态电流半流
DIP5~DIP8	电流设置用	电流设置用

图 4-11 3M458 型步进驱动器 DIP 开关功能划分说明

细分设置见表 4-3。在实际使用时,若对转速要求较高,且对精度和平稳性要求不高,则不必选择高细分;如果转速很低,则应选择高细分,以确保平稳,减少振动和噪声。

表 4-3 细分设置

DIP 开关位置			细分/(步/转)	脉冲数/转
DIP1	DIP2	DIP3		
ON	ON	ON	400	400
ON	ON	OFF	500	500
ON	OFF	ON	600	600
ON	OFF	OFF	1000	1000
OFF	ON	ON	2000	2000
OFF	ON	OFF	4000	4000
OFF	OFF	ON	5000	5000
OFF	OFF	OFF	10000	10000

输出电流细分见表 4-4。在电动机转矩足够的情况下，应尽量把电动机相电流设置到比额定电流略小一点的档位，这样可以延长步进驱动器的使用寿命。

表 4-4　输出电流细分

DIP5	DIP6	DIP7	DIP8	输出电流/A
OFF	OFF	OFF	OFF	3.0
OFF	OFF	OFF	ON	4.0
OFF	OFF	ON	ON	4.6
OFF	ON	ON	ON	5.2
ON	ON	ON	ON	5.8

另外，用户可以通过 DIP4 设定驱动器的自动半流功能。一般用途时，应将其设置成 OFF，从而使电动机和驱动器的发热减少，可靠性提高。选用自动半流功能，当脉冲串停止后约 0.4s，电流会自动减少至全流的一半左右（实际值的 60%），发热量理论上减少至全流的 36%。

（3）步进电动机旋转脉冲数的计算　被控制对象旋转的角度、PLC 输出的脉冲数，以及步进电动机细分之间的关系为

$$P_1 = \frac{R}{360} \times P$$

$$i = \frac{R}{R_1}$$

由以上两式可得

$$P_1 = \frac{iR_1}{360} \times P$$

式中，P_1 表示 PLC 输出的每转脉冲数（脉冲数/转）；R 表示步进电动机旋转角度（°）；P 表示步进驱动器细分数（步/转）；i 表示减速机的减速比；R_1 表示被控对象的旋转角度（°）。

（四）FX$_{3U}$ 系列 PLC 的定位指令及编程

晶体管输出的 FX$_{3U}$ 系列 PLC 基本单元支持高速脉冲输出功能，但仅限于 Y000～Y003 点。输出脉冲的频率最高可达 100kHz。

对装配单元 Ⅱ 步进电动机的控制主要是返回原点和定位控制，可以使用 FX$_{3U}$ 系列 PLC 的原点回归指令 FNC156（ZRN）、相对定位指令 FNC158（DRVI）和绝对定位指令 FNC159（DRVA）来实现。下面分别介绍各指令的编程应用。

1. 原点回归指令 FNC156（ZRN）

三菱FX系列PLC原点回归指令ZRN、DSZR的应用

原点回归指令主要用于设备上电时和初始运行时搜索和记录原点位置信息。该指令要求提供一个近点信号，原点回归动作须从近点信号的前端开始，以指定的原点回归速度开始移动；当近点信号由 OFF 变为 ON 时，减速至爬行速度；最后，当近点信号由 ON 变为 OFF 时，在停止脉冲输出的同时，使当前值寄存器（Y000：[D8341，D8340]，Y001：[D8351，D8350]）清零。动作过程示意如图 4-12 所示。

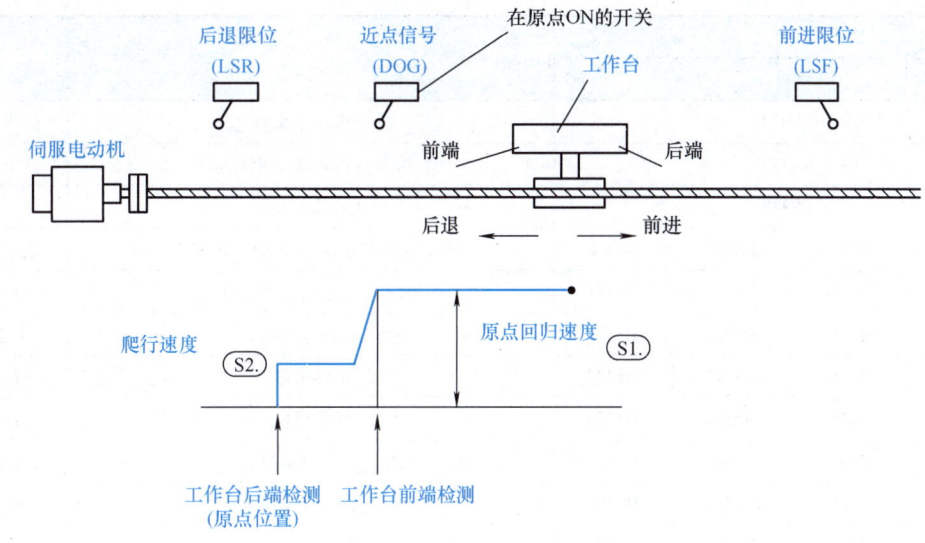

图 4-12 原点回归动作过程示意图

原点回归指令（ZRN）的名称、编号、数据长度、助记符、功能及操作数等使用要素见表 4-5。

表 4-5 原点回归指令使用要素

名称	指令编号 （数据长度）	助记符	功能	操作数				程序步
				[S1.]	[S2.]	[S3.]	[D.]	
原点回归	FNC156 （16/32）	ZRN	执行原点回归，使机械位置与PLC内的当前值寄存器一致	K、H、KnX、KnY、KnM、KnS、T、C、D、R、U□\G□、V、Z		X、Y、M、S、D□.b	Y	9 步（16 位） 17 步（32 位）

注：表中"□"表示对应的通道号。

[S1.]：回原点速度（频率）或保存回原点速度的字元件地址。对于 16 位指令，这一源操作数的范围为 10～32767（Hz），对于 32 位指令，其范围为 10～100（kHz），通过高速适配器输出设定范围为 10～200（kHz）。

[S2.]：爬行速度或保存爬行速度的字元件地址，设定范围为 10～32767（Hz）。

[S3.]：指定近点输入信号（DOG）的位元件地址。

[D.]：指定输出脉冲的位元件地址，允许设定范围为 Y000～Y002。

指令执行结束标志：M8029。

定位用特殊辅助继电器：M8340～M8379。

定位用特殊数据寄存器：D8340～D8379。

FX_{3U} 系列 PLC 相关特殊辅助继电器和特殊数据寄存器说明分别见表 4-6 和表 4-7。

ZRN 指令是定位单元回归原点的指令，使机械位置与 PLC 内的当前值寄存器一致，指令使用说明如图 4-13 所示。

表 4-6 FX₃U 系列 PLC 相关特殊辅助继电器

软元件编号				名称	属性
Y000	Y001	Y002	Y003[1]		
M8029				指令执行结束标志	读出专用
M8329				指令执行异常结束标志	读出专用
M8338				加减速动作[2]	
M8340	M8350	M8360	M8370	脉冲输出中监控(BUSY/READY)	读出专用
M8341	M8351	M8361	M8371	清零信号输出功能有效[2]	可驱动
M8342	M8352	M8362	M8372	原点回归方向指定[2]	可驱动
M8343	M8353	M8363	M8373	正转极限	可驱动
M8344	M8354	M8364	M8374	反转极限	可驱动
M8345	M8355	M8365	M8375	近点信号逻辑反转[2]	可驱动
M8346	M8356	M8366	M8376	零点信号逻辑反转[2]	可驱动
M8348	M8358	M8368	M8378	定位指令执行中	读出专用
M8349	M8359	M8369	M8379	脉冲输出停止[2]	可驱动
M8464	M8465	M8466	M8467	清零信号软元件指定功能有效[2]	可驱动

① 在 FX₃U 系列 PLC 上连接两台高速脉冲输出特殊功能模块 FX₃U-2HSY-ADP 时,与脉冲输出端 Y003 有关的软元件有效。

② 由 RUN→STOP 时,清零。

表 4-7 FX₃U 系列 PLC 相关特殊数据寄存器

软元件编号								名称	数据长度	初始值
Y000		Y001		Y002		Y003[1]				
D8340	低位	D8350	低位	D8360	低位	D8370	低位	当前值寄存器	32 位	0
D8341	高位	D8351	高位	D8361	高位	D8371	高位			
D8342		D8352		D8362		D8372		基底速度	16 位	0
D8343	低位	D8353	低位	D8363	低位	D8373	低位	最高速度	32 位	100000
D8344	高位	D8354	高位	D8364	高位	D8374	高位			
D8345		D8355		D8365		D8375		爬行速度	16 位	1000
D8346	低位	D8356	低位	D8366	低位	D8376	低位	原点回归速度	32 位	5000
D8347	高位	D8357	高位	D8367	高位	D8377	高位			
D8348		D8358		D8368		D8378		加速时间	16 位	100
D8349		D8359		D8369		D8379		减速时间	16 位	100
D8464		D8465		D8466		D8467		清零信号软元件指定	16 位	

注:速度单位为 Hz,加速、减速时间单位为 ms。

① 在 FX₃U 系列 PLC 上连接两台高速脉冲输出特殊功能模块 FX₃U-2HSY-ADP 时,与脉冲输出端 Y003 有关的软元件有效。

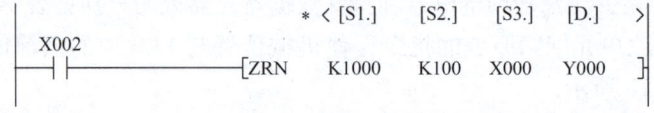

图 4-13 ZRN 指令使用说明

在图 4-13 中，当 X002 为 ON 时，机械以 1000Hz 的原点回归速度向原点移动，在碰到近点信号 X000（由 OFF 变 ON 时），开始减速为爬行速度 100Hz，并以爬行速度继续向原点移动，当近点信号由 ON 变为 OFF 时，机械立即停止。

使用原点回归指令编程时应注意：

1）回归动作必须从近点信号的前端开始，因此当前值寄存器（Y000：[D8341，D8340]，Y001：[D8351，D8350]）数值将向减少的方向动作。

2）近点输入信号宜指定输入继电器（X），否则由于会受到可编程控制器运算周期的影响，引起原点位置的偏移增大。

3）在原点回归过程中，指令驱动接点变为 OFF 状态时，将不减速而停止，并且在"脉冲输出中"标志（Y000：M8340，Y001：M8350）处于 ON 时，将不接受指令的再次驱动。仅当回归过程完成，执行完成标志（M8029）动作时，"脉冲输出中"标志才变为 OFF。

三菱FX系列PLC定位指令DRVI、DRVA的应用

2. 相对定位指令 FNC158（DRVI）

相对定位指令（DRVI）的名称、编号、数据长度、助记符、功能及操作数等使用要素见表 4-8。

表 4-8 相对定位指令使用要素

指令名称	指令编号 （数据长度）	助记符	功能	操作数				程序步
				[S1.]	[S2.]	[D1.]	[D2.]	
相对定位	FNC158 （16/32）	DRVI	用于相对方式执行单速定位	K、H、KnX、KnY、KnM、KnS、T、C、D、R、U□\G□、V、Z		Y	Y、M、S、D□.b	9 步（16 位） 17 步（32 位）

[S1.]：指定输出脉冲数（相对地址）或保存输出脉冲数的字元件地址，给出目标位置信息，对于相对定位指令，指定从当前位置到目标位置所需输出的脉冲数（带符号）。对于 16 位指令，这一源操作数的范围为 -32768 ~ +32767（PLS）（0 除外）；对于 32 位指令，范围为 -999999 ~ +999999（PLS）（0 除外），通过高速适配器输出设定范围为 -200 ~ +200（kHz）（0 除外）。

[S2.] 指定输出脉冲频率或保存输出频率的字元件地址。对于 16 位指令，这一源操作数的范围为 10 ~ 32767（Hz）；对于 32 位指令，范围为 10 ~ 100（kHz），通过高速适配器输出设定范围为 10 ~ 200（kHz）。

[D1.]：指定输出脉冲的位元件地址。允许设定范围为 Y000 ~ Y002。

[D2.]：指定旋转方向的位元件地址。当输出脉冲数为正时，此输出为 ON；当输出脉冲数为负时，此输出为 OFF。

指令执行结束标志：M8029。

定位用特殊辅助继电器：M8340 ~ M8379。

定位用特殊数据寄存器：D8340 ~ D8379。

DRVI 指令是以相对方式执行单速定位的指令，用带符号的数据指定从当前位置开始的定位移动方式，也称为增量驱动方式，指令使用说明如图 4-14 所示。

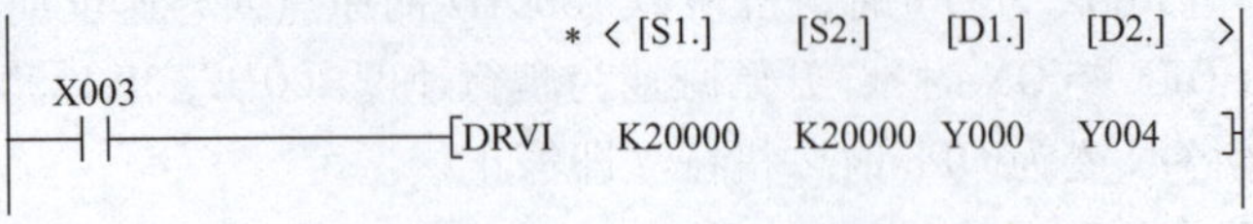

```
            * < [S1.]    [S2.]    [D1.]  [D2.] >
   X003
   ─┤├────────[DRVI   K20000   K20000   Y000   Y004 ]
```

图 4-14 DRVI 指令使用说明

在图 4-14 中，当 X003 为 ON 时，PLC 从 Y000 端口以 20000Hz 的频率发出 20000 个脉冲，使电动机正转，Y004 为 ON。

3. 绝对定位指令 FNC159（DRVA）

绝对定位指令（DRVA）的名称、编号、数据长度、助记符、功能及操作数等使用要素见表 4-9。

表 4-9 绝对定位指令使用要素

指令名称	指令编号 （数据长度）	助记符	功能	操作数				程序步
				[S1.]	[S2.]	[D1.]	[D2.]	
绝对定位	FNC159 (16/32)	DRVA	用于绝对方式执行单速定位	K, H, KnX, KnY, KnM, KnS, T, C, D, R, U□\G□, V, Z		Y	Y, M, S, D□.b	9 步（16 位） 17 步（32 位）

[S1.]：指定输出脉冲数（绝对地址）或保存输出脉冲数的字元件地址，给出目标位置信息，对于绝对定位指令，指定目标位置对于原点的坐标值（带符号的脉冲数），执行指令时，输出的脉冲数是输出目标设定值与当前值之差。对于 16 位指令，这一源操作数的范围为 -32768 ~ +32767（PLS）（0 除外）；对于 32 位指令，范围为 -999999 ~ +999999（PLS）（0 除外），通过高速适配器输出设定范围为 -200 ~ +200（kHz）（0 除外）。

[S2.] 指定输出脉冲频率或保存输出频率的字元件地址。对于 16 位指令，这一源操作数的范围为 10 ~ 32767（Hz）；对于 32 位指令，范围为 10 ~ 100（kHz），通过高速适配器输出设定范围为 10 ~ 200（kHz）。

[D1.]：指定输出脉冲的位元件地址。允许设定范围为 Y000 ~ Y002。

[D2.]：指定旋转方向的位元件地址。当输出脉冲数为正时，此输出为 ON；当输出脉冲数为负时，此输出为 OFF。

指令执行结束标志：M8029。

定位用特殊辅助继电器：M8340 ~ M8379。

定位用特殊数据寄存器：D8340 ~ D8379。

DRVA 指令是以绝对方式执行单速定位的指令，从原点位置开始（以原点为参考位置）的定位移动方式，指令使用说明如图 4-15 所示。

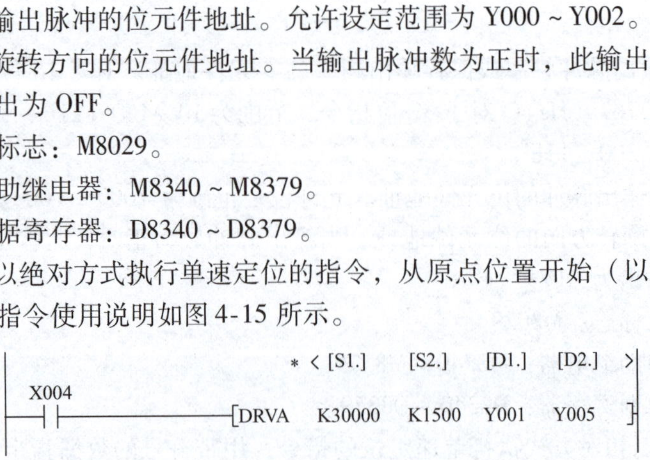

```
            * < [S1.]    [S2.]    [D1.]  [D2.] >
   X004
   ─┤├────────[DRVA   K30000   K1500   Y001   Y005 ]
```

图 4-15 DRVA 指令使用说明

在图 4-15 中，当 X004 为 ON 时，PLC 从 Y001 端口以 1500Hz 的频率发出 30000 个脉冲，电动机转向信号由 Y005 口输出。如果当前位置值小于 K30000，Y005 为 ON，电动机正转，使机械装置移动到 K30000 处；如果当前位置值大于 K30000，Y005 为 OFF，电动机反转，使机械装置移动到 K30000 处。

使用 DRVI、DRVA 指令编程时应注意以下问题。

相对定位（DRVI）指令、绝对定位（DRVA）指令都可以用来定位控制，其不同在于 DRVI 是用相对于当前位置的移动量来表示目标位置的，而 DRVA 是用相对于原点的绝对位置值来表示目标位置的。它们的运行模式、运行速度要求、指令的驱动和执行及相关软元件基本相同。

由于目标位置的表示方法不同，它们确定电动机转向的方法也不同，DRVI 指令是通过输出脉冲数的正、负决定电动机的转向，而 DRVA 指令的输出脉冲数永远为正，电动机的转向则通过与当前位置比较后确定。也就是说，应用 DRVI 指令时，必须在指令中说明电动机的转向，而应用 DRVA 指令时，则无须关心其转向的确定，只须关心目标位置的绝对值，但不管是 DRVI 指令还是 DRVA 指令，一旦参数写入，电动机的方向信号［D2.］都是自动完成的，不需要在程序中另行考虑。

对 DRVA 指令来说，还有一点与 DRVI 指令不同，DRVI 指令中［S1.］所指定的脉冲数是 PLC 实际输出的脉冲数，而 DRVA 指令中所指定的脉冲数不是 PLC 实际发出的脉冲数，其实际输出脉冲数是［S1.］（目标值）与指令驱动前当前值寄存器［Y000：(D8341, D8340)］、［Y001：(D8351, D8350)］或［Y002：(D8361, D8360)］相减运算的结果。

1）指令执行过程中，Y000 输出的当前值寄存器为［D8341（高位），D8340（低位）］（32 位）；Y001 输出的当前值寄存器为［D8351（高位），D8350（低位）］（32 位）；Y002 输出的当前值寄存器为［D8361（高位），D8360（低位）］（32 位）。对于相对位置控制，当前值寄存器存放增量方式的输出脉冲数；对于绝对位置控制，当前值寄存器存放的是当前绝对位置。正转时，当前值寄存器的数值增加；反转时，当前值寄存器的数值减小。

2）在指令执行过程中，即使改变操作数，也无法在当前运行中表现出来。下一次指令执行时才有效。

3）若在指令执行过程中指令驱动的接点变为 OFF，将减速停止。此时，执行完成标志 M8029 不动作。

指令驱动接点变为 OFF 后，在脉冲输出中标志 Y000：［M8340］，Y001：［M8350］，Y002：［M8360］处于 ON 时，将不接受指令的再次驱动。须至少等该标志变成 OFF 状态后一个扫描周期才能再次驱动。

4）执行 DRVI 或 DRVA 指令时，需要如下一些基本参数信息，须在 PLC 上电时（M8002 为 ON）写入相应的特殊寄存器中。

① 指令执行时的最高速度，指定的输出脉冲频率必须小于该最高速度。设定范围为 10～100（kHz）。存放于 Y000：(D8344, D8343)，Y001：(D8354, D8353)，Y002：(D8364, D8363) 中。

② 指令执行时的基底速度，存放于 Y000：［D8342］，Y001：［D8352］，Y002：［D8362］中。设定范围为最高速度 Y000：(D8344, D8343)，Y001：(D8354, D8353)，Y002：(D8364, D8363) 的 1/10 以下，超过该范围时，自动降为最高速度的 1/10 数值运行。

③ 指令执行时的加减速时间。加速时间表示从基底速度达到最高速度所需的时间。减

速时间表示从最高速度达到基底速度所需的时间。当输出脉冲频率低于最高速度时,实际加、减速时间会缩短。设定范围为 50～5000ms。

指令执行时,加速时间存放于 Y000:[D8348],Y001:[D8358],Y002:[D8368];减速时间存放于 Y000:[D8349],Y001:[D8359],Y002:[D8369]。

5)在用指令 DRVI 或指令 DRVA 编程时,须注意各操作数的相互配合:

① 加减速时的变速级数固定在 10 级,故一次变速量是最高频率的 1/10。在驱动步进电动机的情况下,设定最高频率时应考虑在步进电动机不失步的范围内。

② 加减速时间不小于 PLC 扫描时间最大值(D8012 值)的 10 倍,否则,加减速各级时间不均等(更具体的设定要求请参阅 FX_{3U} 编程手册)。

三、装配单元 II 的拆装

1. 任务目标

1)会正确使用拆装工具,将装配单元 II 的机械部分拆开成组件和零件的形式。

2)掌握装配单元 II 的正确安装步骤和方法,将组件和零件组装成原样。

3)学会机械部分的装配、气路的连接与调整及电气接线。

2. 装配单元 II 装置侧的拆装

1)松开底板紧固螺钉,拆下总进气气管,将装配单元 II 搬到拆装工作台。

2)拆卸气路、电磁阀组。

3)依次拆卸接线端子及端子上的导线、端子卡座、线槽、底座等。

4)将装配单元 II 机械部分拆成组件。

5)将各组件拆成散件,并将拆卸下的零配件整理整齐。

3. 装配单元 II 的安装步骤和方法

装配单元 II 的安装主要包括供料机构、旋转装配机构等机械部件及气动部分的安装。

(1)机械部分的安装 机械部分各组件的安装步骤具体见表 4-10。

表 4-10 装配单元 II 的装配过程

安装步骤	安装效果图
步骤一:安装工作单元支承组件	
步骤二:安装电动机组件,并将原点开关置于固定盘上	

（续）

安装步骤	安装效果图
步骤三：将电动机固定盘组件安装到支承架上	
步骤四：安装落料操作组件	
步骤五：将落料组件安装到支承架上	
步骤六：安装供料料仓组件	
步骤七：安装旋转盘组件	

（续）

安装步骤	安装效果图
步骤八：安装端子排、驱动器及线槽	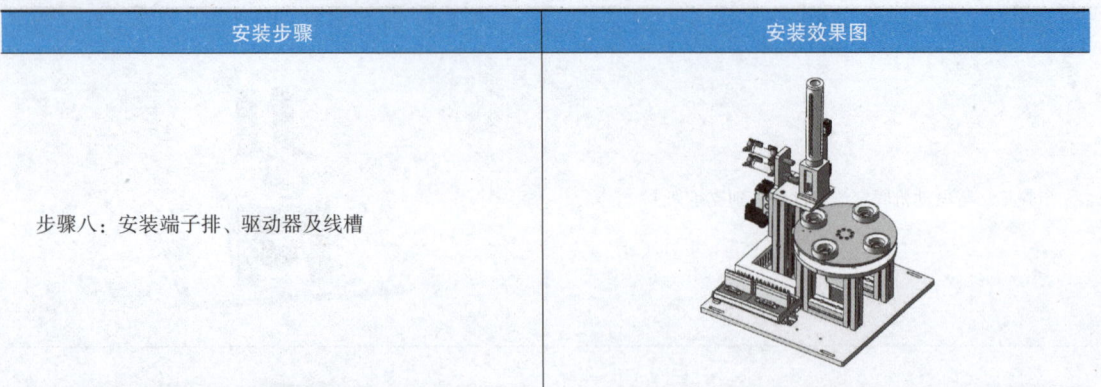

安装过程中需要注意以下几点：

① 预留螺栓一定要足够，以免造成组件之间不能完成安装。

② 建议先将各组件大体安装到位，但不要一次拧紧各固定螺栓，待相互位置基本确定后，再依次进行调整固定。

③ 为使芯件准确落料，旋转盘上的定位孔与料仓应满足一定的同轴度要求，所以建议使用校验棒。

（2）气动元件（气路）的连接与调试　装配单元Ⅱ的气路只涉及供料机构的两个气缸，与装配单元Ⅰ供料部分相同，连接气路前，要规划好各段气管的长度，然后按所要求的规范连接好，并调试顺畅。此处不再赘述。

（3）装置侧电气接线及工艺要求　电气接线包括在装配单元Ⅱ装置侧完成各传感器、电磁阀等引线到装置侧接线端口之间的接线。该单元装置侧接线端口的接线端子采用三层端子结构，详见图 0-11。

装配单元Ⅱ装置侧接线端口上各传感器、电磁阀和步进驱动器信号端子的分配见表 4-11。

表 4-11　装配单元Ⅱ装置侧接线端口信号端子的分配

输入端口中间层			输出端口中间层		
端子号	设备符号	信号线	端子号	设备符号	信号线
2	SC1	原点检测	2	PLS -	步进电动机驱动器脉冲信号 -
3	SC2	进料口检测	4	DIR -	步进电动机驱动器方向信号 -
5	SC3	芯体不足检测	5	1YV	顶料电磁阀
6	SC4	芯体有无检测	6	2YV	挡料电磁阀
7	1B2	顶料到位检测			
8	1B1	顶料复位检测			
9	2B2	挡料状态检测			
10	2B1	落料状态检测			
11#~17#端子没有连接			6#~14#端子没有连接		

1）磁性开关的接线。磁性开关为两线式传感器，连线时，4 个磁性开关（1B2、1B1、2B2、2B1）的棕色线分别与装配单元Ⅱ装置侧输入端口中间层 7~10 号端子（见表 4-11）

连接，蓝色线分别与该端口下层相应端子连接。

2）光电传感器的接线。光电传感器为三线式传感器，连线时，4个光电传感器（SC1～SC4）的黑色线分别与装配单元Ⅱ装置侧输入端口中间层2、3、5、6号端子（见表4-11）连接，棕色线分别与该端口上层相应端子连接，蓝色线分别与该端口下层相应端子连接。

3）电磁阀的接线。电磁阀对外引出两根线，连线时，两个电磁阀（1YV、2YV）的蓝色线分别与装配单元Ⅱ装置侧输出端口中间层5、6号端子（见表4-11）连接，红色线分别与该端口上层相应端子连接。

电气接线时的注意事项同学习情境一。

4. 检查调试

检查与调试同学习情境二。工艺要求与供料单元相同。

四、装配单元Ⅱ的编程与运行

（一）工作任务

装配单元Ⅱ单站运行时，其工作的主令信号和工作状态显示均来自PLC旁边的按钮/指示灯模块，将按钮/指示灯模块上的工作式选择开关SA置于"单站方式"位置。

1. 控制要求

1）设备上电、气源接通后，旋转盘首先回原点。在回零过程中，"准备就绪"指示灯HL1以1Hz频率闪烁。若各气缸都在初始位置，且旋转盘在原点位置，料仓有足够的小圆柱芯件，旋转盘进料定位口没有待装配工件，则系统准备就绪，指示灯HL1常亮。

2）设备准备就绪后，按下起动按钮SB1，则系统进入运行状态，"设备运行"指示灯HL2点亮，"准备就绪"指示灯HL1熄灭。

系统运行时，若进料口有待装配工件，则旋转盘逆时针旋转180°，载着待装配工件至供料机构正下方，然后供料机构实现芯件供料装配。装配完毕后，旋转盘顺时针旋转180°，载着已装配工件至进料口位置。

在运行过程中按下停止按钮SB2，系统完成本次装配任务后停止运行，同时"设备运行"指示灯HL2熄灭。

3）若在工作过程中按下急停开关QS，则系统立即停止运行，指示灯HL2以1Hz的频率闪烁；急停解除后，系统从急停前的断点开始继续运行，HL2恢复常亮。

4）若在运行中料仓内芯体不足，则工作单元继续工作，但指示灯HL1以1Hz的频率闪烁，指示灯HL2保持常亮；若料仓内没有芯体，则HL1和HL2同时以亮1s、灭0.5s方式闪烁，工作单元在完成本周期装配后停止运行。直到向料仓补充足够的芯体，工作单元才能再起动。

2. 要求完成任务

1）规划PLC的I/O分配及接线图。

2）系统安装接线和气路连接。

3）编制PLC程序。

4）调试与运行。

（二）PLC的I/O分配与接线图

1. I/O分配

装配单元ⅡPLC的I/O信号分配见表4-12。

表 4-12 装配单元 Ⅱ PLC 的 I/O 信号分配

输入信号				输出信号			
序号	PLC 输入点	信号名称	信号来源	序号	PLC 输出点	信号名称	信号来源
1	X000	原点检测	装置侧	1	Y000	步进驱动器脉冲信号 -	装置侧
2	X001	进料口检测		2	Y001		
3	X003	芯体不足检测		3	Y002	步进驱动器方向信号 -	
4	X004	芯体有无检测		4	Y003	顶料电磁阀	
5	X005	顶料到位检测		5	Y004	挡料电磁阀	
6	X006	顶料复位检测		6	Y005		
7	X007	挡料状态检测		7	Y006		
8	X010	落料状态检测		8	Y007		
9	X024	停止按钮	按钮/指示灯模块	9	Y010		按钮/指示灯模块
10	X025	起动按钮		10	Y015	正常工作指示	
11	X026	急停开关		11	Y016	运行指示	
12	X027	单机/全线转换开关		12	Y017	报警指示	

2. I/O 接线图

根据装配单元Ⅱ的 I/O 信号分配和工作任务要求，装配单元Ⅱ选用 FX$_{3U}$-48MT/ES 为主单元（厂家出厂配置），为 24 点输入和 24 点晶体管输出型。其接线原理图如图 4-16 所示。

（三）PLC 的安装与接线

首先，将 PLC 安装在导轨上，然后进行 PLC 侧接线，包括电源接线和 PLC 输入/输出端子接线及按钮/指示灯模块接线三部分。

在进行 PLC 接线时，一定要依据表 4-11 和图 4-16。其接线方法及注意事项同学习情境一。

（四）步进驱动器参数设置

步进驱动器 DIP 开关设置见表 4-13。3S57Q-04056 型步进电动机的额定相电流为 5.6A，实际使用时，应比额定值低一些，故设置为 5.2A。为减少电动机和驱动器的发热，设定静态电流半流，即将 DIP4 置 "OFF"。

表 4-13 步进驱动器 DIP 开关设置

开关位	DIP1	DIP2	DIP3	DIP4	DIP5	DIP6	DIP7	DIP8
设置档位	OFF	OFF	ON	OFF	OFF	ON	ON	ON
功能含义	细分设置为5000步/转			静态电流半流	相电流设置为5.2A			

（五）PLC 程序的编制

装配单元Ⅱ工作流程与装配单元Ⅰ类似，也是 PLC 上电后首先进入初始状态检查阶段，确认系统已经准备就绪后，才允许接收启动信号投入运行。

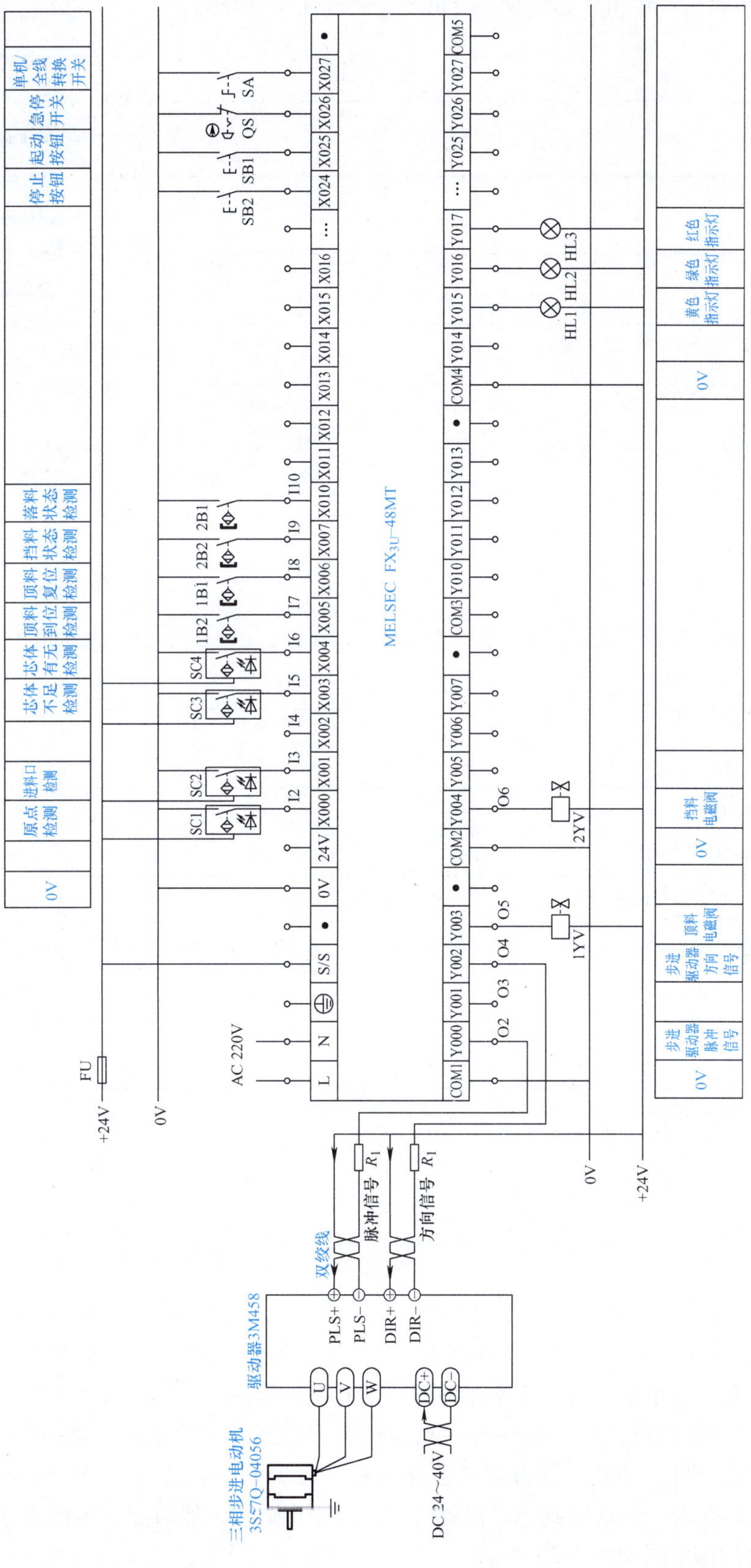

学习情境四 装配单元Ⅱ的拆装与调试

图 4-16 装配单元Ⅱ PLC 的 I/O 接线原理图

1) 上电初始化及初始状态检查部分的程序如图 4-17 所示。

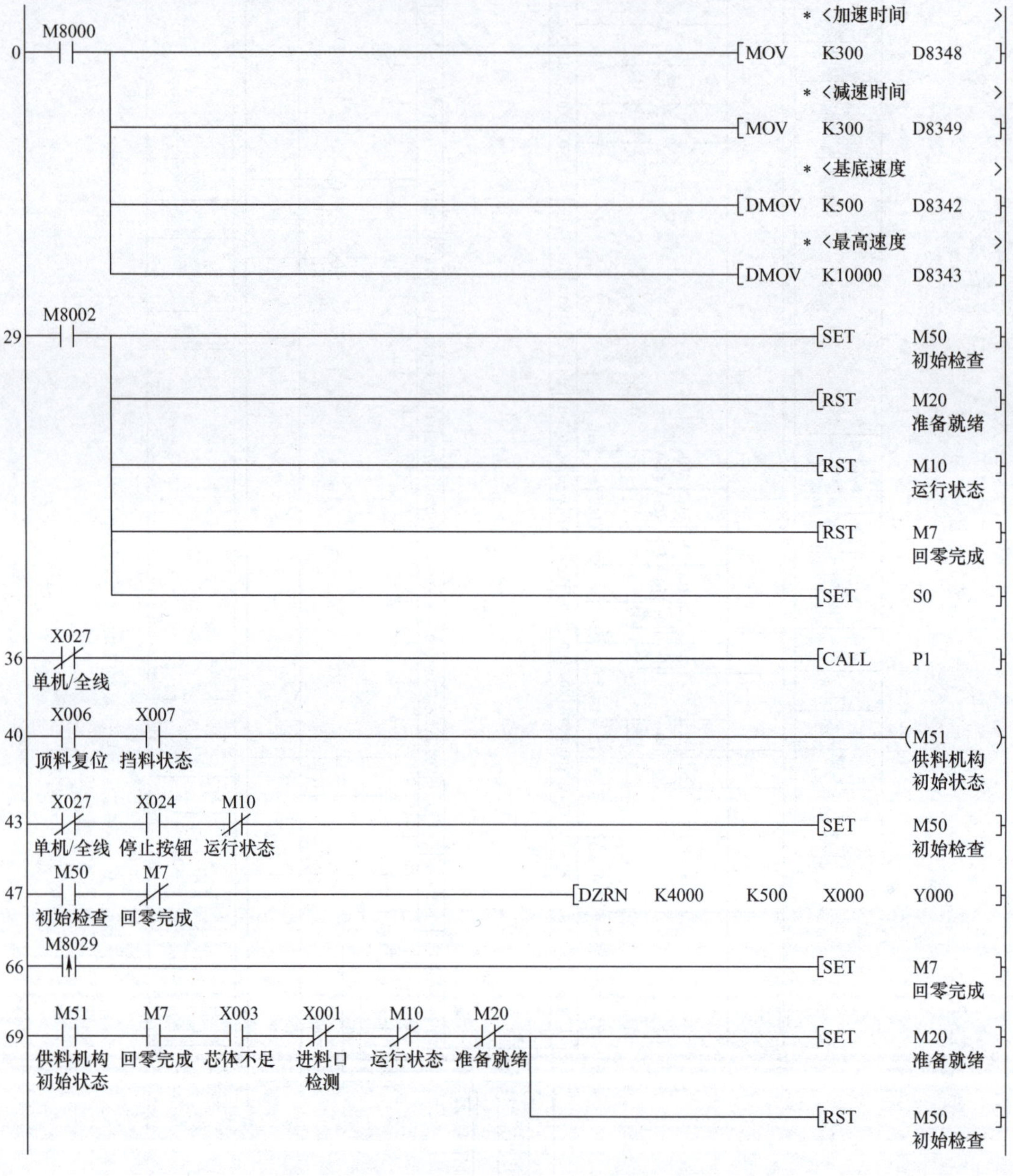

图 4-17 上电初始化及初始状态检查部分程序

2) 主程序中每一扫描周期都须调用状态指示的子程序如图 4-18 所示。

3) 在主程序中，当初始状态检查结束，确认单元准备就绪，按下起动按钮系统进入运行状态。装配单元Ⅱ单站运行起动操作梯形图如图 4-19 所示。

4) 系统进入运行状态后，应在每一扫描周期都监测有无停止按钮被按下，一旦按下，即置位停止信号 M11，并检查是否有"芯体没有"报警信号。此后，当装配完成一个工作周期返回到初始位置、转盘回到原点位置时，才能停止运行，然后复位运行状态标志和停止信号。停止运行梯形图如图 4-20 所示。

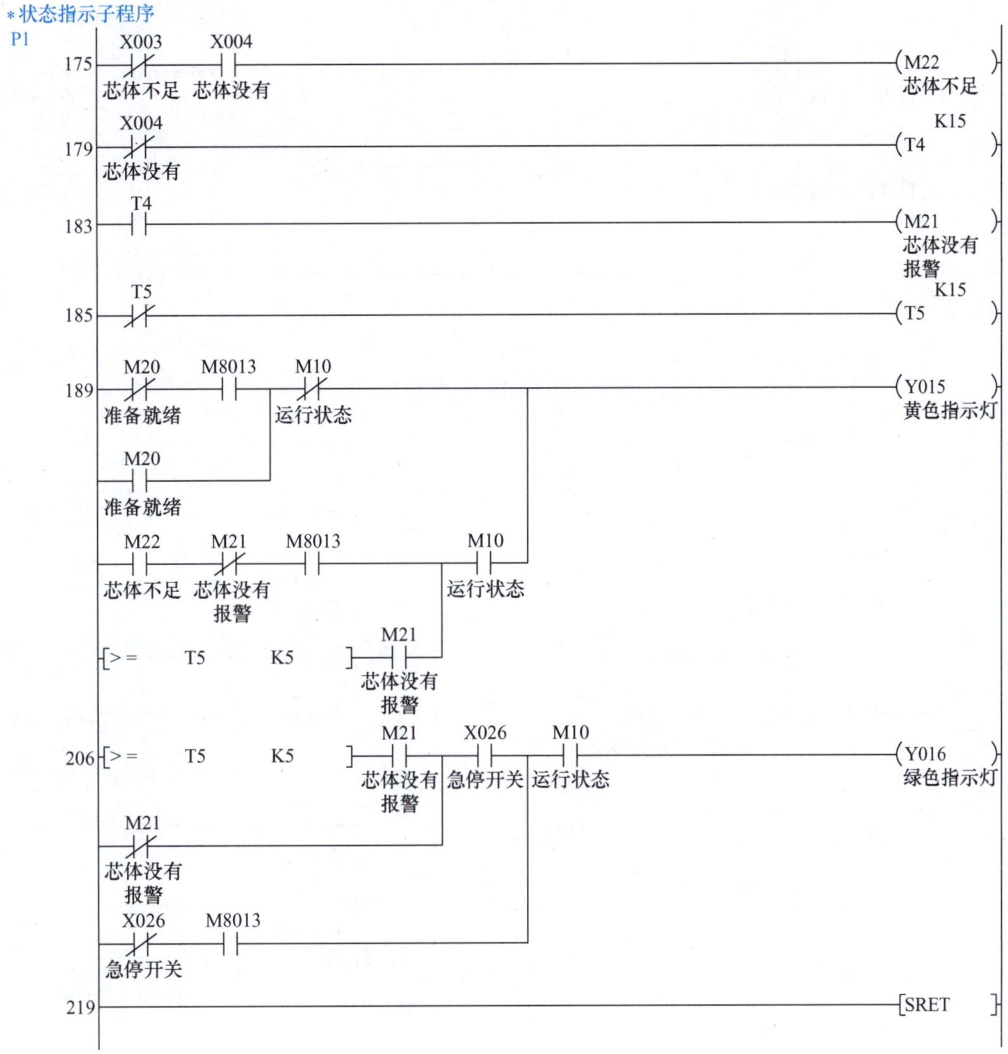

图 4-18 状态指示子程序

图 4-19 装配单元Ⅱ单站运行起动操作梯形图

5）装配步进顺序控制过程。装配步进顺序控制为单序列步进顺序控制，主要任务是将本单元提供的芯体嵌入待装配的工件中。工件的装配过程主要涉及转配的运动控制、落料控制，其步进顺序功能图如图 4-21 所示。其中，转盘的运动控制采用绝对定位指令编程，也可选择相对定位指令编程实现。

注意：落料完成后，需要有一延时，以确保芯体落入待装配的工件后旋转盘再顺时针旋转；否则，容易出现芯体还未落入到位，旋转盘即旋转，从而造成旋转盘与固定盘之间卡料的现象。

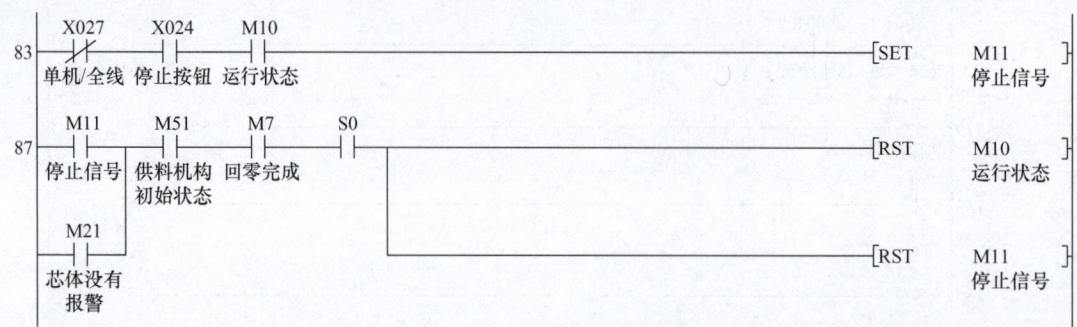

图 4-20 停止运行梯形图

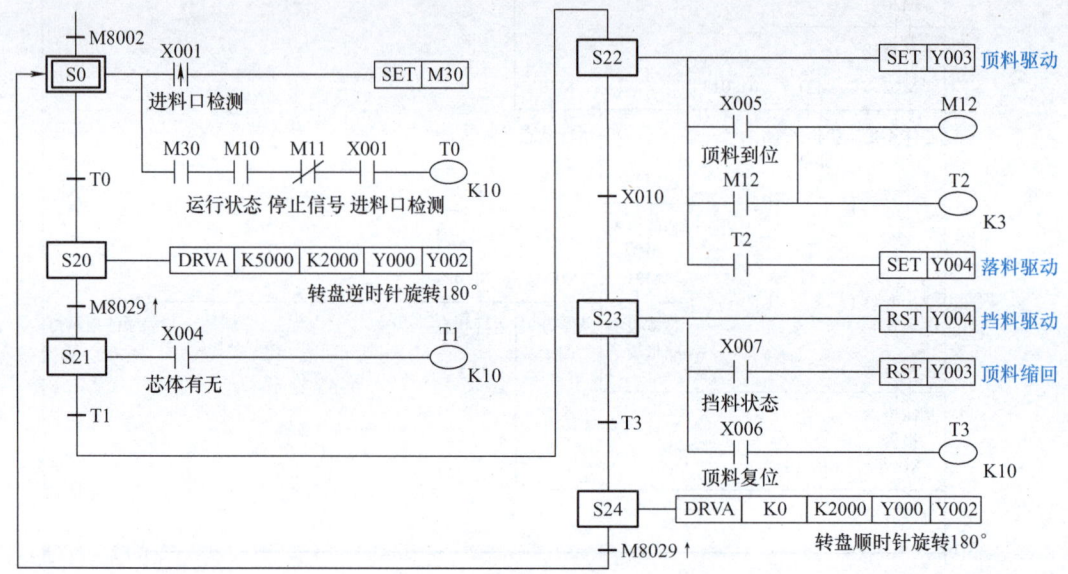

图 4-21 装配过程顺序功能图

（六）调试与运行

1）调整气动部分，检查气路是否正确，气压是否合理，气缸的动作速度是否合适。

2）检查磁性开关的安装位置是否正确，磁性开关工作是否正常。

在装配单元Ⅱ通电、气源接通的条件下，用手动控制1YV、2YV，使顶料气缸、挡料气缸动作和返回，观察PLC输入端X005、X006、X010、X007的LED是否点亮，若不亮，则应检查磁性开关的安装位置及接线。

3）检查I/O接线是否正确。

4）检查光电传感器安装是否合理，距离设定是否合适，保证检测的可靠性。

在装配单元Ⅱ通电、气源接通的条件下，模拟原点检测、进料口工件检测、芯体不足检测、芯体有无检测等工况，观察PLC输入端X000、X001、X003、X004的LED是否点亮，若不亮，则应检查光电传感器的安装位置及接线。

5) 按钮/指示灯的功能测试。

①按钮及开关的功能测试。为装配单元Ⅱ接通电源，用手按下停止按钮、起动按钮、急停开关、单机/全线转换开关，观察PLC输入端X024～X027的LED是否点亮，若不亮，则应检查对应的按钮或开关及连接线。

②指示灯的功能测试。为装配单元Ⅱ通电，打开GX Works2编程软件，利用软件的强制功能分别将PLC的Y015～Y017置1，观察PLC的输出端Y015～Y017的LED是否点亮，按钮/指示灯模块对应的黄灯、绿灯、红灯是否点亮，若不亮，则应检查指示灯及连接线。

6) 气动元件的功能测试。

①顶料电磁阀1YV功能测试。在装配单元Ⅱ通电、气源接通的条件下，打开GX Works2编程软件，利用软件的强制功能为Y003通/断电一次，观察PLC输出端Y003的LED是否点亮、顶料气缸是否执行顶料/缩回动作，若不执行，则应检查顶料气缸1A、顶料电磁阀1YV的气路连接部分及顶料电磁阀1YV的接线。

②挡料电磁阀2YV功能测试。在装配单元Ⅱ通电、气源接通的条件下，打开GX Works2编程软件，利用软件的强制功能为Y004通/断电一次，观察PLC输出端Y004的LED是否点亮、挡料气缸是否执行落料/挡料动作，若不执行，则应检查挡料气缸2A、挡料电磁阀2YV的气路连接部分及挡料电磁阀2YV的接线。

7) 步进系统的功能测试。步进系统的功能测试主要是通过PLC发出脉冲信号Y000、脉冲方向信号Y002给步进驱动器，检查步进电动机的运动速度和正、反换向情况。同时，通过PLC设置不同位置的脉冲数与步进驱动器细分设置比较，精确定位转盘上的装配台位置。若不能运行或位置不准确，应检查步进系统的连接线及细分开关DIP1～DIP3的设置。

8) 运行程序检查动作是否满足任务要求。

调试各种可能出现的情况，例如，在料仓芯体不足情况下系统能否可靠工作；在料仓没有芯体的情况下能否满足控制要求。

在运行程序过程中，可以利用GX Works2编程软件在编程界面上将程序调至监视状态。观察PLC程序的能流状态，以此判断程序的正确与否，并有针对性地进行修改，直至装配单元Ⅱ能按工艺要求运行。这里特别强调的是程序每次修改后须重新编译并下载至PLC。

（七）问题与思考

1) 在本学习情境中，装配单元Ⅱ的运动控制采用的是绝对定位指令编程，若采用相对定位指令编程，应如何实现？

2) 本单元装配控制和落料控制是采用一个单序列步进顺序控制编程的，若将装配控制、落料控制分别用步进顺序控制编程，程序应如何编制？

五、任务实施与考核

（一）任务实施

基于装配单元Ⅱ自动连续运行，要求学生以小组（2～3人）为单位，完成机械部分、传感器、气路等的拆装、电气部分的接线、PLC程序编制及单元的调试运行。

对学生应完成的成果清单如下：

1) 装配单元Ⅱ拆装与调试工作计划。

2) 气动回路原理图。

3) PLC I/O接线图。

4）梯形图。

5）任务实施记录单，见表4-14。

表4-14 任务实施记录单

课程名称	自动化生产线拆装与调试		
学习情境四	装配单元Ⅱ的拆装与调试		
实施方式	学生集中时间独立完成，教师检查指导		
序号	实施过程	出现的问题	解决的方法
实施总结			
班级		组号	姓名
指导教师签字		日期	

（二）任务考核

填写任务考核评价表，见表4-15。

表4-15 任务考核评价表

课程名称			自动化生产线拆装与调试				
学习情境四			装配单元Ⅱ的拆装与调试				
评价项目	内容	配分	要求	互评	教师评价	综合评价	
实施过程	机械部分拆装与调整	20分	能正确使用拆装工具完成机械部分的拆装，机械部分动作应顺畅协调，紧固件应无松动，辅助件应安装到位				
	气路部分拆装与连接	10分	气动系统拆装正确，气动元件安装紧固，气路连接正确，无漏气现象，气缸运行顺畅平稳、动作速度合理				
	电气部分拆装与接线	10分	PLC拆装正确，接线规范整齐，接线符合工艺要求（接线端口的导线应套上标号管，且标注规范，PLC侧所有端子接线必须采用压接方式），接线端子连接牢固，无松动现象，电气接线满足原理图要求				
功能测试	传感器功能测试	5分	磁性开关、光电传感器能按控制要求正确动作				
	电磁阀功能测试	5分	电磁阀能按控制要求正确动作				
	装配单元Ⅱ运行	10分	初始状态正确，设备通电，接通气源后旋转盘能正确回原点，步进电动机能驱动旋转盘准确定位到相应位置，供料机构能按控制要求正确供料完成装配任务，起动、停止、急停能正确执行，状态指示正确				
团队协作职业素养	分工与配合	5分	任务分配合理，分工明确，配合紧密				
	职业素养	5分	注重安全操作，工具及器件摆放整齐				
任务书及成果清单的填写	任务书	10分	搜集信息，引导问题回答正确				
	工作计划	3分	计划步骤安排合理，时间安排合理				
	材料清单	2分	材料齐全				
	气动回路原理图	3分	气动回路原理图绘制正确、规范				
	I/O接线图	4分	I/O接线图绘制正确，符号规范				
	梯形图	4分	程序正确				
	调试运行记录单	4分	气动回路调试及整体运行调试过程记录完整、真实				
总评							
班级			姓名		组号		组长签字
指导教师签字					日期		

学习情境五

分拣单元的拆装与调试

教学目标	知识目标	1. 熟悉分拣单元的结构组成及工作过程 2. 掌握变频器、旋转编码器及 $FX_{3U}-3A-ADP$ 模拟量输入/输出适配器的电气接线及使用方法 3. 熟练掌握用步进指令编制分拣控制程序的方法 4. 掌握用 $FX_{3U}-3A-ADP$ 模拟量输入/输出适配器实现 D-A 转换的编程
	能力目标	1. 会分析分拣单元的工作过程 2. 能进行分拣单元气路的连接及调整 3. 能进行旋转编码器、光电传感器等的电气线路连接，并能正确调试 4. 能进行程序的离线和在线调试 5. 能进行变频器外部电路连接及主要参数设置 6. 能在规定时间内完成分拣单元的安装与调整，进行控制程序设计和调试，并能解决安装与运行过程中出现的问题
	素质目标	1. 厚植爱国精神与刻苦、勤奋、创新精神，鼓励学生创造人生价值，报效祖国 2. 培养学生的工科人文情怀和精益求精的工匠精神、团结协作精神 3. 培养学生的安全意识、责任意识和规范操作意识
教学重点		气路的调整、传感器的调试、用步进指令编制分拣控制程序
教学难点		传感器的调试、控制程序的设计与运行调试

一、分拣单元的组成及工作过程

分拣单元是 YL-335B 自动化生产线的最后一个单元，其主要功能是对上一单元送来的已加工、装配的工件进行分拣，将不同类型的工件分别推入对应的出料滑槽中。当输送单元送来的工件被放到传送带上，并被安装在 U 形定位板上的光电传感器检测到时，即起动变频器，工件被送入分拣区进行分拣。

分拣单元主要由传送和分拣机构、传送带驱动机构、变频器模块、电磁阀组、传感器、接线端口、PLC 模块、按钮/指示灯模块等组成。其装置侧俯视图如图 5-1 所示。

1. 传送和分拣机构

传送和分拣机构主要由传送带、出料滑槽、推料（分拣）气缸、进料检测（光电或光纤）传感器、属性检测（电感式和光纤）传感器及磁性开关组成。它的功能是把已经加工、装配好的工件从进料口输送至分拣区；通过属性检测传感器的检测，确定工件的属性，然后

学习情境五 分拣单元的拆装与调试

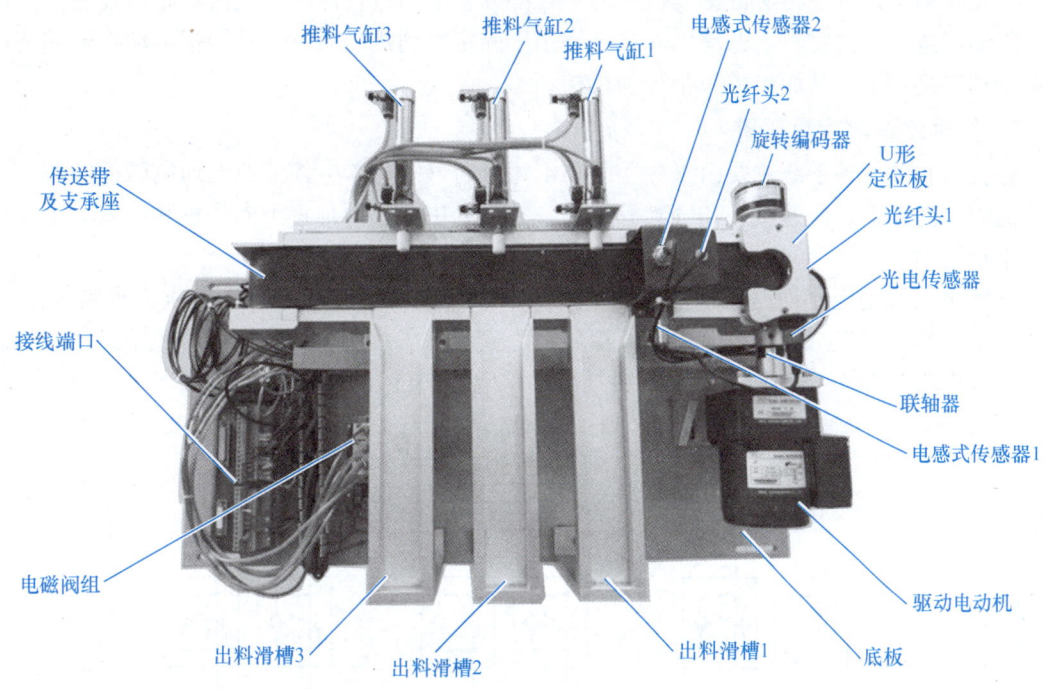

图 5-1 分拣单元装置侧俯视图

按工作任务要求进行分拣,把不同类别的工件推入对应的滑槽中。

为了准确确定工件在传送带上的位置,在传送带进料口安装了 U 形定位板,用来纠偏机械手输送过来的工件并确定其初始位置。传送过程中,工件移动的距离通过对旋转编码器产生的脉冲进行高速计数确定。

2. 传送带驱动机构

传送带采用三相异步电动机驱动,驱动机构包括电动机安装支架、电动机及弹性联轴器等,电动机轴通过弹性联轴器与传送带主动轴连接,如图 5-2 所示。两轴的连接质量直接影响传送带运行的平稳性,安装时必须确保两轴的同心度。

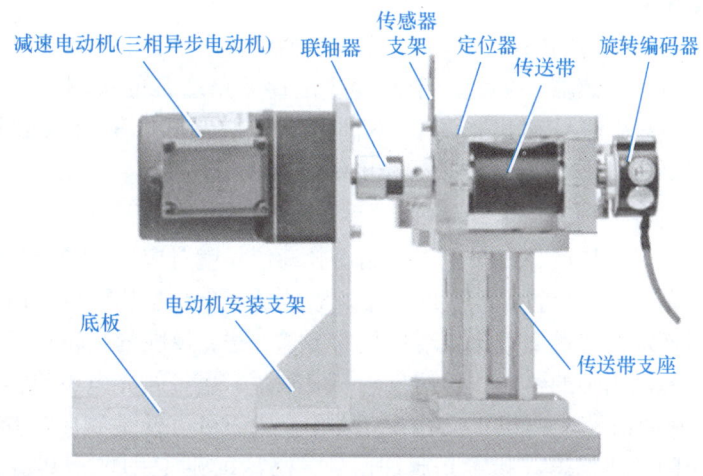

图 5-2 传动机构

三相异步电动机是传送带驱动机构的主要部分,电动机转速的快慢由变频器控制,其作用是驱动传送带输送物料。电动机安装支架用于固定电动机。通过联轴器把电动机轴和传送带主动轴连接起来,从而组成一个传动机构。

3. 气动控制回路原理图

分拣单元的气动系统主要由气源、气动汇流排、气缸、单电控二位五通电磁换向阀、单向节流阀、消声器、快速接头和气管等组成,它们的主要作用是将不同颜色和材质的工件推入三个滑槽中。

分拣单元气动控制回路原理图如图5-3所示。其中,1A、2A和3A分别为推料气缸1、推料气缸2和推料气缸3。1B、2B和3B分别为安装在各推料气缸前工作位置的磁性开关。1YV、2YV和3YV分别为控制三个推料气缸的单电控二位五通电磁换向阀。

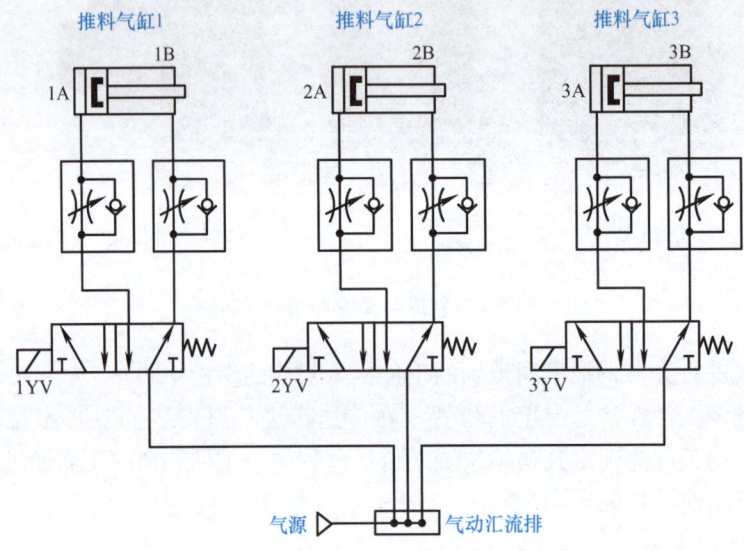

图5-3 分拣单元气动控制回路原理图

二、知识链接

(一)光电编码器概述

光电编码器又称为旋转编码器,是通过光电转换将输出至轴上的机械几何位移量转换成脉冲信号或数字信号的传感器,主要用于速度或位置(角度)的检测。一般来说,光电编码器根据其刻度方法及信号输出形式的不同,分为增量式、绝对式和混合式三大类。YL-335B自动化生产线上使用的是增量式光电编码器。

1. 增量式光电编码器

增量式光电编码器的特点是每产生一个输出脉冲信号就对应一个增量位移,但是不能通过输出脉冲区别出是在哪个位置上产生的增量。它能够产生与位移增量等值的脉冲信号。其作用是提供一种对连续位移量离散化或增量化的传感方法,反映的是相对于某个基准点的位置增量,不能直接检测出轴的绝对位置信息。一般来说,增量式光电编码器输出A、B两相互差90°电角度的脉冲信号(两组正交输出信号),从而可方便地判断出旋转方向。同时,还有用作参考零位的Z相标志(指示)脉冲信号,码盘每旋转一周,只发出一个标志信号。标志脉冲通常用来指示机械位置或对积累量清零。增量式光电编码器主要由光源、码盘、检测光栅、光电检测器件和转换电路组成,如图5-4所示。码盘上刻有节距相等的辐射状透光缝隙,相邻两个透光缝隙之间代表一个增量周期。检测光栅上刻有A、B两组与码盘相对应的透光缝隙,可以透过或阻挡光源和光电检测器件之间的光线。它们的节距和码盘上的节距相等,并且两组透光缝隙错开1/4节距,使光电检测器件输出的信号在相位上相差90°电角度。当码盘随着被测转轴转动时,检测光栅不动,光线透过码盘和检测光栅上的透光缝隙照射到光电检测器件上,光电检测器件就输出两组相位相差90°电角度的近似于正弦波的电信号,电信号经过转换电路处理后,得到被测轴的转角或速度信息。增量式光电编码器的输出信号波形如图5-5所示。增量式光电编码器的优点:原理构造简单,易于实现;机械平均寿命长,可达到几万小时以上;分辨率高;抗干扰能力强,信号传输距离较长,可靠性较高。缺点:无法直接读出转动轴的绝对位置信息。

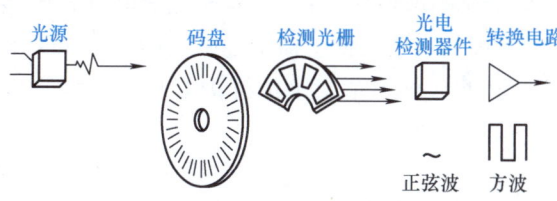

图5-4 增量式光电编码器的组成

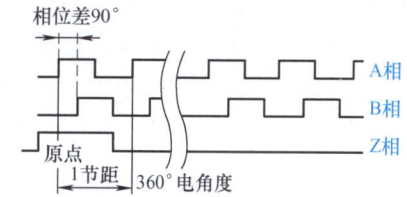

图5-5 增量式光电编码器的输出信号波形

光电编码器的分辨率是以编码器轴转动一周所产生的输出信号基本周期数来表示的,即脉冲数/转(pulses/r)。码盘上的透光缝隙数目就等于编码器的分辨率,码盘上的缝隙越多,编码器的分辨率就越高。在工业电气传动中,根据不同的应用对象,可选择分辨率通常在500~6000pulses/r的增量式光电编码器,最高可以到几万pulses/r。交流伺服电动机控制系统通常选用分辨率为2500pulses/r的编码器。此外,对光电转换信号进行逻辑处理,可以得到2倍频或4倍频的脉冲信号,从而进一步提高分辨率。

2. 增量式光电编码器在YL-335B自动化生产线上的应用

YL-335B自动化生产线的分拣单元使用的是A、B两相具有90°相位差的通用型增量式光电编码器,用于计算工件在传送带上的位置。光电编码器的外观和引出线定义如图5-6所示。

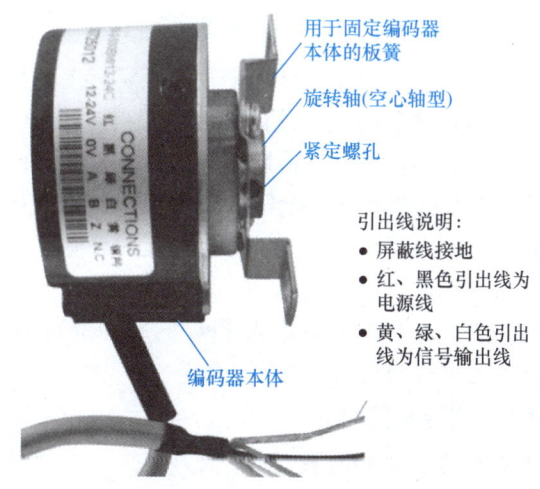

分拣单元增量式光电编码器的应用

图5-6 分拣单元使用的光电编码器外观和引出线定义

该光电编码器的工作电源为DC 12~24V，分辨率为500pulses/r，A、B两相及Z相脉冲均采用NPN型集电极开路输出。其信号输出线分别由绿色、白色和黄色三根线引出，其中，黄色线为Z相输出线。出厂时，规定光电编码器的旋转方向为从轴侧看顺时针方向为正方向，此时，绿色线输出信号将超前白色线输出信号90°，因此，规定绿色线为A相，白色线为B相。本工作单元没有使用Z相脉冲，A、B两相输出直接连接到PLC（FX$_{3U}$-32MR）的高速计数器输入端。

3. 工件在传送带上位置的计算

计算工件在传送带上的位置时，须确定每两个脉冲之间的距离，即脉冲当量。分拣单元主动轴的直径为 $d=43$mm，则减速电动机每旋转一周，传送带上工件移动距离 $L=\pi d=3.14 \times 43$mm $=135.02$mm。故脉冲当量 $\mu=L/500 \approx 0.27$mm。按图5-7所示的安装尺寸，当工件从进料口中心线移至光纤传感器中心时，旋转编码器约发出309个脉冲；移至侧面电感式传感器中心时，约发出435个脉冲；移至传感器支架上面的电感式传感器中心时，约发出444个脉冲；移至第一个推杆中心点时，约发出620个脉冲；移至第二个推杆中心点时，约发出974个脉冲；移至第三个推杆中心点时，约发出1298个脉冲。

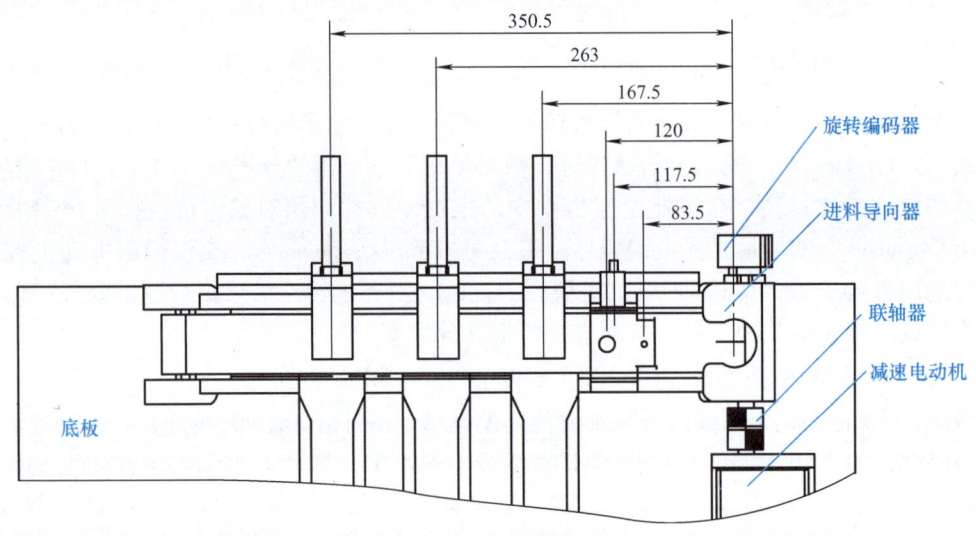

图5-7　传送带位置计算

应该指出的是，上述脉冲当量的计算只是理论上的。实际上各种误差因素不可避免，例如，传送带主动轴直径（包括传送带厚度）的测量误差，传送带的安装偏差、张紧度，分拣单元整体在工作台面上的定位偏差等，都将影响理论计算值。因此，理论计算值只能作为估算值。脉冲当量的误差所引起的累积误差会随着工件在传送带上运动距离的增大而迅速增加，甚至达到不可容忍的地步。因而在安装调试分拣单元时，除了要仔细调整，尽量减少安装偏差外，还须现场测试脉冲当量值。

现场测试脉冲当量的方法，以及如何对输入PLC的脉冲进行高速计数以计算工件在传送带上的位置，将在分拣单元编程与运行中介绍。

（二）三菱 FR-E800 系列变频器简介

1. FR-E800系列变频器的安装和接线

在使用三菱PLC的YL-335B自动化生产线中，变频器选用三菱电机通用变频器

FR-E800系列中的FR-E840-0026型变频器,该变频器额定电压等级为三相400V,适用容量为0.75kW及以下的电动机。FR-E800系列变频器的外观和型号如图5-8所示。

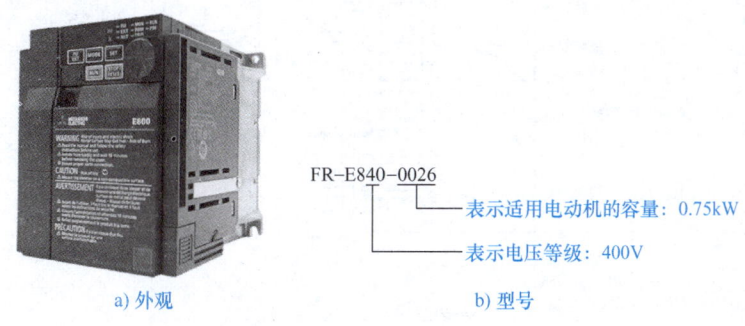

图5-8　FR-E800系列变频器外观和型号

FR-E800系列变频器是FR-E700系列变频器的升级产品,是一种小型、高性能变频器。在YL-335B自动化生产线上进行的变频器操作,涉及了通用变频器应用所必需的基本知识和技能,着重于变频器的接线、操作和常用参数的设置等。

FR-E800系列变频器主电路的通用接线如图5-9所示。

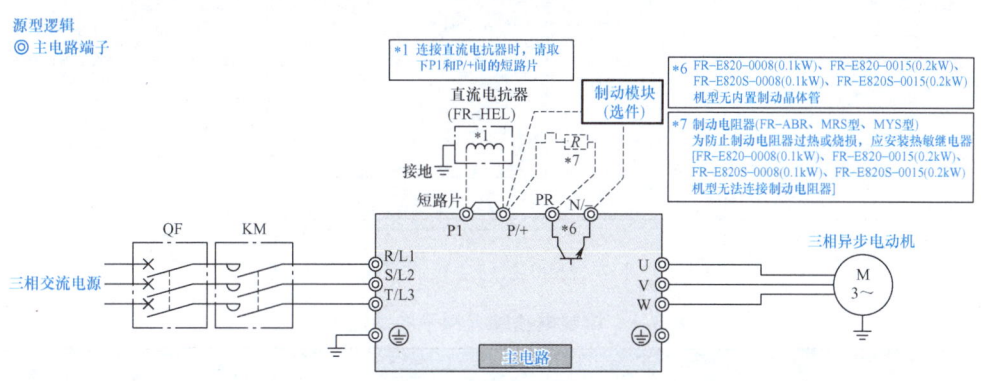

图5-9　FR-E800系列变频器主电路的通用接线

图中有关说明如下:

1)端子P1、P/+之间用于连接直流电抗器,不连接时,两端子间短路。

2)P/+与PR之间用于连接制动电阻器,P/+与N/-之间用于连接制动模块(选件)。YL-335B自动化生产线均未使用,故用虚线画出。

3)交流接触器KM用于变频器安全保护的目的,注意不要通过此交流接触器起动或停止变频器,否则可能降低变频器寿命。在YL-335B自动化生产线中没有使用这个交流接触器。

4)进行主电路接线时,应确保输入、输出端不能接错,即电源线必须连接至R/L1、S/L2、T/L3端,绝对不能接U、V、W端,否则会损坏变频器。

FR-E800系列变频器控制电路接线如图5-10所示。图中,控制电路端子分为控制输入、频率设定(模拟量输入)、继电器输出(异常输出)、集电极开路输出(状态检测)、安全停止信号、选择输出信号和模拟电压输出7部分区域。各端子的功能可通过调整相关参数的值进行变更,在出厂默认初始值的情况下,各控制电路端子的功能说明分别见表5-1~表5-3。

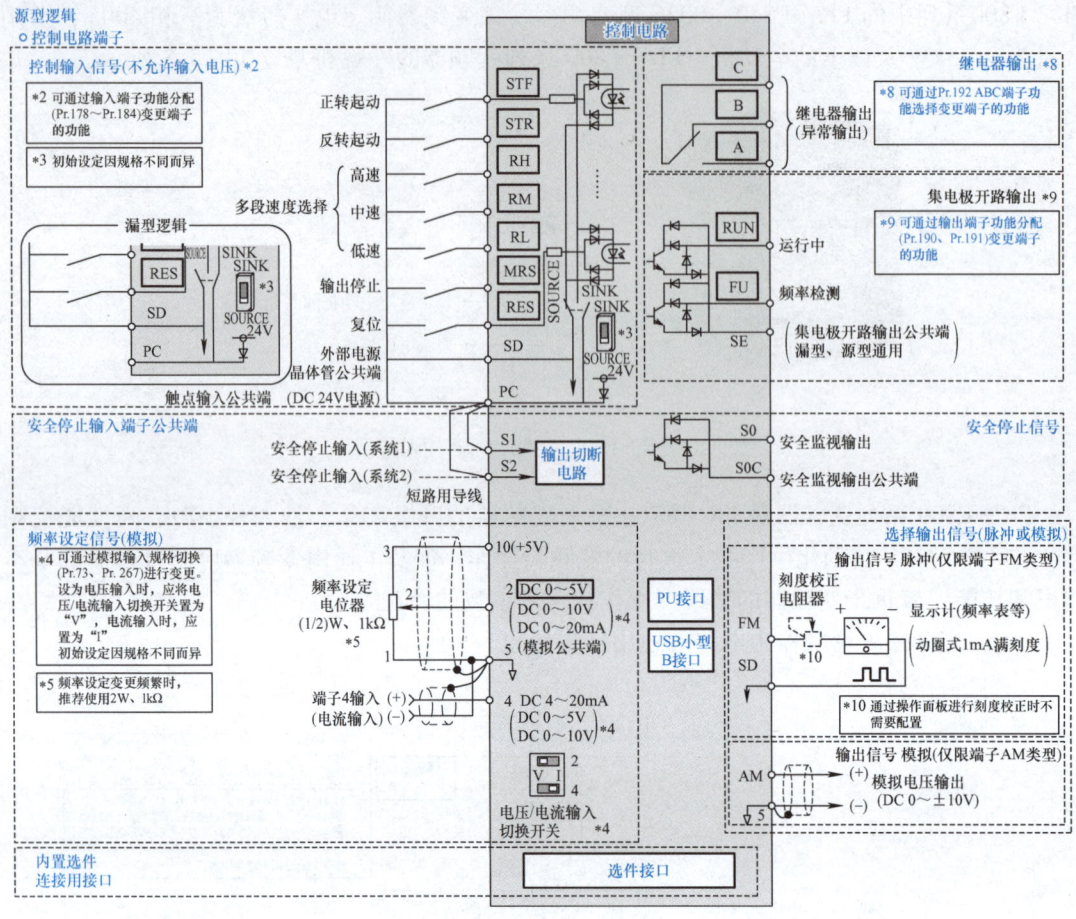

图 5-10　FR-E800 系列变频器控制电路接线

表 5-1　控制电路输入端子的功能说明

种类	端子记号	端子名称	端子功能说明	
触点输入	STF	正转起动	STF 信号 ON 时，为正转；OFF 时，为停止指令	STF、STR 信号同时为 ON 时，为停止指令
	STR	反转起动	STR 信号 ON 时，为反转；OFF 时，为停止指令	
	RH RM RL	多段速度选择	通过 RH、RM 和 RL 信号的组合可以选择多段速度，RH 表示高速，RM 表示中速，RL 表示低速	
	MRS	输出停止	MRS 信号为 ON（5ms 以上）时，变频器输出停止 用于在通过电磁制动器停止电动机时切断变频器的输出	输入电阻为 4.4kΩ 开路时电压为 DC 21～26V 短路时电流为 DC 4～6mA
	RES	复位	用于保护电路起动时的报警输出复位时使用。使 RES 信号的 ON 状态持续 0.1s 以上，然后设为 OFF 初始设定为始终可进行复位。根据 Pr.75 的设定，仅在变频器发生报警时可以复位。复位解除大约 1s 后恢复	

（续）

种类	端子记号	端子名称	端子功能说明	
触点输入	SD	触点输入公共端（漏型）（初始设定）	触点输入端子（漏型逻辑）的公共端子	
		外部晶体管公共端（源型）	源型逻辑时，当连接晶体管输出（即集电极开路输出），例如，可编程控制器（PLC），将晶体管输出用的外部电源公共端接到该端子时，可以防止因漏电引起的误动作	
		DC 24V 电源公共端	DC 24V、0.1A 电源（端子 PC）的公共输出端子，与端子 5 及端子 SE 绝缘	
	PC	外部晶体管公共端（漏型）（初始设定）	漏型逻辑时，当连接晶体管输出（即集电极开路输出），例如，可编程控制器（PLC），将晶体管输出用的外部电源公共端接到该端子时，可以防止因漏电引起的误动作	
		触点输入公共端（源型）	触点输入端子（源型逻辑）的公共端子	
		DC 24V 电源	可作为 DC 24V、0.1A 的电源使用	
频率设定	10	频率设定用电源	作为外接频率设定（速度设定）用电位器时的电源使用（按照 Pr. 73 模拟量输入选择）	DC 5V±0.5V 允许负载电流 10mA
	2	频率设定（电压）	如果输入 DC 0～5V（或 0～10V），在 5V（10V）时为最大输出频率，输入与输出成正比。通过 Pr. 73 进行 DC 0～5V（初始设定）与 DC 0～10V、0～20mA 输入的切换（初始设定因规格不同而异，电流输入 0～20mA 时，应将电压/电流输入切换开关 2 切换至"I"）	电压输入时，输入电阻 10～11kΩ 最大允许电压为 DC 20V 电流输入时，输入电阻 245Ω±5Ω 最大允许电流为 30mA
	4	频率设定（电流）	若输入 DC 4～20mA（或 0～5V、0～10V），在 20mA 时为最大输出频率，输入与输出成正比。只有 AU 信号为 ON 时，端子 4 的输入信号才会有效（端子 2 的输入将无效）。使用端子 4（初始设定：电流输入）时，应 Pr. 178～Pr. 184（输入端子功能选择）的其中任意一个设定为"4"并分配功能，然后将 AU 信号设定为 ON。初始设定因规格不同而异。通过 Pr. 267 进行 4～20mA（初始设定）和 DC 0～5V、DC 0～10V 输入的切换。电压输入（0～5V/0～10V）时，应将电压/电流输入切换开关 4 切换至"V"	
	5	频率设定公共端	频率设定信号（端子 2 或 4）及端子 AM 的公共端子。请勿接地	

表 5-2 控制电路输出端子的功能说明

种类	端子记号	端子名称	端子功能说明	
继电器	A、B、C	继电器输出（异常输出）	表示变频器因保护功能起动而停止输出的 1c 触点输出。异常时，B-C 间不导通（A-C 间导通）；正常时，B-C 间导通（A-C 间不导通）	触点容量：AC 240V、2A，DC 30V、1A
集电极开路	RUN	变频器运行中	变频器输出频率为起动频率（初始值 0.5Hz）以上时为低电平，停止中和正在直流制动时为高电平	允许负载为 DC 24V（最大 DC 27V）、1A ON 时的最大电压下降 3.4V
	FU	频率检测	输出频率为任意设定的检测频率以上时为低电平，未达到时为高电平	
	SE	集电极开路输出公共端	端子 RUN、FU 的公共端子	
脉冲	FM	显示仪使用	可以从输出频率等多种监视项目中选一种作为输出。变频器复位过程中不被输出。输出信号与监视项目的大小成比例	允许负载电流为 1mA、60Hz 时，分辨率为 1440pulses/s
模拟电压	AM	模拟电压输出		输出项目：输出频率（初始设定）
				输出信号为 DC 0～±10V 时，允许负载电流为 1mA（负载阻抗 10kΩ 以上），分辨率为 12 位

表 5-3 控制电路网络接口的功能说明

种类	端子记号	端子名称	端子功能说明
RS-485	—	PU 接口	通过 PU 接口可进行 RS-485 通信 • 标准规格：EIA-485（RS-485） • 传输方式：多站点通信 • 通信速率：4800～38400bit/s • 总长距离：500m
USB	—	USB 小型 B 接口	与个人计算机通过 USB 连接后，可以实现 FR Configurator 操作 • 接口：USB1.1 标准 • 传输速度：12Mbit/s • 连接器：USB 迷你-B 连接器（插座：迷你-B 型）

2. 变频器的操作面板和运行模式

（1）FR-E800 系列变频器的操作面板　使用变频器之前，首先要熟悉它的面板显示和按键操作单元（或称为控制单元），并按使用现场的要求合理设置参数。FR-E800 系列变频器的参数设置通常利用操作面板（不能拆下）实现，也可以使用连接到变频器 PU 接口的参数模块（FR-PU07）实现。使用操作面板可以进行运行方式、频率的设定，运行指令监视，参数设定，错误表示等。FR-E800 系列变频器的操作面板如图 5-11 所示，其上半部为面板显示器，下半部为各种按键、USB 接口和 M 旋钮。它们的具体功能分别见表 5-4 和表 5-5。

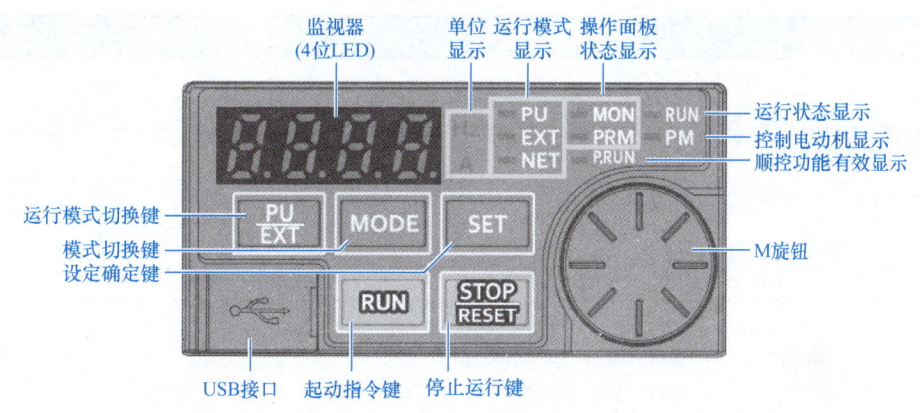

图 5-11　FR－E800 系列变频器的操作面板

表 5-4　按键、USB 接口和 M 旋钮的功能

旋钮和按键	功　能
运行模式切换键	切换 PU 运行模式、PU JOG 运行模式、外部运行模式 与［MODE］键同时按下，可切换至运行模式的简单设定模式 解除 PU 停止
模式切换键	用于切换各种设定模式 与运行模式切换键同时按下，可切换至运行模式的简单设定模式 长按此键（2s）可以锁定操作。当 Pr. 161 = 0（初始值）时，按键锁定模式无效
设定确定键	确定各项设定 如果在运行中按此键，则监视内容将发生如下变化： 初始设定时 输出频率 → 输出电流 → 输出电压 （通过设定 Pr. 52、Pr. 774 ~ Pr. 776，可以变更监视项目）
起动指令键	在 PU 模式下，按此键起动运行 可以通过 Pr. 40 的设定，选择旋转方向
停止运行键	在 PU 模式下，按此键停止运行 保护功能起动时，进行变频器的复位
USB 接口	可以通过 USB 连接使用 FR Configurator2
M 旋钮	旋动该旋钮可变更频率、参数的设定值。按下旋钮后，显示器可显示以下内容 ●监视模式时的设定频率显示（可通过 Pr. 992 进行变更） ●校正时的当前设定值显示

表 5-5 运行状态显示

显　　示	功　　能
监视器（4 位 LED）	显示频率、参数编号等（通过设定 Pr. 52、Pr. 774 ~ Pr. 776，可以变更监视项目）
单位显示	Hz：显示频率时亮灯（设定频率监视显示时闪烁）；A：显示电流时亮灯 显示上述以外的信息时，"Hz""A"均熄灯
运行模式显示	PU：PU 运行模式时亮灯 NET：网络运行模式时亮灯 EXT：外部运行模式时亮灯（初始设定时，电源 ON 后即亮灯） PU、EXT：外部/PU 组合运行模式 1、2 时亮灯
操作面板状态显示	MON：仅第 1~3 监视显示时亮灯/闪烁 PRM：参数设定模式时亮灯，选择简单设定模式时闪烁
运行状态显示 RUN	在变频器动作中亮灯/闪烁 亮灯：正转运行中 缓慢闪烁（1.4s 周期）：反转运行中 快速闪烁（0.2s 周期）：虽然输入起动指令但无法运行的状态[输入 MRS 信号、X10 信号的状态、瞬时停电再起动过程中、自动调谐完成后、SE（参数误设定）警报时等]
控制电动机显示 PM	选择试运行状态时闪烁，感应电动机设定时熄灯 设定 PM 无传感器矢量控制时亮灯
顺控功能有效显示 P.RUN	顺控功能动作时亮灯（发生顺控错误时闪烁）

（2）变频器的运行模式　由表 5-4 和表 5-5 可见，变频器在不同运行模式下，各种按键、M 旋钮的功能各异。所谓运行模式，是指对输入变频器的起动指令和设定频率的命令来源的指定。

一般来说，使用控制电路端子，通过设置在外部的电位器或开关等输入起动指令和频率指令的是外部运行模式（EXT 运行模式）；使用操作面板、参数模块输入起动指令和频率指令的是 PU 运行模式；通过 PU 接口使用 RS-485 通信、Ethernet 通信和通信选件输入起动指令和频率指令的是网络运行模式（NET 运行模式）。在进行变频器操作之前，必须了解各种运行模式。

FR-E800 系列变频器通过参数 Pr. 79 来指定变频器的运行模式，设定值范围为 0~4、6、7。这 7 种运行模式的内容及相关 LED 指示灯的状态见表 5-6。

3. 操作面板的基本操作

（1）运行模式切换/频率设定　变频器出厂时，厂家将 Pr. 79 的值设置为 0，变频器接通电源时，变频器处于外部运行模式，第一次按 [PU/EXT] 键，变频器将切换至 PU 运行模式；再按一次按 [PU/EXT] 键，变频器将切换至 PU 点动运行模式。当变频器切换至 PU 运行模式时，旋转 M 旋钮可变更频率值至合适值，按 [SET] 键确认，此时，监视器显示"F"与设置值交替闪烁，频率设定写入完毕。其操作流程如图 5-12 所示。

表 5-6　运行模式选择（Pr. 79）

设定值	内容			LED 显示（▪：熄灯；▫：亮灯）
0（初始值）	可通过外部/PU 切换模式（[PU/EXT] 键）切换 PU 运行模式与外部运行模式 接通电源时，将切换到外部运行模式			PU 运行模式 外部运行模式 NET 运行模式
	运行模式	频率指令	起动指令	
1	PU 运行模式固定	通过操作面板或参数模块进行设定	通过操作面板的[RUN]键或参数模块的[FWD]/[REV]键输入	PU 运行模式
2	外部运行模式固定 可切换外部、NET 运行模式	外部信号输入（端子 2、4、JOG、多段速选择等）	外部信号输入（端子 STF、STR）	外部运行模式 NET 运行模式
3	外部/PU 组合运行模式 1	通过操作面板或参数模块进行设定或输入外部信号（多段速设定、端子4）①	外部信号输入（端子 STF、STR）	外部/PU 组合运行模式
4	外部/PU 组合运行模式 2	外部信号输入（端子 2、4、JOG、多段速选择等）	通过操作面板的[RUN]键或参数模块的[FWD]/[REV]键输入	
6	无损切换模式 可以在持续运行的状态下进行 PU 运行、外部运行和 NET 运行的切换			PU 运行模式 外部运行模式 NET 运行模式
7	外部运行模式（PU 运行互锁） X12 信号 ON：可切换至 PU 运行模式（在外部运行过程中输出停止） X12 信号 OFF：禁止切换至 PU 运行模式			

① Pr. 79 = 3 的频率指令的优先顺序为：多段速运行（RL/RM/RH/REX）> PID 控制（X14）> 端子 4 模拟量输入（AU）> 通过操作面板进行数字输入。

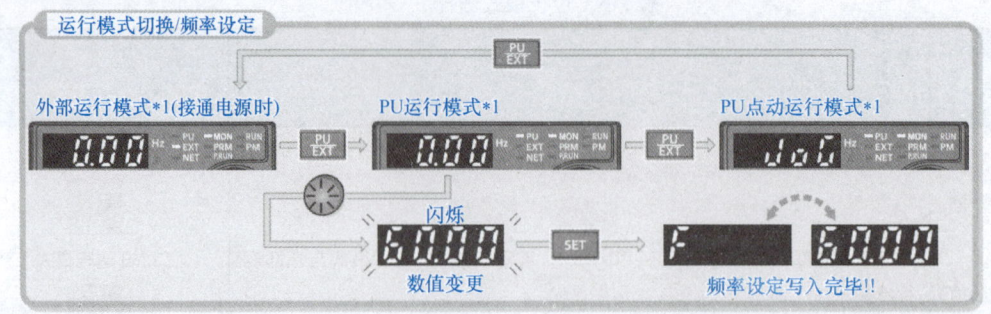

图 5-12　运行模式切换/频率设定操作流程

（2）参数设定　变频器在不同的运行模式下，需要设置不同的参数。下面以将变频器上限频率 Pr.1 设置为 60Hz 为例进行介绍。变频器接通电源时，当前处于外部运行模式，按［MODE］键进入参数设置模式，按［PU/EXT］键将变频器切换至 PU 运行模式，顺时针旋转 M 旋钮，将参数编号变更为"Pr.1"，按［SET］键，监视器上显示当前值为"120"，逆时针旋转 M 旋钮，将当前值变更为"60"，再次按［SET］键确认，此时监视器上"60"为闪烁状态，表示参数写入完毕。参数设定的操作流程如图 5-13 所示。

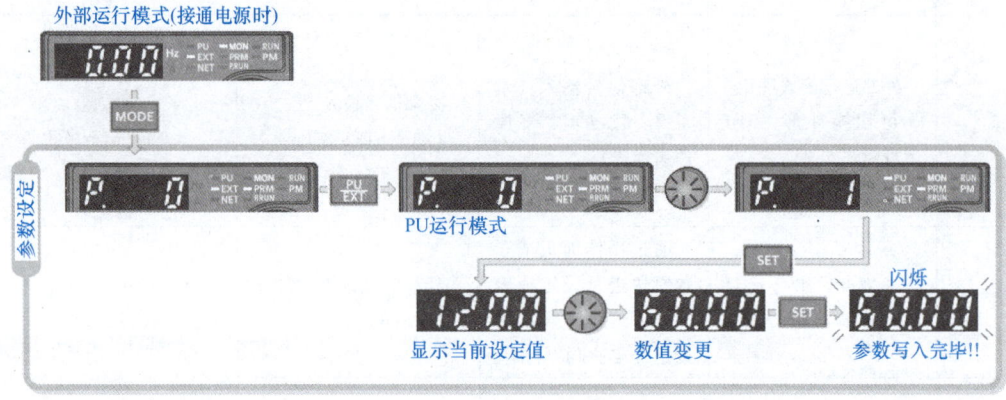

图 5-13　参数设定的操作流程

4. 变更参数设定值

在参数设定模式下选择参数编号并按［SET］键后，可变更参数设定值。变更参数设定值并按［SET］键后，将设定值写入变频器。当变频器参数编号为 4 位时，交替显示"Pr."和参数编号。当变频器参数编号为 5 位时，交替显示高位 1 位和低位 4 位。变更参数设定值的流程如图 5-14 所示。

变频器出厂时，参数 Pr.79 的设定值为 0，即外部运行模式。当变频器停止运行时，用户可以根据实际需要修改设定值。

修改 Pr.79 设定值的一种方法是，同时按住［MODE］键和［PU/EXT］键 0.5s，然后旋转 M 旋钮，变更 Pr.79 的设定值，当选择好 Pr.79 参数值时，再按［SET］键进行确定。

如果变频器当前处于固定为外部运行模式，欲变更为 PU/外部组合运行模式 1，则修改 Pr.79 设定值的另一种方法是，按［MODE］键使变频器进入参数设定模式；旋转 M 旋钮，选择参数 Pr.79，用［SET］键进行确定，显示 Pr.79 当前设置值为"2"，然后顺时针旋转

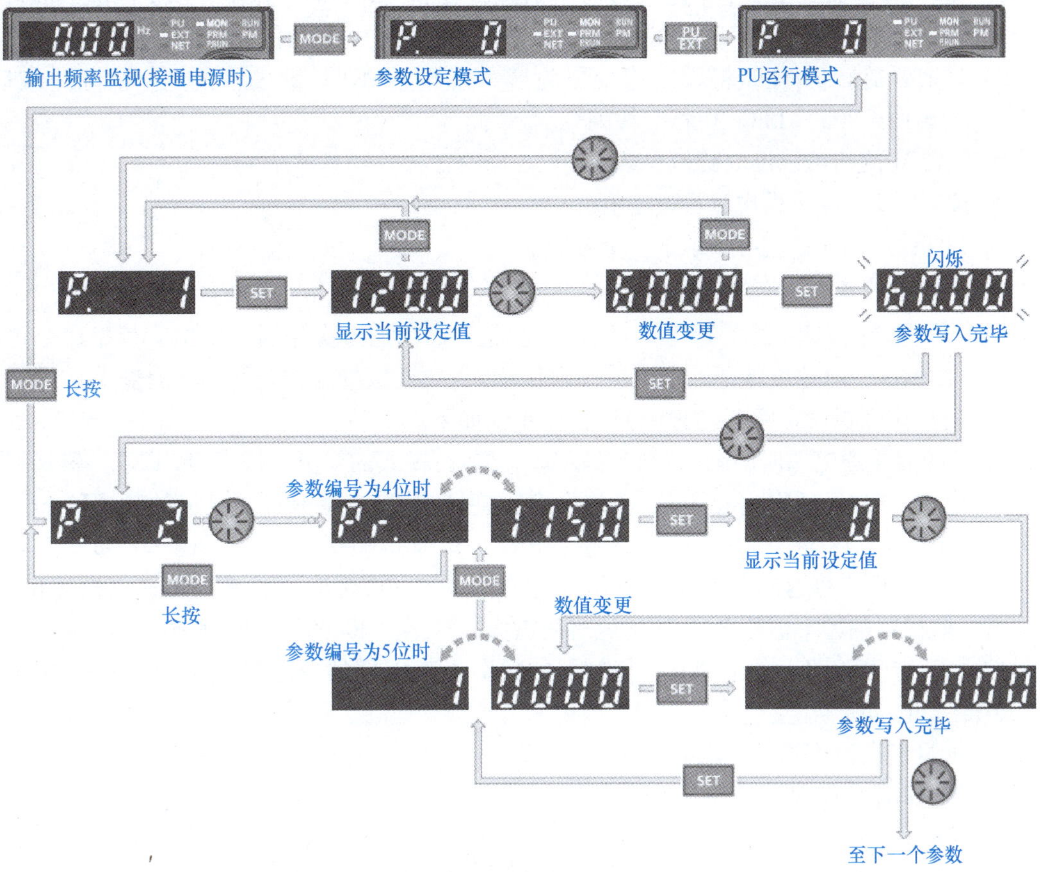

图 5-14 变更参数设定值的流程

M 旋钮选择合适的设定值 "3",再按 [SET] 键进行确定;两次按 [MODE] 键后,变频器的运行模式即变更为设定模式。

如果分拣单元的机械部分已经装配好,在完成主电路接线后,就可以用变频器直接驱动电动机试运行。当 Pr.79 = 4 时,把调速电位器的三个引出端分别连接到变频器的 10、2、5 端子(滑动臂引出端连接端子 2),接通电源后,按 [RUN] 键即可起动电动机,旋动调速电位器即可连续调节电动机转速。在分拣单元的机械部分装配完成后进行电动机试运行,这可以检查机械装配的质量,以便进行进一步的调整。

5. 参数清除

如果用户在参数调试过程中遇到问题,并希望重新开始调试,可用参数清除方法实现。即在 PU 运行模式下设定 Pr.CL(参数清除)、ALLC(参数全部清除)均为 1,可使参数恢复为初始值,但如果设定 Pr.77(参数写入选择)为 1,则无法清除。

参数清除操作须在参数设定模式下,用 M 旋钮选择参数编号为 Pr.CL 和 ALLC,把它们的值均置为 1,操作步骤如下:

1) 接通电源,进入监视显示界面。
2) 按 [PU/EXT] 键切换到 PU 运行模式,PU 指示灯亮。
3) 按 [MODE] 键切换到参数设定模式(显示以前读取的参数编号)。

4) 旋转 M 旋钮或按压上下键进行参数清除，找到"Pr. CL"并按［SET］键；进行参数全部清除时，找到"ALLC"并按［SET］键。显示"0"（初始值）。

5) 顺时针旋转 M 旋钮将设定值变更为"1"。按［SET］键进行设定。清除完成后，"1"与"Pr. CL"（"ALLC"）将交替闪烁。

① 旋转 M 旋钮可以读取其他参数。

② 按［SET］键可再次显示设定值。

③ 按两次［SET］键可显示下一个参数。

6. 变频器的基本运行操作

（1）PU 运行 变频器在 PU 运行模式下，起动命令通过操作面板发出，频率命令可以通过操作面板、三段速度端子、电位器（电压输入）、模拟量输入端子（电流输入）设定。

1) 用操作面板设定频率（30Hz）。操作步骤如下。

① 变频器接通电源时的画面为监视显示。②运行模式的变更。按［PU/EXT］键切换到 PU 运行模式，"PU" LED 亮。③频率的设定。旋转 M 旋钮显示需要设定的频率"30.00"（30.00Hz），闪烁约 5s。在闪烁过程中按［SET］键设定频率。"F"和"30.00"交替闪烁。闪烁约 3s 后，将返回"0.00"显示（监视显示）。④起动→加速→恒速。按［RUN］键运行。监视器的频率值随 Pr.7 的加速时间增大，显示"30.00"（30.00Hz）。⑤减速→停止。按［STOP/RESET］键后停止。监视器的频率值随 Pr.8 的减速时间减小，显示"0.00"（0.00Hz），电动机停止。

2) 通过三段速度端子设定频率。

接线图如图 5-15 所示。

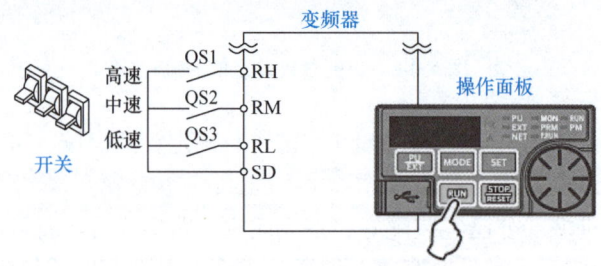

图 5-15 PU 运行模式下通过三段速度端子设定频率

操作步骤如下。

① 变频器接通电源时的画面为监视显示。②运行模式的变更。将 Pr.79 设定为"4"。此时，"PU" LED 和"EXT" LED 亮。③频率的设定将低速开关（RL）设为 ON。④按［RUN］键运行。监视器的频率值随 Pr.7 的加速时间增大，显示"10.00"（10.00Hz）。⑤按［STOP/RESET］键后停止。监视器的频率值随 Pr.8 的减速时间减小，显示"0.00"（0.00Hz），电动机停止。将低速开关（RL）设为 OFF。

说明：① 端子 RH 的初始值为 60Hz/50Hz（参数初始值组 1/2），端子 RM 的初始值为 30Hz，端子 RL 的初始值为 10Hz（通过 Pr.4、Pr.5、Pr.6 进行变更）。

② 初始值设定的情况下，同时选择两段速度以上时，则按低速信号侧的设定频率运行。例如，RH、RM 信号为 ON 时，以 RM 信号（Pr.5）优先。

③ 最大可进行 15 速运行。

3）通过电位器（电压输入）设定频率。

接线图如图 5-16 所示。变频器为频率设定器提供 5V 的电源（接端子 10）。

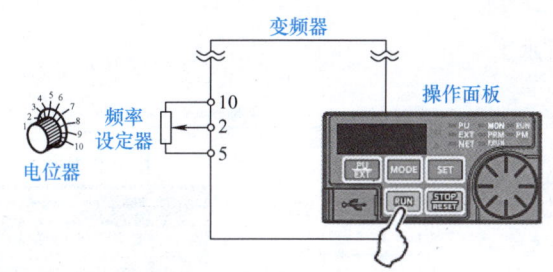

图 5-16　PU 运行模式下通过电位器（电压输入）设定频率

操作步骤如下：

①变频器接通电源时的画面为监视显示。②运行模式的变更。将 Pr.79 设定为"4"。此时，"PU" LED 和 "EXT" LED 亮。③起动。按［RUN］键起动变频器。此时的状态为无频率指令状态，"RUN" LED 闪烁。④加速→恒速。将电位器（频率设定器）缓慢旋向最右边。监视器的频率值随 Pr.7 的加速时间增大，显示"50.00"（50.00Hz）。⑤减速。将电位器（频率设定器）缓慢旋向最左边。监视器的频率值随 Pr.8 的减速时间减小，显示"0.00"（0.00Hz），电动机运行停止，"RUN" LED 闪烁。⑥停止。按［STOP/RESET］键，变频器停止运行，"RUN" LED 灭。

4）通过模拟量输入端子（电流输入）设定频率。

接线图如图 5-17 所示。通过调整仪的输出（4~20mA）发出频率指令［端子 4－5 连接（电流输入）］。

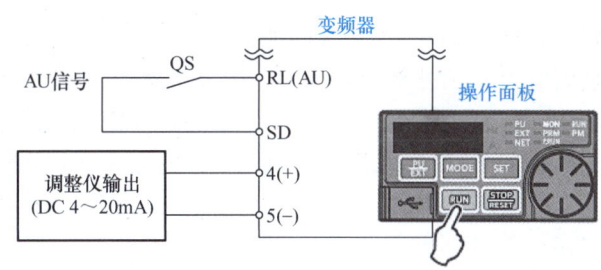

图 5-17　PU 运行模式下通过模拟量输入端子（电流输入）设定频率

操作步骤如下：

①变频器接通电源时的画面为监视显示。②运行模式的变更，将 Pr.79 设定为"4"。此时，"PU" LED 和 "EXT" LED 亮。③AU 信号的分配。在 Pr.180 RL 端子功能选择中设定"4"，将 AU 信号分配给端子 RL。④端子 4 输入的选择。将端子 4 输入选择信号（AU）设为 ON，端子 4 输入为有效。⑤起动。按［RUN］键起动变频器。此时的状态为无频率指令状态，"RUN" LED 闪烁。⑥加速→恒速。调节调整仪输出电流直到 20mA。监视器的频率值随 Pr.7 的加速时间增大，显示"50.00"（50.00Hz）。⑦减速。应输入 4mA 以下。监视器的频率值随 Pr.8 的减速时间减小，显示"0.00"（0.00Hz），电动机停止，"RUN" LED 闪烁。⑧停止。按［STOP/RESET］键，电动机停止，"RUN" LED 灭。

(2) 外部运行 变频器在外部运行方式下,其起动命令来自变频器的正转(反转)起动端子,频率命令的来源与 PU 运行方式相同。这里仅介绍通过旋转操作面板上的 M 旋钮设定频率(30Hz)。

接线图如图 5-18 所示。

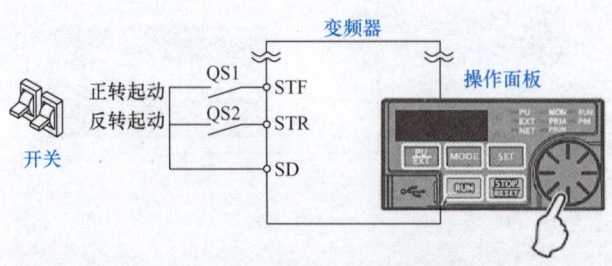

图 5-18 外部运行模式下通过旋转 M 旋钮设定频率

操作步骤如下。

①运行模式的变更。将 Pr. 79 设定为"3"。"PU" LED 和"EXT" LED 亮。②频率的设定。旋转 M 旋钮显示需要设定的频率"30.00"(30.00Hz),闪烁约 5s。在数值闪烁过程中按 [SET] 键设定频率,"F"和"30.00"交替闪烁。闪烁约 3s 后,将返回"0.00"显示(监视显示)。③起动→加速→恒速。闭合起动开关(QS1 或 QS2),监视器的频率值随 Pr. 7 的加速时间增大,显示"30.00"(30.00Hz)。正转时,"RUN" LED 亮,反转时,缓慢闪烁。④减速→停止。断开起动开关(QS1 或 QS2),监视器的频率值随 Pr. 8 的减速时间减小,显示"0.00"(0.00Hz),电动机停止。

(3) JOG 运行 三菱 FR–E800 系列变频器实现 JOG 运行可以通过操作面板或通过来自外部的信号两种方法实现。

1)通过操作面板进行 JOG 运行。操作步骤如下。

①接通电源时的画面监视显示外部运行模式。②运行模式的变更。按两次 [PU/EXT] 键,切换到 PUJOG 运行模式。监视显示为"JOG","PU" LED 亮。③起动→加速→恒速。持续按 [RUN] 键。监视器的频率值随 Pr. 16 JOG 的加速时间增大,显示"5.00"(5.00Hz)。④减速→停止。松开 [RUN] 键。监视器的频率值随 Pr. 16 JOG 的减速时间减小,显示"0.00"(0.00Hz),电动机停止。

2)通过来自外部的信号进行 JOG 运行。

接线图如图 5-19 所示。

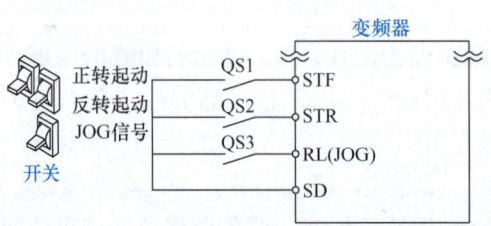

图 5-19 通过来自外部的信号进行 JOG 运行

操作步骤如下。

①接通电源时的画面为监视显示。②JOG信号的分配。将Pr.180（RL端子功能选择）设定为"5"，并将JOG信号分配给端子RL。③JOG信号为ON。闭合QS3，可进行JOG运行。④起动→加速→恒速。闭合QS1或QS2，监视器的频率值随Pr.16 JOG的加速时间增大，显示"5.00"（5.00Hz）。正转时，"RUN"LED亮；反转时，缓慢闪烁。⑤减速→停止。断开QS1或QS2，监视器的频率值随Pr.16 JOG的减速时间减小，显示"0.00"（0.00Hz）。电动机停止，"RUN"LED灭，断开QS3。

7. 多段速运行的操作

三菱FR-E800系列变频器在外部运行模式或外部/PU组合运行模式1下，可以通过外接开关器件的通断组合改变变频器速度控制端子的状态，从而实现调速。这种控制频率的方式称为多段速控制方式。

FR-E800系列变频器的速度控制端子是RH、RM和RL及RH、RM、RL和REX。通过这些开关的组合可以实现三段速及4~15段速的控制。多段速控制参数设定范围见表5-7。

表5-7 多段速控制参数设定范围

参数编号（Pr.）	名称	初始值（出厂设定）	设定范围	说明
4	三段速设定（高速）	50Hz	0~590Hz	设定RH为ON时的频率
5	三段速设定（中速）	30Hz	0~590Hz	设定RM为ON时的频率
6	三段速设定（低速）	10Hz	0~590Hz	设定RL为ON时的频率
24	多段速设定（4速）	9999	0~590Hz、9999	通过RH、RM、RL、REX信号的搭配，可以进行4速~15速的频率设定 9999：无选择
25	多段速设定（5速）			
26	多段速设定（6速）			
27	多段速设定（7速）			
232	多段速设定（8速）			
233	多段速设定（9速）			
234	多段速设定（10速）			
235	多段速设定（11速）			
236	多段速设定（12速）			
237	多段速设定（13速）			
238	多段速设定（14速）			
239	多段速设定（15速）			

多段速度设定在PU运行和外部运行中都可以实现。运行期间，参数值也能被改变。在三段速设定的场合，两速以上同时被选择时，低速信号的设定频率优先。最后指出，如果把参数Pr.183设置为8，将MRS端子的功能转换成多速段控制端REX，就可以用RH、RM、RL和REX通断的组合实现15段速。详细说明请参阅《三菱电机通用变频器E800使用手册（功能篇）》。

（1）三段速设定（Pr.4~Pr.6）运行 三菱FR-E800系列变频器在三段速运行时，须将Pr.79的值设定为"2"或"3"，即变频器处于外部运行模式或PU/外部切换模式1。当STF信号或STR信号为ON时，若RH信号为ON，则按Pr.4中设定的频率高速正向或反向运行；若 RM 信号为 ON，则按 Pr.5 中设定的频率中速正向或反向运行；若 RL 信号为 ON，则按 Pr.6 中设定的频率低速正向或反向运行。三段速运行接线图与三段速控制对应的控制端状态及参数关系如图 5-20 所示。

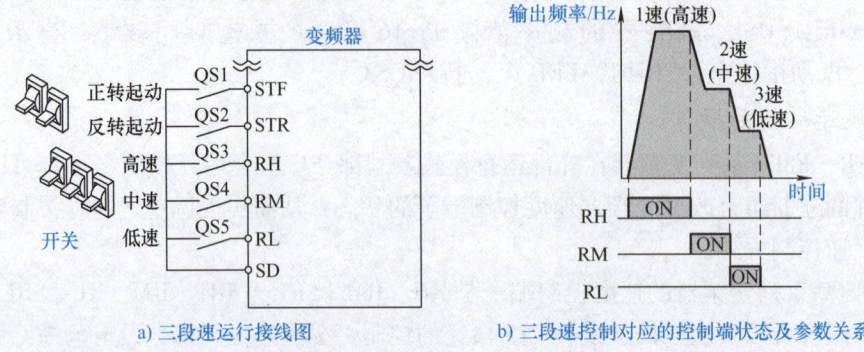

图 5-20　三段速运行接线图与三段速控制对应的控制端状态及参数关系

在初始设定情况下，同时选择两段速度以上时，将按照低速信号侧的设定频率运行。例如，RH、RM 信号为 ON 时，RM 信号（Pr.5）优先。在初始设定状态下，RH、RM、RL 信号分配给端子 RH、RM、RL。通过在 Pr.178~Pr.182（输入端子功能选择）中设定"0（RL）""1（RM）""2（RH）"，也可以将 RH、RM、RL 信号分配到其他端子上。

（2）三段速以上的多段速设定（Pr.24~Pr.27、Pr.232~Pr.239）运行　通过 RH、RM、RL、REX 信号的搭配，可以设定 4 速~15 速。应在 Pr.24~Pr.27、Pr.232~Pr.239 中设定频率（初始值的状态为不可以使用 4 速~15 速的设定）。REX 信号输入所使用的端子，应在 Pr.178~Pr.189（输入端子功能选择）中设定"8"进行端子功能的分配。三段速以上多段速运行接线图与多段速控制对应的控制端状态及参数关系如图 5-21 所示。

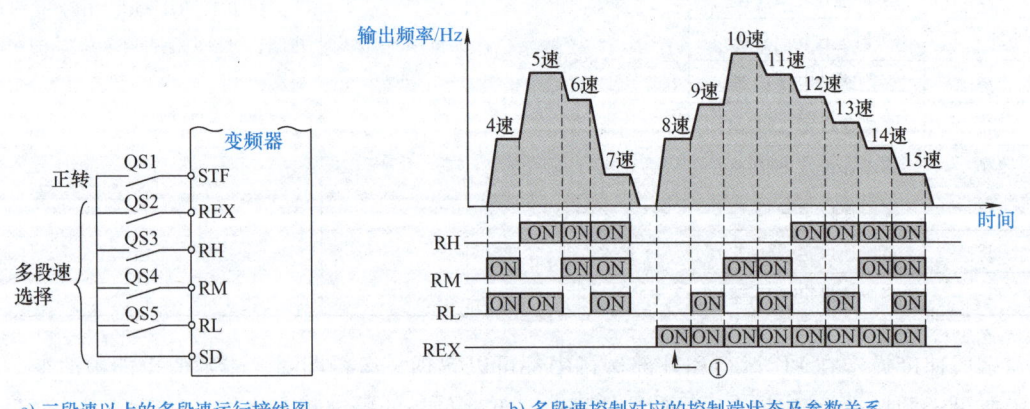

图 5-21　三段速以上的多段速运行接线图与多段速控制对应的控制端状态及参数关系

① 设定了 Pr.232 多段速设定（8 速）="9999"的情况下，将 RH、RM、RL 设为 OFF 且将 REX 设为 ON 时，将按照 Pr.6 的频率动作。

变频器运行时，将 Pr.79 的值设定为"2"或"3"，即变频器处于外部运行模式或 PU/外部切换模式 1，当通过 RH、RM、RL 端子外接开关通断组合（三个同时断开除外）时，实现 4 速~7 速运行；当通过 REX、RH、RM、RL 端子外接开关通断组合（4 个同时断开除外）时，实现 8 速~15 速运行。

8. 通过模拟量输入（端子 2、4）设定频率

分拣单元变频器的频率设定除了用 PLC 输出端子控制多段速度设定外，还有连续设定频率的需求。例如，在变频器安装和接线完成后运行试验时，常常将调速电位器连接到变频器的模拟量输入信号端进行连续调速试验。此外，在触摸屏上指定变频器的频率也应是连续可调的。需要注意的是，如果要用模拟量输入（端子 2、4）设定频率，RH、RM、RL 端子应断开；否则，多段速设定优先。

(1) 模拟量输入信号端子的选择　FR-E800 系列变频器提供了两个模拟量输入信号端子（端子 2、4）实现连续变化的频率设定。在出厂设定的情况下，只能使用端子 2，端子 4 无效。

要使端子 4 有效，需要在各触点输入端子 STF、STR、…、RES 之中选择一个，将其功能定义为 AU 信号输入，则当这个端子与 SD 端短接时，AU 信号为 ON，端子 4 变为有效，端子 2 变为无效。

例如，选择 RES 端子用作 AU 信号输入，则设置参数 Pr.184 = "4"，在 RES 端子与 SD 端间连接一个开关，当此开关断开时，AU 信号为 OFF，端子 2 有效；反之，当此开关接通时，AU 信号为 ON，端子 4 有效。

(2) 模拟量输入信号的规格　如果使用端子 2，模拟量信号可为电压输入（DC 0~5V、DC 0~10V）或电流输入（DC 4~20mA），用参数 Pr.73 和电压/电流输入切换开关 2 设定，Pr.73 出厂设定值为 1，指定为 DC 0~5V 的输入规格，并且不能可逆运行。参数 Pr.73 的取值范围为 0、1、10、11、6、16，具体内容见表 5-8。

表 5-8　模拟量输入端子 2 参数（Pr.73）

参数编号	名称	初始值	设定值	电压/电流输入切换开关 2	说明	
Pr.73	模拟量输入选择	1	0	V	端子 2 输入 DC 0~10V	无可逆运行
			1	V	端子 2 输入 DC 0~5V	
			10	V	端子 2 输入 DC 0~10V	有可逆运行
			11	V	端子 2 输入 DC 0~5V	
			6	I	端子 2 输入 DC 4~20mA	无可逆运行
			16	I		有可逆运行

如果使用端子 4，模拟量信号可为电压输入（DC 0~5V、DC 0~10V）或电流输入（DC 4~20mA 初始值），用参数 Pr.267 和电压/电流输入切换开关 4 设定，并且要输入与设定相符的模拟量信号。Pr.267 取值范围为 0、1、2，具体内容见表 5-9。

必须注意的是，若发生切换开关与输入信号不匹配的错误（如开关设定为电流输入 I，但端子输入却为电压信号；或反之）时，会导致外部输入设备或变频器故障。

对于频率设定信号（DC 0~5V、DC 0~10V 或 DC 4~20mA）相应输出频率的大小，可用参数 Pr.125（对端子 2）或 Pr.126（对端子 4）设定，用于确定输入增益（最大）的频率。它们的出厂设定值均为 50Hz，设定范围为 0~590Hz。

表5-9 模拟量输入端子4参数（Pr. 267）

参数编号	名 称	初始值	设定范围	电压/电流输入切换开关4	说 明
Pr. 267	端子4输入选择	0	0	I	端子4输入 DC 4～20mA
			1	V	端子4输入 DC 0～5V
			2		端子4输入 DC 0～10V

注：电压输入时，输入电阻为（10±1）kΩ、最大允许电压为DC 20V；电流输入时，输入电阻为（233±5）Ω、最大允许电流为30mA。

三菱FR - E800系列变频器的参数及使用详细内容，请参阅《三菱电机通用变频器E800使用手册（功能篇）》。

（三）变频器采用模拟量输入控制

为了实现变频器输出频率连续可调，分拣单元PLC连接了模拟量输入/输出适配器FX_{3U} - 3A - ADP。通过D - A转换实现变频器的模拟量输入以达到连续调速的目的，而系统的起/停则由外部端子控制。

分拣单元 FX_{3U}-3A-ADP 模拟量输入/输出适配器的使用

1. FX_{3U} - 3A - ADP模拟量输入/输出适配器的性能规格

FX_{3U} - 3A - ADP是两通道模拟量输入和一通道模拟量输出、分辨率为12位二进制的模拟量输入/输出适配器。

对于FX_{3U}、FX_{3UC}系列可编程序控制器，最多可连接4台FX_{3U} - 3A - ADP（包括其他模拟量功能扩展板和模拟量特殊适配器），可以实现电压输入、电流输入、电压输出、电流输出。各通道的A - D转换值被自动写入FX_{3U}、FX_{3UC}系列可编程序控制器的特殊数据寄存器中。D - A转换值根据FX_{3U}、FX_{3UC}系列可编程序控制器中特殊数据寄存器的值自动输出。

FX_{3U} - 3A - ADP模拟量输入/输出适配器的外形及端子排列分别如图5-22和图5-23所示，性能规格见表5-10。

表5-10 FX_{3U} - 3A - ADP模拟量输入/输出适配器的性能规格

规 格		电压输入	电流输入	电压输出	电流输出
输入/输出点数		二通道		一通道	
模拟量输入/输出范围		DC 0～10V（输入电阻：198.7kΩ）	DC 4～20mA（输入电阻：250kΩ）	DC 0～10V（外部负载：5kΩ～1MΩ）	DC 4～20mA（外部负载：500Ω以下）
最大绝对输入		-0.5V, +15V	-2mA, +30mA	—	—
数字量输入/输出		12位二进制			
分辨率		2.5mV(10V×1/4000)	5μA(16mA×1/3200)	2.5mV(10V×1/4000)	4μA(16mA×1/4000)
综合准确度	环境温度 25℃±5℃	针对满量程：10V ±50mV (1±0.5%)	针对满量程：16mA ±80μA (1±0.5%)	针对满量程：10V ±50mV (1±0.5%)	针对满量程：16mA ±80μA (1±0.5%)
	环境温度 0～55℃	针对满量程：10V ±100mV (1±1.0%)	针对满量程：16mA ±160μA (1±1.0%)	针对满量程：10V ±100mV (1±1.0%)	针对满量程：16mA ±160μA (1±1.0%)
转换时间		90μs×使用输入CH（通道）数 + 50μs×使用输出CH（通道）数（以运算周期为单位更新资料）			

（续）

规　格	电压输入	电流输入	电压输出	电流输出
隔离方式	① 模拟量输入/输出部分和 PLC 之间通过光电隔离 ② 电源和模拟量输入之间通过 DC‑DC 转换器隔离 ③ 各 CH（通道）之间不隔离			
电源	① DC 5V，20mA（PLC 内部供电） ② DC 24V（－15%～＋20%）、90mA（外部供电）			
输入/输出 占用点数	0 点（与 PLC 的最大输入/输出点数无关）			
输入/输出特性	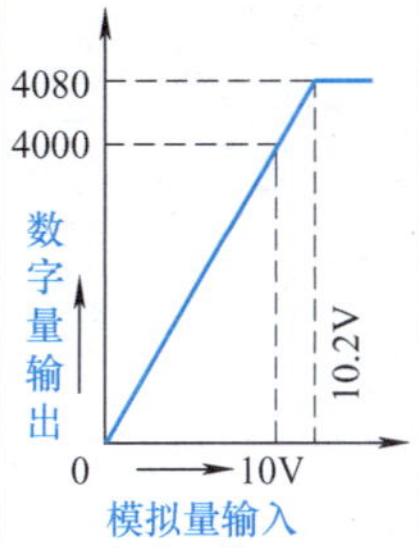 数字量输出：4000→4080，模拟量输入 0→10V（10.2V）	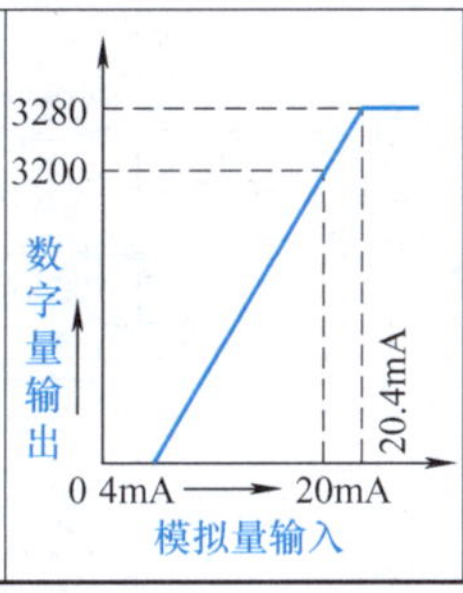 数字量输出：3200→3280，模拟量输入 0 4mA→20mA（20.4mA）	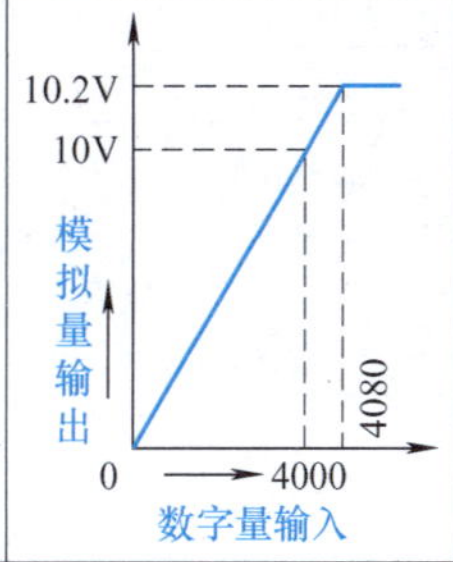 模拟量输出：10V→10.2V，数字量输入 0→4000（4080）	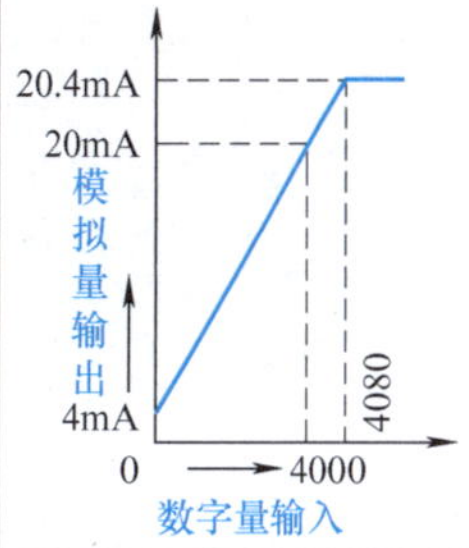 模拟量输出：20mA→20.4mA，4mA 数字量输入 0→4000（4080）

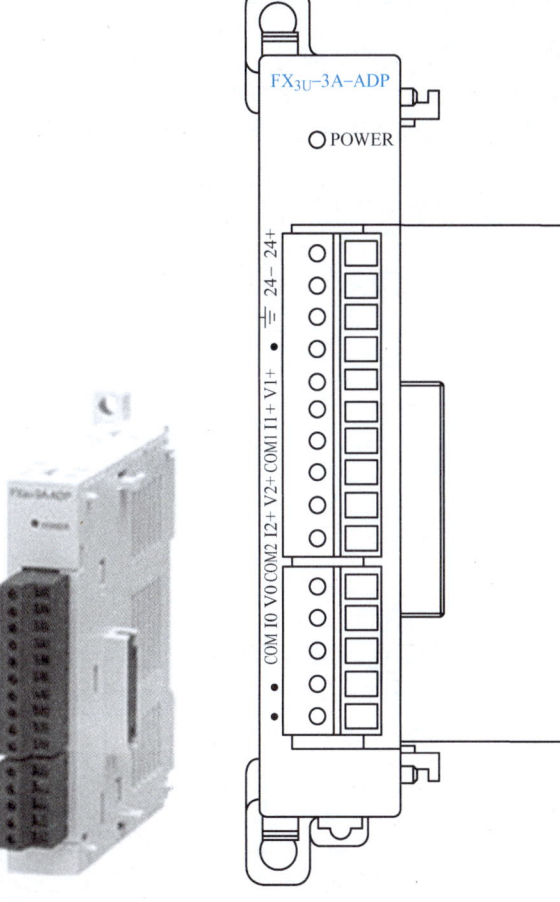

信号名称	用　　途
24＋	外部电源
24－	
⏚	接地端子
•	空端子
V1＋	通道 1，模拟量输入
I1＋	
COM1	
V2＋	通道 2，模拟量输入
I2＋	
COM2	
V0	模拟量输出
I0	
COM	
•	空端子
•	

图 5-22　FX₃U－3A－ADP 模拟量输入/输出
　　　　适配器的外形

图 5-23　FX₃U－3A－ADP 模拟量输入/输出
　　　　适配器的端子排列

2. 接线

模拟量输入和输出的接线原理图分别如图 5-24 和图 5-25 所示。接线时要注意，使用电流输入时，端子"V□＋"与"I□＋"应短接。

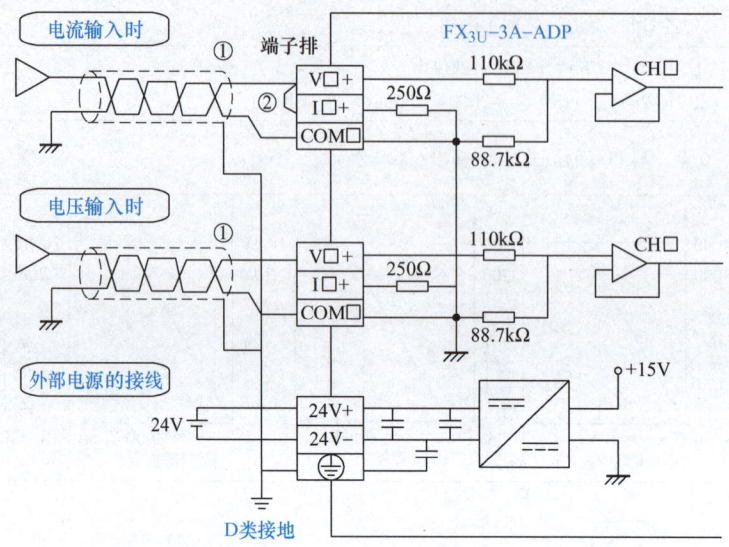

图 5-24　FX_{3U}－3A－ADP 模拟量输入接线原理图

① 模拟量的输入线使用 2 芯的屏蔽双绞电缆，应与其他动力线或易受感应的线分开布线。
② 电流输入时，务必将"V□＋"端子和"I□＋"端子（□：通道号）短接。

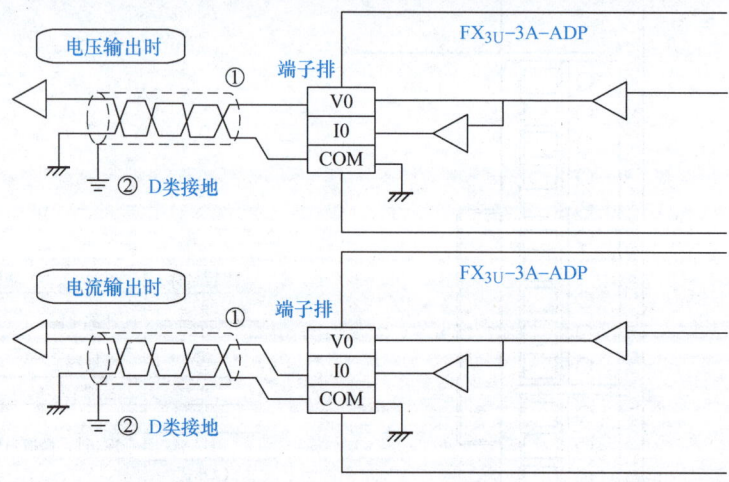

图 5-25　FX_{3U}－3A－ADP 模拟量输出接线原理图

① 模拟量的输出线使用 2 芯的屏蔽双绞电缆，应与其他动力线或易受感应的线分开布线。
② 应将屏蔽线在信号接收侧进行单侧接地。

3. 编程举例

（1）转换数据的获取和写入

1）A－D 转换数据的获取。

① 输入的模拟量数据被转换成数字量，并被保存在 FX_{3U} 系列 PLC 的特殊软元件中。

② 通过向特殊软元件写入数值,可以设定平均次数或指定输入模式。

③ 依照从基本单元开始的连续顺序分配特殊软元件,每台分配特殊辅助继电器、特殊数据寄存器各 10 个,FX_{3U}-3A-ADP 模拟量输入/输出适配器转换数据的获取/写入如图 5-26 所示。

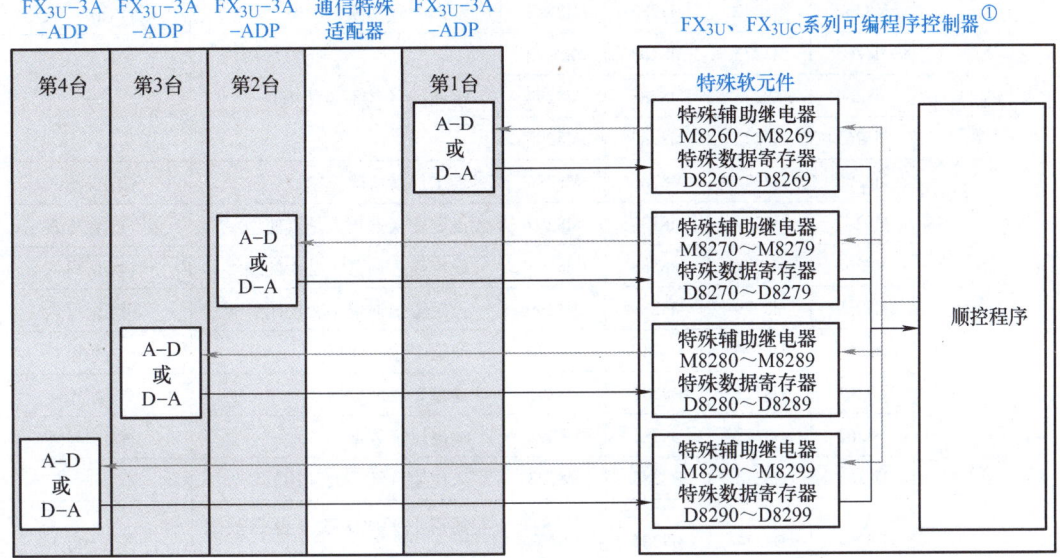

图 5-26　FX_{3U}-3A-ADP 转换数据的获取/写入

① 连接 FX_{3U}、FX_{3UC}-32MT-LT(-2) 可编程序控制器时,需要功能扩展板。

2) D-A 转换数据的写入。

① 输入的数字值被转换成模拟量值,并输出。

② 通过向特殊软元件写入数值,可以设定输出保持。

③ 依照从基本单元开始的连续顺序分配特殊软元件,每台分配特殊辅助继电器、特殊数据寄存器各 10 个,如图 5-26 所示。

从最靠近基本单元处开始,依次为第 1 台、第 2 台……但是,高速输入/输出特殊适配器及通信特殊适配器、CF 卡特殊适配器不包含在内。

(2) 特殊软元件　对于 FX_{3U}、FX_{3UC} 系列 PLC,连接 FX_{3U}-3A-ADP 模拟量输入/输出适配器时,与之相关的特殊软元件的分配见表 5-11。

有关特殊软元件的介绍请参照《FX_{3S}、FX_{3G}、FX_{3GC}、FX_{3U}、FX_{3UC} 系列微型可编程序控制器用户手册(模拟量控制篇)》。

变频器采用模拟量控制时,其参数设置见表 5-12。

(3) 基本程序举例　下面介绍模拟量转换数字值输入/输出基本程序的编制。

设定第 1 台的输入通道 1 为电压输入、输入通道 2 为电流输入,并将它们的 A-D 转换值分别保存在 D100、D101 中。此外,设定输出通道为电压输出,并将 D-A 转换的数字值存于 D102 中,如图 5-27 所示。

表 5-11 特殊软元件

特殊软元件	软元件编号				内容	属性
	第1台	第2台	第3台	第4台		
特殊辅助继电器	M8260	M8270	M8280	M8290	通道1输入模式切换	读出/写入
	M8261	M8271	M8281	M8291	通道2输入模式切换	读出/写入
	M8262	M8272	M8282	M8292	输出模式切换	读出/写入
	M8263	M8273	M8283	M8293	未使用（请不要使用）	—
	M8264	M8274	M8284	M8294		
	M8265	M8275	M8285	M8295		
	M8266	M8276	M8286	M8296	输出保持解除设定	读出/写入
	M8267	M8277	M8287	M8297	设定输入通道1是否使用	读出/写入
	M8268	M8278	M8288	M8298	设定输入通道2是否使用	读出/写入
	M8269	M8279	M8289	M8299	设定输出通道是否使用	读出/写入
特殊数据寄存器	D8260	D8270	D8280	D8290	通道1输出数据	读出
	D8261	D8271	D8281	D8291	通道2输出数据	读出
	D8262	D8272	D8282	D8292	输出设定数据	读出/写入
	D8263	D8273	D8283	D8293	未使用（请不要使用）	—
	D8264	D8274	D8284	D8294	通道1平均次数（设定范围为1~4095）	读出/写入
	D8265	D8275	D8285	D8295	通道2平均次数（设定范围为1~4095）	读出/写入
	D8266	D8276	D8286	D8296	未使用（请不要使用）	—
	D8267	D8277	D8287	D8297		
	D8268	D8278	D8288	D8298	错误状态	读出/写入
	D8269	D8279	D8289	D8299	机型代码 = 50	读出

表 5-12 变频器模拟量控制时参数的设置

序号	参数号	参数名称	设置值	初始值	功能和含义
1	Pr. 7	加速时间	1s	5/10s	电动机加速时间
2	Pr. 8	减速时间	0.1s	5/10s	电动机减速时间
3	Pr. 61	基准电流	0.18A	9999	以设定值（电动机额定电流）为基准
4	Pr. 73	模拟量输入选择	0	1	端子2输入
5	Pr. 83	电动机额定电压	380V	400V	电动机额定电压
6	Pr. 79	运行模式选择	2	0	外部运行模式固定

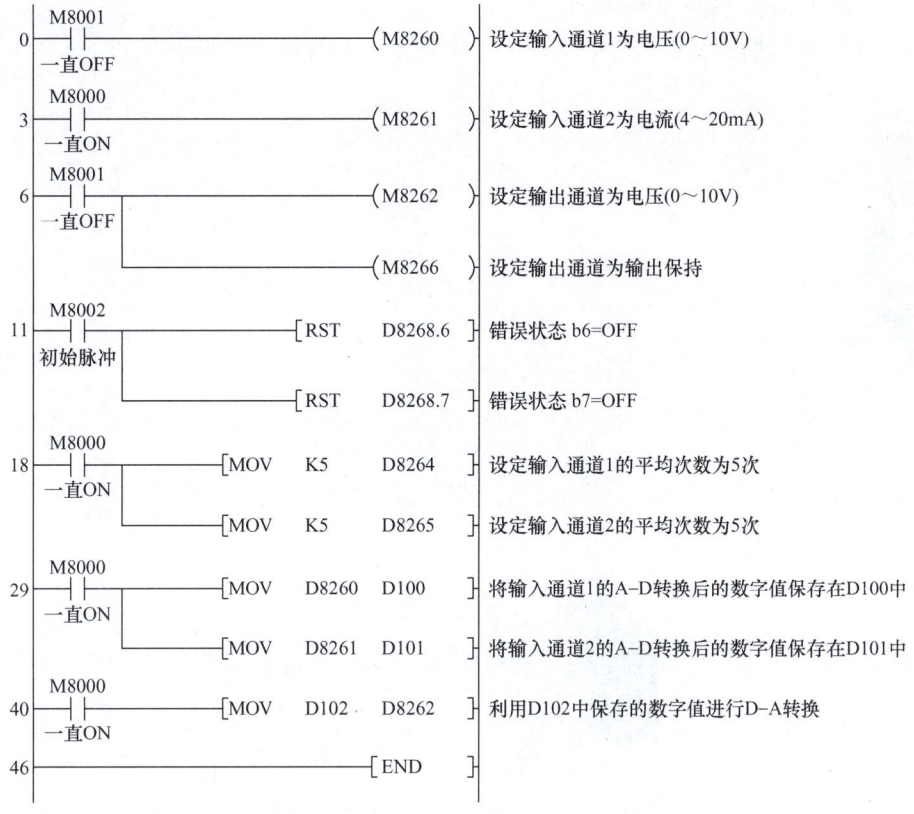

图 5-27　基本程序举例

假设要求分拣单元变频器以 35Hz 频率运行,则变频器调速部分的模拟量控制梯形图如图 5-28 所示。

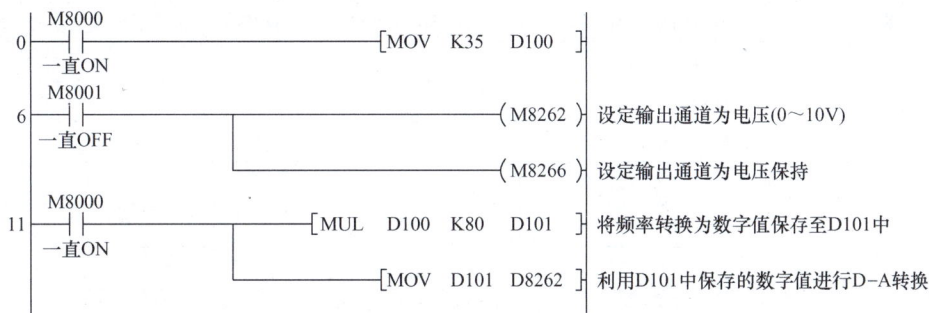

图 5-28　变频器用 $FX_{3U}-3A-ADP$ 模拟量输入/输出适配器实现模拟量控制梯形图

(四) 变频器采用通信方式控制

当分拣单元变频器的频率通过通信方式控制时,分拣单元 PLC 须连接 RS-485 通信适配器 $FX_{3U}-485ADP$,用于 PLC 与变频器之间的无协议通信。FX_{3U} 系列 PLC 与变频器以 RS-485 通信方式连接时,通过变频器专用指令对最多 8 台变频器进行运行监控及参数的读出、写入。

1. FX$_{3U}$-485ADP 通信适配器简介

FX$_{3U}$-485ADP 通信适配器的外形如图 5-29 所示。其性能规格见表 5-13。

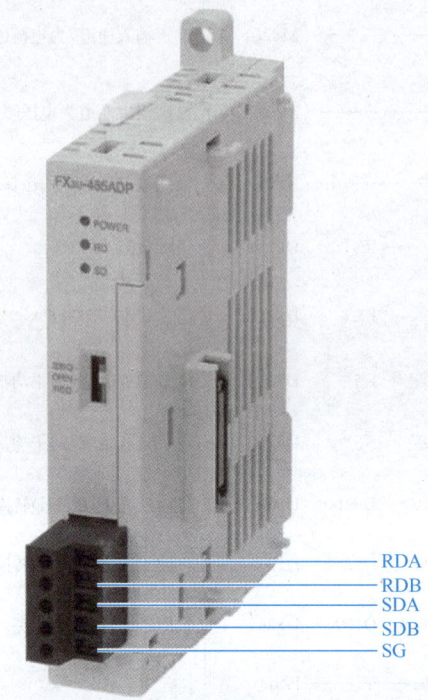

图 5-29 FX$_{3U}$-485ADP 通信适配器的外形

表 5-13 FX$_{3U}$-485ADP 通信适配器的性能规格

规 格	内 容			
传送规格	符合 RS-485 规格			
总延长距离	所有的通信模块都使用特殊适配器时：500m；使用功能扩展板或系统中混用时：50m			
通信方式	半双工双向			
传输速度/（bit/s）	38400			
连接台数	最多 8 台			
链接点数	模式 0	位软元件：0 点		
		字软元件：4 点		
	模式 1	位软元件：32 点		
		字软元件：4 点		
	模式 2	位软元件：64 点		
		字软元件：8 点		
链接刷新时间/ms	模式 0	根据连接台数	2 台	18
			3 台	26
			4 台	33
			5 台	41
			6 台	49
			7 台	57
			8 台	65

(续)

规　格		内　容	
链接刷新时间/ms	模式1	根据连接台数	2台	22
			3台	32
			4台	42
			5台	52
			6台	62
			7台	72
			8台	82
	模式2	根据连接台数	2台	34
			3台	50
			4台	66
			5台	83
			6台	99
			7台	115
			8台	131

2. 变频器与PLC之间的通信连接及参数设置

（1）变频器与PLC通信连接　在分拣单元，PLC通过FX_{3U}-485ADP通信适配器与FR-840-0026型变频器的通信接线如图5-30所示。连接时，RJ45插头插入变频器的PU接口，另一端的对应信号线接在FX_{3U}-485ADP的相应通信端子上。

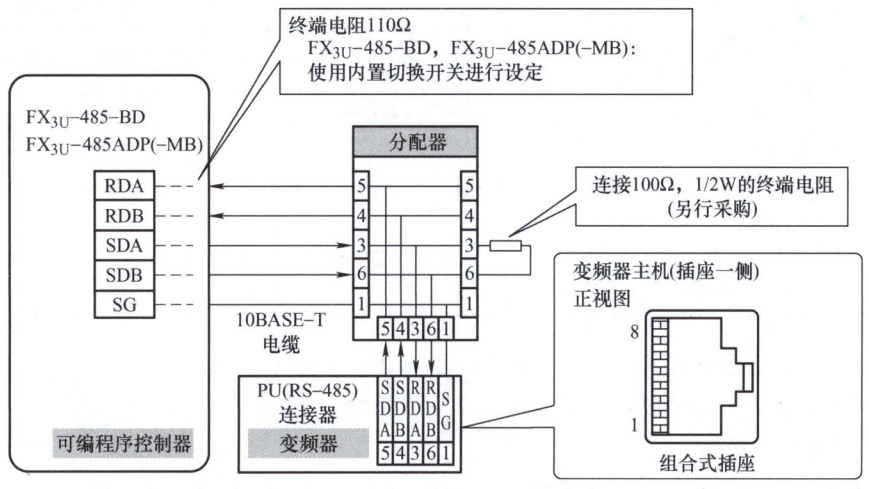

图5-30　变频器与PLC的通信连接

（2）变频器参数的设置　PLC和变频器之间进行通信，通信规格必须在变频器的初始化中设定，如果没有进行初始化设定或有一个错误的设定，数据将不能进行传输。每次参数初始化设定完成后，必须复位变频器。如果改变与通信相关的参数后，没有复位变频器，通信将不能进行。FR-E800系列变频器通信参数设置见表5-14。

表 5-14　FR-E800 系列变频器通信参数设置

参　数	名　称	设置值	初始值	内　容
Pr. 160	用户参数组读取选择	0	0	可以显示简单模式参数+扩展参数
Pr. 7	加速时间	1s	5s/10s	电动机加速时间
Pr. 8	减速时间	1s	5s/10s	电动机减速时间
Pr. 9	电子过电流保护	0.18A	变频器额定电流	设定电动机的额定电流
Pr. 19	基准频率电压	220V	9999	基准电压
Pr. 117	PU 通信站号	1	0	变频器站号指定为 1
Pr. 118	PU 通信速率（波特率）	96	192	通信速率 设定值×100 即通信速率 例如，设定为 96 时，通信速率为 9600bit/s
Pr. 119	PU 通信停止位长	10	1	停止位长：1bit，数据位长：7bit
Pr. 120	PU 通信奇偶校验	2	2	偶校验
Pr. 122	PU 通信校验时间间隔	9999	0	不进行通信校验（断线检测）
Pr. 124	选择 PU 通信有无 CR/LF	1	1	设置 0 时，不能监控参数（无 CR、LF），设置 1 时，可监控参数（有 CR、无 LF）
Pr. 549	选择协议	0	0	三菱变频器（计算机链接）协议
Pr. 340	选择通信启动模式	10	0	网络模式
Pr. 79	选择运行模式	2	0	

说明：1) 在设置变频器参数前，应先将 Pr. 79 设置为 1。

2) 以上参数设置完毕，变频器应重新上电。

3. PLC 参数的设置

PLC 用通信方式实现对变频器的控制，PLC 须进行相应的参数设置，其方法是打开三菱 GX Works2 编程软件，新建工程进入编程界面，在导航窗口的工程视图（见图 5-31）中双击"参数"，选择"PLC 参数"，即弹出"FX 参数设置"对话框，如图 5-32 所示。单击"PLC 系统设置（2）"标签，进入"FX 参数设置"界面，如图 5-33 所示。单击下拉列表框右边的倒三角形选择"CH2"，勾选"进行通信设置"复选框，其他参数设置如图 5-34 所示。单击"设置结束"按钮，将设置完成的通信参数写入 PLC，变频器就可以与 PLC 进行 RS-485 通信了。

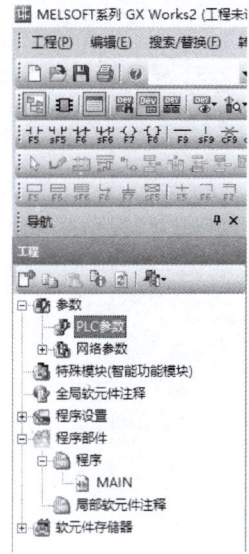

图 5-31 选择 PLC 参数

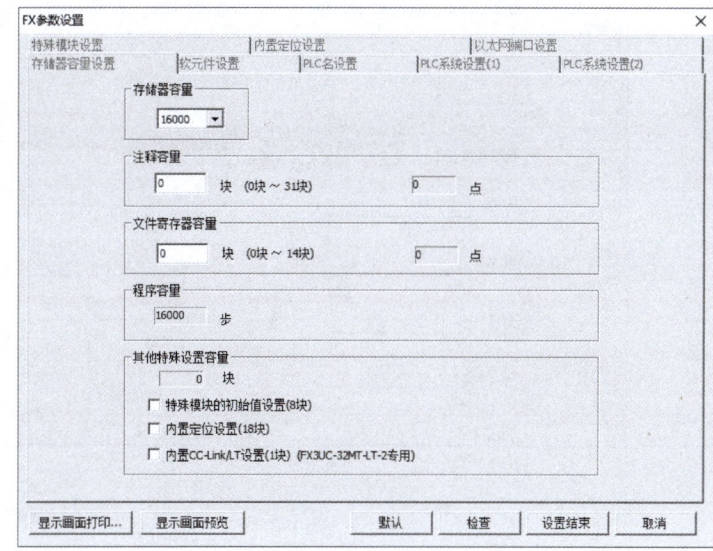

图 5-32 "FX 参数设置"对话框

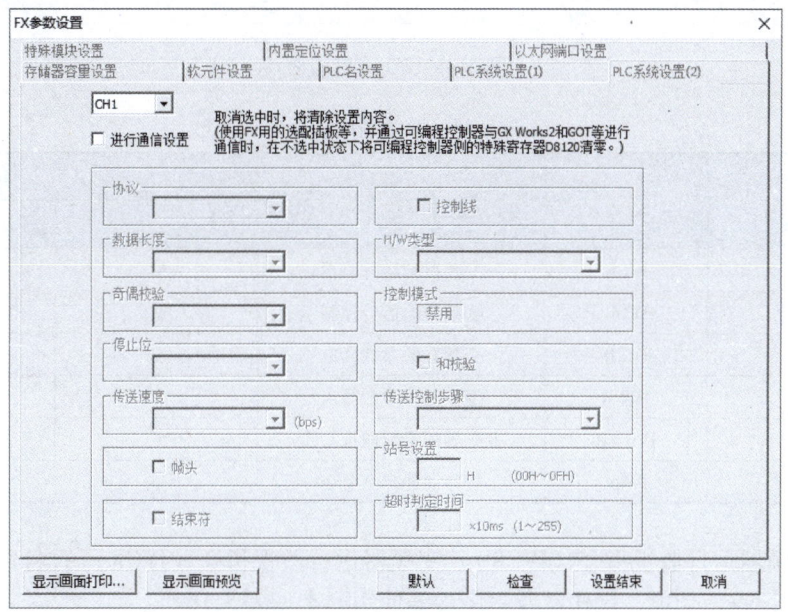

图 5-33 FX 参数设置界面

注意：PLC 系统参数设置应和变频器参数保持一致。关于指令执行时间，详见相关手册。对于通道2，可使用 D8157 的值监视变频器通信错误代码，以确定当前变频器状态是否正常。

4. 变频器通信指令

变频器通信功能，是以 RS-485 通信方式连接 PLC 与变频器，最多可以对 8 台变频器进行运行监控、各种指令及参数的读出/写入。三菱 FX_{3U} PLC 用于变频器通信功能的指令见表 5-15。

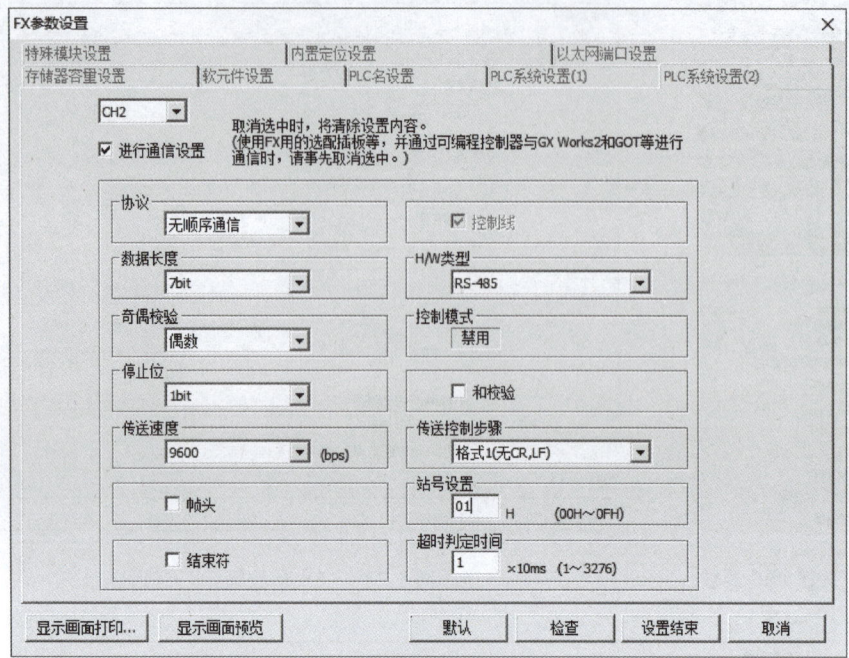

图 5-34 FX 参数设置

表 5-15 变频器通信指令

功能号（FNC No.）	助 记 符	指令名称	PLC 系列	
			FX$_{3U}$	FX$_{3S}$、FX$_{3G}$
270	IVCK	变频器的运行监视	√	√
271	IVDR	变频器的运行控制	√	√
272	IVRD	变频器的参数读取	√	√
273	IVWR	变频器的参数写入	√	√
274	IVBWR	变频器的参数成批写入	√	×
275	IVMC	变频器的多个命令	√	√

（1）变频器运行监视指令（IVCK） 变频器运行监视指令（IVCK）的名称、编号（数据长度）、助记符、功能、操作数及程序步等使用要素见表 5-16。

表 5-16 变频器运行监视指令使用要素

指令名称	指令编号（数据长度）	助记符	功能	操作数				程序步
				[S1.]	[S2.]	[D.]	n	
变频器运行监视	FNC270（16）	IVCK	用于将变频器运行状态读出	D,R,U□\G□,K,H		KnY,KnM,KnS,D,R,U□\G□	K,H	9 步

IVCK 指令的应用说明如图 5-35 所示。

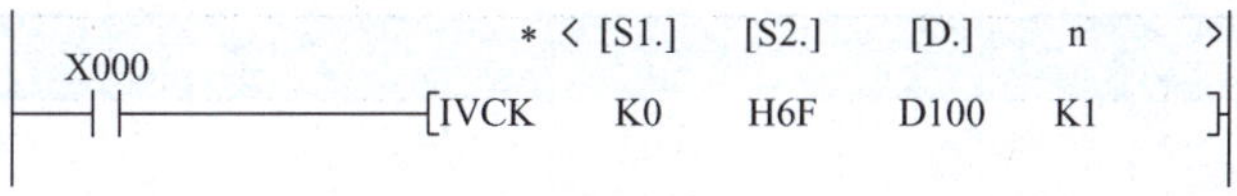

```
                        *<  [S1.]   [S2.]   [D.]   n  >
     X000
     ─┤├──────────────[IVCK   K0    H6F    D100   K1 ]
```

图 5-35　IVCK 指令的应用说明

[S1.]：变频器站号（K0～K31）。
[S2.]：读变频器的指令代码。
[D.]：保存读出值的软元件地址。
n：使用的通道号（K1：通道 1，K2：通道 2）。

在图 5-35 中，当 X000 为 ON 时，将通过通道 1 读取 0 号站变频器的输出频率到寄存器 D100。

在 IVCK 指令中，操作数 [S2.] 中指定的变频器指令代码及其功能见表 5-17。表中未记载的指令代码有可能发生通信错误，不可使用。有关指令代码可参考变频器手册查看计算机链接的内容。

表 5-17　变频器运行监视（可编程序控制器←变频器）指令代码

变频器运行监视指令代码（16 进制数）	读出的内容	适用的变频器				
		F700、EJ700、A700、E700、D700、IS70、F800、A800、E800	V500	F500、A500	E500	S500
H7B	运行模式	√	√	√	√	√
H6F	输出频率［速度］	√	√①	√	√	√
H70	输出电流	√	√	√	√	√
H71	输出电压	√	√	√	√	×
H72	特殊监视	√	√	√	×	×
H73	特殊监视选择号	√	√	√	×	×
H74	故障代码	√	√	√	√	√
H75		√	√	√	√	√
H76		√	√	√	√	√
H77		√	√	√	√	×
H79	变频器状态监视（扩展）	√	×	×	×	×
H7A	变频器状态监视	√	√	√	√	√
H6E	读取设定频率（EEPROM）	√	√①	√	√	√
H6D	读取设定频率（RAM）	√	√①	√	√	√
H7F	链接参数的扩展设定	在本指令中，不能用 [S2.] 给出指令				
H6C	第 2 参数的切换	在 IVRD 指令中，通过指定 [第 2 参数指定代码] 会自动处理				

① 进行频率读出时，请在执行 IVCK 指令前向指令代码 HFF（链接参数的扩展设定）中写入"0"，否则，频率可能无法正常读出。

变频器状态监视指令代码 H7A：如监视到 H03，则表示电动机正转中，见表 5-18。

表 5-18 变频器状态监视指令代码

项　目	命令代码	位长	内　容	示　例
变频器状态监视	H7A	8bit	b0：RUN（变频器运行中）① b1：正转中 b2：反转中 b3：频率到达 b4：过载警报 b5：— b6：FU（频率检测）① b7：ABC（异常）①	[例1] H03：正转中 b7　　　　　　　b0 0 0 0 0 0 0 1 1 [例2] H80：因发生异常而停止 b7　　　　　　　b0 1 0 0 0 0 0 0 0
变频器状态监视（扩展）	H79	16bit	b0：RUN（变频器运行中）① b1：正转中 b2：反转中 b3：频率到达 b4：过载警报 b5：— b6：FU（频率检测）① b7：ABC（异常）① b8：— b9：安全输出监视② b10：— b11：— b12：— b13：— b14：— b15：发生重故障	[例1] H0003：正转中 b15　　　　　　　　　　　　　b0 0 0 0 0 0 0 0 0 0 0 0 0 0 0 1 1 [例2] H8080：因发生异常而停止 b15　　　　　　　　　　　　　b0 1 0 0 0 0 0 0 0 1 0 0 0 0 0 0 0

① 括号内的信号为初始状态。根据 Pr. 190～Pr. 197（输出端子功能选择）的设定，内容会有所不同。详细内容请参照 FR-E800 使用手册（功能篇）的 Pr. 190～Pr. 197（输出端子功能选择）。

② 安装了 FR-E8TR、FR-E8TE7 时，固定为 0。

（2）变频器运行控制指令（IVDR）　变频器运行控制指令（IVDR）的名称、编号（数据长度）、助记符、功能、操作数及程序步等使用要素见表 5-19。

表 5-19 变频器运行控制指令使用要素

指令名称	指令编号（数据长度）	助记符	功能	操作数				程序步
				[S1.]	[S2.]	[S3.]	n	
变频器运行控制	FNC271 (16)	IVDR	用于写入变频器运行所需的控制	D,R,U□\G□,K,H		KX,KnY,KnM,KnS,D,R,U□\G□,K,H	K,H	9步

IVDR 指令的应用说明如图 5-36 所示。

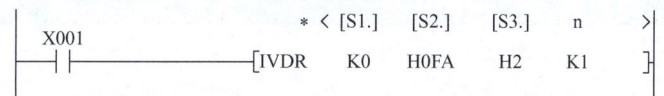

图 5-36　IVDR 指令的应用说明

[S1.]：变频器站号（K0～K31）。
[S2.]：写变频器的指令代码。
[S3.]：写入变频器的数值或保存数值的软元件地址。
n：使用的通道号（K1：通道 1，K2：通道 2）。

在图 5-36 中，当 X001 为 ON 时，将正转（指令代码 HFA）的指令数据 H2 通过通道 1 写入变频器。

在 IVDR 指令中，操作数 [S2.] 中指定的变频器运行控制指令代码及其功能见表 5-20，有关指令代码可参考变频器手册查看计算机链接的内容。

表 5-20　变频器运行控制（可编程序控制器→变频器）指令代码

变频器运行控制指令代码（16进制数）	写入的内容	适用的变频器				
		F700、EJ700、A700、E700、D700、IS70、F800、A800、E800	V500	F500、A500	E500	S500
HED	写入设定频率（RAM）	√	√③	√	√	√
HEE	写入设定频率（EEPROM）	√	√③	√	√	√
HF3	特殊监视的选择号	√	√	√	√	√
HF4	故障内容的成批清除	√	×	√	√	×
HF9	运行指令（扩展）	√	√	×	×	×
HFA	运行指令	√	√	√	√	√
HFB	操作模式	√	√	√	√	√
HFC	参数的全部清除	√	√	√	√	√
HFD①	变频器复位②	√	√	√	√	√
HFC	用户清除	√	×	√	×	×
HFF	链接参数扩展设定	√	√	√	√	√

① 由于变频器不会对指令代码 HFD（变频器复位）给出响应，所以即使对没有连接变频器的站号执行变频器复位，也不会报错。此外，从变频器复位到指令执行结束需要约 2.2s。
② 进行变频器复位时，应在 IVDR 指令的操作数 [S3.] 中指定 H9696，不可使用 H9966。
③ 进行频率读出时，应在执行 IVDR 指令前向指令代码 HFF（链接参数扩展设定）中写入"0"，没有写入"0"时，频率可能无法正常读出。

变频器运行指令代码 HFA：如 H02 表示变频器正转，见表 5-21。

表 5-21 变频器运行指令

项 目	命令代码	位长	内 容	示 例
运行指令	HFA	8bit	b0：端子 4 输入选择 b1：正转指令 b2：反转指令 b3：RL（低速运行指令）① b4：RM（中速运行指令）① b5：RH（高速运行指令）① b6：第二功能选择 b7：MRS（输出停止）①	[例1] H02…正转中 b7　　　　　　　　　　b0 | 0 | 0 | 0 | 0 | 0 | 0 | 1 | 0 | [例2] H00…停止 b7　　　　　　　　　　b0 | 0 | 0 | 0 | 0 | 0 | 0 | 0 | 0 |
运行指令 （扩展）	HF9	16bit	b0：端子 4 输入选择 b1：正转指令 b2：反转指令 b3：RL（低速运行指令）① b4：RM（中速运行指令）① b5：RH（高速运行指令）① b6：第二功能选择 b7：MRS（输出停止）① b8：JOG 运行指令 2 b9：— b10：— b11：RES（复位）①,② b12：— b13：— b14：— b15：—	[例1] H0002…正转 b15　　　　　　　　　　　　　　　　　　　　　b0 |0|0|0|0|0|0|0|0|0|0|0|0|0|0|1|0| [例2] H0804…低速反转运行 （设定Pr.184 RES端子功能选择="0"时） b15　　　　　　　　　　　　　　　　　　　　　b0 |0|0|0|0|1|0|0|0|0|0|0|0|0|1|0|0|

① 括号内的信号为初始状态。根据 Pr.180～Pr.189（输入端子功能选择）的设定，内容会有所不同。详细内容请参照 FR－E800 使用手册（功能篇）的 Pr.180～Pr.189（输入端子功能选择）。

② 由于复位无法通过网络进行控制，因此在初始状态 bit11 为无效。使用 bit11 时，应通过 Pr.184 RES 端子功能选择变更信号。（根据命令代码 HFD 可进行复位）Pr.184 的详细内容请参照 FR－E800 使用手册（功能篇）。

（3）变频器参数读取指令（IVRD）　变频器参数读取指令（IVRD）的名称、编号（数据长度）、助记符、功能、操作数及程序步等使用要素见表 5-22。

表 5-22 变频器参数读取指令使用要素

指令名称	指令编号 （数据长度）	助记符	功 能	操 作 数				程序步
				[S1.]	[S2.]	[D.]	n	
变频器参数读取	FNC272 (16)	IVRD	用于读取变频器参数	D,R,U□\G□,K,H	D,R,U□\G□		K,H	9 步

IVRD 指令的应用说明如图 5-37 所示。

[S1.]：变频器站号（K0～K31）。

[S2.]：变频器的参数号。

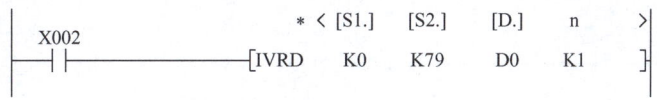

图 5-37 IVRD 指令的应用说明

[D.]:保存读出值的软元件地址。

n:使用的通道号(K1:通道 1,K2:通道 2)。

在图 5-37 中,当 X002 为 ON 时,将通过通道 1 读出变频器的参数号 Pr. 79 的值并保存到 D0 中。

(4)变频器参数写入指令(IVWR) 变频器参数写入指令(IVWR)的名称、编号(数据长度)、助记符、功能、操作数及程序步等使用要素见表 5-23。

表 5-23 变频器参数写入指令使用要素

指令名称	指令编号 (数据长度)	助记符	功能	操作数				程序步
				[S1.]	[S2.]	[S3.]	n	
变频器参数写入	FNC273 (16)	IVWR	用于将变频器参数写入	D,R,U□\G□,K,H	D,R,U□\G□,K,H	D,R,U□\G□,K,H	K,H	9 步

IVWR 指令的应用说明如图 5-38 所示。

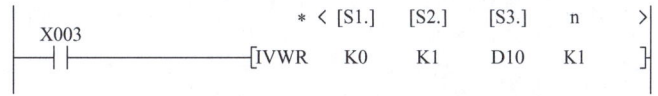

图 5-38 IVWR 指令的应用说明

[S1.]:变频器站号(K0~K31)。

[S2.]:写变频器的参数号。

[S3.]:写入参数值的软元件地址。

n:使用的通道号(K1:通道 1,K2:通道 2)。

在图 5-38 中,当 X003 为 ON 时,将通过通道 1 把 D10 中的值写入到变频器的参数号 Pr. 1 中。

(5)变频器参数成批写入指令(IVBWR) 变频器参数成批写入指令(IVBWR)的名称、编号(数据长度)、助记符、功能、操作数及程序步等使用要素见表 5-24。

表 5-24 变频器参数成批写入指令使用要素

指令名称	指令编号 (数据长度)	助记符	功能	操作数				程序步
				[S1.]	[S2.]	[S3.]	n	
变频器参数成批写入	FNC274 (16)	IVBWR	用于将变频器参数成批写入	D,R,U□\G□,K,H	D,R,U□\G□,K,H	D,R,U□\G□	K,H	9 步

IVBWR 指令的应用说明如图 5-39 所示。

[S1.]:变频器站号(K0~K31)。

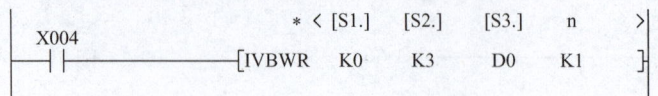

图 5-39　IVBWR 指令的应用说明

[S2.]：写变频器的参数个数。

[S3.]：写入变频器中的参数表（参数编号和设定值）的起始软元件编号。

n：使用的通道号（K1：通道 1，K2：通道 2）。

在图 5-39 中，当 X004 为 ON 时，将通过通道 1 把 D0 开始的 3 个参数编号及设定值成批写入变频器的参数中。其中 [D0] 和 [D0]+1 分别为第一个参数编号和第一个参数设定值，[D0]+2 和 [D0]+3 分别为第二个参数编号和第二参数设定值，以此类推。

（6）变频器多个命令指令（IVMC）　变频器多个命令指令（IVMC）的名称、编号（数据长度）、助记符、功能、操作数及程序步等使用要素见表 5-25。

表 5-25　变频器多个命令指令使用要素

指令名称	指令编号 （数据长度）	助记符	功能	操作数					程序步
				[S1.]	[S2.]	[S3.]	[D.]	n	
变频器多个命令	FNC275 (16)	IVMC	用于向变频器写入两种设定（运行指令和设定频率）时，同时执行两种数据（变频器状态监控和输出频率等）读取	D, R, U□\G□, K, H		D, R, U□\G□		K, H	11 步

IVMC 指令的应用说明如图 5-40 所示。

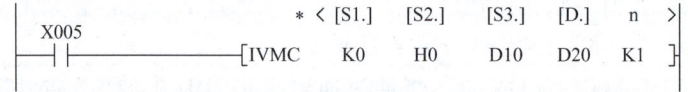

图 5-40　IVMC 指令的应用说明

[S1.]：变频器站号（K0 ~ K31）。

[S2.]：变频器多个指令收发数据类型的指定。

[S3.]：写入变频器中数据的起始软元件。

[D.]：保存从变频器读出值的起始软元件。

n：使用的通道号（K1：通道 1，K2：通道 2）。

在该指令操作数中，[S2.] 根据收发数据类型的设定，被指定有效发送数据 1、2 及接收数据 1、2 的对应关系见表 5-26。

在图 5-40 中，当 X005 为 ON 时，将通过通道 1 把运行指令（扩展）和设定频率（RAM）由 D10、D11 写入变频器，并读取变频器的运行状态监控（扩展）和输出频率（转速）保存至 D20、D21 中。

学习情境五　分拣单元的拆装与调试

表 5-26　[S2.] 收发数据类型与发送、接收数据 1、2 的对应关系

[S2.] 收发数据类型 （16 进制）	发送数据（向变频器写入内容）		接收数据（从变频器读出内容）	
	数据 1（[S3.]）	数据 1（[S3.]）+1	数据 1（[D.]）	数据 1（[D.]）+1
H0000	运行指令（扩展）	设定频率（RAM）	变频器状态监控（扩展）	输出频率（转速）
H0001				特殊监控
H0010		设定频率 （RAM、EEPROM）		输出频率（转速）
H0011				特殊监控

使用变频器通信指令时须注意，EXTR、IVCK、IVDR、IVRD、IVWR、IVBWR、IVMC 不能与 RS（RS2）指令同时对一台变频器进行通信，但 EXTR、IVCK、IVDR、IVRD、IVWR、IVBWR、IVMC 对于同一个端口可以同时启动多条变频器通信指令。

三、分拣单元的拆装

1. 任务目标

1）在了解分拣单元结构组成的基础上，将分拣单元的机械部分拆开成组件和零件的形式，学会正确使用拆装工具。

2）将组件和零件组装成原样，掌握分拣单元的正确安装步骤和方法。

3）学会机械部分的装配、气路的连接与调整及电气接线。

2. 分拣单元装置侧的拆卸

1）松开底板紧固螺钉，拆下总进气气管，将分拣单元搬到拆装工作台。

2）拆卸气路、电磁阀组。

3）依次拆卸接线端子及端子上的导线、端子卡座、线槽、底座等。

4）将分拣单元机械部分拆成组件。

5）将各组件拆成散件，并将拆卸下的零配件整理整齐。

3. 分拣单元的安装步骤和方法

（1）机械部分的安装　分拣单元机械部分安装主要包括带传动机构安装和分拣机构安装两部分。

1）带传动机构的安装。带传动机构的安装步骤见表 5-27。

表 5-27　带传动机构的安装步骤

步骤	示意图
步骤一　传送带侧板、传送带托板组件装配	
步骤二　套入传送带	

(续)

步骤	示意图
步骤三　安装主动轮组件	
步骤四　安装从动轮组件	
步骤五　安装传送带支承组件	
步骤六　传送带组件安装在底板上	
步骤七　装配联轴器	
步骤八　驱动电动机组件与带传送机构相连接	

部分安装步骤的注意事项如下。

步骤一：传送带侧板、传送带托板组件装配。传送带托板与传送带两侧板的固定位置要调整好，以免传送带安装后凹入侧板表面，造成推料被卡现象。

步骤三、步骤四：主动轮组件和从动轮组件的安装。主动轴和从动轴的安装位置不能错，主动轴和从动轴安装板的位置不能相互调换。

步骤六：在底板上安装传送带组件并调整传送带张紧度。传送带张紧度要调整适中，并保证主动轴和从动轴平行。

步骤八：连接驱动电动机组件与带传送机构。须注意联轴器的装配步骤。

① 将联轴器套筒固定在传送带主动轴上，套筒与轴承座距离为 0.5mm（用塞尺测量）。

② 电动机预固定在支架上，不要完全紧定，然后将联轴器套筒固定在电动机主轴上，接着把组件安装到底板上，同样不要完全紧定。

③ 将弹性滑块放入传送带主动轴套筒内，沿支架上下移动电动机，使两套筒对准。

④ 两套筒对准之后，紧定电动机与支架连接的 4 个螺栓；用手扶正电动机后，紧定支架与底板连接的两个螺栓。

2）分拣机构的安装。分拣机构的安装步骤见表 5-28。

分拣单元的安装

表 5-28　分拣机构的安装步骤

步骤	示意图
步骤一　安装滑动导轨和可滑动气缸支架	
步骤二　出料槽及支承板的装配	
步骤三　安装推料气缸	
步骤四　安装 U 形板及传感器支架	

(续)

步骤	示意图
步骤五 安装编码器	
步骤六 安装传感器、电磁阀组及接线端口	

安装机械部分时应注意以下几点：

① 传送带托板与传送带两侧板的固定位置应调整好，以免传送带安装后凹入侧板表面，造成推料被卡的现象。

② 主动轴和从动轴的安装位置不能错，主动轴和从动轴安装板的位置不能相互调换。

③ 传送带的张紧度应调整适中。

④ 要保证主动轴和从动轴平行。

⑤ 为了使传动部分平稳可靠、噪声小，应使用滚动轴承作为动力回转件，但滚动轴承及其安装配合零件均为精密结构件，对其拆装需具备一定的技能和专用的工具，建议不要自行拆卸。

分拣单元检测元件与旋转编码器的安装与调试

（2）气动元件（气路）的连接　同学习情境一。

（3）气路调试　同学习情境三。

（4）旋转编码器的安装　分拣单元中的旋转编码器安装在分拣传送带主动轴的另一端，安装时，把编码器旋转轴的中空孔插入传送带主动轴末端，紧固编码器轴端的紧定螺栓，将用于固定编码器本体的板簧用螺栓连接到进料口 U 形板的两个螺孔中。

注意： 开始紧定螺栓时不要完全紧定，用手拨动电动机轴，使编码器轴随之旋转，调整弹簧位置，直到编码器无跳动，再紧定两个螺栓。

传感器安装时的注意事项同学习情境二。

（5）安装变频器时应注意的问题

1）拆装变频器时，不要强行撬其前端盖。

2）FR－E840 变频器的操作面板是一体化结构，不能拆开。

3）变频器与电动机之间要可靠接地。

4）控制线与动力线尽量不要混槽布线。

（6）装置侧电气接线及工艺要求　电气接线包括分拣单元装置侧各传感器、电磁阀等引线到装置侧接线端口之间的接线。该单元装置侧接线端口的接线端子采用三层端子结构，详见图 0-11。

分拣单元装置侧接线端口上各传感器和电磁阀信号端子的分配见表 5-29。

表 5-29　分拣单元装置侧接线端口信号端子的分配

输入端口中间层			输出端口中间层		
端子号	设备符号	信号线	端子号	设备符号	信号线
2	DECODE	旋转编码器 B 相	2	1YV	推料电磁阀 1
3		旋转编码器 A 相	3	2YV	推料电磁阀 2
4	SC0	光纤传感器 1	4	3YV	推料电磁阀 3
5	SC1	进料口工件检测			
6	SC2	电感式传感器 1			
7	SC3	光纤传感器 2			
8	SC4	电感式传感器 2			
9	1B	推杆一到位检测			
10	2B	推杆二到位检测			
11	3B	推杆三到位检测			
12#～17#端子没有连接			5#～14#端子没有连接		

1) 磁性开关的接线。磁性开关为两线式传感器，连线时，三个磁性开关（1B～3B）的棕色线分别与分拣单元装置侧输入端口中间层 9～11 号端子（见表 5-29）连接，蓝色线分别与该端口下层对应端子连接。

2) 光纤传感器的接线。光纤传感器为三线式传感器，连线时，两个光纤传感器（SC0、SC3）的黑色线分别与分拣单元装置侧输入端口中间层 4、7 号端子（见表 5-29）连接，棕色线分别与该端口上层对应端子连接，蓝色线分别与该端口下层对应端子相连。

3) 光电传感器的接线。光电传感器为三线式传感器，连线时，SC1 的黑色线与分拣单元装置侧输入端口中间层 5 号端子（见表 5-29）连接，棕色线与该端口上层对应端子连接，蓝色线与该端口下层对应端子连接。

4) 电感式传感器的接线。电感式传感器为三线式传感器，连线时，两个电感式传感器（SC2、SC4）的黑色线分别与分拣单元装置侧输入端口中间层 6、8 号端子（见表 5-29）连接，棕色线分别与该端口上层对应端子连接，蓝色线分别与该端口下层对应端子相连。

5) 旋转编码器的接线。旋转编码器对外引出 5 根线，其中两根为电源连接线，接线时，红色线与分拣单元装置侧输入端口上层 2 号端子连接，黑色线与该端口下层 2 号端子相连；另外三根为信号连接线，接线时，将白色（B 相）、绿色（A 相）分别与该端口中间层 2、3 号端子（见表 5-29）连接（Z 相未使用）。

6) 电磁阀的接线。电磁阀对外引出两根线，连线时，三个电磁阀（1YV～3YV）的蓝色线分别与分拣单元装置侧输出端口中间层 2～4 号端子（见表 5-29）连接，红色线分别与该端口上层相应端子连接。

电气接线时的注意事项同学习情境一。

4. 检查调试

同学习情境二。

四、分拣单元的编程与运行

(一) 工作任务

1. 控制要求

1) 设备的工作目标是完成对白色芯金属工件、白色芯塑料工件和黑色芯金属或塑料工件进行分拣。为了在分拣时能准确推出工件,要求使用旋转编码器进行定位检测,且工件材料和芯体颜色属性应在推料气缸前的适当位置被检测出来。

2) 设备上电、气源接通后,若分拣单元的三个气缸均处于缩回位置,则"正常工作"指示灯 HL1 常亮,表示设备已准备好;否则,该指示灯以 1Hz 的频率闪烁。

3) 若设备已准备好,按下起动按钮,设备起动,"设备运行"指示灯 HL2 常亮。当传送带进料口人工放下已装配的工件时,变频器即起动,驱动电动机以频率为 30Hz 对应的速度把工件带往分拣区。

4) 如果工件为白色芯金属工件,则该工件到达出料滑槽 1 中间时,传送带停止,工件被推到出料滑槽 1 中;如果工件为白色芯塑料工件,则该工件到达出料滑槽 2 中间时,传送带停止,工件被推到出料滑槽 2 中;如果工件为黑色芯工件,则该工件到达出料滑槽 3 中间时,传送带停止,工件被推到出料滑槽 3 中。工件被推出滑槽后,分拣单元的一个工作周期结束。仅当工件被推出滑槽后,才能再次向传送带下料。

5) 若在运行过程中按下停止按钮,分拣单元在本工作周期结束后停止运行。

2. 要求完成的任务

1) 规划 PLC 的 I/O 分配及接线图。
2) 系统安装接线和气路连接。
3) 编制 PLC 程序。
4) 调试与运行。

(二) PLC 的 I/O 分配与接线图

根据分拣单元 I/O 信号点数及工作任务的要求,该单元 PLC 选用三菱 FX_{3U}-32MR,为 16 点输入和 16 点输出继电器输出型。

由于工作任务中规定电动机的运行频率固定为 30Hz,可以只连接一个变频器的速度控制端子,如 RH 端子,设定参数 Pr.79 = 2 (固定为外部运行模式),同时,须设定 Pr.4 = 30Hz。这样,当 FR-E840 变频器的 STF 端子和 RH 端子为 ON 时,电动机起动并以固定频率为 30Hz 对应的速度正向运转。

注意: 当变频器采用模拟量控制调速时,须断开变频器 RH 端与 PLC 的 Y001 连接线。

分拣单元 PLC 的 I/O 信号分配见表 5-30,I/O 接线图如图 5-41 所示。

表 5-30 分拣单元 PLC 的 I/O 信号分配

	输入信号				输出信号		
序号	PLC 输入点	信号名称	信号来源	序号	PLC 输出点	信号名称	信号来源
1	X000	旋转编码器 B 相	装置侧	1	Y000	STF	变频器
2	X001	旋转编码器 A 相		2	Y001	RH	变频器
3	X002	白色工件检测		3			
4	X003	进料口工件检测		4			
5	X004	金属工件检测		5	Y004	推料电磁阀 1	
6	X005	白色芯体检测		6	Y005	推料电磁阀 2	
7	X006	金属芯体检测		7	Y006	推料电磁阀 3	
8	X007	推杆一到位检测		8	Y007	正常工作指示	按钮/指示灯模块
9	X010	推杆二到位检测		9	Y010	设备运行指示	
10	X011	推杆三到位检测		10	Y011	报警指示	
11	X012	停止按钮	按钮/指示灯模块				
12	X013	起动按钮					
13	X014	急停开关					
14	X015	单站/全线转换开关					

(三) PLC 的安装与接线

首先,将 PLC 安装在导轨上,然后进行 PLC 侧接线,包括电源接线、PLC 输入/输出端子接线及按钮/指示灯模块接线三部分。

在进行 PLC 接线时,一定要依据表 5-29 和图 5-41。其余注意事项同学习情境一。

(四) PLC 程序的编制

1. 高速计数器的编程

(1) FX_{3U} 系列 PLC 的高速计数器 高速计数器是 PLC 的编程软元件,相较于普通计数器,高速计数器用于频率高于机内扫描频率的机外脉冲计数,由于计数信号频率高,计数以中断方式进行,计数器的当前值等于设定值时,计数器的输出触点立即工作。

FX_{3U} 系列 PLC 内置 21 点高速计数器 C235~C255,每一个高速计数器都规定了其功能和占用的输入点。

1) 高速计数器的功能分配。

① C235~C245,共 11 个高速计数器,用作一相一计数输入的高速计数,即每一个计数器占用一点高速计数输入点,计数方向可以是增计数或减计数,取决于对应的特殊辅助继电器 M8□□□ 的状态。例如,C245 占用 X002 作为高速计数输入点,当对应的特殊辅助继电器 M8245 被置位时,进行增计数。C245 还占用 X003 和 X007 分别作为该计数器的外部复位和置位输入端。

② C246~C250,共 5 个高速计数器,用作一相二计数输入的高速计数,即每一个计数器占用两点高速计数输入,其中一点为增计数输入,另一点为减计数输入。例如,C250 占用 X003 作为增计数输入,占用 X004 作为减计数输入,另外占用 X005 作为外部复位输入

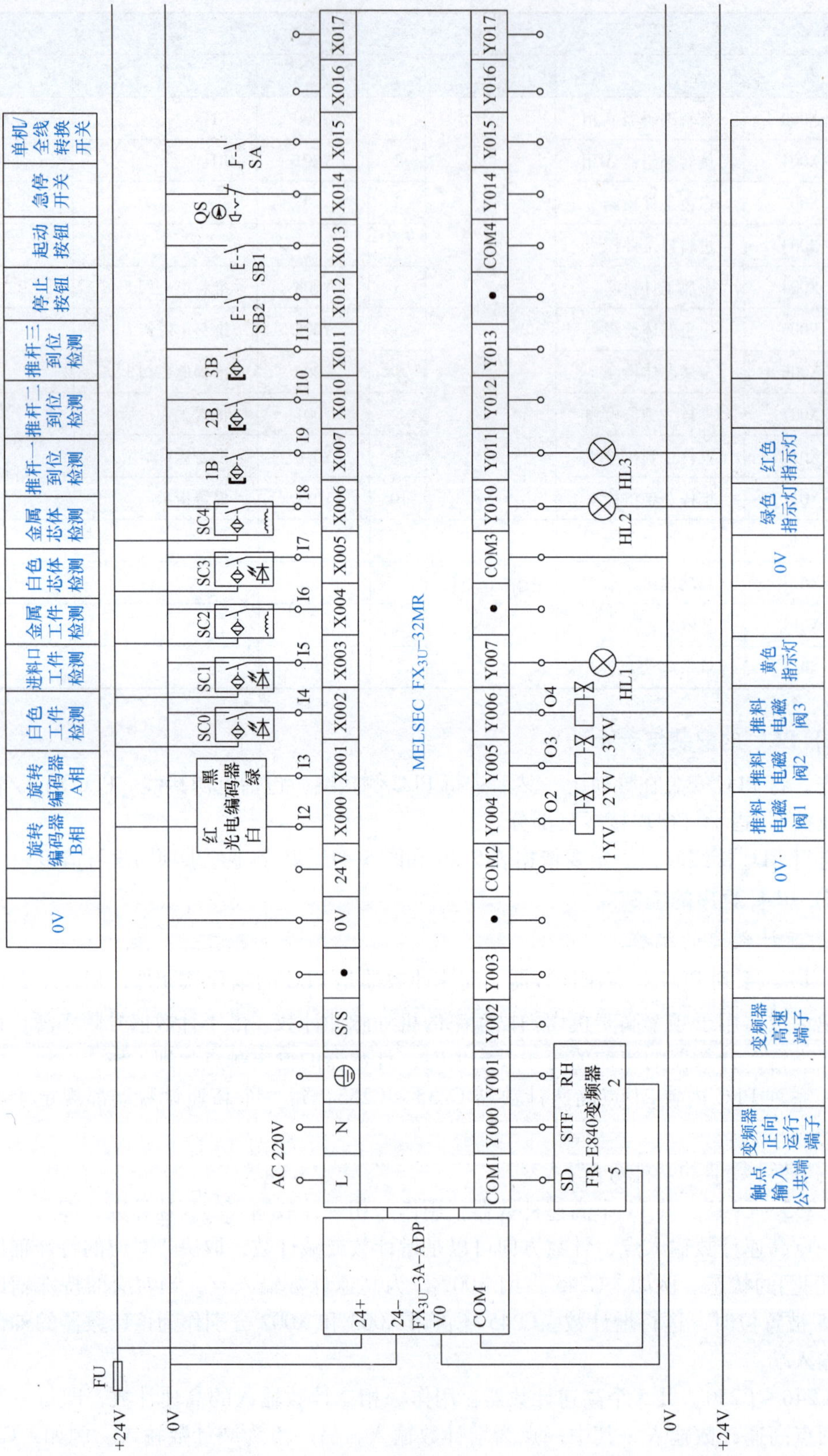

图 5-41 分拣单元 PLC 的 I/O 接线图

端，占用 X007 作为外部置位输入端。同样，计数器的计数方向也可以通过编程对应的特殊辅助继电器 M8□□□ 的状态指定。

③ C251～C255，共 5 个高速计数器，用作二相二计数输入的高速计数，即每一个计数器占用两点高速计数输入，其中一点为 A 相计数输入，另一点为与 A 相相位差 90°的 B 相计数输入。C251～C255 的功能和占用的输入点见表 5-31。

表 5-31 高速计数器 C251～C255 的功能和占用的输入点

高速计数器	X000	X001	X002	X003	X004	X005	X006	X007
C251	A	B						
C252	A	B	R					
C253				A	B	R		
C254	A	B	R				S	
C255				A	B	R		S

如前所述，分拣单元使用的是具有 A、B 两相相位差 90°的通用型旋转编码器，且 Z 相脉冲信号没有使用，可选用高速计数器 C251。这时，编码器的 A、B 两相脉冲输出应连接到 X001 和 X000。

2）每一个高速计数器都规定了不同的输入点，但所有的高速计数器输入点都在 X000～X007 范围内，且这些输入点不能重复使用。例如，使用了 C251，因为 X000、X001 被占用，所以规定占用这两个输入点的其他高速计数器，如 C252、C254 等都不能使用。

（2）高速计数器的编程 如果外部高速计数源（旋转编码器输出）已经连接到 PLC 的输入端，那么在程序中就可直接使用相对应的高速计数器进行计数。例如，在图 5-42 中，设定计数器 C255 的值为 100，当 C255 的当前值等于 100 时，C255 动作，其常开触点闭合，从而控制输出 Y010 为 ON。由于高速计数器采用中断方式计数，当前值等于设定值时，计数器会及时动作，但实际输出信号却依赖于扫描周期。

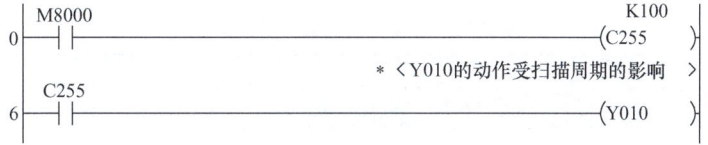

图 5-42 高速计数器编程示例

如果希望高速计数器动作时就立即输出信号，就要采用中断工作方式，使用高速计数器的专用指令。FX$_{3U}$ 系列 PLC 高速处理指令中有三条是关于高速计数器的，都是 32 位指令。它们的具体使用方法请参考 FX$_{3U}$ 编程手册。

下面以现场测试旋转编码器的脉冲当量为例，说明高速计数器的一般使用方法。

前面介绍的旋转编码器脉冲当量是根据传送带主动轴直径计算的，其结果只是一个估算值。在分拣单元安装调试时，除了要仔细调整，尽量减少安装偏差外，还须现场测试脉冲当量值。测试的步骤如下：

1）安装调试分拣单元时，必须仔细调整电动机与主动轴联轴的同心度和传送带的张紧度。张紧度的两个调节螺栓应平衡调节，避免传送带运行时跑偏。传送带张紧度以电动机在输入频率为 1Hz 时能顺利起动、低于 1Hz 时难以起动为宜。测试时，可把变频器设置为

Pr. 79 = 1，Pr. 3 = 0Hz，Pr. 161 = 1，这样就能在操作面板上进行起动/停止操作，并且把 M 旋钮作为电位器使用，进行频率调节。

2）安装调整结束后，变频器参数设置为：Pr. 79 = 2（固定为外部运行模式），Pr. 4 = 25Hz（高速段运行频率设定值）。

3）编写图 5-43 所示的程序，变换后写入 PLC。

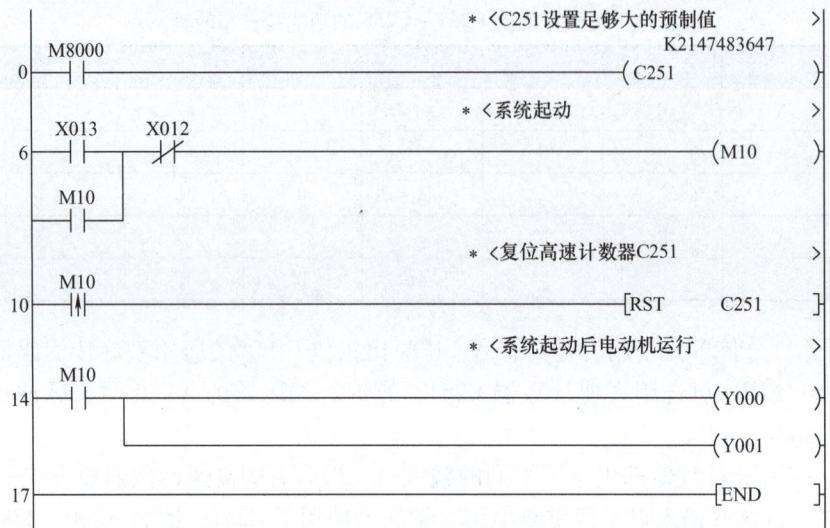

图 5-43 脉冲当量现场测试程序

4）运行 PLC 程序，并将 PLC 置于监视方式。在传送带进料口中心处放下工件后，按下起动按钮，工件被传送到一段较长的距离后，按下停止按钮。观察监视界面上 C251 的读数，将此值填写到表 5-32 中的"高速计数脉冲数"一栏，然后在传送带上测量工件移动的距离，把测量值填写到表 5-32 中"工件移动距离"一栏，则脉冲当量 μ（计算值）= 工件移动距离/高速计数脉冲数，填写到相应栏中。

表 5-32 脉冲当量现场测试数据　　　　　　　　　　　　　　　　（单位：mm）

测试次数	工件移动距离（测量值）	高速计数脉冲数（测试值）	脉冲当量 μ（计算值）
第一次	357.8	1391	0.2572
第二次	358	1392	0.2572
第三次	360.5	1394	0.2586

分拣单元脉冲当量的测算

5）重新把工件放到进料口中心处，按下起动按钮，进行第二次测试。三次测试完成后，求出脉冲当量 μ 的平均值：$\mu = (\mu_1 + \mu_2 + \mu_3)/3 = 0.2577$ mm。

在测试脉冲当量过程中，一定要一丝不苟、精益求精，否则，差之毫厘，谬以千里。

按图 5-7 所示的安装尺寸重新计算旋转编码器到各位置应发出的脉冲数：当工件从进料口中心线移至光纤传感器 2 的光纤头中心时，旋转编码器发出 324 个脉冲；移至电感式传感器 1 中心时，发出 456 个脉冲；移至第一个推杆中心点时，发出 650 个脉冲；移至第二个推杆中心点时，约发出 1021 个脉冲；移至第三个推杆中心点时，约发出 1360 个脉冲。

在分拣单元任务中，编程高速计数器的目的：根据 C251 当前值确定工件位置，与存储到指定变量存储器的特定位置数据进行比较，以确定程序的流向。特定位置考虑如下：

① 芯体颜色判别位置。应稍后于进料口到光纤传感器 2 的光纤头中心位置，故取脉冲数为 330，存储在 D106 单元中（双整数）。

② 工件属性判别位置。应稍后于进料口到电感式传感器 1 中心位置，故取脉冲数为 460，存储在 D110 单元中。

③ 从位置 1 推出的工件，停车位置应稍前于进料口到推杆 1 中心位置，取脉冲数为 600，存储在 D114 单元中。

④ 从位置 2 推出的工件，停车位置应稍前于进料口到推杆 2 中心位置，取脉冲数为 960，存储在 D118 单元中。

⑤ 从位置 3 推出的工件，停车位置应稍前于进料口到推杆 3 中心位置，取脉冲数为 1300，存储在 D122 单元中。

注意：特定位置数据均从进料口开始计算，因此，每当待分拣工件下料到进料口，电动机开始起动时，必须对 C251 的当前值进行一次复位（清零）操作。

2. 程序结构和程序调试

1）分拣单元的主要工作过程是分拣控制。上电后，应首先进行初始状态的检查，确认系统准备就绪后，按下起动按钮，进入运行状态，开始分拣过程的控制。初始状态检查的程序流程与前面所述的供料单元、加工单元等类似。但前面所述的几个特定位置数据须在上电后第一个扫描周期写到相应的数据存储器中。梯形图如图 5-44 所示。

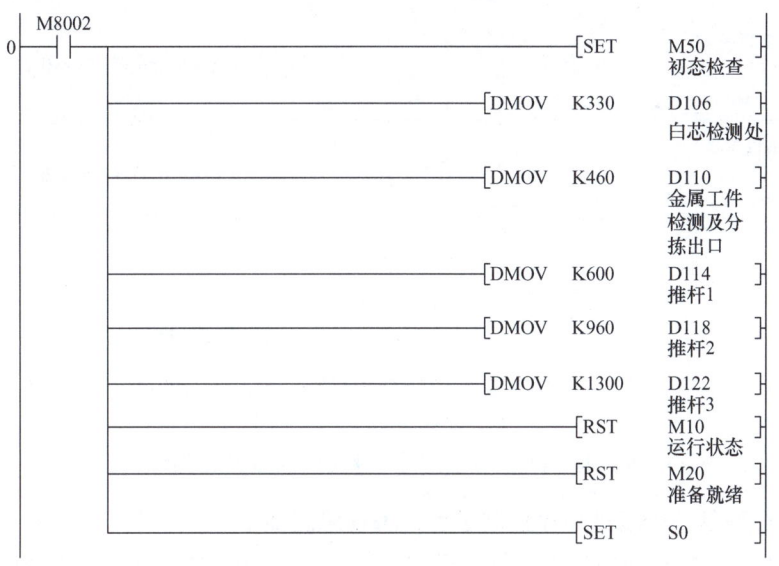

图 5-44　分拣单元初始化梯形图

系统进入运行状态后，应随时检查是否有停止按钮按下。若停止信号已经发出，则系统完成一个工作周期回到初始步时，应复位运行状态和停止信号使系统停止。这一部分程序的编制与前面几个单元类似，请读者自行完成。需要特别强调的是，分拣单元增加了起动变频器的控制程序，可以采用两种方法实现：一种是通过模拟量输入实现；另一种是通过 PLC 与变频器通信实现。

① 通过模拟量输入实现变频器起动的程序。通过模拟量输入实现对变频器的控制，主要是利用模拟量输入/输出适配器 FX$_{3U}$-3A-ADP 将 PLC 要求变频器起动频率 30Hz 的数字量转换成模拟量电压，实现对变频器的运行控制，其 D-A 转换处理的程序如图 5-45 所示。

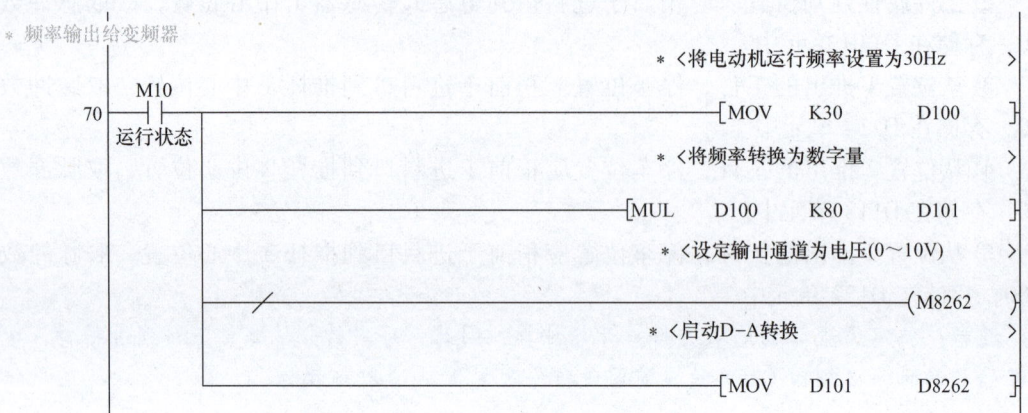

图 5-45 D-A 转换处理的程序

② 通过通信方式实现变频器起动的程序。通过通信方式实现对变频器的控制，主要是通过 FX$_{3U}$-485ADP 通信适配器及变频器通信指令实现对变频器的运行控制，其程序如图 5-46 所示。

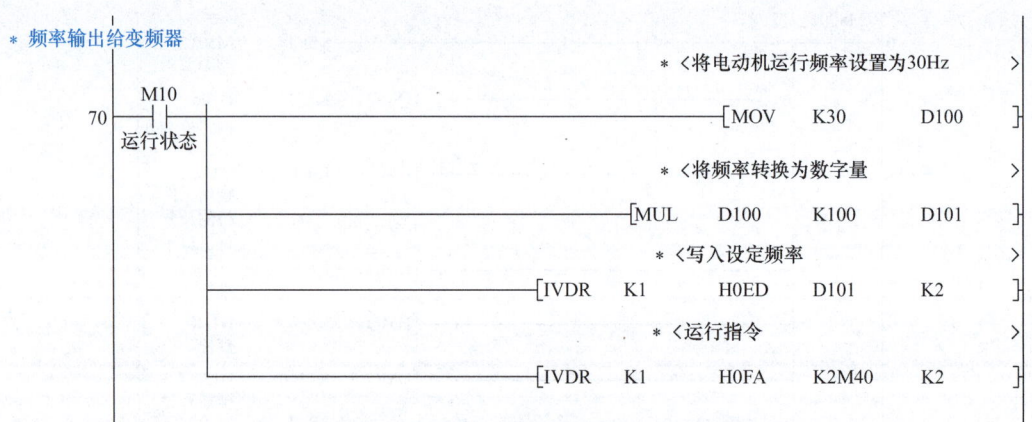

图 5-46 PLC 通过通信方式控制变频器起动的程序

2）分拣过程是一个步进顺序控制过程，编程思路如下。

① 初始步：当检测到待分拣工件下料到进料口后，复位高速计数器 C251，并以固定频率起动变频器驱动电动机运转，初始步的梯形图如图 5-47 所示。

② 当工件经过安装传感器支架上的光纤头和电感式传感器时，根据两个传感器动作与否判别芯体的颜色和工件的属性，从而确定程序的流向。

C251 当前值与光纤传感器 2 及电感式传感器 1 位置值的比较可采用触点比较指令实现。完成上述功能的梯形图程序如图 5-48 所示。

分拣过程的顺序功能图如图 5-49 所示。

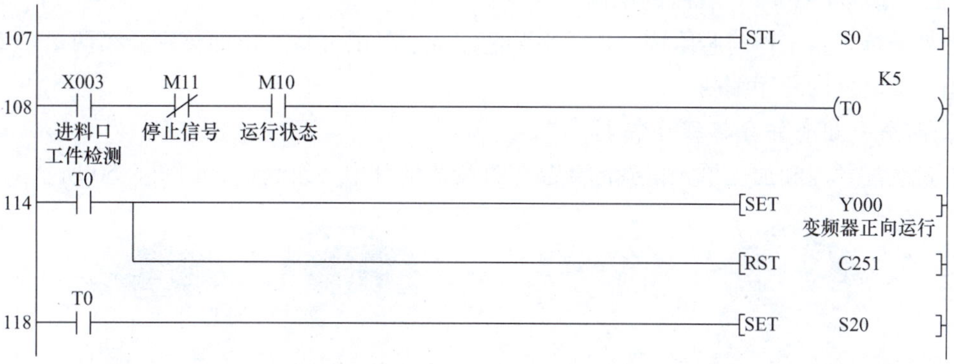

图 5-47 分拣控制的初始步梯形图

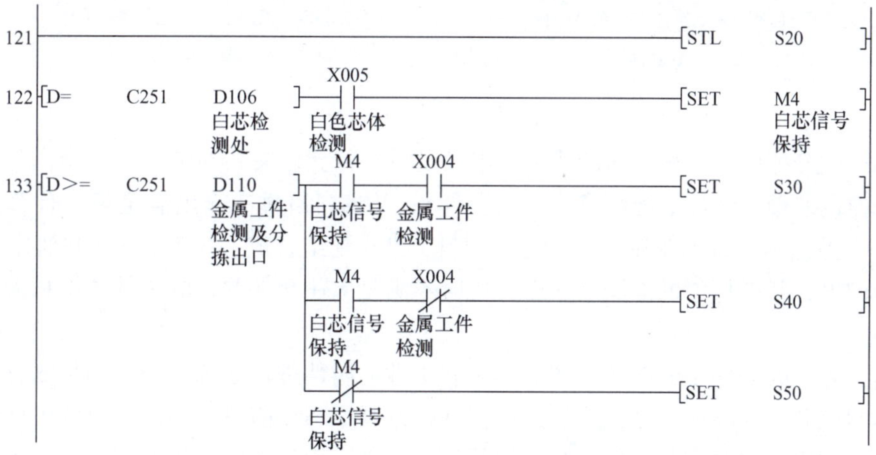

图 5-48 在传感器位置判别芯体颜色和工件属性流向梯形图

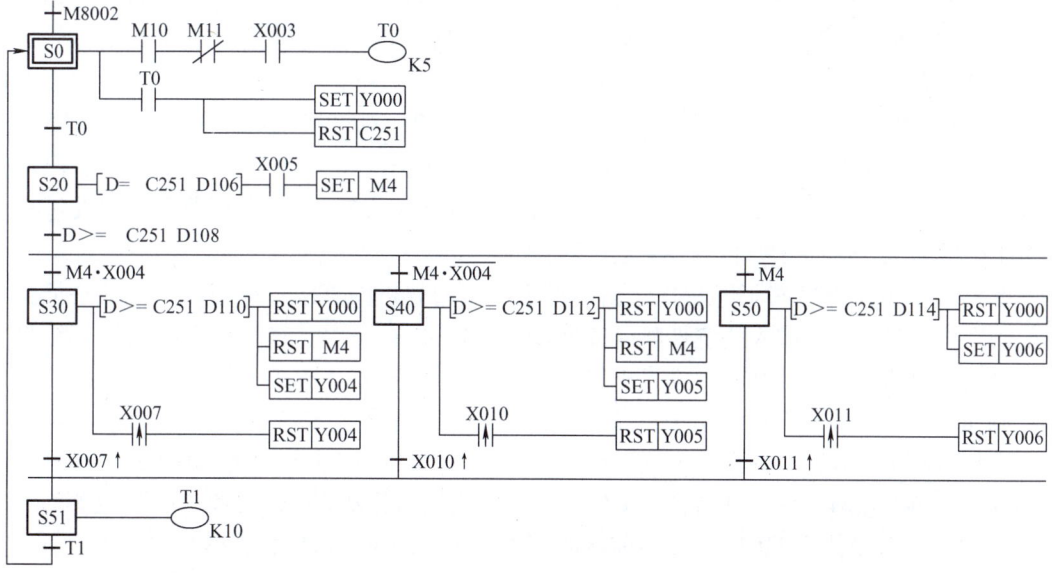

图 5-49 分拣过程的顺序功能图

（五）套件分拣 PLC 程序的编制

套件分拣是指工件与芯体按一定关系装配组成套件的分拣。下面分别介绍两个一组和三个一组构成套件的程序编制。

1. 两个一组套件分拣程序编制

经过装配单元和加工单元得到的成品工件构成的其中一组套件，如图 5-50 所示。

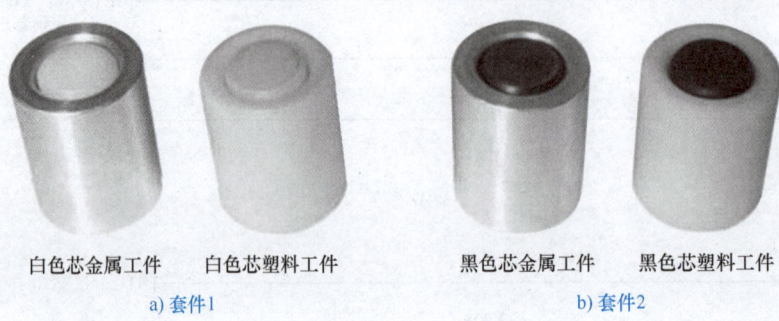

白色芯金属工件　白色芯塑料工件　　　黑色芯金属工件　黑色芯塑料工件

a) 套件1　　　　　　　　　　　　　b) 套件2

图 5-50　两个一组套件

要求通过分拣机构，从出料滑槽 1 输出满足第一种套件关系的工件（一个白色芯金属工件和一个白色芯塑料工件搭配组合成一组套件）；从出料滑槽 2 输出满足第二种套件关系的工件（一个黑色芯金属工件和一个黑色芯塑料工件搭配组合成一组套件）；并假定每完成一组套件的输出，就被打包机构输出，而分拣时不满足上述套件关系的工件从出料滑槽 3 输出为散件。

显然，套件的分拣比单纯按芯体的颜色和工件的属性进行分拣复杂。编程的方法：在每次对芯体颜色和工件属性检测完成后，根据其检测结果与当前滑槽中已推出的工件状况，按一定的算法判定工件的流向。如果算法比较复杂，则可用子程序调用实现，这样程序较为简洁，可读性也较好。

图 5-51 给出主程序步进顺序控制中工件检测工步（S20）的梯形图。当工件被传送到检测区出口时，根据检测区中传感器动作记忆下来的数据（M4）及检测区出口处电感式传感器的动作状况确定芯体的颜色和工件的属性，从而赋予一个特征值。由图 5-51 可见，对于白色芯塑料工件，D105 = 1；对于白色芯金属工件，D105 = 2；对于黑色芯塑料工件，D105 = 4；对于黑色芯金属工件，D105 = 8。根据 D105 的值及当前出料滑槽中已推出工件的状况进行工件流向分析，此分析是在子程序 P10 中进行的。分析完成后，M4 即可复位，以便进行下一个工件的检测。流向分析的结果决定所转移的工步。

图 5-52 给出子程序梯形图程序。由图可见，流向分析的算法：把当前工件的特征值与当前两个出料滑槽中已推入的工件状况值（K1M100）进行一次"或"运算，若运算结果大于当前出料滑槽状况值，则工件推入出料滑槽 1 或 2，否则推入出料滑槽 3。

例如，设当前两个出料滑槽中已推入的工件状况：出料滑槽 1 已有一个白色芯塑料工件，出料滑槽 2 已有一个黑色芯金属工件，则 K1M100 = 9（二进制值为 1001）；若当前传送的工件为黑色芯塑料工件，其特征值 D105 = 4（二进制值为 0100），两者"或"运算的结果 D106 = 13（二进制值为 1101），比当前状况值大，故工件应推入出料滑槽 2 中。

2. 三个一组套件分拣程序编制

这里以三种芯体（金属、塑料白、塑料黑）与同一颜色工件（白色工件或黑色工件）

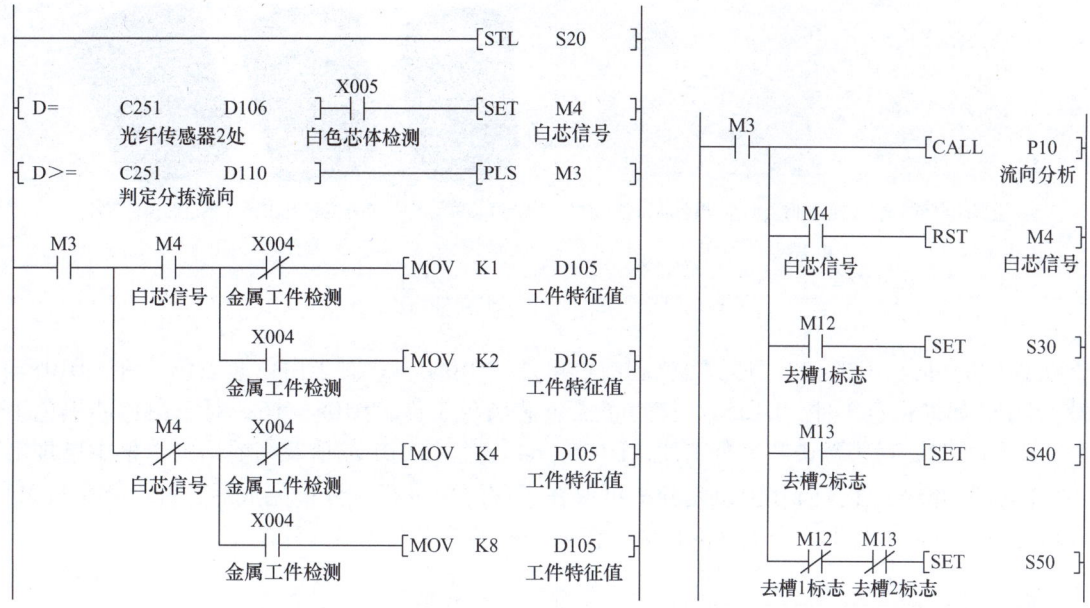

图 5-51 两个一组套件检测后流向分析梯形图

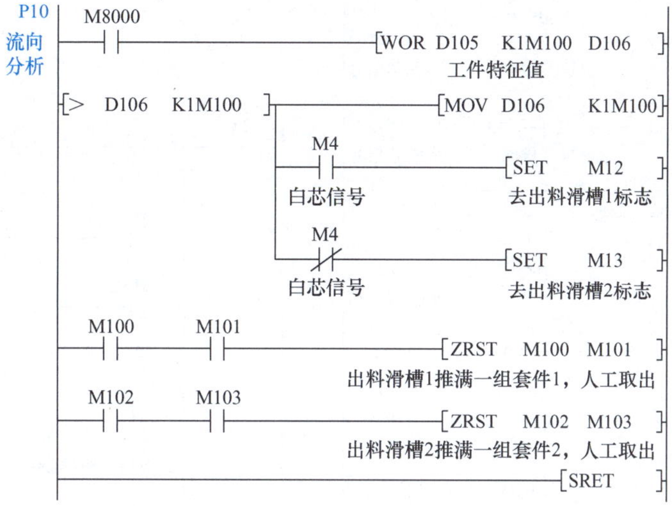

图 5-52 两个一组套件流向分析子程序梯形图

组成的套件为例，其组成如图 5-53 所示。该套件的分拣要求：出料滑槽 1 推入的为套件 1（由金属芯白色工件、白色芯白色工件、黑色芯白色工件各一个搭配组合），出料滑槽 2 推入的为套件 2（由金属芯黑色工件、白色芯黑色工件、黑色芯黑色工件各一个搭配组合），各套件中不考虑三个工件的排列顺序，并假定每完成一组套件的输出，就被打包机构取出，而分拣时不满足上述套件关系的工件作为散件推入出料滑槽 3。

对于上述三个工件组成套件的分拣，如图 5-54 所示，在主程序步进顺序控制工件检测步 S20 中，当工件被传送至检测区出口时，就能根据检测区传感器动作记忆下来的数据（M5、M6、M7）的状况确定芯体的颜色和工件的属性，从而赋予一个特征值并存放于数据

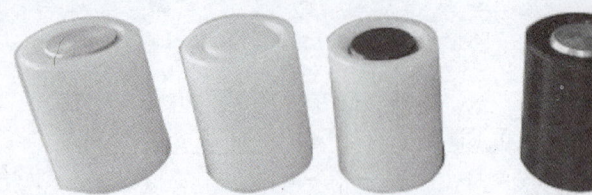

a) 套件1　　　　　　　　　　　　　b) 套件2

图 5-53　三个一组套件

寄存器 D105 中。由图可知，对于黑色芯白色工件，D105 = 1；对于白色芯白色工件，D105 = 2；对于金属芯白色工件，D105 = 4；对于黑色芯黑色工件，D105 = 16；对于白色芯黑色工件，D105 = 32；对于金属芯黑色工件，D105 = 64。根据 D105 的值及当前出料滑槽中已推出工件的状况进行工件流向分析，此分析可放在子程序中进行。分析完成后，M5、M6 和 M7 即可复位，以便进行下一个工件的检测。流向分析的结果决定所转移的工步。

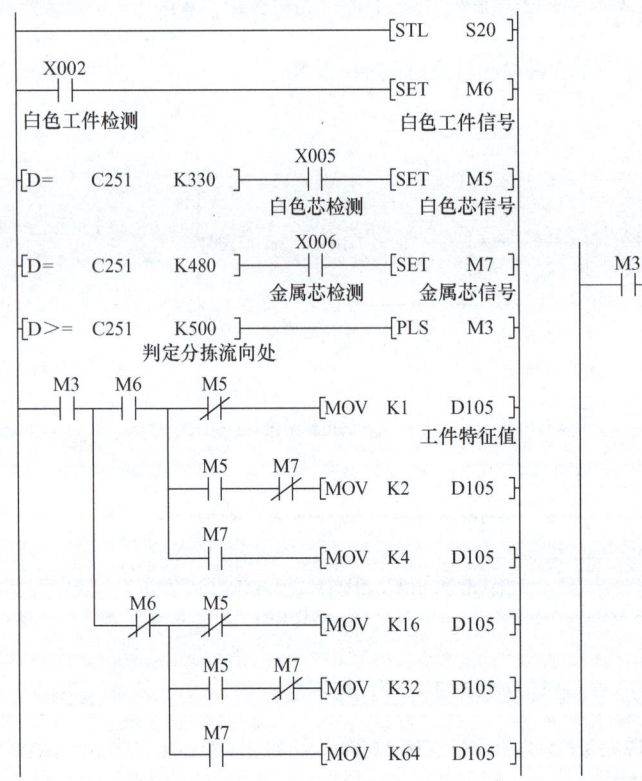
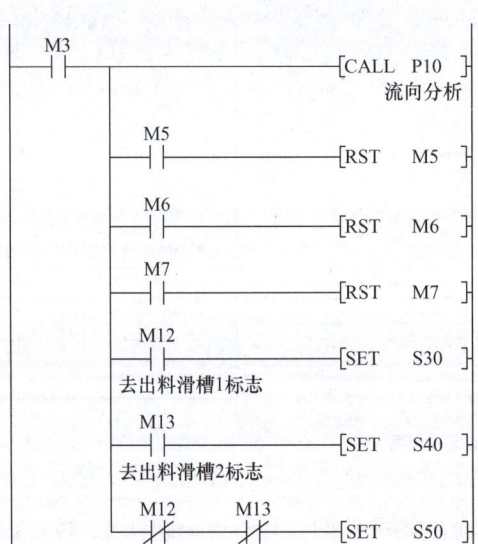

图 5-54　三个一组套件检测后流向分析梯形图

流向分析的算法：把当前工件的特征值与当前两个出料滑槽中已推入的工件状态值 K2M100 进行字逻辑"或"运算，若运算结果大于当前状态值，则工件可推入出料滑槽 1 或 2，否则推入出料滑槽 3。当出料滑槽 1 或出料滑槽 2 得到一组套件时，就会被打包机构取出，程序是采用区间复位指令 ZRST 对其位元件（M100 ~ M102）和（M104 ~ M106）实现复位的，其子程序如图 5-55 所示。

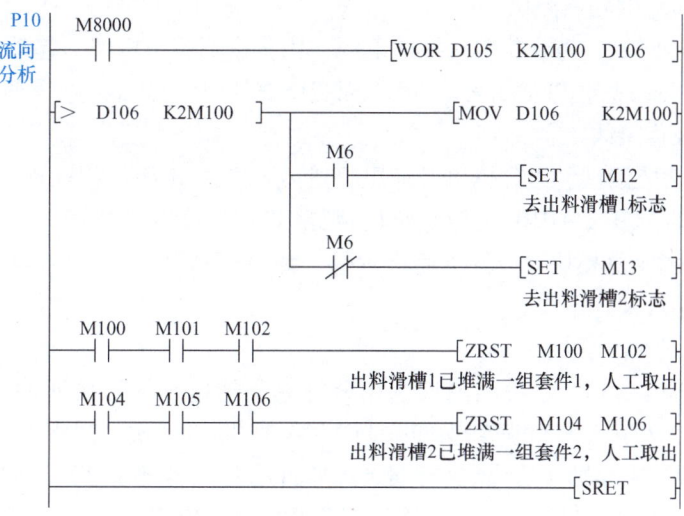

图 5-55 三个一组套件流向分析子程序梯形图

应当指出,上述两种套件分拣的算法程序均未考虑套件组合的顺序,如果要求套件按照一定的顺序组成,只要在流向分析子程序中根据组合顺序要求对出料滑槽 1、出料滑槽 2 标志 M12 和 M13 加以限定即可实现。

(六)调试与运行

1)调整气动部分,检查气路是否正确、气压是否合理,气缸的动作速度是否合适。

2)检查磁性开关的安装位置是否正确,磁性开关工作是否正常。

在分拣单元通电、气源接通的条件下,手动控制 1YV~3YV,使推料气缸 1、推料气缸 2、推料气缸 3 动作并返回,观察 PLC 输入端 X007、X010、X011 的 LED 是否点亮,若不亮,则应检查磁性开关的安装位置及接线。

3)检查 I/O 接线是否正确。

4)检查光电传感器、光纤传感器、电感式传感器、旋转编码器安装是否合理。距离设定是否合适,保证检测的可靠性。

① 光电传感器、光纤传感器、电感式传感器的功能测试。在分拣单元通电、气源接通的条件下,首先在分拣口放入工件模拟进料口工件检测,观察 PLC 输入端 X003 的 LED 是否点亮,若不亮,则应检查光电传感器的安装位置及接线。

再在分拣口放入白色工件,观察 PLC 输入端 X002 的 LED 是否点亮,若不亮,则应检查光纤传感器 1 的安装位置及接线。

然后在传感器支架下方放入白色芯金属工件,观察 PLC 输入端 X004、X005 的 LED 是否点亮,若不亮,则应检查电感式传感器 1 和光纤传感器 2 的安装位置及接线。

最后,在传感器支架下方放入金属芯塑料工件,观察 PLC 输入端 X006 的 LED 是否点亮,若不亮,则应检查电感式传感器 2 的安装位置及接线。

② 旋转编码器功能测试。在分拣单元通电、气源接通的条件下,用手转动传送带电动机输出驱动轴,观察 PLC 输入端 X000、X001 的 LED 是否闪亮,若不闪亮或不亮,则应检查旋转编码器的安装及接线。

5）按钮/指示灯的功能测试。

① 按钮的功能测试。为分拣单元接通电源，用手按下停止按钮、起动按钮、急停开关、单机/全线转换开关，观察 PLC 输入端 X012~X015 的 LED 是否点亮，若不亮，则应检查对应的按钮或开关及连接线。

② 指示灯的功能测试。为分拣单元通电，进入 GX Works2 编程软件，利用软件的强制功能分别将 PLC 的 Y007、Y010、Y011 置 1，观察 PLC 的输出端 Y007、Y010、Y011 的 LED 是否点亮，按钮/指示灯模块对应的黄色指示灯、绿色指示灯、红色指示灯是否点亮，若不亮，则应检查指示灯及连接线。

6）气动元件的功能测试。

① 推料电磁阀 1（1YV）功能测试。在分拣单元通电、气源接通的条件下，进入 GX Works2 编程软件，利用软件的强制功能强制 Y004 通/断电一次，观察 PLC 输出端 Y004 的 LED 是否点亮、推料气缸 1 是否执行推料/缩回动作，若不执行，则应检查推料气缸 1（1A）、推料电磁阀 1（1YV）的气路连接部分及推料电磁阀 1（1YV）的接线。

② 推料电磁阀 2（2YV）功能测试。在分拣单元通电、气源接通的条件下，进入 GX Works2 编程软件，利用软件的强制功能强制 Y005 通/断电一次，观察 PLC 输出端 Y005 的 LED 是否点亮、推料气缸 2 是否执行推料/缩回动作，若不执行，则应检查推料气缸 2（2A）、推料电磁阀 2（2YV）的气路连接部分及推料电磁阀 2（2YV）的接线。

③ 推料电磁阀 3（3YV）功能测试。在分拣单元通电、气源接通的条件下，进入 GX Works2 编程软件，利用软件的强制功能强制 Y006 通/断电一次，观察 PLC 输出端 Y006 的 LED 是否点亮、推料气缸 3 是否执行推料/缩回动作。若不执行，则应检查推料气缸 3（3A）、推料电磁阀 3（3YV）的气路连接部分及推料电磁阀 3（3YV）的接线。

7）变频器的功能测试。变频器的功能测试主要是通过手动操作变频器面板进行的，在分拣单元通电、气源接通的条件下，接通变频器电源，将 Pr.79 的值设置为 1，变频器固定为 PU 运行模式，然后在面板上按下 [RUN] 键，起动变频器并观察电动机的运行情况，若不能运行，则应检查变频器及接线。

（七）问题与思考

1）运行过程中若出现工件不能准确被推入出料滑槽或黑色芯体工件被推入第一个出料滑槽等现象，请分析其原因，并总结处理方法。

2）如果需要考虑紧急停止等因素，程序应如何编制？

3）旋转编码器的 A、B、Z 分别代表什么？是否都必须与 PLC 输入端连接？

4）何为脉冲当量？试述脉冲当量的测试方法，并编制控制程序。

5）若分拣单元三相异步电动机调速时，变频器采用 $FX_{3U}-3A-ADP$ 模拟量输入/输出适配器控制，如果要实时显示变频器的运行频率，试编制控制程序。

6）若分拣单元三相异步电动机调速时，变频器采用 $FX_{3U}-485ADP$ 通信适配器控制，如果要实时显示变频器的运行频率，试编制控制程序。

7）查找我国快递行业智能分拣机器人相关资料和视频，写一篇关于智能分拣系统的观（读）后感。

8）工业环境下各种电磁干扰信号常常较为严重，模拟量控制更多地倾向于使用电流输入和输出方式。请进一步查阅 FR-840 变频器相关资料，设计一个用 $FX_{3U}-3A-ADP$ 模拟

学习情境五 分拣单元的拆装与调试

量输入/输出适配器采用 4~20mA 电流输出控制变频器调速，试编制调速部分的程序。

五、任务实施与考核

（一）任务实施

基于分拣单元单站运行，要求学生以小组（2~3 人）为单位，完成机械部分、传感器、气路等的拆装，电气部分接线，PLC 程序编制及单元的调试运行。

学生应完成的成果清单如下：

1）分拣单元拆装与调试工作计划。

2）气动回路原理图。

3）PLC I/O 接线图。

4）梯形图。

5）任务实施记录单，见表 5-33。

表 5-33 任务实施记录单

课 程 名 称		自动化生产线拆装与调试		
学习情境五		分拣单元的拆装与调试		
实 施 方 式		学生集中时间独立完成，教师检查指导		
序号	实 施 过 程		出现的问题	解决的方法
实施总结				
班级		组号	姓名	
指导教师签字			日期	

157

(二)任务考核

填写任务考核评价表,见表5-34。

表5-34 任务考核评价表

课程名称	自动化生产线拆装与调试					
学习情境五	分拣单元的拆装与调试					
评价项目	内容	配分	要求	互评	教师评价	综合评价
实施过程	机械部分拆装与调整	20分	能正确使用拆装工具完成机械部分的拆装,机械部分动作顺畅协调,紧固件应无松动,辅助件应安装到位			
	气路部分拆装与连接	10分	气动系统拆装正确,气动元件安装紧固,气路连接正确,无漏气现象,气缸运行顺畅平稳、动作速度合理			
	电气部分拆装与接线	10分	PLC拆装正确,接线规范整齐,接线符合工艺要求(接线端口的导线应套上标号管,且标注规范,PLC侧所有端子接线必须采用压接方式),接线端子连接牢固,无松动现象,电气接线满足原理图要求			
功能测试	传感器功能测试	5分	磁性开关、光纤传感器、电感式传感器调试能按控制要求正确动作			
	电磁阀功能测试	5分	电磁阀能按控制要求正确动作			
	分拣单元运行	10分	初始状态正确,能正确完成分拣控制,能正常起动、停止、状态显示正确			
团队协作职业素养	分工与配合	5分	任务分配合理,分工明确,配合紧密			
	职业素养	5分	注重安全操作,工具及器件摆放整齐			
任务书及成果清单的填写	任务书	10分	搜集信息,引导问题回答正确			
	工作计划	3分	计划步骤安排合理,时间安排合理			
	材料清单	2分	材料齐全			
	气动回路原理图	3分	气动回路原理图绘制正确、规范			
	I/O接线图	4分	I/O接线图绘制正确,符号规范			
	梯形图	4分	程序正确			
	调试运行记录单	4分	气动回路调试及整体运行调试过程记录完整、真实			
总评						
班级			姓名		组号	组长签字
指导教师签字					日期	

学习情境六

输送单元的拆装与调试

教学目标	知识目标	1. 熟悉输送单元的结构组成及工作过程 2. 掌握伺服电动机的特性及伺服驱动器的基本原理 3. 掌握 FX_{3U} 系列 PLC 定位指令的功能和编程方法 4. 熟练掌握用步进指令编制伺服电动机运动控制程序
	能力目标	1. 会分析输送单元的工作过程 2. 能进行输送单元气路的连接 3. 会进行输送单元传感器的安装接线,并能正确调试 4. 能进行程序的离线和在线调试 5. 能进行伺服系统的安装及电气接线,并能根据控制要求设置伺服驱动器参数 6. 能在规定时间内完成输送单元的安装与调整,根据控制要求完成程序的编制与调试,并能解决安装与运行过程中出现的问题
	素质目标	1. 通过输送单元的拆装,培养学生细致工作、规范操作、一丝不苟、精益求精的工匠精神 2. 在输送单元的电气接线、程序编制及调试运行中,注重团队合作,有效沟通,发现问题并共同解决问题,形成团队意识,增强使命担当 3. 通过任务实施培养学生的工程意识、安全意识、责任意识及创新意识
教学重点		气路的调整、传感器的调试、机械手装置运动控制程序的编制
教学难点		归零控制及定位控制的编程,控制程序的编制与调试运行

一、输送单元的组成及工作过程

YL-335B 型自动化生产线出厂配置时,输送单元在网络系统中担任主站的角色,它接收来自触摸屏系统的主令信号,读取网络上各从站的状态信息,加以综合后向各从站发送控制要求,协调整个系统的工作。

输送单元的功能是驱动机械手装置精确定位到指定单元的物料台,从物料台上抓取工件,并把抓取到的工件输送到指定位置放下。

输送单元主要由机械手装置、直线运动传动组件、拖链装置、电磁阀组、传感器、PLC 模块、接线端口、按钮/指示灯模块等组成。其装置侧部分如图 6-1 所示。

1. 机械手装置

机械手装置是一个能实现三自由度运动(即升降、伸缩、气动手指夹紧/松开和沿垂直

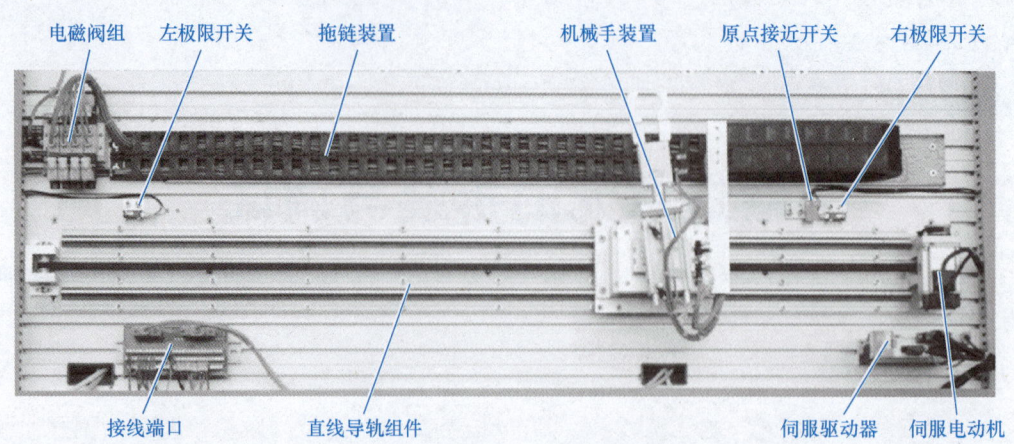

图 6-1 输送单元装置侧部分

轴旋转的四维运动）的工作单元。该装置整体安装在直线运动传动组件的滑动溜板上，在直线运动传动组件的带动下整体做直线往复运动，定位到其他各工作单元的物料台，然后完成抓取和放下工件的功能。图 6-2 是该装置实物。

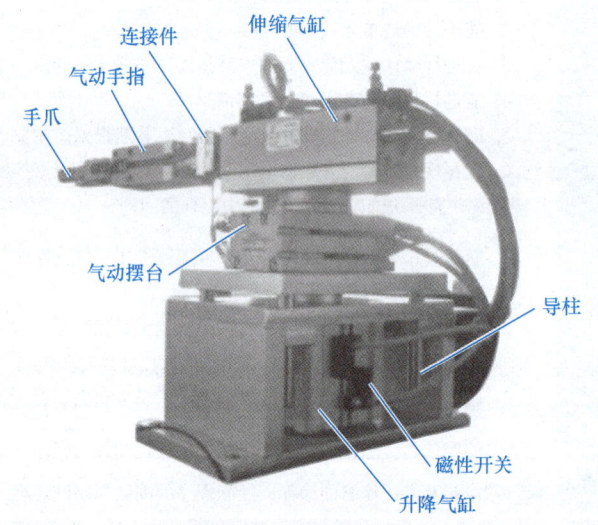

图 6-2 机械手装置

具体构成如下。

1）气动手指：用于在各工作站物料台上抓取/放下工件，由一个双电控二位五通电磁换向阀控制。

2）伸缩气缸：用于驱动手臂伸出及缩回，由一个单电控二位五通电磁换向阀控制。

3）摆动气缸（气动摆台）：用于驱动手臂正反向 90°旋转，由一个双电控二位五通电磁换向阀控制。

4）升降气缸：用于驱动整个机械手装置提升与下降，由一个单电控二位五通电磁换向阀控制。

2. 直线运动传动组件

直线运动传动组件用于拖动机械手装置做往复直线运动，完成精确定位的功能。该组件的俯视图如图 6-3 所示。

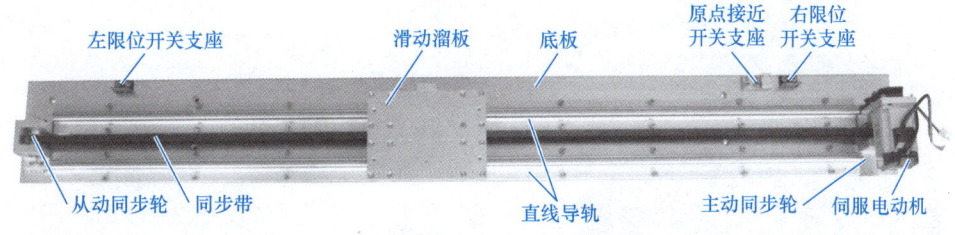

图 6-3　直线运动传动组件

直线运动传动组件和机械手装置组装起来的示意图如图 6-4 所示。

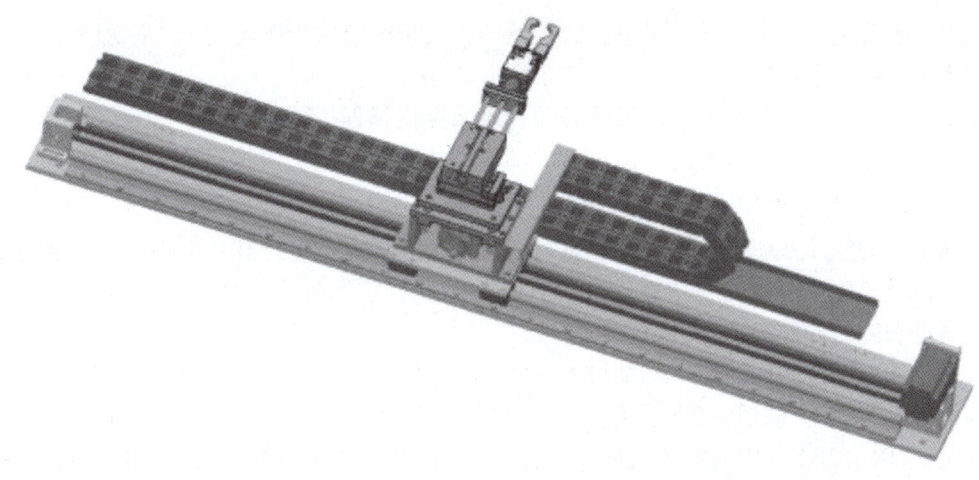

图 6-4　直线运动传动组件和机械手装置组装示意图

直线运动传动组件由直线导轨底板，伺服电动机及伺服驱动器，同步轮，同步带，直线导轨，滑动溜板，原点接近开关（也称原点开关、原点传感器）和左、右限位开关组成。

伺服电动机由伺服驱动器驱动，通过同步轮和同步带带动滑动溜板沿直线导轨做往复直线运动，从而带动固定在滑动溜板上的机械手装置做往复直线运动。同步轮齿距为 5mm，共 12 个齿，即旋转一周，机械手的位移为 60mm。

3. 拖链装置

机械手装置通常工作在往复运动的状态，为了使其上引出的各传感器信号线和各气缸与相对应的电磁阀连接气管随之被牵引并保护，输送单元使用塑料拖链作为管、线敷设装置。拖链装置一端固定在工作台上，另一端通过拖链安装支架与机械手装置连接，如图 6-5 所示。机械手装置上所有气管和导线沿拖链敷设，气管连接到电磁阀组，导线进入线槽后连接到接线端口。

4. 原点接近开关和限位开关

机械手装置做直线运动的起始点信号由安装在直线导轨底板上的原点接近开关提供。此外，为了防止机械手装置做直线往复运行时越出行程而发生撞击设备的事故，直线导轨底板上安装了左、右限位开关。安装在直线导轨底板上的原点接近开关和右限位开关如图 6-6 所示。

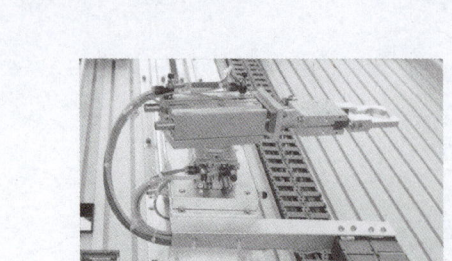

图6-5 拖链装置与机械手装置的连接

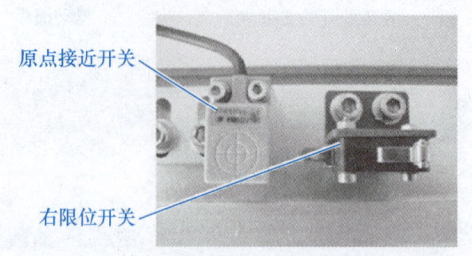

图6-6 原点接近开关和右限位开关

原点接近开关是一个无触点的电感式传感器。关于电感式传感器的工作原理及选用、安装注意事项请参阅学习情境一。

左、右限位开关均是有触点的微动开关,用来提供越程故障时的保护信号。当滑动溜板在运动中越过左或右限位位置时,限位开关动作,从而向系统发出越程故障信号。

5. 气动控制回路原理图

输送单元的气动系统主要由气源、气动汇流排、气缸、单电控和双电控二位五通电磁换向阀、单向节流阀、消声器、快速接头和气管等组成。它们的主要作用是完成机械手的伸缩、夹紧/松开、升降及旋转等操作。

输送单元气动控制回路原理图如图6-7所示。其中,1A、2A、3A和4A分别为升降气缸、伸缩气缸、摆动气缸和气动手指。1B1、1B2分别为安装在升降气缸上两个工作位置的磁性开关。2B1、2B2分别为安装在伸缩气缸上两个工作位置的磁性开关。3B1、3B2分别为安装在摆动气缸上两个工作位置的磁性开关。4B1为安装在气动手指上夹紧位置的磁性开关。1YV、2YV分别为控制升降气缸和伸缩气缸的单电控二位五通电磁换向阀。3YV1、3YV2和4YV1、4YV2分别为控制摆动气缸和气动手指的双电控二位五通电磁换向阀。

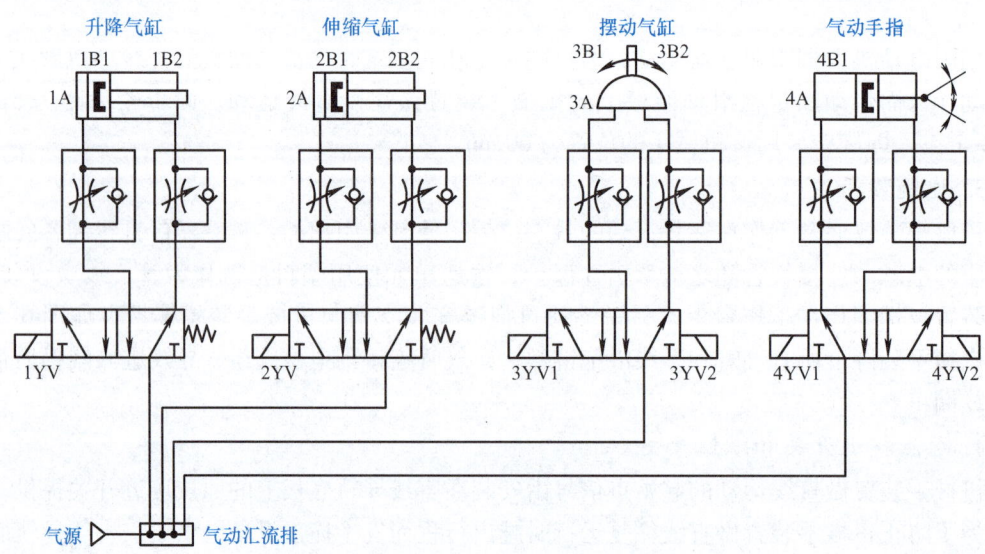

图6-7 输送单元气动控制回路原理图

双电控二位五通电磁换向阀如图 6-8 所示。双电控电磁阀与单电控电磁阀的区别：对于单电控电磁阀，在无电控信号时，阀芯在弹簧力的作用下会复位，而对于双电控电磁阀，在两端都无电控信号时，阀芯的位置取决于前一个电控信号。

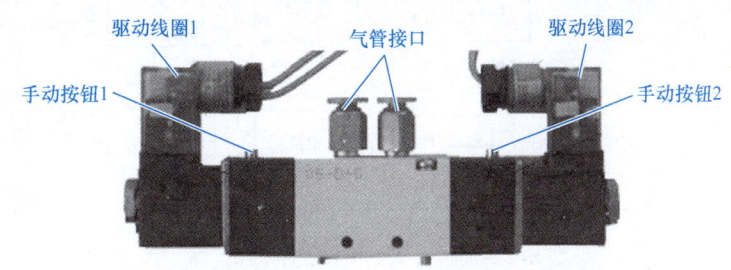

图 6-8　双电控二位五通电磁换向阀

注意：双电控电磁阀的两个电控信号不能同时为"1"，即在控制过程中不允许两个线圈同时得电，否则可能会造成电磁线圈烧毁，当然，在这种情况下阀芯的位置是不确定的。

二、知识链接

在输送单元中，驱动机械手装置沿直线导轨做往复运动的动力源可以是步进电动机，也可以是伺服电动机，视任务内容而定。变更任务要求时，由于所选用的步进电动机和伺服电动机的安装孔大小及孔距相同，更换十分容易。这里仅介绍伺服电动机驱动方式。

（一）认知伺服电动机及伺服驱动器

1. 永磁交流伺服系统概述

现代高性能的伺服系统大多采用永磁交流伺服系统，其中包括永磁同步交流伺服电动机和全数字永磁同步交流伺服驱动器两部分。

（1）交流伺服电动机的工作原理　交流伺服电动机内部的转子是永久磁铁，驱动器控制的 U、V、W 三相电形成电磁场，转子在该磁场的作用下转动，同时，电动机自带的编码器反馈信号给驱动器，驱动器对反馈值与目标值进行比较，调整转子转动的角度。伺服电动机的精度取决于编码器的精度（线数）。

永磁同步交流伺服驱动器主要由伺服控制单元、功率驱动单元、通信接口单元、伺服电动机及相应的反馈检测器件组成。其中，伺服控制单元包括位置控制器、速度控制器、转矩和电流控制器等。永磁交流伺服系统的结构组成如图 6-9 所示。

伺服驱动器控制伺服电动机（Permanent Magnetic Servo Motor，PMSM）时，可分别工作在电流（转矩）、速度、位置控制方式下。系统基于电动机的两相电流反馈（I_a、I_b）和电动机位置反馈工作。将测得的相电流（I_a、I_b）结合位置信息，经坐标变换（从 abc 坐标系转换到转子 dq 坐标系）得到 I_d、I_q 分量，分别进入各自的电流控制器。电流控制器的输出经过反向坐标变换（从 dq 坐标系转换到 abc 坐标系）得到三相电压。控制芯片通过这三相电压，经过反向、延时后，得到 6 路脉宽调制（Pulse Width Modulation，PWM）波输出到功率器件，控制电动机运行。

伺服驱动器均采用数字信号处理器（DSP）作为控制核心，其优点是可以实现比较复杂的控制算法，实现数字化、网络化和智能化。功率器件普遍采用以智能功率模块（Intelligent Power Module，IPM）为核心设计的驱动电路，IPM 内部集成了驱动电路，同时具有过

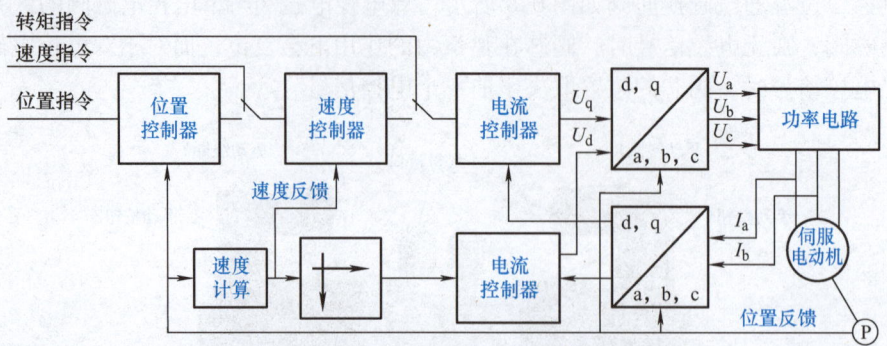

图 6-9 永磁交流伺服系统的结构组成

电压、过电流、过热及欠电压等故障检测保护电路,在主电路中还加入软起动电路,以减小起动过程对驱动器的冲击。

功率驱动单元首先通过整流电路对输入的三相交流电或单相交流电进行整流,得到相应的直流电。再通过三相正弦 PWM 电压型逆变器变频驱动三相永磁同步交流伺服电动机。

逆变部分(DC-AC)采用集功率器件集成电路、保护电路和功率开关于一体的智能功率模块(IPM),主要拓扑结构是采用三相桥式电路,原理图如图 6-10 所示。采用脉宽调制(PWM)技术,通过改变功率晶体管交替导通的时间来改变逆变器输出波形的频率,通过改变每半周期内晶体管的通断时间比(即通过改变脉冲宽度)来改变逆变器输出电压幅值的大小,以达到调节功率的目的。

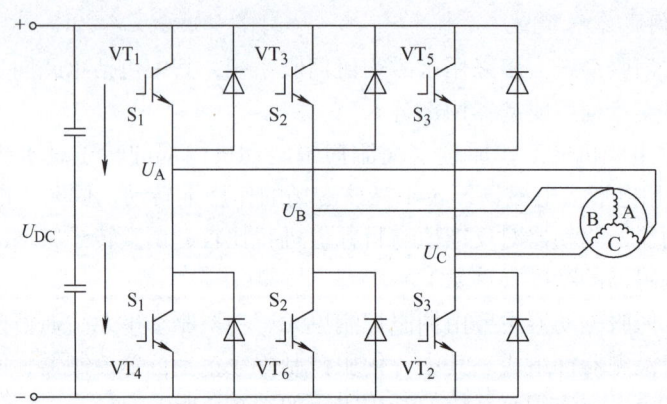

图 6-10 三相桥式电路原理图

(2)交流伺服系统的位置控制模式 图 6-9 和图 6-10 说明如下两点。

1)伺服驱动器输出到伺服电动机的三相电压波形基本是正弦波(高次谐波被绕组电感滤除),而不是像步进电动机那样是三相脉冲序列,即使从位置控制器输入的是脉冲信号。

2)伺服系统用于定位控制时,位置指令输入到位置控制器,速度控制器输入端前面的电子开关切换到位置控制器输出端,同样,电流控制器输入端前面的电子开关切换到速度控制器输出端。因此,位置控制模式下的伺服系统是一个三闭环控制系统,两个内环分别是电流环和速度环。

由自动控制理论可知,这样的系统结构提高了系统的快速性、稳定性和抗干扰能力。在足够高的开环增益下,系统的稳态误差接近零。这就是说,在稳态时,伺服电动机以指令脉冲和反馈脉冲近似相等的速度运行。反之，在达到稳态前，系统将在偏差信号作用下驱动电动机加速或减速。若指令脉冲突然消失（如紧急停车时，PLC 立即停止向伺服驱动器发出驱动脉冲），伺服电动机仍会运行到反馈脉冲数等于指令脉冲消失前的脉冲数才停止。

（3）位置控制模式下电子齿轮的概念　在位置控制模式下，图 6-9 所示的三闭环控制结构图可简化为单闭环位置控制系统框图，如图 6-11 所示。指令脉冲信号进入驱动器后，须通过电子齿轮变换后才与电动机编码器反馈脉冲信号进行偏差计算。电子齿轮实际是一个分-倍频器，合理搭配它们的分-倍频值，可以灵活地设置指令脉冲的行程。

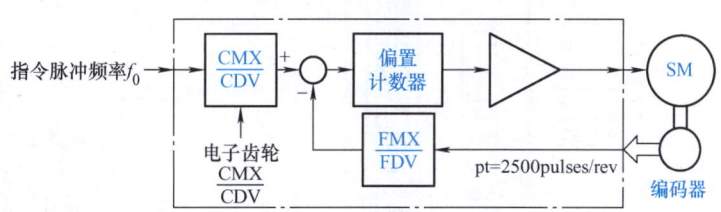

图 6-11　简化的单闭环位置控制系统框图

例如，YL-335B 自动化生产线所使用的松下 MINAS A6 系列 AC 伺服电动机及伺服驱动器，电动机编码器反馈脉冲为 2500pulses/r。默认情况下，驱动器反馈脉冲电子齿轮分-倍频值为 4 倍频。如果希望指令脉冲为 6000pulses/r，那么就应把指令脉冲电子齿轮的分-倍频值设置为 10000/6000。从而实现 PLC 每输出 6000 个脉冲，伺服电动机旋转一周，驱动机械手恰好移动 60mm 的整数倍关系。具体设置方法将在后面内容中说明。

2. 松下 MINAS A6 系列交流伺服电动机及伺服驱动器

在 YL-335B 自动化生产线的输送单元中，采用了松下 MINAS-A6 系列的 MHMF0-22L1U2M 永磁同步交流伺服电动机及 MADLN15SG 全数字交流永磁同步伺服驱动器作为机械手的运动控制装置。该伺服电动机外观及各部分名称如图 6-12 所示。

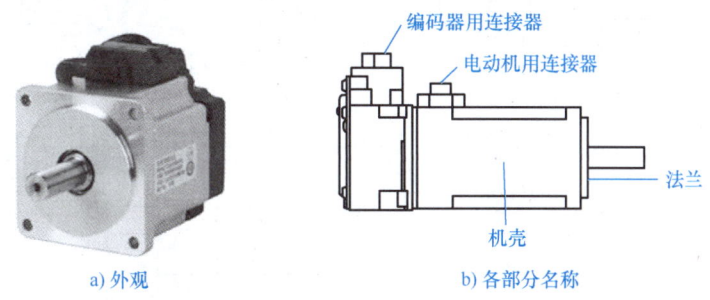

图 6-12　MHMF022L1U2M 永磁同步交流伺服电动机的外观及各部分名称

MHMF022L1U2M 的含义：MHM 表示电动机类型为高惯量，F 表示 A6 系列，02 表示电动机的额定功率为 200W，2 表示电压规格为 200V，L 表示编码器为绝对式编码器（脉冲数为 23 位，分辨率为 8388608，输出信号线数为 7），1U2M 表示松下伺服电动机的产品型号。

MADLN15SG 的含义：MADL 表示松下 A6 系列 A 型驱动器，N 表示无安全功能，1 表示驱动器最大输出电流为 8A，5 表示电源电压规格为单相/三相 200V，S 表示接口规格为 Analog/Pulse，G 表示通用通信型。MADLN15SG 全数字交流永磁同步伺服驱动器的面板和外观如图 6-13 所示。

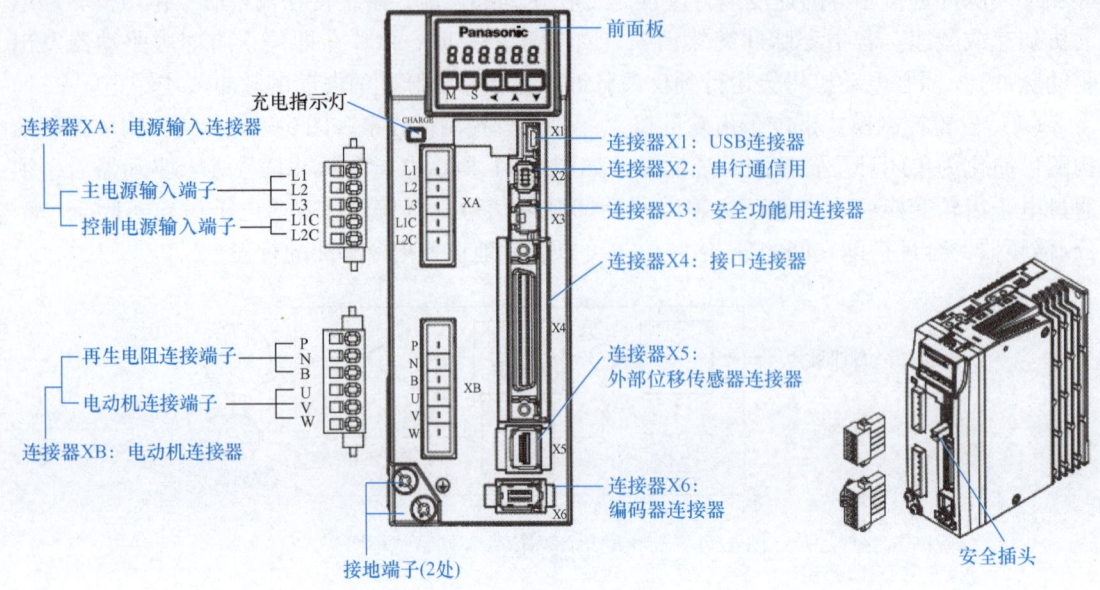

图 6-13　MADLN15SG 全数字交流永磁同步伺服驱动器的面板和外观

下面着重介绍该伺服驱动器的接线和参数设置。

（1）伺服系统的主电路接线　MADLN15SG 全数字交流永磁同步伺服驱动器面板上有多个接线端口，YL-335B 自动化生产线上伺服系统的主电路接线只使用了电源接口 XA、电动机连接接口 XB、编码器连接器 X6，接线图如图 6-14 所示。

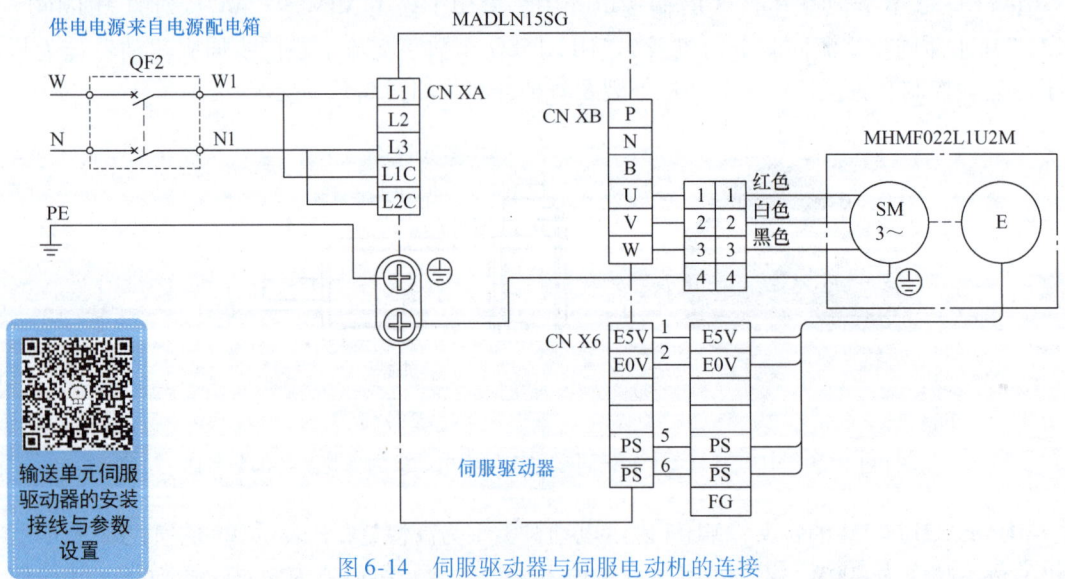

图 6-14　伺服驱动器与伺服电动机的连接

1）XA：电源输入接口。AC 220V 电源连接到 L1、L3 主电源端子，同时连接到控制电源端子 L1C、L2C 上。

2）XB：电动机接口和外置再生放电电阻器接口。U、V、W 端子用于连接电动机。必须注意，电源电压务必按照驱动器铭牌上的指示，电动机接线端子（U、V、W）不可以接地或短路,交流伺服电动机的旋转方向不像异步电动机可以通过交换三相相序来改变,必须保证驱动器上的 U、V、W、E 接线端子与电动机主电路接线端子按规定的次序一一对应,否则可能造成驱动器的损坏。电动机的接线端子和驱动器的接地端子及滤波器的接地端子必须可靠地连接到同一个接地点上,机身也必须接地。P、N、B 端子外接再生电阻,YL-335B 自动化生产线没有使用外接放电电阻。

3) X6:编码器连接器,用于连接电动机编码器信号的接口,连接电缆应选用带有屏蔽层的双绞电缆,屏蔽层应接到电动机侧的接地端子上,并且应确保将编码器电缆屏蔽层连接到插头的外壳(FG)上。

(2) 控制电路接线 控制电路的接线均在 I/O 控制信号端口 X4 上完成。该端口是一个 50 针端口,各引出端子功能与控制模式有关。不同模式下的接线请参考《AC 伺服电动机·驱动器 MINAS A6 系列使用说明书(综合篇)》。在 YL-335B 自动化生产线输送单元中,伺服电动机用于定位控制,选用位置控制模式。根据设备工作要求,只使用了部分端子,它们分别是:①脉冲驱动信号输入端(OPC1、PULS2、OPC2、SIGN2);②越程故障信号输入端:正方向越程(9 引脚,POT),负方向越程(8 引脚,NOT);③伺服 ON 输入(29 引脚,SRV-ON);④伺服报警输出(37 引脚,ALM+;36 引脚,ALM-端)。

为了方便接线和调试,YL-335B 自动化生产线在出厂时已经在 X4 端口引出线接线插头内部把伺服 ON 输入(SRV-ON)和伺服报警输出负端(ALM-)连接到 COM-端(0V)了。因此,从接线插头引出的信号线只有 OPC1、PULS2、OPC2、SIGN2、POT、NOT、ALM+ 等 7 根信号线,以及 COM+、COM-电源引线。所使用的 X4 端口部分引出线及内部电路如图 6-15a 所示。图中,脉冲和方向信号都来自 PLC,若选用漏型输出的 FX_{3U} 系列晶体管输出 PLC,则伺服驱动器与 PLC 脉冲输出端的连接如图 6-15b 所示。

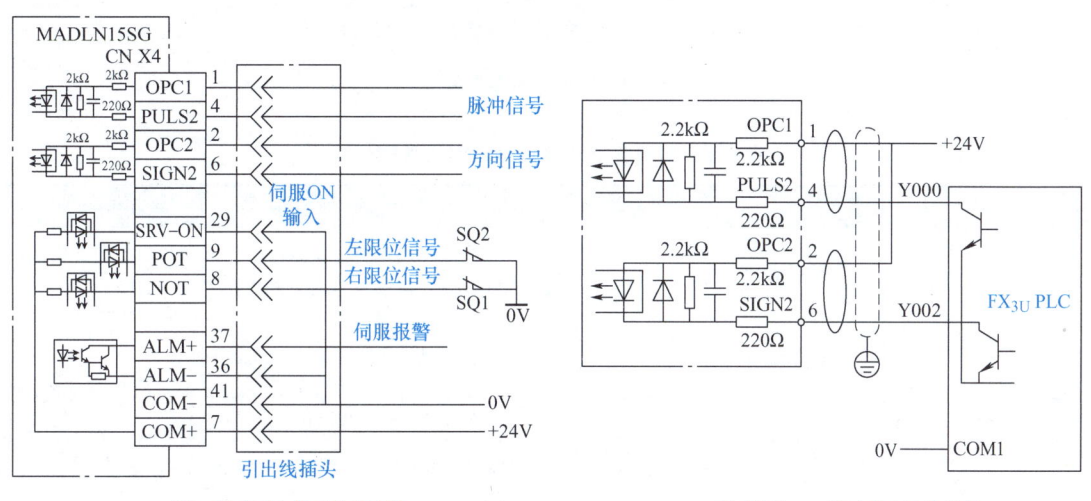

a) X4端口部分引出线及内部电路　　　　b) 驱动器与PLC脉冲输出端的连接

图 6-15　伺服驱动器控制信号及接线

(3) 伺服驱动器的参数设置与调整　松下 MINAS A6 伺服驱动器有 7 种控制运行方式,即位置控制、速度控制、转矩控制、位置/速度控制、位置/转矩控制、速度/转矩控制和全闭环控制。位置控制方式就是输入脉冲串使电动机定位运行,电动机转速与脉冲串频率相关,电动机转动的角度与脉冲个数相关。速度控制方式有两种:一是通过输入

直流 -10~+10V 电压调速；二是选用驱动器内设置的内部速度调速。转矩控制方式是通过输入直流 -10~+10V 电压调节电动机的输出转矩，在这种方式下运行必须进行速度限制，有两种限速方法：一是设置驱动器内的参数来限速；二是输入模拟量电压限速。

(4) 参数设置方式操作说明　MADLN15SG 全数字交流永磁同步伺服驱动器的参数分为 11 类，即分类 0（基本设定），分类 1（增益调整），分类 2（振动抑制功能），分类 3（速度、转矩、全闭环控制），分类 4（I/F 监视器设定），分类 5（扩展设定），分类 6（特殊设定），分类 7（特殊设定），分类 8（厂家使用），分类 9（厂家使用）和分类 15（厂家使用）。共有 476 个，Pr0.00~Pr15.30。参数设置的方法有两种：一种是通过与 PC 连接后在专门的调试软件上进行设置；另一种是在驱动器参数设置面板上进行设置。

当现场条件不允许或修改少量参数时，可通过驱动器参数设置面板来完成。伺服驱动器参数设置面板如图 6-16 所示。各按键说明见表 6-1。

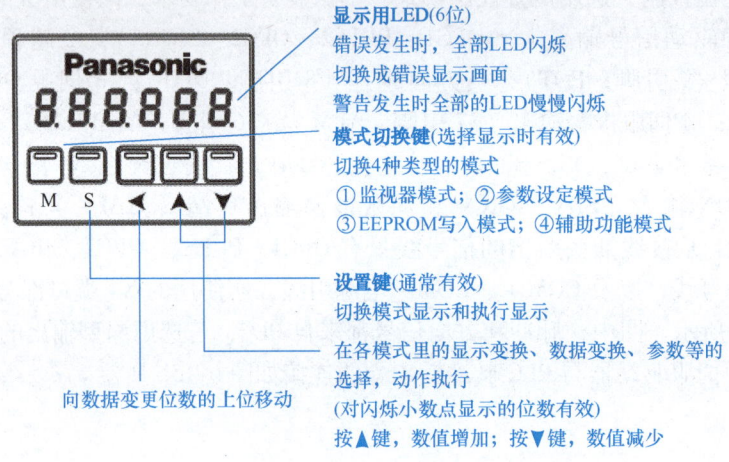

图 6-16　伺服驱动器参数设置面板

表 6-1　伺服驱动器参数设置面板按键说明

按键说明	激活条件	功　能
模式切换键 [M]	在模式显示时有效	在 4 种模式之间切换：①监视器模式；②参数设置模式；③ EEPROM 写入模式；④辅助功能模式
设置键 [S]	一直有效	用来在模式显示和执行显示之间切换
◀	仅对小数点闪烁的那一位数据位有效	把闪烁的小数点移到更高位
▲　▼		改变各模式里的显示内容、更改参数、选择参数或执行选中的操作

在面板上进行参数设置操作说明如下。

1) 参数的初始化。参数的初始化又称为恢复出厂值。伺服驱动器上电后，按一次 [S] 键进入 d01.SPd；按三次 [M] 键进入辅助功能模式 AF_ACL；按 6 次向上键▲直到显示 "AF_ini"；按一次 [S] 键进入 "ini-" 模式，再长按向上键▲约 5s，显示 "ini--"，逐步增加直到显示 "StArt"（参数初始化开始）和 "FiniSh"（参数初始化结束），表示参数初始化结束。参数初始化过程如图6-17所示。

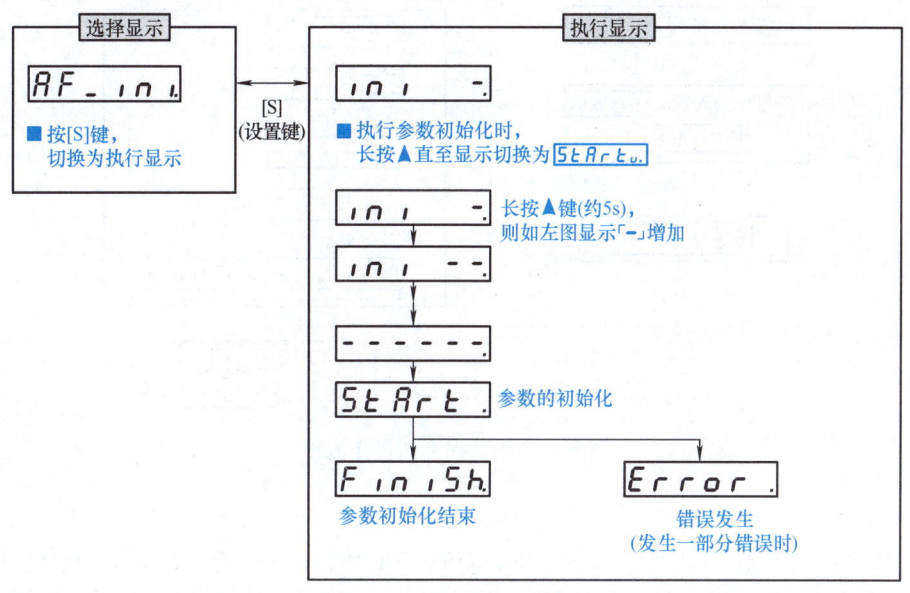

图6-17　MINAS A6伺服驱动器参数初始化过程

2）参数设置。伺服驱动器参数初始化完成后，就可以进行参数设置了。先按[S]键进入监视器模式；再按[M]键选择参数设定模式，选择显示为"Pr_000."；此时按向上、下或向左的方向键选择所需设定的参数编号；按[S]键进入，读取该参数编号的设置值；然后按向上、下或向左的方向键调整此参数值；调整完后，长按[S]键返回。选择其他项再调整。图6-18给出了一个将参数Pr_008的值从初始值"10000"修改为"6000"的示意。

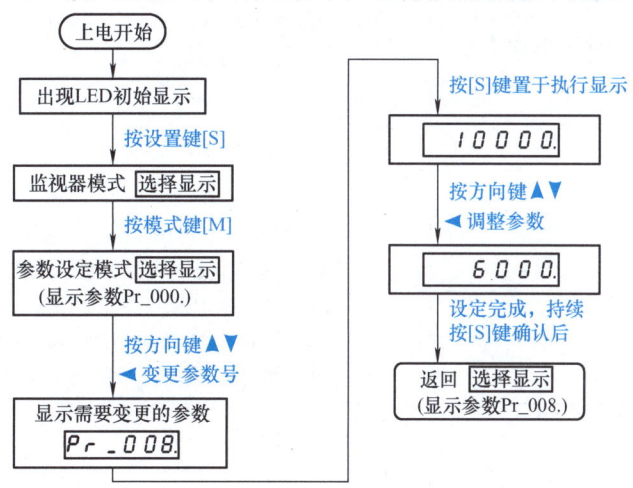

图6-18　参数设置的操作流程

3）参数保存。按[M]键选择到EEPROM写入模式，选择显示为"EE_SEt"；按[S]键确认，出现"EEP-"；然后长按向上键▲（约5s），出现"StArt"写入开始；再出现"FiniSh"和"rESEt"，写入结束，然后重新上电即保存。参数保存的操作流程如图6-19所示。

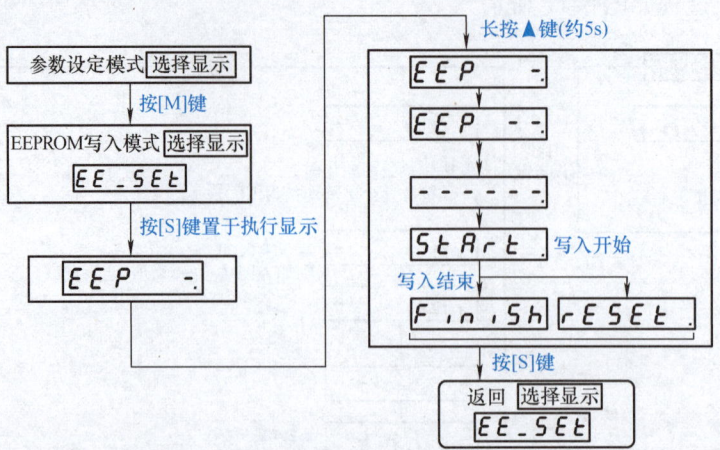

图 6-19 参数保存的操作流程

(5) 部分参数说明 在 YL-335B 自动化生产线上,伺服驱动器工作于位置控制模式。FX_{3U}-48MT 的 Y000 输出脉冲作为伺服驱动器的位置指令,脉冲的数量决定伺服电动机的旋转位移,即机械手的直线位移;脉冲的频率决定伺服电动机的旋转速度,即机械手的运动速度。FX_{3U}-48MT 的 Y002 输出信号作为伺服驱动器的方向指令。对于控制要求较为简单的情况,伺服驱动器可选择自动调整模式。根据上述要求,松下 MINAS A6 伺服驱动器参数设置见表 6-2。

表 6-2 松下 MINAS A6 伺服驱动器参数设置

序号	参数编号	参数名称	设置值	功能和含义	初始值
1	Pr5.28	LED 初始状态	1	设定范围:0~42 显示电动机转速	1
2	Pr0.01	控制模式	0	设定范围:0~6 0:位置控制模式	0
3	Pr5.04	驱动禁止输入设定	2	设定范围:0~2 0:POT—正方向驱动禁止(左限位动作);NOT—负方向驱动禁止(右限位动作)。但不发生报警 1:POT、NOT 无效 2:POT、NOT 任何单方的输入,将发生 Err38.0(驱动禁止输入保护)报警	1
4	Pr0.00	旋转方向设置	0	设定范围:0~1 0:正方向指令时,电动机沿顺时针方向旋转 1:正方向指令时,电动机沿逆时针方向旋转	1
5	Pr0.04	惯量比	250	设定范围:0~10000 实时自动增益调整有效时,实时推定惯量比,每 30min 在 EEPROM 中保存一次	250

(续)

序号	参数编号	参数名称	设置值	功能和含义	初始值
6	Pr0.02	实时自动调整设定	1	设定范围：0~6 设定值为0时，实时自动调整功能无效；为1时，是标准模式，实时自动调整有效，是重视稳定性的模式。不进行偏载重荷摩擦补偿时，不进行增益切换	1
7	Pr0.03	实时自动增益的机械刚性选择	13	设定范围：0~31 实时自动增益调整有效时的机械刚性设定。此参数值越大，响应越快，但也容易产生振动	13
8	Pr0.06	指令脉冲旋转方向设置	0	Pr0.06 的设定范围：0~1 Pr0.07 的设定范围：0~3 指令脉冲+指令方向。设置此参数值必须在控制电源断电重启之后才能修改、写入成功	0
9	Pr0.07	指令脉冲输入方式	3	指令脉冲 PULS ⊓⊔⊓⊔⊓⊔⊓⊔ + 指令方向 SIGN ___L(低电平)___│‾‾H(高电平)‾‾	1
10	Pr0.08	电动机每旋转一圈的脉冲数	6000	设定范围：0~8388608 设定相当于电动机每旋转一圈的指令脉冲数 编码器分辨率为10000（2500pulses/r×4）	10000

注：其他参数的说明及设置方法请参阅《AC伺服电动机·驱动器MINAS A6系列使用说明书（综合篇）》。

参数设置的进一步说明：

1）Pr5.04 是保护参数，用以设定越程故障发生时的保护策略。设定为2时，则当左限位开关或右限位开关动作，都会发生 Err38.0（驱动禁止输入保护）报警，伺服电动机立即停止。只有当越程信号复位，且驱动器断电后重新上电时，报警才能复位。

2）Pr0.02、Pr0.03 是动态参数，设置实时自动调整功能是否有效，有效时系统的机械刚性如何。对于 YL-335B 自动化生产线正常运行的情况，只须按默认值设置，无须修改。Pr0.04 是当实时自动调整功能有效时（Pr0.02=1），系统在运行中实时推断出来的惯量比（惯量比是指电动机轴换算的负载惯量与伺服电动机轴的旋转惯量的比值的百分比），无须设置。

3）Pr0.06、Pr0.07 分别设定指令脉冲旋转方向和指令脉冲输入方式。

① Pr0.07 规定了确定指令脉冲旋转方向的方式：a) 两相正交脉冲（0 或 2）；b) CW 和 CCW（1）；c) 指令脉冲+指令方向（3）。用 PLC 的高速脉冲输出驱动时，应选择 Pr0.07=3。

② Pr0.06=0，Pr0.07=3，则指令方向信号 SIGN 为高电平（有电流输入）时，正向旋转。例如，使用 FX 系列 PLC 的定位控制指令驱动伺服系统时，须选择 Pr0.06=0。

③ Pr0.06=1，Pr0.07=3，则指令方向信号 SIGN 为低电平（无电流输入）时，正向旋转。例如，使用 FX 系列 PLC 的脉冲输出指令驱动伺服系统时，须选择 Pr0.06=1。

4）Pr0.08、Pr0.09、Pr0.10 用于电子齿轮设置。由于当 Pr0.08≠0 时，电动机每转一转的指令脉冲数不受 Pr0.09、P0.10 的设定影响，故只须设置 Pr0.08 即可。

在 YL-335B 自动化生产线中，同步轮齿数=12，齿距=5mm，每转60mm。为便于编程计算,希望脉冲当量为 0.01mm,即伺服电动机转一圈,需要 PLC 发出 6000 个脉冲,故设定 Pr0.08 = 6000。

(二) FX_{3U} 系列 PLC 的脉冲输出指令及编程

晶体管输出的 FX_{3U} 系列 PLC 的基本支持高速脉冲输出功能,但仅限于 Y000 ~ Y003 点。输出脉冲的频率最高可达 100kHz。

对输送单元伺服电动机的控制主要是返回原点和定位控制,除了用前面已介绍的原点回归指令、相对定位指令及绝对定位指令编程外,还可以使用 FX_{3U} 系列 PLC 的脉冲输出指令 FNC57(PLSY)、带加减速的脉冲输出指令 FNC59(PLSR)和可变速脉冲输出指令 FNC157(PLSV)、原点回归指令 FNC156(ZRN)、相对定位指令 FNC158(DRVI)及绝对定位指令 FNC159(DRVA)来实现。

1. 脉冲输出指令 FNC57(PLSY)

脉冲输出指令(PLSY)的名称、编号(数据长度)、助记符、功能、操作数及程序步等使用要素见表 6-3。

表 6-3 脉冲输出指令使用要素

指令名称	指令编号 (数据长度)	助记符	功能	操作数			程序步
				[S1.]	[S2.]	[D.]	
脉冲输出	FNC57 (16/32)	PLSY	用于对外输出脉冲信号	K、H、KnX、KnY、KnM、KnS、T、C、D、R、U□\G□、V、Z		Y	7 步(16 位) 13 步(32 位)

PLSY 指令是对外输出脉冲信号的指令,晶体管输出型 PLC 支持此指令,其使用说明如图 6-20 所示。

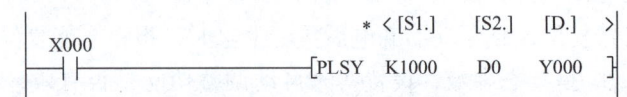

图 6-20 PLSY 指令使用说明

[S1.]:指定输出脉冲的频率(Hz)或保存输出频率的字元件地址。允许设定范围:1 ~ 32767Hz(16 位),1 ~ 200000Hz(32 位)。

[S2.]:指定输出脉冲数(PLS)或保存脉冲数的字元件地址。允许设定范围:1 ~ 32767 PLS(16 位),1 ~ 2147483647 PLS(32 位)。

[D.]:指定输出脉冲的位元件地址。允许设定范围:Y000、Y001。

与 PLSY 指令相关的特殊辅助继电器和特殊数据寄存器如下。

M8029:指令执行结束标志。

M8340:Y000 脉冲输出监控。

M8350:Y001 脉冲输出监控。

M8349:停止 Y000 脉冲输出(即刻停止)。

M8359:停止 Y001 脉冲输出(即刻停止)。

(D8141、D8140):Y000 输出脉冲累计。

(D8143、D8142):Y001 输出脉冲累计。

（D8137、D8136）：对 Y000、Y001 输出脉冲和累计。

以上特殊数据寄存器均具有累加功能，因此在使用之前须对它们进行清零，可以使用传送指令或区间复位指令实现。

PLSY 只限于在任何一个基本指令程序中编程一次。因此，若重复使用该指令，则需要做一定的处理，如使用步进顺控处理。

在图 6-20 中，当 X000 为 ON 时，Y000 输出频率 1000Hz 的脉冲，脉冲数由 D0 设定。脉冲输出完成后，M8029 为 ON，当需再次启动脉冲输出指令时，须将脉冲输出指令执行 ON→OFF（1 次以上 OFF 运算）后再次启动。

2. 带加减速的脉冲输出指令 FNC59（PLSR）

带加减速的脉冲输出指令（PLSR）的名称、编号（数据长度）、助记符、功能、操作数及程序步等使用要素见表 6-4。

表 6-4 带加减速的脉冲输出指令使用要素

指令名称	指令编号 （数据长度）	助记符	功 能	操 作 数				程序步
				[S1.]	[S2.]	[S3.]	[D.]	
带加减速的脉冲输出	FNC59 （16/32）	PLSR	带加减速脉冲输出	K、H、KnX、KnY、KnM、KnS、T、C、D、R、U□\G□、V、Z			Y	9 步（16 位） 17 步（32 位）

PLSR 指令是对外输出脉冲信号的指令，指令使用说明如图 6-21 所示。

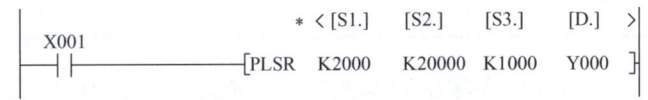

图 6-21 PLSR 指令使用说明

[S1.]：保存最高频率（Hz）数据或数据的字元件编号。允许设定范围：10～32767Hz（16 位），10～100000Hz（基本单元时）(16 位) 200000Hz（高速输出适配器时）(32 位)。

[S2.]：保存总的脉冲数（pulses）数据或数据的字元件编号。允许设定范围：1～32767pulses（16 位），1～2147483647pulses（32 位）。

[S3.]：保存加减速时间（ms）数据或数据的字元件编号。允许设定范围：50～5000ms（16/32 位）。

[D.]：指定输出脉冲的位元件地址。允许设定范围：Y000、Y001。

与 PLSR 指令相关的特殊辅助继电器和特殊数据寄存器与 PLSY 指令相同。

在图 6-21 中，当 X001 为 ON 时，Y000 输出 20000 个频率为 2000Hz 的脉冲，加减速时间为 1s（1000ms），其输出曲线如图 6-22 所示。

脉冲输出完成后，M8029 为 ON，当要再次启动脉冲输出指令时，须将脉冲输出指令执行 ON→OFF（1 次以上 OFF 运算）后再次启动。

3. 可变速脉冲输出指令 FNC157（PLSV）

可变速脉冲输出指令（PLSV）的名称、编号、数据长度、助记符、功能及操作数等使用要素见表 6-5。

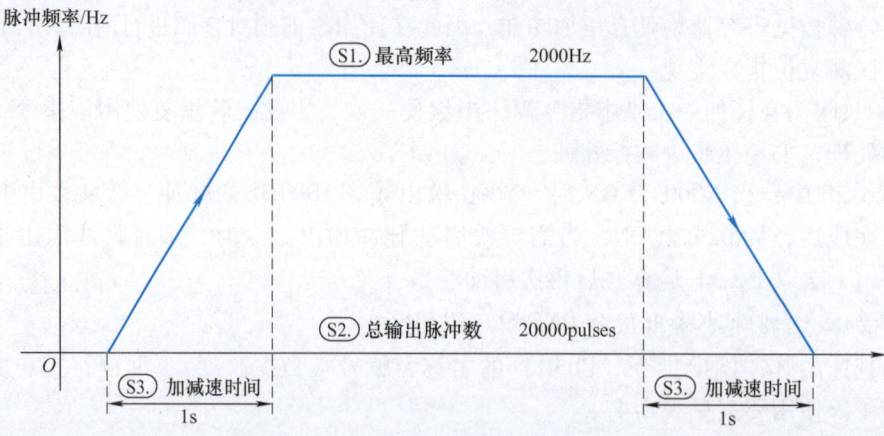

图 6-22 PLSR 指令输出曲线

表 6-5 可变速脉冲输出指令使用要素

指令名称	指令编号 (数据长度)	助记符	功能	操作数 [S1.]	[D1.]	[D2.]	程序步
可变速脉冲输出	FNC157 (16/32)	PLSV	用于输出带旋转方向的可变脉冲	K, H, KnX, KnY, KnM, KnS, T, C, D, R, U□\G□, V, Z	Y	Y, M, S, D□.b	7步(16位) 13步(32位)

[S1.]：指定输出频率或保存输出频率的软元件地址。对于 16 位指令，这一源操作数的范围为 -32768 ~ +32767（0 除外）（Hz）；对于 32 位指令，范围为 -100 ~ +100（kHz）（0 除外），通过高速适配器输出设定范围为 -200 ~ +200（kHz）（0 除外）。

[D1.]：指定输出脉冲的软元件地址。允许设定范围为 Y000 ~ Y002。

[D2.]：指定旋转方向的软元件地址。当 [S1.] 为正时，此输出为 ON；[S1.] 为负时，此输出 OFF。

与 PLSV 指令相关的特殊辅助继电器和特殊数据寄存器如下。

指令执行异常结束标志位：M8329。

加减速动作：M8338。

定位用特殊辅助继电器：M8340 ~ M8378。

定位用特殊数据寄存器：D8340 ~ D8379。

PLSV 指令是输出带旋转方向的可变脉冲指令，指令使用说明如图 6-23 所示。

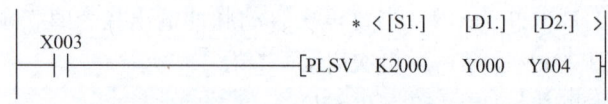

图 6-23 PLSV 指令使用说明

在图 6-23 中，当 X003 为 ON 时，从 Y000 输出频率为 2000Hz 的脉冲串，使电动机正转，Y004 为 ON。

三、输送单元的拆装

1. 任务目标

1）将输送单元的机械部分拆成组件和零件的形式,学会正确使用拆装工具。

2）将组件和零件组装成原样,掌握输送单元的正确安装步骤和方法。

3）学会机械部分的装配、气路的连接和调整及电气接线。

2. 输送单元装置侧的拆卸

1）松开底板紧固螺钉,拆下总进气气管,将输送单元搬到拆装工作台。

2）拆卸气路、电磁阀组。

3）依次拆卸接线端子及端子上的导线、端子卡座、线槽、底座等。

4）将输送单元机械部分拆成组件。

5）将各组件拆成散件,并将拆卸下的零配件整理整齐。

输送单元的安装

3. 输送单元的安装步骤和方法

(1) 机械部分的安装 为了提高安装的速度和准确性,对输送单元的安装同样遵循先组装成组件,再进行总装的原则。

1）组装直线运动传动组件的步骤。

① 在工作台上定位并固定直线导轨组件。直线导轨组件包括圆柱形导轨及安装底板,在输送单元安装及 YL-335B 自动化生产线各工作单元在工作台上整体安装过程中,在工作台上定位并固定直线导轨组件是首先需要进行的工作。这是因为各工作单元在工作台上的布局均以固定在安装底板上的原点开关中心为基准点。

图 6-24 所示为直线导轨组件在工作台上定位尺寸的要求。在沿 T 形槽方向,组件右端面与工作台右端面之间的距离为 60mm;沿垂直 T 形槽方向,只须指定置入螺母的 T 形槽即可确定定位位置。

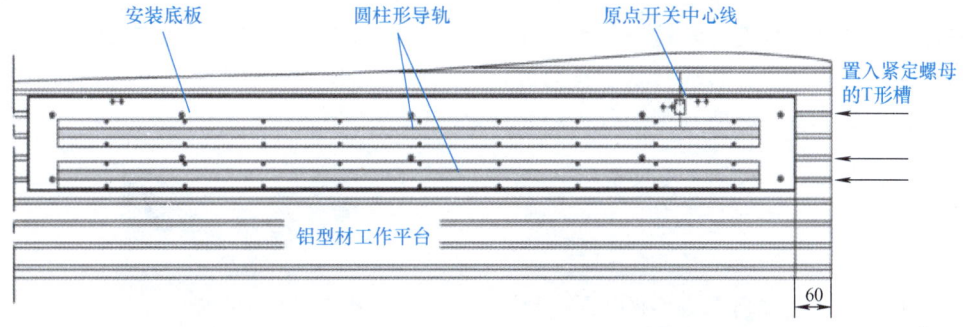

图 6-24 直线导轨组件在工作台上定位尺寸的要求

用于固定安装底板的紧定螺栓共 10 个。安装时,首先将这 10 个紧定螺栓穿入底板的固定孔并旋上螺母(不要拧紧),然后沿相应的 T 形槽将直线导轨组件插入工作台,找准定位位置后固定组件。

注意:输送单元直线导轨是一对较长的精密机械运动部件,安装时,应首先调整好两导轨的相互位置(间距和平行度),然后紧定其固定螺栓。紧定时,必须按一定的顺序逐步进行,使其运动平稳、受力均匀、运动噪声小。

② 安装滑动溜板、同步带和同步轮，组成同步带传送装置。

a）装配滑动溜板及四个滑块组件。将滑动溜板与两直线导轨上的四个滑块位置找准并进行固定，在拧紧固定螺栓时，应一边推动滑动溜板左右运动，一边拧紧螺栓，直到滑动顺畅为止。

b）连接同步带。

首先，将连接了四个滑块的滑动溜板从导轨的一端取出，翻转放在导轨上。

其次，将同步带两端分别穿过主动同步轮和从动同步轮安装支架组件上的同步轮，在此过程中应注意两个同步轮支架组件的安装方向及两组件的相对位置。

最后，在滑动溜板的背面将同步带的两端用固定座固定。然后重新将滑块套入导轨。

注意：由于用于滚动的钢球嵌在滑块的橡胶套内，滑块取出和套入导轨时一定要避免橡胶套受到破坏或用力太大致使钢球掉落。

c）装配同步轮安装支架组件。分别将主动同步轮和从动同步轮安装支架固定在导轨安装底板上，注意保持连接安装好后的同步带平顺。然后调整好同步带的张紧度，锁紧螺栓。

图6-25分别给出了滑动溜板、主动同步轮组件和从动同步轮组件安装完成后的效果图。

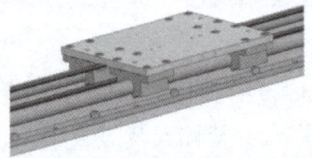  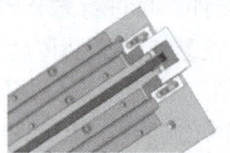

a）连接了同步带的滑动溜板效果图　　b）主动同步轮组件安装效果图　　c）从动同步轮组件安装效果图

图6-25　安装完成后的效果图

③ 安装伺服电动机。将电动机安装板固定在电动机侧同步轮支架组件的相应位置，将电动机与电动机安装板活动连接，并在主动轴、电动机轴上分别套接同步轮，安装好同步带，调整电动机位置，锁紧连接螺栓，如图6-26所示。

注意：伺服电动机是一种精密装置，安装时，不要敲打它的轴端，更不要拆卸电动机。另外，在上述各零件中，轴承及轴承座均为精密机械零部件，拆卸及组装需要较熟练的技能和专用工具，因此不可轻易对其进行拆卸和修配。

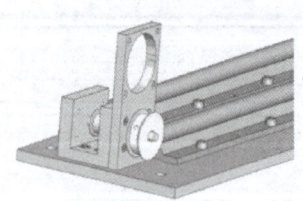 

a）伺服电动机安装支架固定在主动轮支架侧面　　b）装配伺服电动机组件

图6-26　伺服电动机组件的安装

完成上述工作后，安装左、右限位开关及原点接近开关支架，最后完成直线运动组件的装配。

2）拖链装置的安装。拖链装置由塑料拖链和拖链托盘组成。安装时，首先确定拖链托盘相对于直线运动组件的安装位置，将紧定螺母置入相应的T形槽中；接着固定拖链托盘，然后将塑料拖链铺放在托盘上,再固定拖链的左端,如图 6-27 所示。

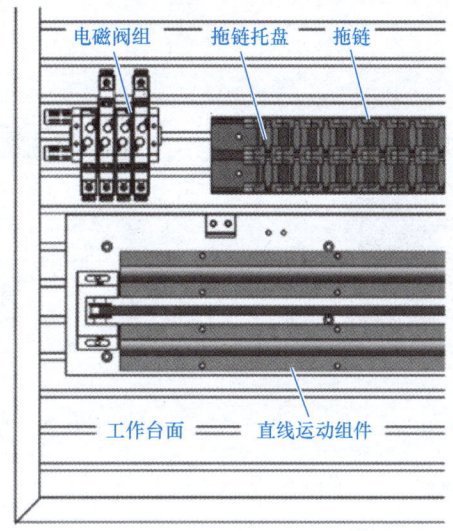

图 6-27　在工作台上安装拖链装置

3）组装机械手装置。

① 提升机构组装的步骤见表 6-6。

表 6-6　提升机构组装的步骤

步　骤	图　示
步骤一：装配机械手的支承架	
步骤二：装配提升机构	
步骤三：装配薄型气缸、组件底板，完成组件装配	

装配说明：固定薄型气缸、组件底板的紧定螺栓均从底部向上旋入，装配时，请在步骤二完成后翻转过来，以便操作。

② 把摆动气缸固定在组装好的提升机构上，然后在摆动气缸上固定升降台升降气缸安装板，如图 6-28 所示。安装时，要先找好升降台升降气缸安装板与气动摆台连接的原始位置，以便有足够的回转角度。

③ 连接气动手指和升降台升降气缸，然后把升降台升降气缸固定到升降气缸安装板上，完成机械手装置的装配，如图 6-29 所示。

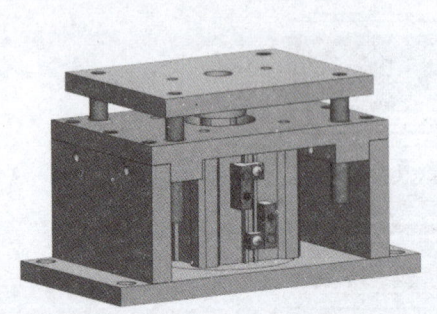

图 6-28 提升机构组装

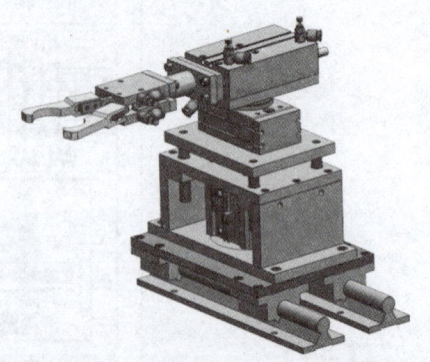

图 6-29 装配完成的机械手装置

在完成以上组件的装配后，把机械手装置固定到直线运动传动组件的滑动溜板上，再装上拖链连接器，并与拖链装置连接，从而完成输送单元机械部分的安装，如图 6-30 所示。最后，检查气动摆台上的升降台升降气缸、气动手指组件的回转位置是否满足在其余各工作站上抓取和放下工件的要求，进行适当的调整。

安装机械部分时应注意以下两点：

① 在直线运动传动组件的安装过程中，轴承及轴承座均为精密机械零部件，拆卸及组装都需要较熟练的技能和专用工具，因此不可轻易对其进行拆卸或修配。

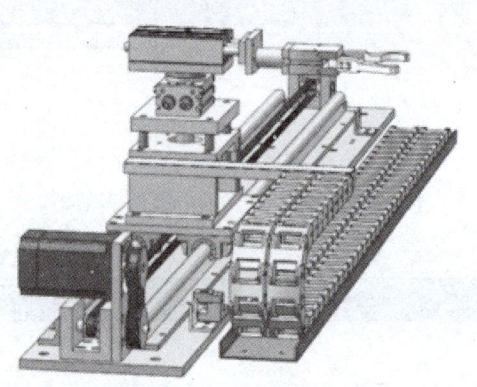

图 6-30 装配完成的输送单元机械部分

② 在安装机械手装置的过程中，要先找好升降台升降气缸安装板与摆动气缸连接的原始位置，以便有足够的回转角度。

（2）气动元件（气路）的连接　当机械手装置做往复运动时，连接到机械手装置上的气管和电气连接线随之运动。确保这些气管和电气连接线运动顺畅，不致在移动过程中拉伤或脱落是安装过程中重要的一环。连接到机械手装置上的气管和电气连接线是通过拖链带引出到固定在工作台上的电磁阀组和接线端口上的，其连接示意如图 6-31 所示。

连接到机械手装置上的管线首先绑扎在拖链带安装支架上，然后沿拖链带敷设，进入管线线槽中。绑扎管线时，管线引出端到绑扎处应保留足够的长度，以免机构运动时被拉紧而造成脱落。沿拖链带敷设时，注意管线间不要相互交叉。

其余注意事项同学习情境二。另外，气路系统安装完毕后，应注意 4 个气缸的初始位置，位置不对时，应对照图 6-7 进行调整。

（3）气路调试　同学习情境三。

（4）传感器的安装

1）磁性开关的安装。输送单元有 4 个气动元件，即升降气缸、伸缩气缸、摆动气缸和气动手指，共用了 7 个磁性开关作为气动元件的极限位置检测元件。磁性开关的安装方法与

学习情境六 输送单元的拆装与调试

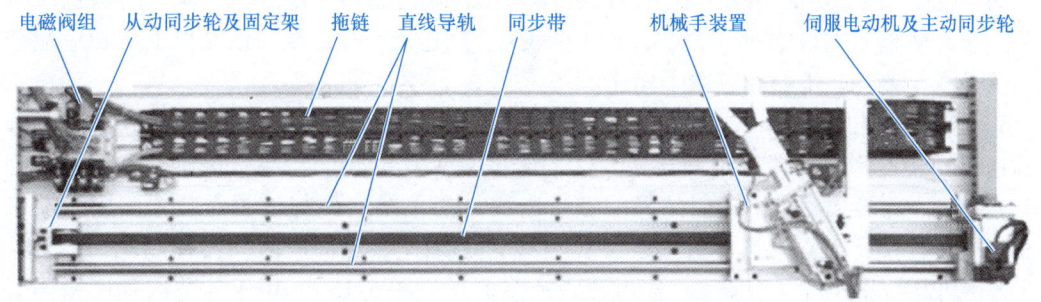

图 6-31 气管和电气连接线连接示意图

供料单元中磁性开关的安装方法相同,在此不再赘述。

2)电感式传感器的安装。输送单元中的电感式传感器用于机械手装置返回原点位置的检测,其安装方法与供料单元中电感式传感器的安装方法相同,在此不再赘述。

安装传感器时应注意以下两点:

① 安装磁性开关时应注意位置和紧固可靠性。

② 安装电感式传感器时应注意安装位置的调整,以免机械手装置返回原点位置时产生到位信号。

(5)装置侧电气接线及工艺要求 电气接线包括输送单元装置侧各传感器、电磁阀等引线到装置侧接线端口之间的接线。该单元装置侧接线端口的接线端子采用三层端子结构,详见图 0-11。

输送单元装置侧接线端口上各传感器和电磁阀信号端子的分配见表 6-7。

表 6-7 输送单元装置侧接线端口信号端子的分配

输入端口中间层			输出端口中间层		
端子号	设备符号	信号线	端子号	设备符号	信号线
2	SC1	原点接近开关检测	2	PULS2	伺服脉冲
3	SQ1	右限位开关	3		
4	SQ2	左限位开关	4	SIGN2	伺服方向
5	1B1	机械手升降下限检测	5	1YV	升降台升降电磁阀
6	1B2	机械手升降上限检测	6	3YV1	摆动气缸左旋电磁阀
7	3B1	机械手旋转左限检测	7	3YV2	摆动气缸右旋电磁阀
8	3B2	机械手旋转右限检测	8	2YV	手爪伸缩电磁阀
9	2B2	机械手伸出检测	9	4YV1	手爪夹紧电磁阀
10	2B1	机械手缩回检测	10	4YV2	手爪松开电磁阀
11	4B1	机械手夹紧检测			
12	ALM +	伺服报警			
13#~17#端子没有连接			11#~14#端子没有连接		

1)磁性开关的接线。磁性开关为两线式传感器,连线时,7 个磁性开关(1B1、1B2、3B1、3B2、2B2、2B1、4B1)的棕色线分别与输送单元装置侧输入端口中间层 5~11 号端子(见表 6-7)连接,蓝色线分别与该端口下层相应端子连接。

2）电感式传感器的接线。电感式传感器为三线式传感器，连线时，SC1 的黑色线与输送单元装置侧输入端口中间层 2 号端子（见表 6-7）连接，棕色线与该端口上层相应端子连接，蓝色线与该端口下层相应端子相连。

3）限位开关的接线。左、右两限位开关 SQ2、SQ1 的常开触点引出线（红色线）分别与输送单元装置侧输入端口中间层 4、3 号端子（见表 6-7）连接。必须注意的是，SQ2、SQ1 均提供一对转换触点，它们的静触点引出线（黑色线）应与该单元装置侧输入端口下层相应端子连接，而常闭触点引出线（黄色线）必须连接到伺服驱动器控制端口 CNX4 的 POT（引脚 9）和 NOT（引脚 8）作为硬联锁保护（见图 6-15），用于防范因程序错误引起越程故障造成的设备损坏。

4）伺服系统的接线。主要包括伺服电动机端子接线、伺服驱动器端子与 PLC 输出端的连线，伺服电动机端子与伺服驱动器之间的接线如图 6-14 和图 6-15 所示。

这里主要介绍伺服驱动器与 PLC 输出端及电源之间的接线。伺服驱动器与电源之间的接线如图 6-14 所示。**注意**：伺服驱动器输入的电压为单相交流电压。伺服驱动器与 PLC 输出端的连接是通过其控制端口 CNX4 实现的，该端口对外引出 9 根线，其中黄色线、绿色线、紫色线接直流电源 24V，分别连接输送单元装置侧输入端口上层 3～5 号端子；蓝色线接直流电源 0V，与该端口下层 12 号端子相连；咖啡色线（伺服报警信号）连接至该端口中间层 12 号端子；灰色线（伺服脉冲）接 PLC 的 Y000，与输送单元装置侧输出端口中间层 2 号端子（见表 6-7）连接；白色线（伺服方向）接 PLC 的 Y002，与输出端口中间层 4 号端子（见表 6-7）连接；红色线与左限位开关的黄色线连接；黑色线与右限位开关的黄色线相接。

5）电磁阀的接线。电磁阀对外引出两根线，连线时，6 个电磁阀（1YV、3YV1、3YV2、2YV、4YV1、4YV2）的蓝色线分别与输送单元装置侧输出端口中间层 5～10 号端子（见表 6-7）连接，红色线分别与该端口上层相应端子连接。

电气接线的注意事项同学习情境一。

4. 检查调试

同学习情境二。

四、输送单元的编程与运行

（一）工作任务

输送单元单站运行的目标是测试设备传送工件的功能，驱动设备可为步进电动机或伺服电动机。测试时，要求其他各工作单元已经就位，如图 6-32 所示。供料单元的物料台上放置了工件。

具体测试要求如下。

（1）复位操作　输送单元通电后，机械手装置在初始状态，按下复位按钮 SB2，执行复位操作，使机械手装置回到原点位置。在复位过程中，"正常工作"指示灯 HL1 以 1Hz 的频率闪烁。

当机械手装置回到原点位置，且输送单元各个气缸满足初始位置的要求时（注：气缸初始位置是指升降气缸处于下限位状态，摆动气缸处于右限位状态，伸缩气缸处于缩回状态，气动手指处于松开状态），复位完成，"正常工作"指示灯 HL1 常亮。按下起动按钮 SB1，设备起动，"设备运行"指示灯 HL2 常亮，开始功能测试过程。

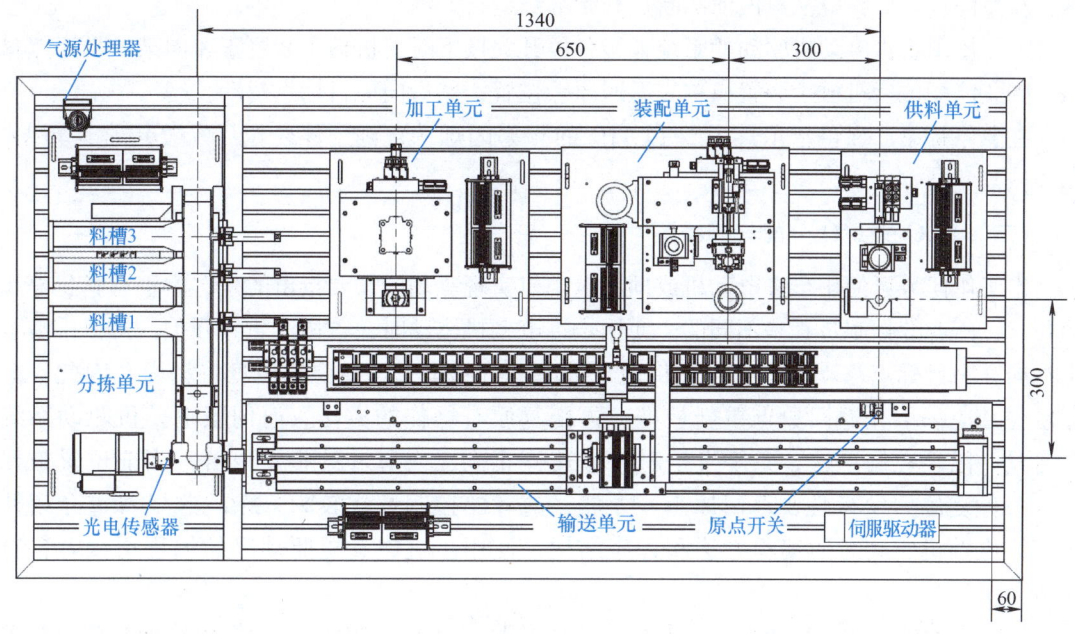

图 6-32 YL-335B 自动化生产线设备俯视图

（2）正常功能测试

1）机械手装置从供料单元物料台抓取工件，抓取的顺序：手臂伸出→手爪夹紧，抓取工件→升降台上升→手臂缩回。

2）抓取动作完成后，机械手装置向装配单元移动，移动速度不小于 300mm/s。

3）机械手装置移动到装配单元装配台的正前方后，即把工件放到装配单元装配台料斗上。机械手装置在装配单元放下工件的顺序：手臂伸出→升降台下降→手爪松开，放下工件→手臂缩回。

4）放下工件动作完成 2s 后，机械手装置执行抓取装配单元工件的操作。抓取的顺序与供料单元抓取工件的顺序相同。

5）抓取动作完成后，机械手装置移动到加工单元加工台的正前方，把工件放到加工单元加工台上。其动作顺序与装配单元放下工件的顺序相同。

6）放下工件动作完成 2s 后，机械手装置执行抓取加工台工件的操作。抓取的顺序与供料单元抓取工件的顺序相同。

7）机械手装置手臂缩回后，摆动气缸逆时针旋转 90°，机械手装置从加工单元向分拣单元运送工件、到达目标位置后，向传送带上方进料口放下工件，动作顺序与装配单元放下工件的顺序相同。

8）放下工件动作完成后，机械手装置手臂缩回，然后执行以 400mm/s 的速度返回原点的操作。返回过程中，摆动气缸顺时针旋转 90°，回到原点停止。

机械手装置返回原点后，一个测试周期结束。当供料单元的物料台上放置了新工件时，按下起动按钮 SB1，开始新一轮的测试。

（3）非正常运行的功能测试 若在工作过程中按下急停开关 QS，系统则立即停止运行。在急停复位后，应从急停前的断点开始继续运行。

对于使用步进电动机驱动的系统，当急停开关按下时，机械手装置正在向某一目标点移动，则急停复位后机械手装置应首先返回原点位置，然后向原目标点运动。

在急停状态，绿色指示灯 HL2 以 1Hz 的频率闪烁，直到急停复位后恢复正常运行时，HL2 恢复常亮。

（二）PLC 的 I/O 分配与接线图

本工作任务可使用步进电动机或伺服电动机实现驱动。需要指出的是，由于有紧急停止的要求，两者的控制过程是不同的。使用步进电动机驱动时，若按下急停开关，机械手装置正在向某一目标点移动，紧急停止将使步进电动机越步，当前位置信息将丢失，因此，急停复位后应采取先返回原点重新校准、再恢复原有操作的方法。而伺服电动机驱动系统本身是一闭环控制系统，急停发生时将减速停止到已发脉冲的指定位置，当前位置被保存，急停复位后没有必要返回原点。显然，前者的控制编程较为复杂。这里着重介绍使用伺服电动机驱动时的编程方法和程序结构，使用步进电动机驱动时的编程请读者自行完成。

输送单元所需的 I/O 点较多。其中，输入信号包括来自按钮/指示灯模块的按钮、开关等主令信号，各构件的传感器信号等；输出信号包括输出到机械手装置各电磁阀的控制信号和输出到伺服驱动器的脉冲信号和方向信号；此外，还需考虑在需要时输出信号到按钮/指示灯模块的指示灯，以显示本单元或系统的工作状态。

1. I/O 分配

由于输送单元 PLC 需要输出驱动伺服电动机的高速脉冲，因此，PLC 应选用晶体管输出型。基于上述考虑和工作任务的要求，该单元 PLC 选用三菱 FX_{3U}-48MT，为 24 点输入、24 点输出，晶体管输出型。输送单元的 I/O 信号分配见表 6-8。

表 6-8 输送单元 PLC 的 I/O 信号分配

输入信号				输出信号			
序号	PLC 输入点	信号名称	信号来源	序号	PLC 输出点	信号名称	信号来源
1	X000	原点接近开关检测		1	Y000	脉冲	
2	X001	右限位开关		2	Y001		
3	X002	左限位开关		3	Y002	方向	
4	X003	机械手升降下限检测		4	Y003	升降台升降电磁阀	
5	X004	机械手升降上限检测		5	Y004	摆动气缸左旋电磁阀	装置侧
6	X005	机械手旋转左限检测	装置侧	6	Y005	摆动气缸右旋电磁阀	
7	X006	机械手旋转右限检测		7	Y006	手爪伸缩电磁阀	
8	X007	机械手伸出检测		8	Y007	手爪夹紧电磁阀	
9	X010	机械手缩回检测		9	Y010	手爪松开电磁阀	
10	X011	机械手夹紧检测		10	Y011		
11	X012	伺服报警		11	Y012		

(续)

输入信号				输出信号			
序号	PLC输入点	信号名称	信号来源	序号	PLC输出点	信号名称	信号来源
12	X013 ~ X023 未接线			12	Y013		按钮/指示灯模块
13				13	Y014		
14				14	Y015	正常工作指示	
15				15	Y016	设备运行指示	
16				16	Y017	报警指示	
17							
18	X024	起动按钮	按钮/指示灯模块				
19	X025	复位按钮					
20	X026	急停开关					
21	X027	单机/全线转换开关					

2. I/O 接线图

根据输送单元 I/O 信号分配和工作任务的要求，该单元 I/O 接线图如图 6-33 所示。其中，左、右两限位开关 SQ2 和 SQ1 的常开触点分别连接到 PLC 输入点 X002 和 X001。

本单元 PLC 为晶体管输出型 $FX_{3U}-48MT$，供电电源采用 AC 220V 电源，与前面各工作单元的继电器输出型 PLC 相同。

完成系统的电气接线后，还须对伺服驱动器进行参数设置，具体参数设置数值见表 6-2。

(三) PLC 的安装与接线

首先，将 PLC 安装在导轨上，然后进行 PLC 侧接线，包括电源接线、PLC 输入/输出端子接线及按钮/指示灯模块接线三部分。

在进行 PLC 接线时，一定要依据表 6-7 和图 6-33。其余注意事项同学习情境一。

(四) PLC 程序的编制

1. 主程序编写的思路

从工作任务可以得出，输送单元传送工件的过程是一个步进顺序控制过程，包括两个方面：一是伺服电动机驱动机械手装置的定位控制过程；二是机械手装置到各工作单元物料台上抓取或放下工件。

整个功能测试过程应包括上电后复位、传送功能测试、紧急停止处理和状态指示等部分。传送功能测试是一个步进顺序控制过程。在主程序中可采用步进指令实现，在整个测试过程中，机械手装置在供料单元、装配单元Ⅰ、加工单元、分拣单元共抓料和放料 6 次，可以分别编写一个抓料子程序和一个放料子程序。

本工作任务采用伺服电动机驱动，由于伺服电动机驱动系统本身是一个闭环控制系统，急停发生时将减速停止到已发脉冲的指定位置，当前位置被保存，急停复位后无须返回原点。这样就不需要编制急停处理子程序。为了实现上面的功能，需要主控指令（MC、MCR）配合，直接将急停开关信号 X026 与运行状态 M10、越程故障 M7 串联作为主控块的条件即可。

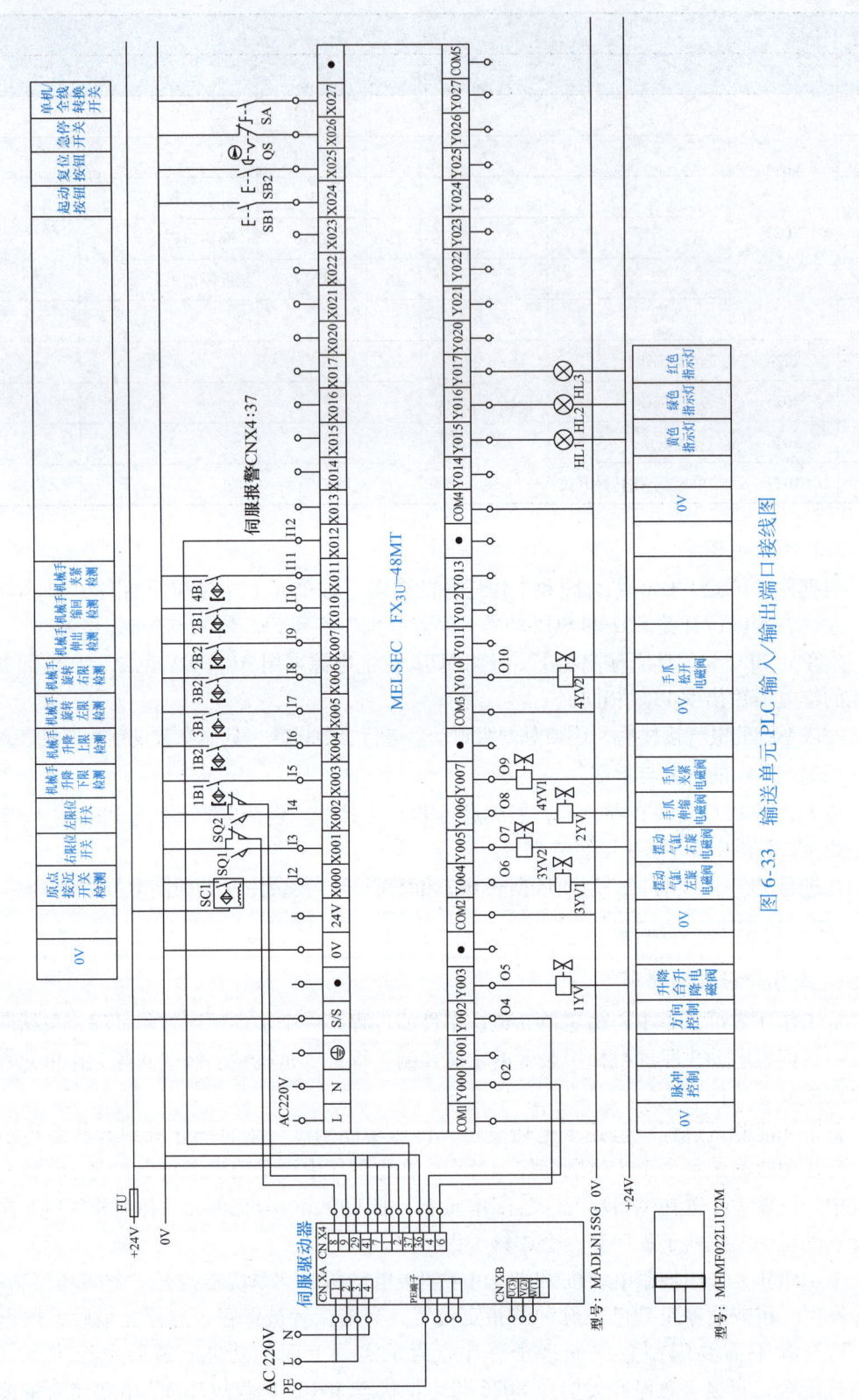

图 6-33 输送单元 PLC 输入/输出端口接线图

输送单元程序控制的关键点是伺服电动机的定位控制,这部分程序采用 FX$_{3U}$ 系列 PLC 绝对定位指令来实现。因此,需要知道各工位的绝对位置脉冲数。由前面的分析可知,伺服驱动器的脉冲当量为 0.01mm,即机械手装置每移动 1mm,PLC 发出 100 个脉冲,这些数据见表 6-9。

表 6-9 伺服电动机运行的各工位绝对位置

序 号	站 点	脉 冲 量	移动方向
1	低速回零(ZRN)		
2	ZRN(零位)→供料单元,22mm	2200	
3	供料单元→装配单元Ⅰ,300mm	30000	DIR
4	供料单元→加工单元,950mm	95000	DIR
5	供料单元→分拣单元,1040mm	104000	DIR

综上所述,输送单元程序应包括上电初始化、复位过程(子程序)、准备就绪后投入运行等阶段。

2. 初始状态检查和起停控制部分的编程

(1) 上电初始化的处理 上电初始化程序如图 6-34 所示,主要包括如下两项内容。

图 6-34 上电初始化处理程序

1) 对程序运行时的某些位元件进行必要的置位或复位处理。例如,复位"准备就绪""运行状态"标志位,置位步进顺序控制的初始步 S0 等。

2) 指定定位控制使用的基本信息。

(2) 异常情况的检查和处理 输送单元运行时的异常情况主要是越程故障和紧急停车。一旦发生这两种情况,PLC 应立即停止输出脉冲,然后做进一步处理。异常情况检查程序如图 6-35 所示。

其编程要点如下:

1) 越程故障发生或运行中按下急停开关,立即使 M8349 为 ON,停止脉冲输出。

2) 急停开关按下后延迟一个扫描周期,置位急停标志,以停止步进顺控程序的执行,直到急停开关被解除。

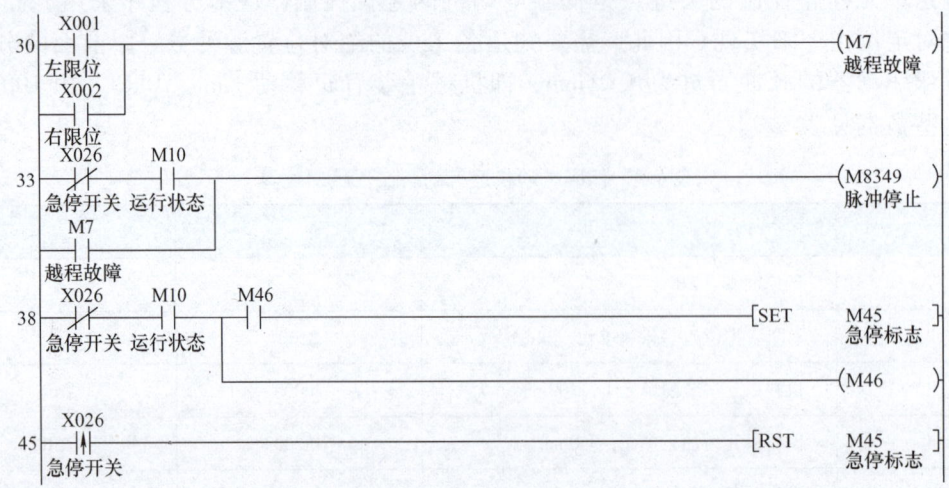

图 6-35 异常情况检查程序

注意：发生越程故障时，伺服驱动器将报警并立即停止。只有断开伺服驱动器电源将机械手手动移出越程位置，并重新上电后，伺服报警才能复位。如果出现越程故障，说明系统有缺陷，必须停车检查。

（3）初始状态的检查和复位　输送单元的初始状态如下：

1）机械手装置各气缸均在初始状态。

2）直线运动的参考点（即设备原点）已经被确定，且机械手装置置位于指定坐标位置（本任务指定在原点位置）。

若两个条件均满足，则系统已经处于初始状态，或者说系统已经准备就绪。

设备每次上电前，设备原点尚未确定，此外，由于某些原因，由双控电磁阀控制的气动手指和摆动气缸也可能不在初始位置（例如，前次运行期间发生停电，重新上电时）。因此，系统起动前必须进行初始状态检查，这就需要按下复位按钮进行复位操作。

复位操作的编程要点：①检查机械手装置各气缸是否在初始位置，如均在初始位置，则"机械手初始位置"标志 M51 为 ON。②如果 M51 为 ON，设备原点已确定，机械手装置位于原点位置，且急停开关没有按下，则初始状态条件满足，即本站准备就绪。③若系统起动前，系统尚未准备就绪，则按下复位按钮，调用初始状态检查子程序进行复位操作，其程序如图 6-36 所示。

机械手初始位置检查子程序编程要点：①机械手装置的复位操作，只须考虑由双电控电磁阀驱动的气动手指和摆动气缸；由单电控电磁阀驱动的升降气缸和伸缩气缸不需要考虑。②如果气动手指处于夹紧状态，则置位输出驱动夹紧电磁阀的松开线圈。气动手指复位到松开状态后，延时 0.5s 复位松开驱动输出，使复位后驱动夹紧电磁阀的两个线圈均失电。③摆动气缸的复位编程方法与气动手指相同。④正常安装后，若气动手指和摆动气缸均处于复位状态，即机械手装置处于初始位置。如果设备原点位置尚未确定，则调用原点回归子程序 P2 以确定设备原点。其程序如图 6-37 所示。

原点回归子程序 P2 的编程要点：①由于原点位置定义在原点开关的中心线位置，编程原点回归子程序 P2 时，应分为两个阶段：分别用归零1和归零2两个标志表示。②在归零1阶段，用原点回归指令（DZRN）使机械手装置从原点开关前端位置（如直线运动机构中

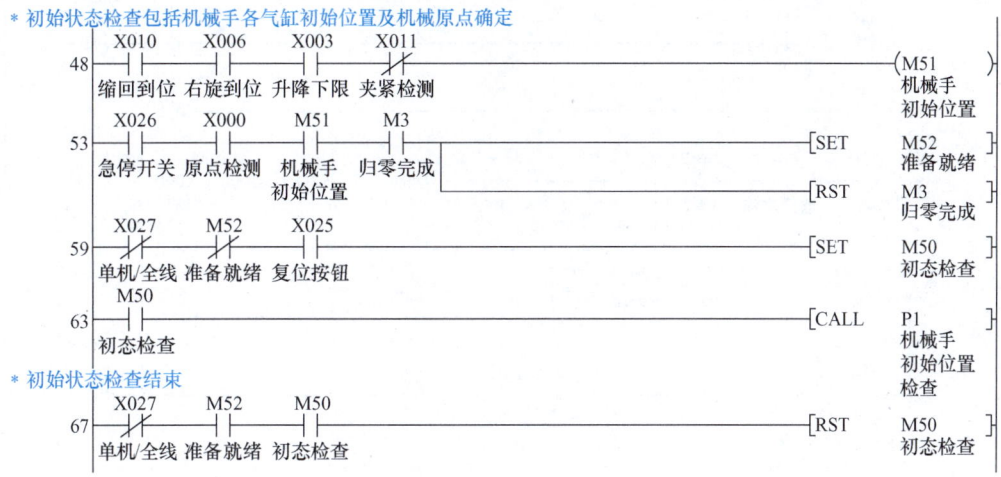

图 6-36 复位操作程序

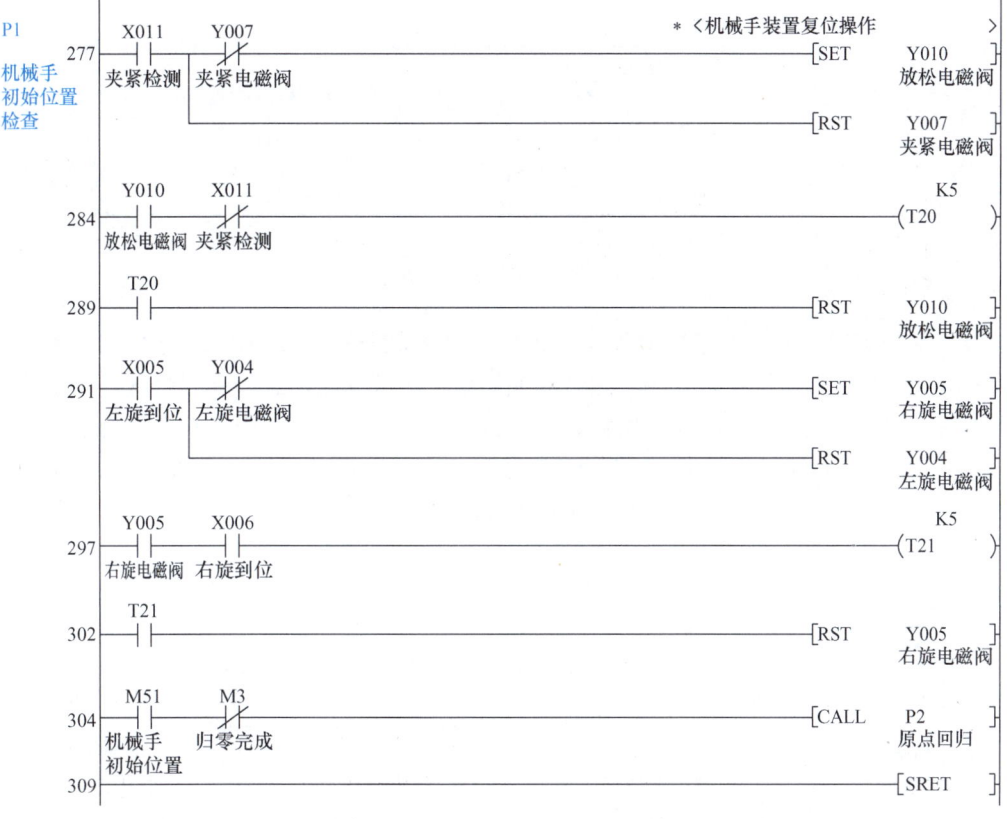

图 6-37 机械手初始位置检查子程序

间）开始向负方向移动，搜索原点开关位置的近点信号，最后在近点信号的下降沿处停止，当前值寄存器清零。这时，机械手装置与原点开关中心线之间有一个准确的负方向偏移量（22mm）。③在归零 2 阶段，执行绝对位置指令（DDRVA），使机械手装置沿正方向移动到中心线位置处，并使当前值寄存器再次清零，这样，设备原点即被确定，"归零完成"标志被置位。其程序如图 6-38 所示。

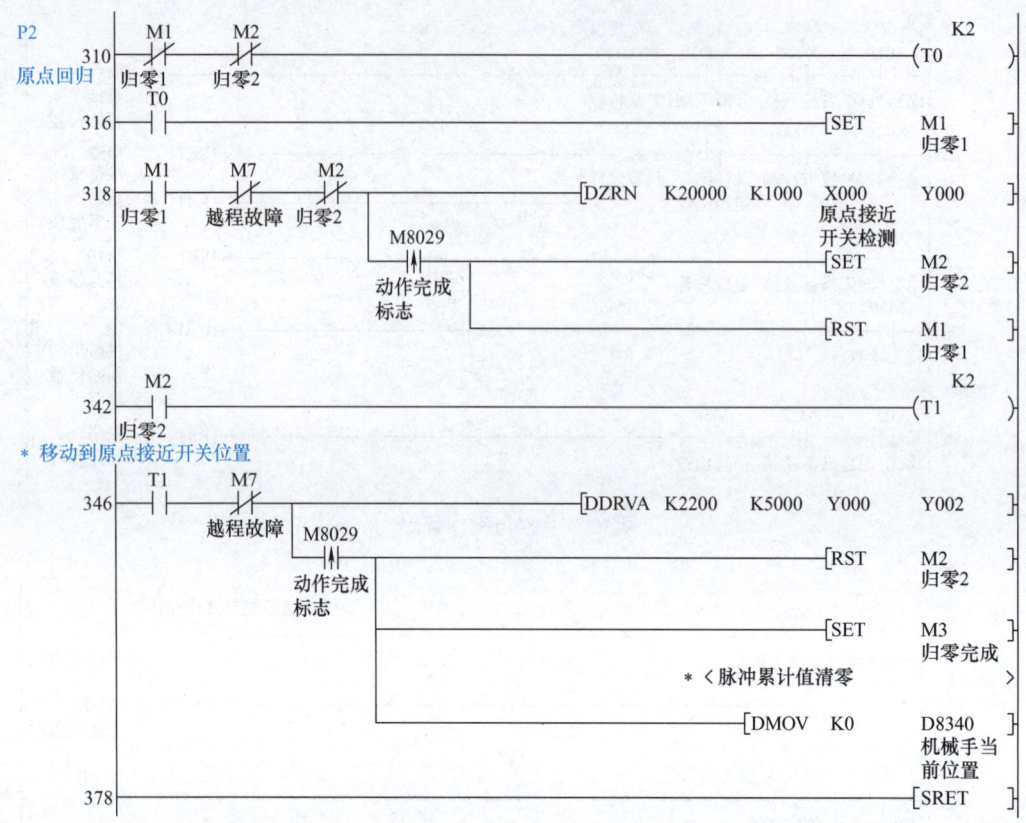

图 6-38 原点回归子程序

(4) 系统起动及运行状态指示程序 系统经初始状态检查确认后,若准备就绪,按下起动按钮,系统进入运行状态,一个测试周期结束,测试完成标志 M36 为 ON,在系统返回初始状态时自动停止。系统进入初始初态检查过程,若准备就绪,HL1 常亮;反之,HL1 以 1Hz 的频率闪烁。系统进入运行状态,HL2 常亮,若在运行过程按下急停开关,则 HL1 常亮,HL2 以 1Hz 的频率闪烁。相应程序如图 6-39 所示。

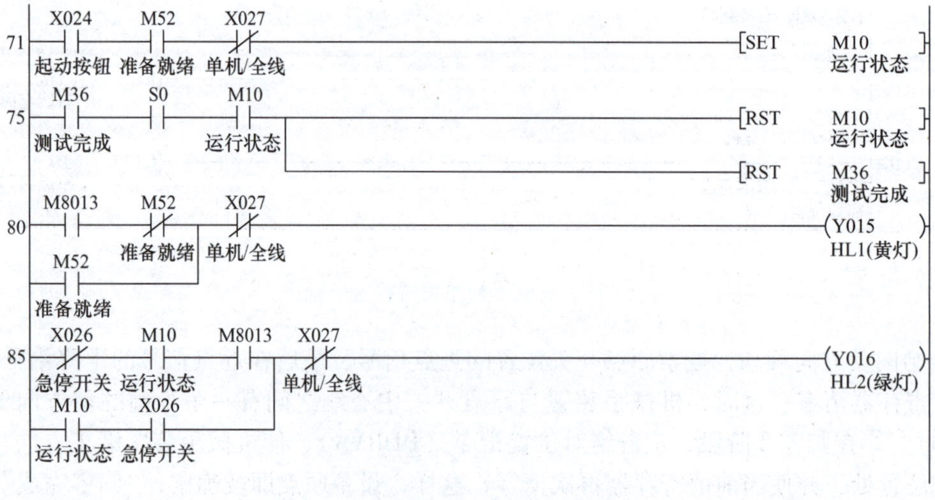

图 6-39 系统起动及运行状态指示程序

(5) 急停处理的程序 对系统运行过程的编程，须考虑对急停的处理。急停发生后，除了立即停止脉冲输出（见前述异常情况处理程序）外，还须停止步进顺序控制程序的执行。本程序采用主控-主控复位指令实现：当按下急停开关后，急停标志 M45 变为 ON，其常闭触点断开，主控程序块停止执行，但主控程序块内急停前的状态依然保持，急停状态被解除后，急停标志被复位，系统继续断点前的程序顺序执行。系统急停处理的程序如图 6-40 所示。

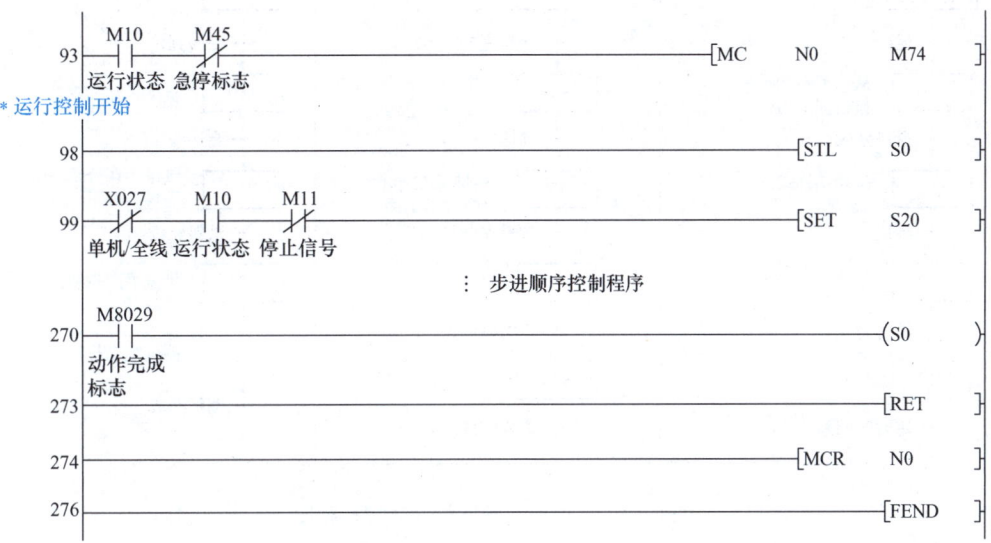

图 6-40 系统急停处理的程序

应当指出，在上述初始状态检查复位及原点回归子程序中，原点回归子程序采用原点回归指令和绝对定位指令实现。由于原点回归指令不能使机械手装置回到真正的原点，所以程序中出现了归零 1 和归零 2 的程序。实际上，我们可以直接用带加减速的脉冲输出指令实现原点回归，程序更简洁，如图 6-41 所示。

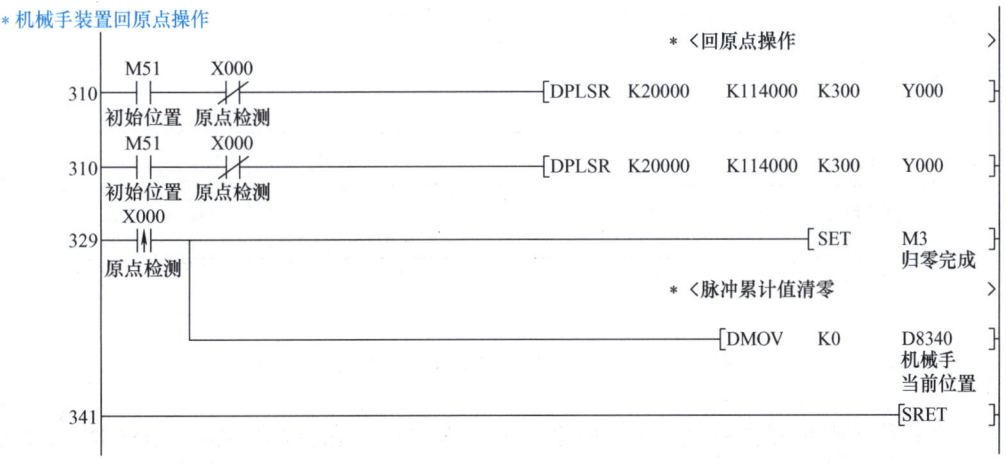

图 6-41 使用带加减速的脉冲输出指令实现原点回归的程序

3. 工件传送过程的编程

工件传送是工作任务的主控部分。其工作过程是一个单序列的步进顺序控制，流程图如图 6-42 所示。

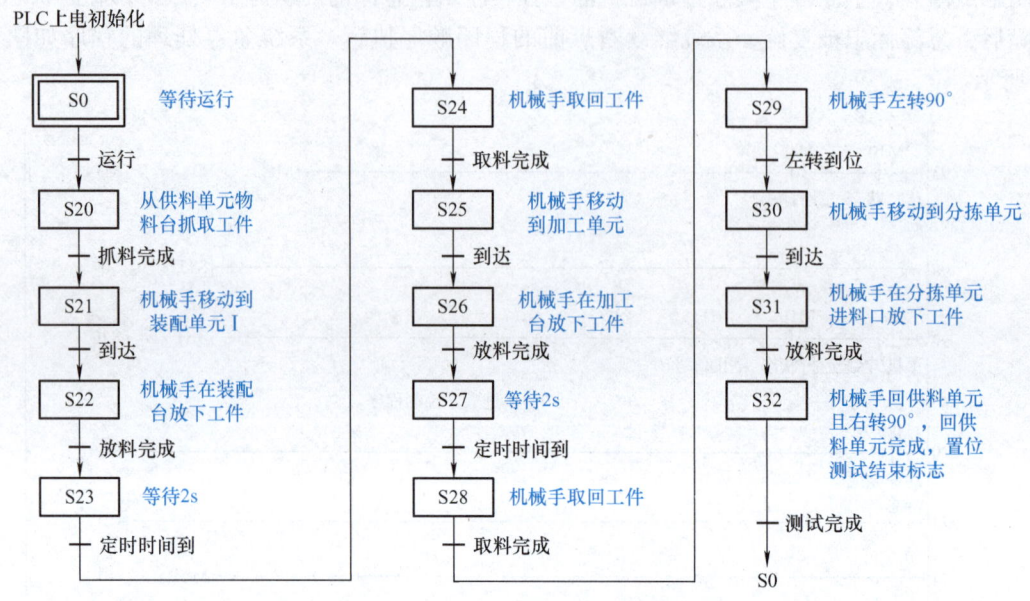

图 6-42 工件传送顺序控制过程流程图

由图 6-42 可见，步进顺序控制共 14 步（含初始步）。但究其功能，可归纳为驱动机械手运动的定位控制（使用绝对定位指令），机械手在目标单元抓取和放下工件及机械手手臂的左、右旋转等。这里仅说明机械手定位控制和机械手在目标单元抓取和放下工件的编程要点。

（1）定位控制编程 在图 6-42 中，S21、S25、S30、S32 步是伺服电动机驱动机械手分别向装配单元Ⅰ、加工单元、分拣单元和供料单元运动的过程。下面以 S21 步（机械手向装配单元Ⅰ移动过程）为例进行说明，梯形图如图 6-43 所示。

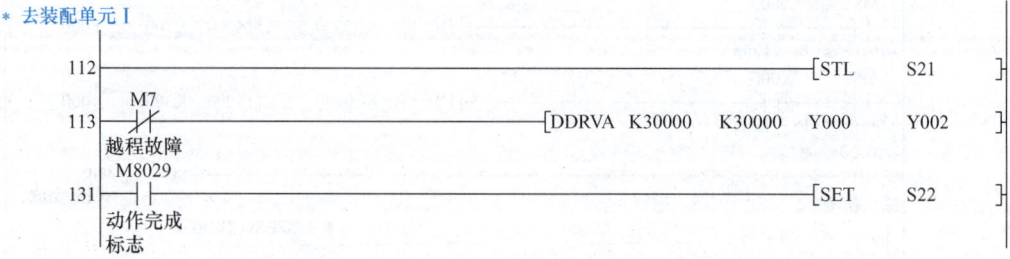

图 6-43 机械手从供料单元移动到装配单元Ⅰ的梯形图

① 在执行绝对位置指令时，首先根据当前位置寄存器和目标位置对原点的坐标值自动判断运动方向，并计算出需要发出的位置指令脉冲总数；然后以 30000 脉冲每秒的速率从 Y000 输出脉冲驱动伺服系统。

② 正常情况下，当全部脉冲数发送完毕，指令执行完成标志 M8029 动作，使程序步转

换到装配单元Ⅰ放下工件步。

③ 伺服系统具有良好的跟随能力，能迅速跟随当前已接收的位置指令脉冲数运动。若指令在执行过程中发生中断（如指令发出 10000 个脉冲时，急停开关被按下），脉冲输出立即停止，此时，指令尚未执行完成，M8029 不动作。而伺服电动机将在完成 10000 个脉冲的运动行程后停止下来。急停解除后，绝对位置指令从断点前的位置开始继续执行指令，继续发送剩余的位置指令脉冲数后，指令执行完成。

（2）机械手在目标单元抓取和放下工件的编程　由图 6-42 可知，在一个测试周期内，机械手装置在目标单元需要进行三次抓取工件和三次放下工件的操作，为避免程序重复，这里采用子程序调用的方式进行。

机械手在不同单元抓取工件或放下工件的动作顺序是相同的。抓取工件的动作顺序：手臂伸出→手爪夹紧→升降台上升→手臂缩回。放下工件的动作顺序：手臂伸出→升降台下降→手爪松开→手臂缩回。采用子程序调用的方式实现抓取和放下工件的动作可使程序编写得以简化。

在机械手执行抓取工件的工作步中调用"抓料"子程序，在执行放下工件的工作步中调用"放料"子程序。当抓取或放下工作完成时，"抓料完成"标志 M4 或"放料完成"标志 M5 作为顺序控制程序中步转移的条件。应该指出的是，虽然抓取工件或放下工件都是顺序控制过程，但在编制子程序时不能使用 STL/RET 指令，否则会发生代号为"6606"的错误。实际上，抓取工件和放下工件过程均较为简单，直接使用基本指令即可实现。抓取工件和放下工件子程序分别如图 6-44 和图 6-45 所示。

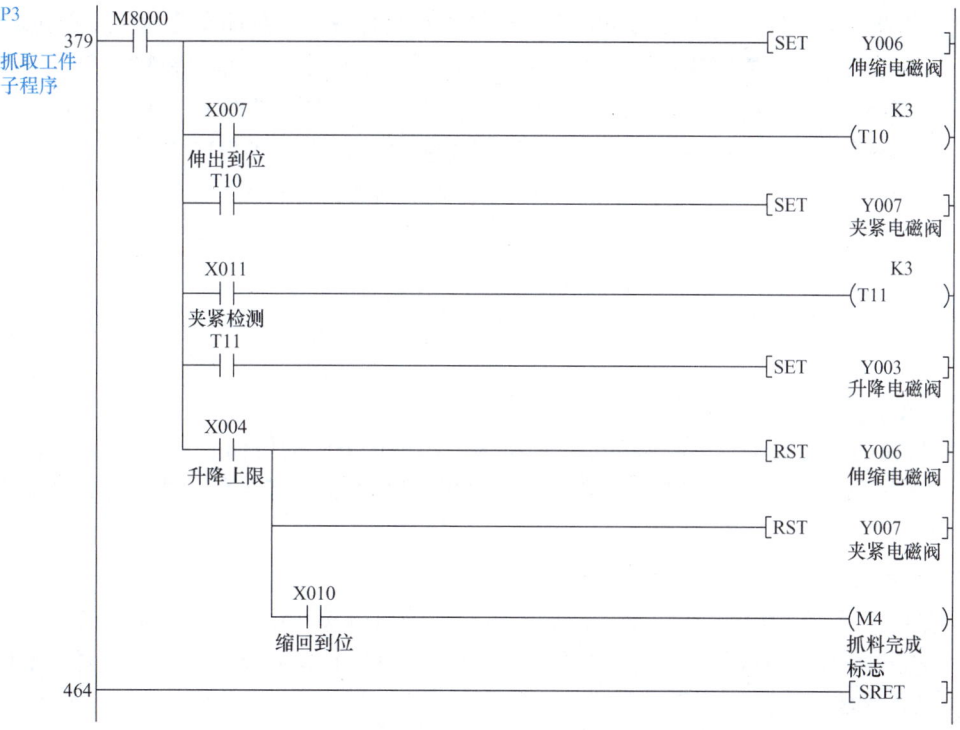

图 6-44　抓取工件子程序

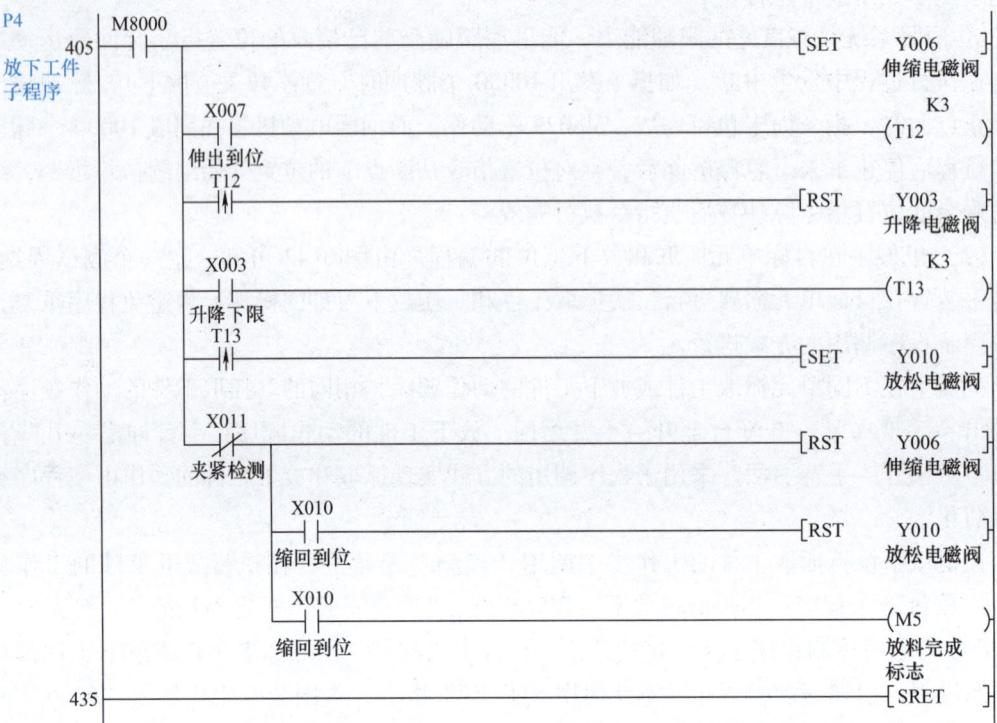

图 6-45　放下工件子程序

(五) 调试与运行

1) 调整气动部分，检查气路是否正确、气压是否合理、气缸的动作速度是否合适。

2) 检查磁性开关的安装位置是否正确，磁性开关工作是否正常。在输送单元通电、气源接通的条件下，手动控制电磁阀 1YV、2YV、3YV1、3YV2、4YV1、4YV2 工作，使升降气缸、伸缩气缸、摆动气缸和气动手指动作，观察 PLC 输入端 X003、X004、X007、X010、X005、X006、X011 的 LED 是否点亮，若不亮，则应检查磁性开关的安装位置及接线。

3) 检查 I/O 接线是否正确。

4) 电感式传感器的功能测试。在输送单元通电、气源接通的条件下，将机械手装置返回到原点位置，观察 PLC 输入端 X000 的 LED 是否点亮，若不亮，则应检查电感式传感器及接线。

5) 按钮/指示灯的功能测试。

① 按钮的功能测试。为输送单元接通电源，用手按下起动按钮、复位按钮、急停开关、单机/全线转换开关，观察 PLC 输入端 X024～X027 的 LED 是否点亮，若不亮，则应检查对应的按钮或开关及连接线。

② 指示灯的功能测试。为输送单元通电，进入 GX Works2 编程软件，利用软件的强制功能分别将 PLC 的 Y015～Y017 置 1，观察 PLC 的输出端 Y015～Y017 的 LED 是否点亮，按钮/指示灯模块对应的黄色指示灯、绿色指示灯、红色指示灯是否点亮，若不亮，则应检查指示灯及连接线。

6) 气动元件的功能测试。

① 升降台升降电磁阀（1YV）功能测试。在输送单元通电、气源接通的条件下，进入

GX Works2 编程软件，利用软件的强制功能强制 Y003 通/断电一次，观察 PLC 输出端 Y003 的 LED 是否点亮，升降气缸是否执行提升/下降动作，若不执行，则应检查升降气缸（1A）、升降台升降电磁阀（1YV）的气路连接部分及升降台升降电磁阀（1YV）的接线。

② 手爪伸缩电磁阀（2YV）功能测试。在输送单元通电、气源接通的条件下，进入 GX Works2 编程软件，利用软件的强制功能强制 Y006 通/断电一次，观察 PLC 输出端 Y006 的 LED 是否点亮、伸缩气缸是否执行伸出/缩回动作，若不执行，则应检查伸缩气缸（2A）、手爪伸缩电磁阀（2YV）的气路连接部分及手爪伸缩电磁阀（2YV）的接线。

③ 摆动气缸左旋电磁阀（3YV1）、摆动气缸右旋电磁阀（3YV2）功能测试。在输送单元通电、气源接通的条件下，进入 GX Works2 编程软件，利用软件的强制功能强制 Y004、Y005 通/断电一次，观察 PLC 输出端 Y004、Y005 的 LED 是否点亮，摆动气缸是否执行摆动（左旋、右旋）动作，若不执行，则应检查摆动气缸（3A）、摆动气缸左旋电磁阀（3YV1）、摆动气缸右旋电磁阀（3YV2）的气路连接部分及摆动气缸左旋电磁阀（3YV1）、摆动气缸右旋电磁阀（3YV2）的接线。

④ 手爪夹紧电磁阀（4YV1）、手爪松开电磁阀（4YV2）功能测试。在输送单元通电、气源接通的条件下，进入 GX Works2 编程软件，利用软件的强制功能强制 Y007、Y010 通/断电一次，观察 PLC 输出端 Y007、Y010 的 LED 是否点亮，气动手指是否执行夹紧/放松动作。若不执行，则应检查气动手指（4A）、手爪夹紧电磁阀（4YV1）、手爪松开电磁阀（4YV2）的气路连接部分及手爪夹紧电磁阀（4YV1）、手爪松开电磁阀（4YV2）的接线。

7）伺服系统的功能测试。伺服系统的功能测试主要是通过 PLC 发出脉冲信号 Y000、脉冲方向信号 Y002 给伺服驱动器，检查伺服电动机的运行速度和正、反换向情况。同时，通过 PLC 设置不同位置的脉冲数与伺服电动机的编码器脉冲数比较，精确定位机械手装置的位置。若不能运行或位置不准确，应检查伺服系统及连接线。

8）输送单元程序综合调试。

①运行前，必须检查左、右限位开关和原点开关的动作可靠性，防止在调试过程中机械手装置越程而发生撞击设备的事故。

②运行程序前，机械手装置不要置于原点开关动作的位置；否则，执行原点回归指令时，可能会发生右越程故障。因此，设备上电前，应按工作任务规定，手动将机械手装置移动到直线导轨的中间位置。

（六）问题与思考

1）试用位移位指令编制输送单元传送工件顺序控制过程的梯形图程序。

2）若要求输送单元机械手装置在供料单元抓取的工件为金属工件时，直接将工件送往分拣单元；为塑料工件时，则按照供料单元→装配单元Ⅰ→加工单元→分拣单元的顺序运行，最后返回供料单元。上述传送工件的顺序功能图应如何绘制？

3）若输送单元初态检查部分程序正确，但在 PLC 上电后，按下复位按钮，发现机械手在复位过程中，经过原点位置后，没有进行归零2动作，而直接越程了，试分析可能的原因。

4）若输送单元初态检查部分程序正确，但在 PLC 上电后，按下复位按钮，发现机械手在复位过程中，不是向原点方向运动，而是向原点相反的方向运动，试分析可能的原因。

5）如果将伺服电动机驱动机械手的定位控制采用带加减速的脉冲输出指令（PLSR）实现，程序应如何编制？

6）阅读"中国创新：会在空间站上'行走'的机械臂"相关材料，写一篇关于我国自主研发空间站机械手臂的读后感。

7) 试用位移位指令编制抓取工件、放下工件的子程序。

五、任务实施与考核

(一) 任务实施

基于输送单元单站运行,要求学生以小组(2~3人)为单位,完成机械部分、传感器、气路等的拆装,电气部分接线,PLC程序编制及单元的调试运行。

学生应完成的成果清单如下:

1) 输送单元拆装与调试工作计划。
2) 气动回路原理图。
3) PLC的I/O接线图。
4) 梯形图。
5) 任务实施记录单见表6-10。

表6-10 任务实施记录单

课程名称	自动化生产线拆装与调试		
学习情境六	输送单元的拆装与调试		
实施方式	学生集中时间独立完成,教师检查指导		
序号	实施过程	出现的问题	解决的方法
实施总结			
班级		组号		姓名	
指导教师签字				日期	

（二）任务考核

填写任务考核评价表，见表6-11。

表6-11 任务考核评价表

课程名称			自动化生产线拆装与调试				
学习情境六			输送单元的拆装与调试				
评价项目	内容	配分	要求	互评	教师评价	综合评价	
实施过程	机械部分拆装与调整	20分	能正确使用拆装工具完成机械部分的拆装，机械部分动作应顺畅协调，紧固件应无松动，辅助件应安装到位				
	气路部分拆装与连接	10分	气动系统拆装正确，气动元件安装紧固，气路连接正确，无漏气现象，气缸运行顺畅平稳，动作速度合理				
	电气部分拆装与接线	10分	PLC拆装正确，接线规范整齐，接线符合工艺要求（接线端口的导线应套上标号管，且标注规范，PLC侧所有端子接线必须采用压接方式），接线端子连接牢固，无松动现象，电气接线满足原理图要求				
功能测试	传感器功能测试	5分	磁性开关、电感式传感器能按控制要求正确动作				
	电磁阀功能测试	5分	电磁阀能按控制要求正确动作				
	输送单元运行	10分	初始状态正确，能正确回原点，机械手装置能按控制要求完成抓料和放料动作，伺服电动机能驱动机械手装置正常执行传送控制，起动、停止、急停能正常执行，状态显示正确				
团队协作职业素养	分工与配合	5分	任务分配合理，分工明确，配合紧密				
	职业素养	5分	注重安全操作，工具及器件摆放整齐				
任务书及成果清单的填写	任务书	10分	搜集信息，引导问题回答正确				
	工作计划	3分	计划步骤安排合理，时间安排合理				
	材料清单	2分	材料齐全				
	气动回路原理图	3分	气动回路原理图绘制正确、规范				
	I/O接线图	4分	I/O接线图绘制正确，符号规范				
	梯形图	4分	程序正确				
	调试运行记录单	4分	气动回路调试及整体运行调试过程记录完整、真实				
总评							
班级			姓名		组号		组长签字
指导教师签字					日期		

学习情境七

YL-335B自动化生产线联机调试

教学目标	知识目标	1. 掌握 FX_{3U} 系列 PLC $N:N$ 通信协议 2. 掌握 FX_{3U} 系列 PLC $N:N$ 网络组建的方法 3. 掌握全线运行各站程序编制的方法 4. 熟练掌握全线运行条件下单站测试及运行界面绘制的方法
	能力目标	1. 能进行 $N:N$ 通信网络的安装、编程与调试 2. 能排除一般的网络故障 3. 能根据工作任务书的要求进行人机界面设置、网络组建及各站控制程序的编制 4. 能进行程序的离线和在线调试 5. 能解决自动化生产线安装与运行过程中出现的常见问题 6. 能在规定时间内完成自动化生产线的安装与调试
	素质目标	1. 通过分拣单元、输送单元的拆装，培养学生细致工作、规范操作、一丝不苟、精益求精的工匠精神 2. 在分拣单元、输送单元的电气接线、各单元联机程序编制及调试运行中，注重团队合作，有效沟通，发现问题并共同解决问题，形成团队意识，增强使命担当 3. 通过任务实施培养学生的工程意识、安全意识、责任意识及创新意识
教学重点		$N:N$ 网络组建、单站测试及运行界面的绘制
教学难点		单站测试控制程序的编制与全线运行调试

在前面的 6 个学习情境中，重点介绍了 YL-335B 自动化生产线各组成单元作为独立设备工作时用 PLC 对其实现控制的基本思路，相当于模拟了一个简单的单体设备控制过程。本情境将以 YL-335B 自动化生产线整体运行为载体，介绍如何通过 PLC 实现由几个相对独立的单元组成一个整体设备（生产线）的控制功能。

一、认知三菱 FX_{3U} 系列 PLC $N:N$ 网络通信

YL-335B 自动化生产线的每一个工作单元都由一台 PLC 承担其控制任务，各 PLC 之间通过 RS-485 串行通信实现互联的分布式控制方式。组建成网络后，系统中每一个工作单元也称为工作站。

PLC 网络的具体通信模式取决于所选厂家的 PLC 类型。YL-335B 自动化生产线的标准配置：若 PLC 选用 FX_{3U} 系列，则通信方式采用 $N:N$ 网络通信。

（一）三菱 FX_{3U} 系列 PLC $N:N$ 网络通信的特性

FX_{3U} 系列 PLC 支持以下 6 种类型的通信：

1) $N:N$ 网络：用 FX_{3U} 系列 PLC 进行的数据传输可建立在 $N:N$ 网络通信的基础上。使用这种网络，能链接小规模系统中的数据。它适合不超过 8 台 PLC（FX_{3U}、FX_{3UC}）之间的互联。

2) 并行链接：这种网络采用 100 个辅助继电器和 10 个数据寄存器在 1:1 的基础上完成数据传输。

3) 计算机链接（用专用协议进行数据传输）：用 RS－485（422）单元进行的数据传输，在 1:n（16）的基础上完成。

4) 无协议通信（用 RS 指令进行数据传输）：用各种 RS－232 单元（包括个人计算机、条形码阅读器和打印机）进行数据通信，可通过无协议通信完成，这种通信使用 RS 指令或一个 FX_{2N}－232IF 特殊功能模块。

5) CC－Link 通信：FX_{3U} 系列 PLC 主站可以连接与 CC－Link 网络支持的远程设备、远程 I/O 站（变频器、AC 伺服、传感器、电磁阀等），并进行数据链接。FX_{3U} 系列 PLC 中有主站用、远程设备站用的产品。

6) Modbus 通信：可以和 RS－232C 及 RS－485 支持 Modbus 的设备进行 Modbus 通信。

采用三菱 FX_{3U} 系列 PLC 的 YL－335B 自动化生产线选用 $N:N$ 网络实现各工作站的数据通信，这里只介绍 $N:N$ 网络的基本特性和组网方法。其他通信类型请参阅《FX_{3U} 系列微型可编程序控制器用户手册（通信篇）》。

$N:N$ 网络建立在 RS－485 传输标准上，网络中必须有一台 PLC 为主站，其他 PLC 为从站，网络中站点的总数不超过 8 个。图 7-1 所示是 YL－335B 自动化生产线中 $N:N$ 网络的配置。

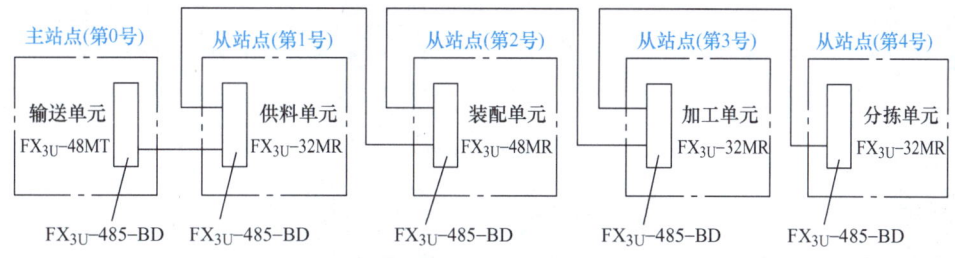

图 7-1　YL－335B 自动化生产线中 $N:N$ 网络的配置

系统中使用的 RS－485 通信接口板为 FX_{3U}－485－BD，最大延伸距离为 50m，网络的站点数为 5 个。

$N:N$ 网络的通信协议是固定的：通信方式采用半双工通信，波特率固定为 38400bit/s；数据长度、奇偶校验、停止位、标题字符、终结字符及和校验等均是固定的。

$N:N$ 网络采用广播方式进行通信：网络中每一站点都指定一个由特殊辅助继电器和特殊数据寄存器组成的链接存储区，各站点链接存储区地址编号都是相同的。各站点向自己站点链接存储区中规定的数据发送区写入数据。网络上任何一台 PLC 中的数据发送区的状态会反映给网络中的其他 PLC，因此，数据可供通过 PLC 链接连接起来的所有 PLC 共享，且所有单元的数据都能同时完成更新。

(二)组建 $N:N$ 通信网络

使用 FX_{3U} 系列 PLC 的 YL-335B 自动化生产线一般通过安装在各单元 PLC 上的通信板 FX_{3U}-485-BD 连接成 $N:N$ 通信系统。在网络安装前，应断开电源。

1. 三菱通信板 FX_{3U}-485-BD 的安装

FX_{3U}-485-BD 可以对通信口进行扩展，它是被内部安装在 PLC 的顶部，因此不需要改变 PLC 的安装区域。安装 FX_{3U}-485-BD 时，在保持通信板与基本单元处于平行的状态下连接到通信板接口上，然后用附带的 M3 自攻螺钉将通信板固定在基本单元上。FX_{3U}-485-BD 的外观、外形尺寸、端子排列及安装方法如图 7-2 所示。

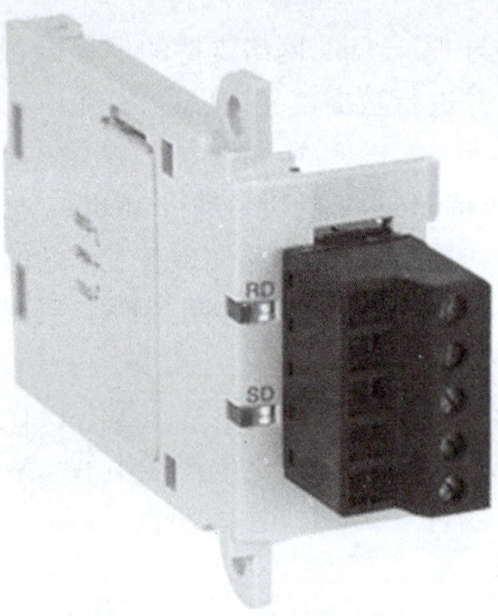

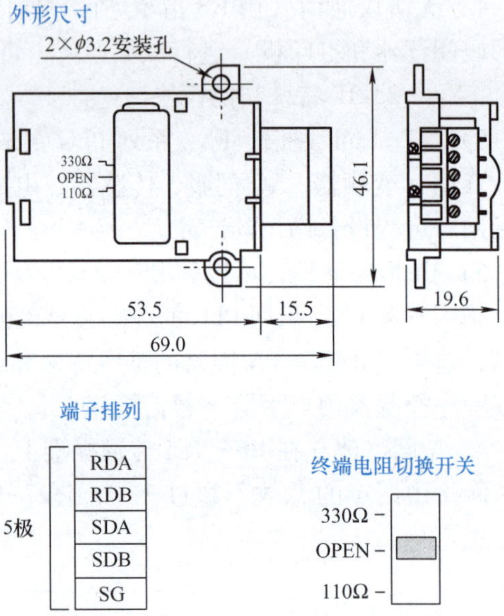

图 7-2 FX_{3U}-485-BD 的外观、外形尺寸、端子排列及安装方法

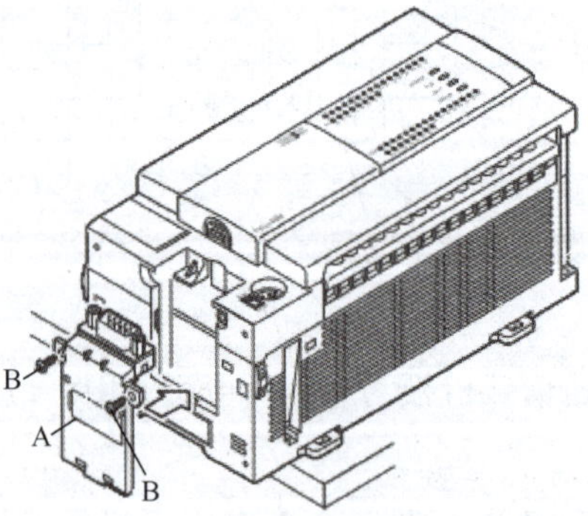

2. 三菱通信板 FX_{3U}-485-BD 接线注意事项

1)不要将信号电缆作为高压电源电缆附件，也不要将它们放在同一个干线管道中，否则可能会受到干扰或浪涌。应使信号电缆和电源电缆保持一个安全的距离，最短 100mm。

2）将通信电缆的屏蔽层可靠接地，确保通信电缆的屏蔽层与设备接地良好。

3）切勿对任何电缆末端进行焊接，确保连接电缆的数量不超过单元的设计数量。

4）切勿连接尺寸不允许的电缆。

5）固定电缆，避免任何应力直接作用到端子排或电缆连接区上。

6）端子的拧紧力矩是 0.5~0.6N·m。要拧紧，防止故障。

警告：安装、拆除通信板或在通信板上接线之前，要先切断电源，以免触电或产品受损。

在 YL-335B 自动化生产线的 $N:N$ 网络中，各站点间用屏蔽双绞线相连，如图 7-3 所示。接线时，须注意终端站要接上 110Ω 的终端电阻（FX_{3U}-485-BD 通信板附件）。

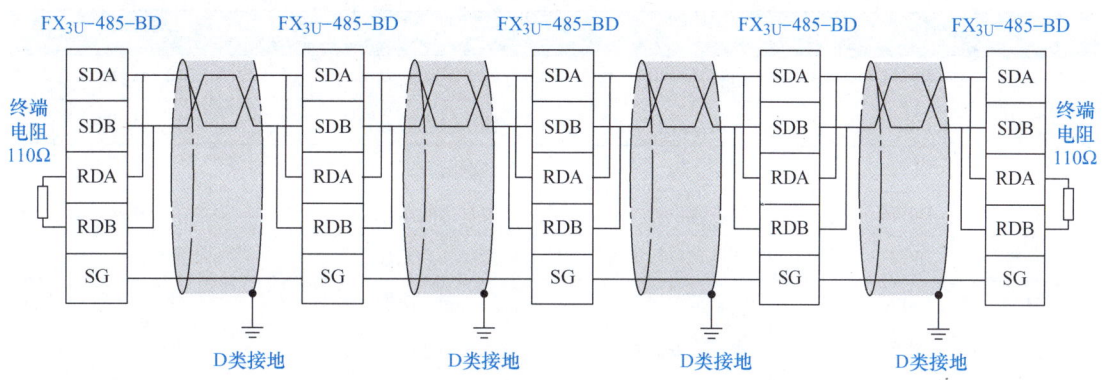

图 7-3 YL-335B 自动化生产线各站点连接

进行网络连接时应注意：

1）终端电阻必须设置在线路的两端，如图 7-3 所示，在端子 RDA 和 RDB 之间连接终端电阻（110Ω）。FX_{3U}-485-BD 内置了终端电阻，因此，只须通过终端电阻切换开关设定即可（设定在 110Ω）。

2）组网连接每台 PLC 的 FX_{3U}-485-BD 双绞电缆的屏蔽层必须采取 D 类接地。

3）屏蔽双绞线的线径应在指定范围内，否则端子可能接触不良，从而不能确保正常的通信。连线时，宜用压接工具把电缆插入端子，如果连接不稳定，通信会出现错误。

如果网络上各站点 PLC 已完成网络参数的设置，则在完成网络连接后再接通各 PLC 工作电源，可以看到，各站通信板上的 SD LED 和 RD LED 都呈现点亮、熄灭交替的闪烁状态，说明 $N:N$ 网络已经组建成功。

如果 RD LED 处于点亮、熄灭的闪烁状态，而 SD LED 没有（根本不亮），则须检查站点编号的设置、传输速率（波特率）和从站的总数目。

（三）编制 $N:N$ 网络参数程序

1. 网络组建的基本概念和过程

FX 系列 PLC $N:N$ 网络的组建主要是用编程方式对各站点 PLC 设置网络参数实现的。

FX 系列 PLC 规定了与 $N:N$ 网络相关的标志位（特殊辅助继电器）和存储网络参数及网络状态的特殊数据寄存器。当 PLC 为 FX_{3U} 系列或 $FX_{3U(C)}$ 系列时，$N:N$ 网络的相关标志位（特殊辅助继电器）见表 7-1，相关特殊数据寄存器见表 7-2。

表 7-1 特殊辅助继电器

特性	辅助继电器	名称	描述	响应类型
只读	M8038	N:N 网络参数设置	用来设置 N:N 网络参数	主、从站
只读	M8183	主站点的通信错误	当主站点产生通信错误时 ON	从站
只读	M8184~M8190	从站点的通信错误	当从站点产生通信错误时 ON	主、从站
只读	M8191	数据通信	当与其他站点通信时 ON	主、从站

注：在 CPU 错误、程序错误或停止状态下，对每一站点处产生的通信错误数目不能计数。M8184~M8190 是从站点的通信错误标志，第 1 从站用 M8184，第 7 从站用 M8190。

表 7-2 特殊数据寄存器

特性	数据寄存器	名称	描述	响应类型
只读	D8173	站点号	存储自己的站点号	主、从站
只读	D8174	从站点总数	存储从站点的总数	主、从站
只读	D8175	刷新范围	存储刷新范围	主、从站
只写	D8176	站点号设置	设置自己的站点号	主、从站
只写	D8177	从站点总数设置	设置从站点总数	主站
只写	D8178	刷新范围设置	设置刷新范围模式号	主站
读写	D8179	重试次数设置	设置重试次数	主站
读写	D8180	通信超时设置	设置通信超时	主站
只读	D8201	当前网络扫描时间	存储当前网络扫描时间	主、从站
只读	D8202	最大网络扫描时间	存储最大网络扫描时间	主、从站
只读	D8203	主站点通信错误数目	存储主站点通信错误数目	从站
只读	D8204~D8210	从站点通信错误数目	存储从站点通信错误数目	主、从站
只读	D8211	主站点通信错误代码	存储主站点通信错误代码	从站
只读	D8212~D8218	从站点通信错误代码	存储从站点通信错误代码	主、从站

注：在 CPU 错误、程序错误或停止状态下，对其自身站点处产生的通信错误数目不能计数。D8204~D8210 存储从站点的通信错误数目，第 1 从站用 D8204，第 7 从站用 D8210。

在表 7-1 中，特殊辅助继电器 M8038 用来设置 $N:N$ 网络参数。

对于主站点，用编程方法设置网络参数，就是在程序开始的第 0 步（LD M8038）向特殊数据寄存器 D8176~D8180 写入相应的参数，仅此而已。对于从站点，则更为简单，只须在第 0 步（LD M8038）向 D8176 写入站点号即可。

图 7-4 给出了设置输送单元（主站）网络参数的程序。

上述程序说明如下：

1）编程时，必须确保把以上程序作为 $N:N$ 网络参数设定程序从第 0 步开始写入，在不属于上述程序的任何指令或设备执行时结束。这段程序不需要执行，只须把其编入此位置，自动变为有效。

2）特殊数据寄存器 D8178 用于设置刷新范围，刷新范围指的是各站点的链接存储区。对于从站点，不需要此设定。根据网络中信息交换的数据量不同，可选择表 7-3 所列三种刷新范围。三种模式下 $N:N$ 网络共享的辅助继电器和数据寄存器见表 7-4。

图 7-4 主站点网络参数设置程序

表 7-3 N : N 网络刷新范围

通信元件	刷新范围		
	模式 0	模式 1	模式 2
	FX_{1S}、FX_{1N}、FX_{2N}、FX_{2NC}、FX_{3U}	FX_{1N}、FX_{2N}、FX_{2NC}、FX_{3U}	FX_{1N}、FX_{2N}、FX_{2NC}、FX_{3U}
位元件	0	32 点	64 点
字元件	4 点	4 点	8 点

表 7-4 N : N 网络共享的辅助继电器和数据寄存器

站号	模式 0		模式 1		模式 2	
	位元件	字元件	位元件	字元件	位元件	字元件
0	—	D0 ~ D3	M1000 ~ M1031	D0 ~ D3	M1000 ~ M1063	D0 ~ D7
1	—	D10 ~ D13	M1064 ~ M1095	D10 ~ D13	M1064 ~ M1127	D10 ~ D17
2	—	D20 ~ D23	M1128 ~ M1159	D20 ~ D23	M1128 ~ M1191	D20 ~ D27
3	—	D30 ~ D33	M1192 ~ M1223	D30 ~ D33	M1192 ~ M1255	D30 ~ D37
4	—	D40 ~ D43	M1256 ~ M1287	D40 ~ D43	M1256 ~ M1319	D40 ~ D47
5	—	D50 ~ D53	M1320 ~ M1351	D50 ~ D53	M1320 ~ M1383	D50 ~ D57
6	—	D60 ~ D63	M1384 ~ M1415	D60 ~ D63	M1384 ~ M1447	D60 ~ D67
7	—	D70 ~ D73	M1448 ~ M1479	D70 ~ D73	M1448 ~ M1511	D70 ~ D77

在图 7-4 所示程序中,刷新范围设定为模式 1。这时,每一站点占用 32×8 个位软元件、4×8 个字软元件作为链接存储区。运行中,对于第 0 号站(主站),希望发送到网络的开关量数据应写入位软元件 M1000 ~ M1031 中,而希望发送到网络的数字量数据应写入字软元件 D0 ~ D3 中,其他各站点以此类推。

3)特殊数据寄存器 D8179 用于设置重试次数,设定范围为 0 ~ 10(默认为 3),对于从站点,不需要此设定。如果一个主站点试图以此重试次数(或更高)与从站通信,此站点将发生通信错误。

4)特殊数据寄存器 D8180 用于设置通信超时值,设定范围为 5 ~ 255(默认为 5),此值乘以 10ms 就是通信超时的持续驻留时间。

5)对于从站点,网络参数设置只须设定站点号即可。例如,供料单元(1 号站)的设置如图7-5所示。

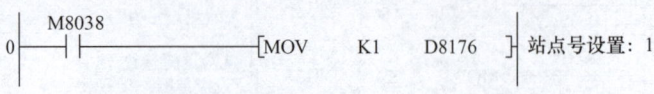

图7-5 从站点网络参数设置程序（1号站）

按上述对主站和各从站编程，完成网络连接后，再接通各PLC工作电源，即使在STOP状态下，通信也将在进行。

2. N:N网络调试与运行举例

(1) 任务要求 供料单元、装配单元Ⅰ、加工单元、分拣单元、输送单元的PLC（共5台）用FX_{3U}-485-BD通信板连接，以输送单元作为主站，站号为0，供料单元、装配单元Ⅰ、加工单元、分拣单元作为从站，站号分别为1~4。要求实现以下功能。

1) 0号站的X001~X004分别对应1号站~4号站的Y000（注：即当网络工作正常时，按下0号站X001，则1号站的Y000输出，以此类推）。

2) 1号站~4号站的D200的值等于50时，对应0号站的Y001~Y004输出。

3) 从1号站读取4号站的D220的值，保存到1号站的D220中。

(2) 连接网络和编写、调试程序 连接好通信板，编写主站程序和从站程序，在编程软件中进行监视，改变相关输入点和数据寄存器的状态，观察不同站相关量的变化，看现象是否符合任务要求，如果符合，则说明完成任务，如果不符合，则应检查硬件和软件是否正确，修改并重新调试，直到满足要求为止。

图7-6和图7-7分别为输送单元和供料单元的参考程序。程序中使用了站点通信错误标志位（特殊辅助继电器M8183~M8187，见表7-1）。例如，当某从站发生通信故障时，不允许主站从该从站的网络元件读取数据。使用站点通信错误标志位编程，对于确保通信数据的可靠性是有益的，但应注意，站点不能识别自身的错误，为每一站点编写错误程序是不必要的。

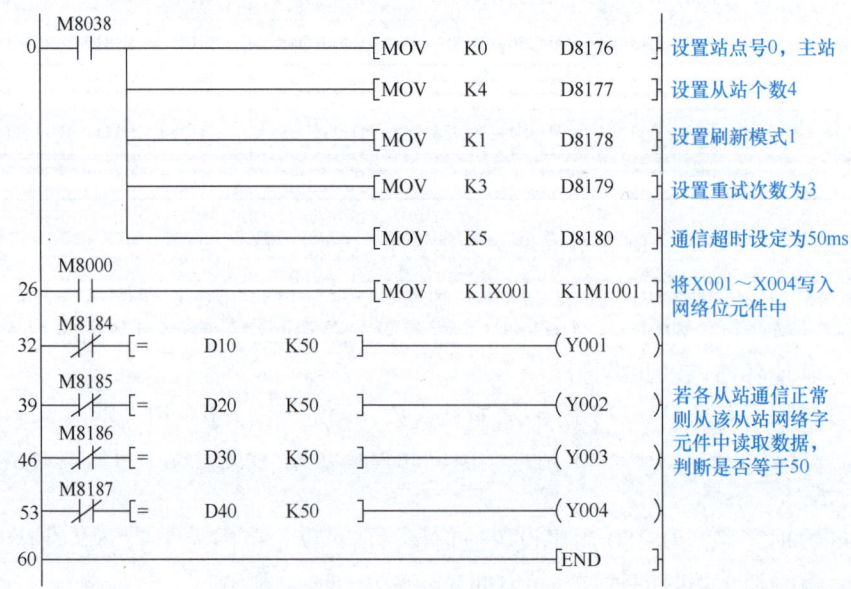

图7-6 输送单元网络读写程序

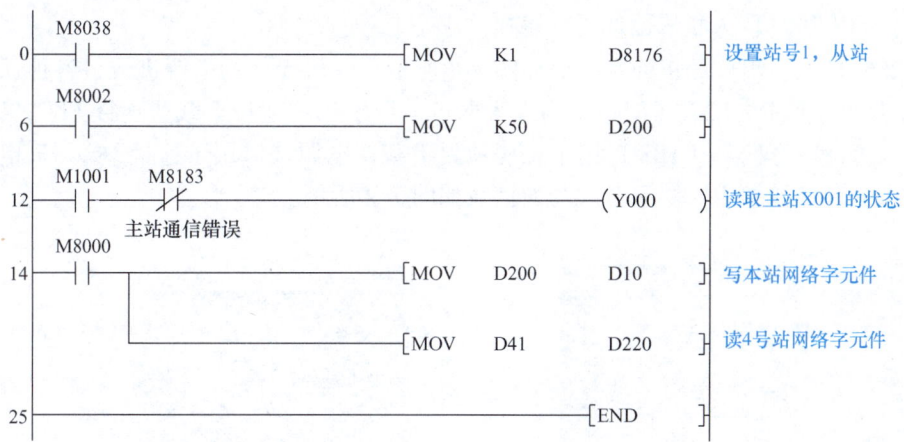

图 7-7 供料单元网络读写程序

其余各工作站的程序请读者自行编写。

3. 通信时间的概念

数据在网络上传输需要一定的时间，$N:N$ 网络是采用广播方式进行通信的，每完成一次刷新所需用的时间就是通信时间（ms）。网络中站点数越多，数据刷新范围越大，通信时间就越长。通信时间与总站点数及通信设备刷新模式的关系见表 7-5。

表 7-5　通信时间与总站点数及通信设备刷新模式的关系

序号	总的站点数	通信时间/ms		
		模式0 位软元件：0点 字软元件：4点	模式1 位软元件：32点 字软元件：4点	模式2 位软元件：64点 字软元件：8点
1	2	18	22	34
2	3	26	32	50
3	4	33	42	66
4	5	41	52	83
5	6	49	62	99
6	7	57	72	115
7	8	65	82	131

此外，对于 $N:N$ 网络，无论连接站点数多少或采用何种通信设备模式，与 PLC 单机运行相比，每一个站点 PLC 的扫描时间将增加 10%。为了确保网络通信的及时性，在编写与网络有关的程序时，需要根据网络上通信量的大小选择合适的刷新模式。另一方面，在网络编程中也常需考虑通信时间。

二、认知 TPC7062Ti 人机界面

YL-335B 自动化生产线采用了昆仑通态研发的人机界面 TPC7062Ti。TPC7062Ti 是一套以 Cortex-A8 CPU 为核心（主频为 600MHz）的高性能嵌入式一体化触摸屏。设计时采用了 7in（1in = 2.54cm）高亮度 TFT 液晶显示屏（分辨率为 800×480）及四线电阻式触摸屏（分辨率为 4096×4096），预装了 MCGS 嵌入式组态软件（运行版），具备强大的图像显示和数据处理功能。

(一) TPC7062Ti 人机界面的硬件连接

TPC7062Ti 人机界面的正面和背面如图 7-8 所示。人机界面的电源进线、各种通信接口均设置在背面，其中，LAN（RJ45）为以太网口，用于工程项目下载或连接 PLC，USB1 口用来连接鼠标和 U 盘等，USB2 口用于工程项目下载，电源接口用于连接 DC 24V 电源，串口（RS232）用于连接 PLC。下载线与通信线如图 7-9 所示。

a) 正面　　　　　　　　　　　　　　b) 背面

图 7-8　TPC7062Ti 的正面和背面

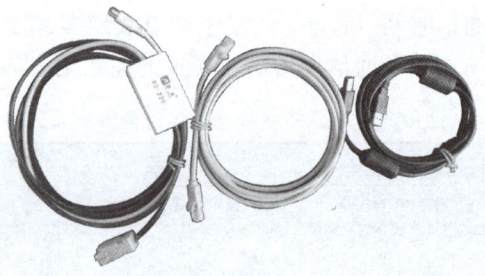

图 7-9　下载线与通信线

1. TPC7062Ti 人机界面供电接线和启动

供电接线步骤：①将电源 +24V 端插入人机界面电源接线孔 1 中，如图 7-10 所示；②将电源的 -24V 端插入人机界面电源接线孔 2 中；③使用一字螺钉旋具将接线孔螺钉拧紧；④将电源插头插入人机界面背面的电源接口中。

使用 24V 直流电源给人机界面供电，开机启动后，屏幕出现"正在启动"进度提示条，此时无须任何操作，如图 7-11 所示，系统将自动进入工程运行界面。

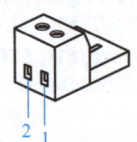

PIN	定义
1	+
2	-

图 7-10　电源插头示意图及接线孔定义　　　　图 7-11　人机界面开机启动

2. TPC7062Ti 人机界面与个人计算机的连接

在 YL-335B 自动化生产线上，TPC7062Ti 人机界面与个人计算机可以通过两种方式连接：①通过 USB2 口连接，②通过以太网接口连接。连接前，个人计算机应先安装好 MCGS 组态软件。

(1) USB 通信连接方式　当人机界面与个人计算机通过 USB2 口连接时，需要在 MCGS 组态软件上把资料下载到 HMI，单击"工具"菜单，选择"下载配置"命令，在弹出的"下载配置"对话框中，"连接方式"选择"USB 通信"，单击"连机运行"按钮，再单击"工程下载"按钮即可进行下载，如图 7-12 所示。如果工程项目需在计算机中模拟测试，则单击"模拟运行"按钮，然后再下载工程。

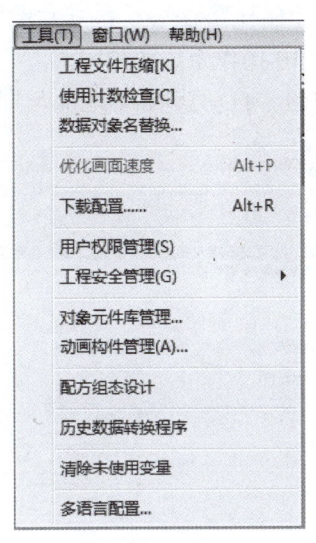
a) 选择下载配置命令

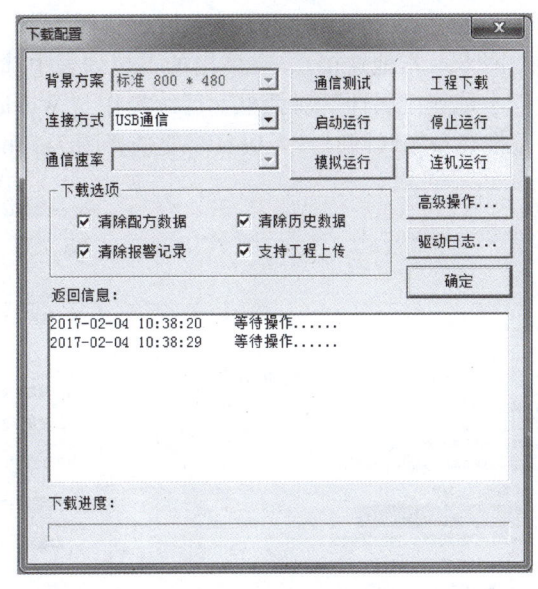
b) "下载配置"对话框

图 7-12　使用 USB 通信连接方式进行工程下载

(2) TCP/IP 网络连接方式　当人机界面与个人计算机通过以太网接口连接时，首先要将人机界面的 IP 地址与计算机的 IP 地址设置在一个波段内，否则，将无法进行下载。

1) 人机界面 IP 地址的查看与修改。TPC 上电启动后，单击进度条，打开"启动属性"对话框，在该对话框中单击"系统参数"选项，可以查看 IP 地址、子网掩码等。如果要修改触摸屏的 IP 地址，在"启动属性"对话框中依次单击"系统维护""设置系统参数""IP 地址"，在打开的"TCP 系统设置"对话框中即可对触摸屏的 IP 地址及子网掩码进行修改，修改完成后，单击右上角的"OK"按钮，便完成了 TCP 的 IP 地址修改。

注意：人机界面出厂时，IP 地址均为 200.200.200.190，可以根据需要自行设置，设置时，要保证触摸屏的 IP 和个人计算机在同一网段（即客户计算机的 IP 设置前三段和触摸屏一样），才能正常通信。

2) 计算机网卡的 IP 地址设置。如果采用 Windows 10 操作系统，依次单击计算机屏幕左下角"开始"图标→"Windows 系统"→"控制面板"，打开控制面板，单击"查看网络状态和任务"，再单击"更改适配器设置"，在与 CPU 连接的网卡（以太网）上右击，在弹出的下拉列表中选择"属性"命令，打开"以太网属性"对话框，如图 7-13a 所示。在该对话框中选中"此连接使用下列项目"列表框中的"Internet 协议版本 4（TCP/IPv4）"，单击"属性"按钮，打开"Internet 协议版本 4（TCP/IPv4）属性"对话框，选中"使用下面的 IP 地址",输入 PLC 以太网端口默认的子网地址"200.200.200.191",如图 7-13b 所示。IP 地址的第 4 个字节是子网内设备的地址,可以在 0～255 范围内取某个值,但是不能与网络中其他设备的 IP 地址重叠。单击"子网掩码"输入框,自动出现默认的子网掩码"255.255.255.0"。一般不用设置网关的 IP 地址。设置结束后,单击各级对话框中的"确定"按钮,最后依次关闭"网络连接""控制面板"。

如果采用 Windows 7 操作系统,依次单击计算机屏幕左下角"开始"图标→"控制面板",打开控制面板,单击"查看网络状态和任务",再单击"更改适配器设置",右击与 CPU 连接的网卡(本地连接),在弹出的下拉列表中选择"属性"命令,打开与图 7-13a 基本相同的"本地连接属性"对话框。后续操作与 Windows 10 操作系统的相同。

使用宽带登录互联网时,一般只需要选择图 7-13b 中的"自动获取 IP 地址"即可。

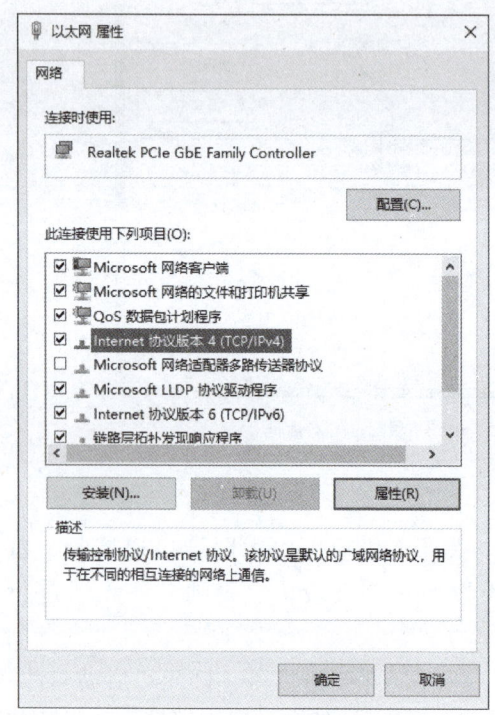

a)"以太网属性"对话框   b)"Internet 协议版本4(TCP/IPv4)属性"对话框

图 7-13 设置计算机网卡的 IP 地址

工程下载:将计算机和人机界面的 IP 地址设置在同一网段内,在人机界面下载配置对话框,将其 IP 地址按出厂配置的 IP 地址进行设置。然后单击"通信测试"按钮,测试成功后,单击"工程下载"按钮即可。

按照与上述相同的方法打开"下载配置"对话框,"连接方式"选择"TCP/IP 网络",在"目标机名"文本框中输入触摸屏的 IP 地址"200.200.200.190",单击"连机运行"按钮,再单击"工程下载"按钮执行下载,如图 7-14 所示。如果工程项目要在计算机中模拟测试,则单击"模拟运行"按钮,然后下载工程。

3. TPC7062Ti 人机界面与 FX_{3U} 系列 PLC 的连接

在 YL－335B 自动化生产线上,人机界面通过串口直接与输送站的 PLC(FX_{3U}－48MT)编程口连接。所使用的通信线带有 RS232/RS422 转换器,如图 7-9 所示。

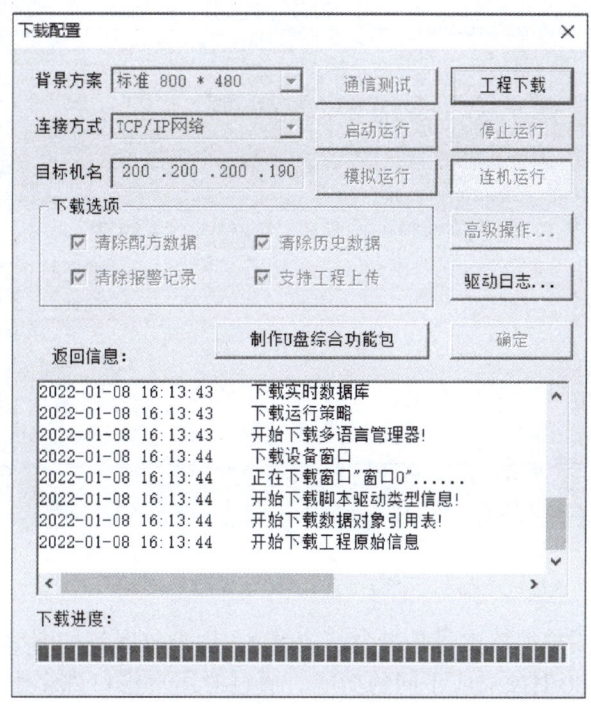

图 7-14　使用 TCP/IP 网络连接方式进行工程下载

为了实现正常通信，除了正确进行硬件连接，还须对触摸屏的串行口 0 进行属性设置。这将在设备窗口组态中实现，设置方法将在后面的工作任务中详细说明。

（二）触摸屏设备组态

为了通过触摸屏设备操作机器或系统，必须给触摸屏设备组态用户界面，该过程称为组态阶段。系统组态就是通过 PLC 以"变量"方式进行操作单元与机械设备或过程之间的通信。将变量值写入 PLC 的存储区域（地址），由操作单元从该区域读取。

双击"MCGS 组态环境"图标，运行 MCGS 嵌入版组态环境软件，在打开的"MCGS 嵌入版组态环境"界面上，单击"文件"菜单，选择"新建工程"命令，在打开的"新建工程设置"对话框中选择 TCP 类型为"TPC7062Ti"，然后单击"确定"按钮，弹出的工作台界面如图 7-15 所示。MCGS 嵌入版用"工作台"对话框管理构成用户应用系统的五个部分，对应工作台上的五个标签：主控窗口、设备窗口、用户窗口、实时数据库和运行策略，它们对应五个不同的选项卡，每一个选项卡负责管理用户应用系统的一个部分，单击不同的标签可选取不同选项卡，对应用系统的相应部分进行组态操作。

（1）主控窗口　MCGS 嵌入版的主控窗口是组态工程的主窗口，是所有设备窗口和用户窗口的父窗口，它相当于一个大的容器，可以放置一个设备窗口和多个用户窗口，负责这些窗口的管理和调度，并调度用户策略的运行。同时，主控窗口又是组态工程结构的主框架，可在主控窗口内设置系统运行流程及特征参数，方便用户的操作。

（2）设备窗口　设备窗口是 MCGS 嵌入版与作为测控对象的外部设备建立联系的后台作业环境，负责驱动外部设备，控制外部设备的工作状态。系统通过设备与数据之间的通道，把外部设备的运行数据采集进来，送入实时数据库，供系统其他部分调用，并且把实时数据库中的数据输出到外部设备，实现对外部设备的操作与控制。

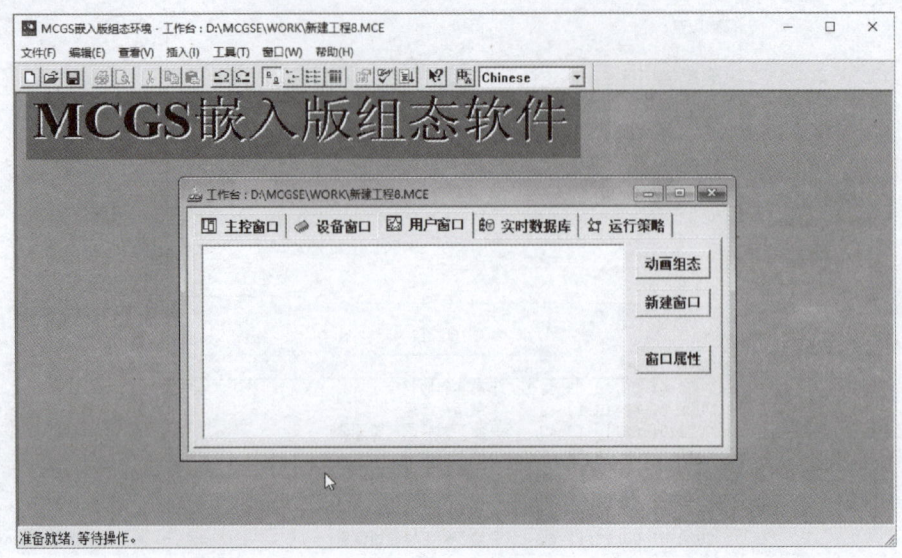

图 7-15 工作台界面

(3) 用户窗口　用户窗口本身是一个"容器",用来放置各种图形对象(图元、图符和动画构件),不同的图形对象对应不同的功能。通过对用户窗口内多个图形对象的组态,生成美观的图形界面,为实现动画显示效果做准备。

(4) 实时数据库　在 MCGS 嵌入版中,用数据对象来描述系统中的实时数据,用对象变量代替传统意义上的值变量,把数据库技术管理的所有数据对象的集合称为实时数据库。

实时数据库是 MCGS 嵌入版的核心,是应用系统的数据处理中心。系统各部分均以实时数据库为公用区交换数据,实现各部分的协调动作。

设备窗口通过设备构件驱动外部设备,将采集到的数据送入实时数据库;由用户窗口组成的图形对象与实时数据库中的数据对象建立连接关系,以动画形式实现数据的可视化;运行策略通过策略构件对数据进行操作和处理。实时数据库数据流图如图 7-16 所示。

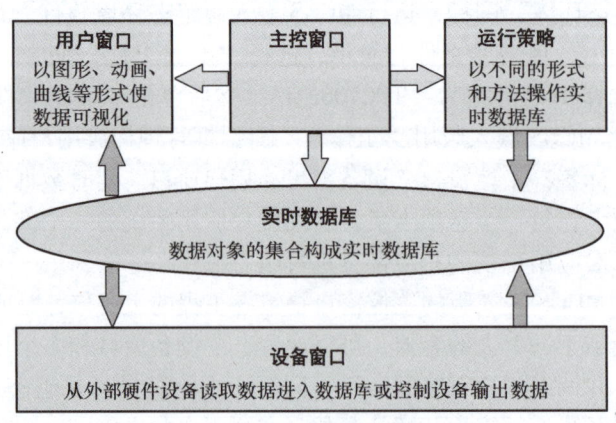

图 7-16　实时数据库数据流图

(5) 运行策略　对于复杂的工程,监控系统必须设计成多分支、多层循环嵌套式结构,按照预定的条件对系统的运行流程及设备的运行状态进行针对性地选择和精确控制。为此,MCGS 嵌入版引入运行策略的概念,用以解决上述问题。

所谓运行策略，是用户为实现对系统运行流程自由控制所组态生成的一系列功能块的总称。MCGS 嵌入版为用户提供了进行策略组态的专用窗口和工具箱。运行策略的建立，使系统能够按照设定的顺序和条件操作实时数据库，控制用户窗口的打开、关闭及设备构件的工作状态，从而实现对系统工作过程精确控制及有序调度管理的目的。

三、系统联机控制的工作任务

YL-335B 自动化生产线整体运行是一项综合性的工作，适合 2~3 名学生共同协作，在 5h 内完成。

（一）自动化生产线的工作目标

将供料单元推出的白色塑料工件或金属工件送往装配单元Ⅰ的装配台，然后把装配单元Ⅰ料仓内的白色和黑色两种不同颜色的小圆柱芯体嵌入装配台上的工件中，再把装配完成的工件送往加工单元的加工台，完成冲压加工后的成品被送往分拣单元进行分拣输出。已完成装配和冲压加工的工件如图 7-17 所示。

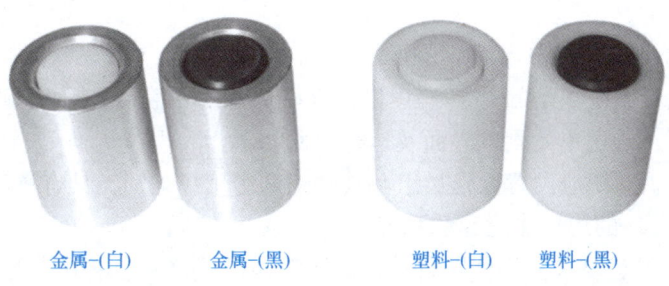

图 7-17　已完成装配和冲压加工的工件

（二）需要完成的工作任务

1. 自动化生产线设备部件的安装

完成 YL-335B 自动化生产线分拣单元和输送单元的部分装配工作，并把这些工作单元安装在 YL-335B 自动化生产线的工作台上。各工作单元装置侧部分的安装位置按照学习情境六中图 6-32 布局。

2. 各工作单元装置侧部分的装配要求

1）供料、加工和装配等工作单元的装配工作已经完成。

2）完成分拣单元装置侧的安装、调整及工作单元在工作台上的定位。装配的效果参照学习情境五中表 5-28。

3）输送单元的直线导轨和底板组件已装配好，须将该组件安装在工作台上，并完成其余部件的装配，直至完成整个工作单元的装置侧安装和调整。

3. 气路的连接及调整

1）按照学习情境五和学习情境六所介绍的分拣单元和输送单元气动控制回路原理图（图 5-3、图 6-7）完成两个单元的气路连接。

2）接通气源后，检查各工作单元气缸初始位置是否符合要求，如不符合，应适当调整。

3）完成气路调整，确保各气缸运行顺畅和平稳。

4. 电路设计和电路连接

根据生产线的运行要求完成分拣单元和输送单元的电路设计和电路连接。

1) 设计分拣单元的电气控制电路,并根据所设计的电路图连接电路。电路图应包括 PLC 的 I/O 端子分配和变频器主电路及控制电路。电路连接完成后,应根据运行要求设定变频器有关参数,并现场测试旋转编码器的脉冲当量(测试 3 次取平均值,有效数字为小数点后 3 位),上述参数应记录在所提供的电路图上。

2) 设计输送单元的电气控制电路,并根据所设计的电路图连接电路。电路图应包括 PLC 的 I/O 端子分配、伺服电动机及其驱动器控制电路。电路连接完成后,应根据运行要求设置伺服驱动器有关参数,将参数应记录在所提供的电路图上。

5. 各站 PLC 网络连接

系统采用 $N:N$ 网络的分布式网络控制,并指定输送单元作为系统主站。系统主令工作信号由触摸屏人机界面提供,但系统紧急停止信号由输送单元的按钮/指示灯模块的急停开关提供。安装在工作台上的指示灯应能显示整个系统的主要工作状态,如复位、起动、停止和报警等。

6. 连接触摸屏并组态用户界面

触摸屏应连接到系统主站的 PLC 编程口。TPC7062Ti 人机界面上组态画面的要求:用户窗口包括首页界面、输送单元测试界面及运行界面。

为了生产安全,系统应设置操作员组和技师组两个用户组别,具有操作员组及以上权限(操作员组或负责人)的用户才能起动系统。

(1) 首页界面组态要求 首页界面是起动界面,在触摸屏上电并进行权限检查后运行,屏幕上方的标题文字向右循环移动,循环周期约为 14s,界面上设置有显示输送单元按钮/指示灯模块上的转换开关 SA 位置的两盏指示灯。当 SA 处于测试模式位置时,具有操作员及以上权限的用户可触摸"测试模式"按钮进入输送站测试界面;当 SA 处于运行模式位置时,如果输送单元各气缸均在初始位置且机械手装置已复位到原点(这时界面上的"原点指示"指示灯被点亮),则具有技师权限的用户可触摸"运行模式"按钮进入运行界面,如图 7-18 所示。

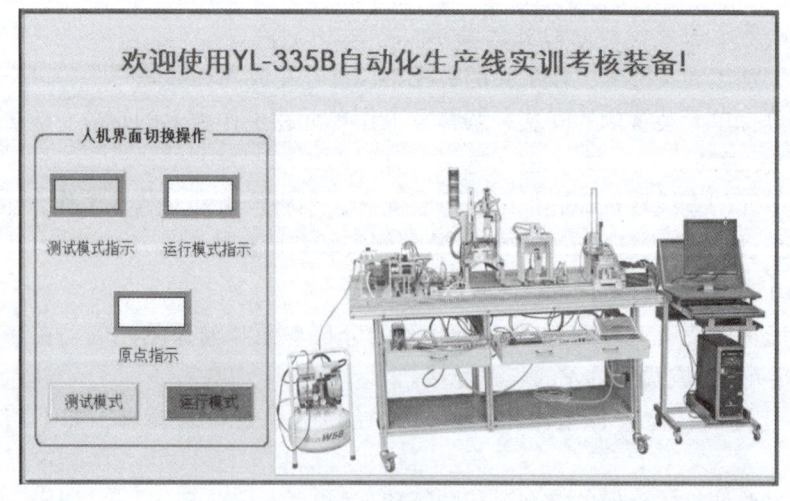

图 7-18　首页界面

（2）输送单元测试界面组态要求　输送单元测试界面如图7-19所示。其组态应具有下列功能。

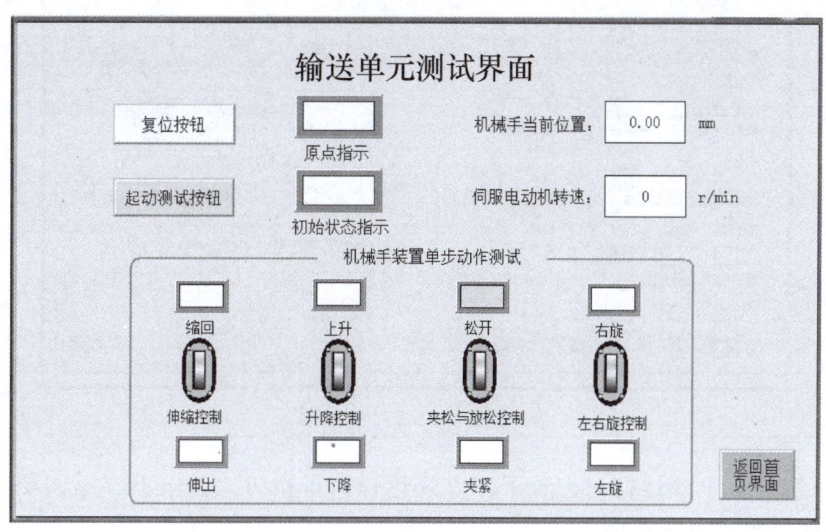

图7-19　输送单元测试界面

1）为单步测试机械手装置的动作，应设置分别控制升降气缸、伸缩气缸、摆动气缸和气动手指的按键开关，并设置显示各气缸状态的指示灯。

2）设置使机械手装置复位到原点位置的复位按钮及"原点指示"指示灯。当机械手装置动作测试完成、各气缸均处于初始位置后，触摸复位按钮，使PLC执行复位程序，驱动机械手装置返回直线运动传动组件的原点位置。复位完成后，"原点指示"指示灯点亮。此时，输送单元处于初始状态，界面上的"初始状态指示"指示灯被点亮。

3）设置用以测试设备传送工件功能的起动测试按钮，此项测试须在输送单元处于初始状态时进行。起动后，界面上应能显示机械手当前位置和伺服电动机当前给定的转速（机械手当前位置为该装置相对于原点的坐标，单位为mm，显示精度为0.01mm；伺服电动机当前给定的转速单位为r/min，用正负号指示旋转的方向）。

4）输送单元测试界面应设置返回首页界面的按钮，当各项测试完成、输送单元处于初始状态且回到原点时，可触摸该按钮切换到首页界面。

（3）运行界面组态要求　运行界面如图7-20所示，其组态应具有下列功能。

1）提供系统工作方式（单机/全线）转换信号、系统起动和停止信号。

2）在人机界面上设定分拣单元变频器的输入运行频率（20～40Hz），实时显示变频器输出频率（显示精度为0.1Hz）。

3）在人机界面上动态显示输送单元机械手当前位置和伺服电动机转速（要求同输送单元测试界面）。

4）指示网络的运行状态（正常、故障）。

5）指示各工作单元的运行、故障状态。其中故障状态包括以下几种

① 供料单元的供料不足状态和缺料状态。

② 装配单元Ⅰ的芯体不足状态和芯体没有状态。

③ 输送单元机械手装置越程故障（左或右限位开关动作）。

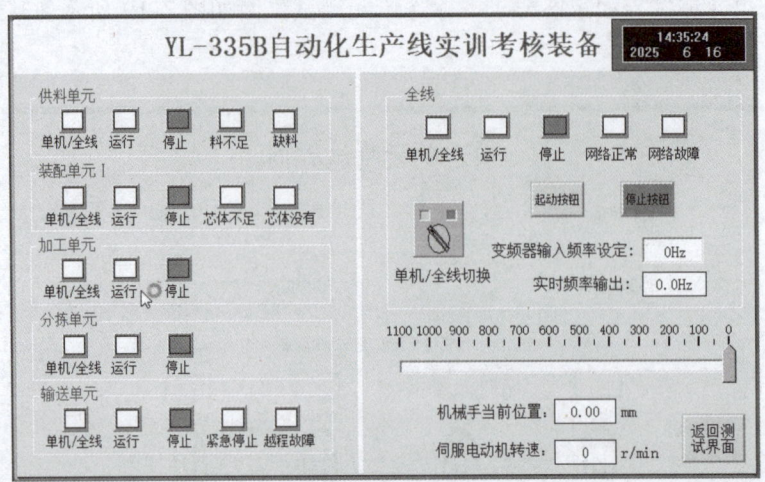

图 7-20 运行界面

6）当系统停止全线运行时，若工作方式选择为单机方式，按下"返回测试界面"按钮，则返回输送单元测试界面。

7. 程序设计及调试

系统的工作模式分为单站测试模式和全线运行模式。

从单站测试模式切换到全线运行模式的条件是：各工作站均处于停止状态，各站的按钮/指示灯模块上的单机/全线转换开关置于"全线"位置，此时，若人机界面中的选择开关切换到全线运行模式，则系统进入全线运行状态。

要从全线运行模式切换到单站测试模式，仅在当前工作周期完成后将人机界面中的选择开关切换到单站测试模式时才有效。

在全线运行模式下，各工作站仅通过网络接受来自人机界面的主令信号，除主站急停开关外，所有本站主令信号均无效。

（1）单站测试模式 在单站测试模式下，供料单元、加工单元、装配单元Ⅰ及分拣单元工作的主令信号和工作状态显示信号来自其 PLC 旁边的按钮/指示灯模块，且按钮/指示灯模块上的单机/全线转换开关 SA 应置于"单站"（即"单机"）位置。输送单元单站测试通过触摸屏实现。供料单元、加工单元（暂不考虑紧急停止要求）、装配单元Ⅰ、分拣单元的具体控制要求与前面四个情境单独运行要求相同。

输送单元单站测试要求：

输送单元单站测试须在人机界面处于输送单元测试界面时进行。测试内容：①单步测试机械手装置的动作；②使机械手装置复位到原点位置；③测试设备传送工件的功能。

1）输送单元上电前，应使机械手装置置于直线导轨中间位置，上电后，首先进行机械手装置动作的单步测试。此项测试的操作均由人机界面上的相应按键开关提供指令，其目标是测试机械手装置各气缸的动作是否正常。

2）当机械手装置动作的单步测试完成，各气缸均处于初始位置后，触摸界面上复位按钮（或按下工作单元按钮/指示灯模块的 SB2），使 PLC 执行复位程序，驱动装置返回直线运动机构的原点位置。返回原点的速度可自行设定。复位过程中，输送单元按钮/指示灯模块中 HL1 以 1Hz 的频率闪烁，复位完成后，HL1 保持常亮。

3) 对于设备传送工件功能的测试，测试时，在供料单元的物料台上放置一个工件。具体测试要求如下：

① 当输送单元处于初始状态时，则"正常工作"指示灯 HL1 常亮。触摸界面的起动测试按钮或按下按钮/指示灯模块上的 SB1，设备起动，"设备运行"指示灯 HL2 常亮，进入功能测试过程。

② 机械手装置首先从供料单元物料台抓取工件。抓取动作完成后，伺服电动机驱动机械手装置向装配单元Ⅰ移动，移动速度不小于 300mm/s。

③ 机械手装置移动到装配单元Ⅰ装配台的正前方，把工件放到装配台上，放下工件动作完成 2s 后，机械手装置重新取回工件。

④ 机械手装置移动到加工单元加工台的正前方，把工件放到加工台上，放下工件动作完成 2s 后，机械手装置重新取回工件。

⑤ 机械手手臂缩回后，摆台逆时针旋转 90°，伺服电动机驱动机械手装置从加工单元向分拣单元运送工件，到达目标位置后，向分拣单元传送带上方进料口放下工件。

⑥ 放下工件动作完成、机械手手臂缩回后，摆台顺时针旋转 90°，然后伺服电动机驱动机械手装置以 400mm/s 的速度返回原点并停止。

当抓取机械手装置回到原点后，一个测试周期结束，指示灯 HL2 熄灭。当供料单元的物料台上放置了工件时，再次触摸起动测试按钮（或按下 SB1），即开始新一轮的测试。

(2) 正常的全线运行模式 全线运行模式下各工作站部件的工作顺序及对输送单元机械手装置运行速度的要求与单站测试模式一致。

1) 初始状态。将人机界面切换到运行界面后，输送单元 PLC 程序应首先检查网络通信是否正常，各工作站是否处于初始状态。初始状态是指：

① 各从站的单机/全线转换开关均置于全线运行模式。

② 输送单元在初始状态。

③ 供料单元料仓内有足够的工件。

④ 装配单元Ⅰ料仓内有足够的芯体。

⑤ 各从站单元的各气缸均处于初始位置，分拣单元传送带电动机在停止状态。

上述条件中任一条件不满足，绿色警示灯将以 2Hz 的频率闪烁，红色和橙色警示灯均熄灭，系统不能起动。

如果网络正常且上述各工作站均处于初始状态，则允许起动系统。此时，若触摸人机界面上的起动按钮，系统起动，绿色警示灯和橙色警示灯均常亮，且输送单元、供料单元、装配单元Ⅰ、加工单元和分拣单元的指示灯 HL3 常亮，表示系统在全线运行模式下运行。

2) 供料单元运行。系统起动后，若供料单元的物料台上没有工件，则应把工件推到物料台上，并向系统发出供料完成信号。若供料单元的料仓内没有工件或工件不足，则向系统发出报警或预警信号。物料台上的工件被输送单元的机械手装置取出后，若系统仍需要推出工件进行装配，则进行下一次推出工件操作。

3) 输送单元运行 1。当系统接收到供料完成信号后，输送单元机械手装置应执行抓取供料单元物料台上工件的操作。动作完成后，伺服电动机驱动机械手装置移动到装配单元Ⅰ装配台的正前方，然后把工件放到装配单元Ⅰ装配台上，并发出允许装配信号。

4) 装配单元Ⅰ运行。当装配单元Ⅰ装配台检测到工件，并接收到允许装配信号后，开始执行装配过程。装配动作完成后，向系统发出装配完成信号。

如果装配单元Ⅰ的料仓没有小圆柱芯体或小圆柱芯体不足,应向系统发出报警或预警信号。

5)输送单元运行2。系统接收到装配完成信号后,输送单元机械手装置应执行抓取已装配工件的操作。抓取动作完成后,伺服电动机驱动机械手装置移动到加工单元加工台的正前方,把工件放到加工单元的加工台上,并发出允许加工信号。

6)加工单元运行。当加工单元加工台检测到工件,并接收到允许加工信号后,执行冲压加工过程。当加工好的工件重新送回待料位置时,向系统发出冲压加工完成信号。

7)输送单元运行3。系统接收到冲压完成信号后,输送单元机械手装置应抓取已冲压的工件,然后从加工单元向分拣单元运送工件,到达目标位置后,向分拣单元传送带上方进料口放下工件,并发出允许分拣信号,然后执行返回原点的操作。

8)分拣单元运行。当分拣单元进料口检测到工件,并接收到允许分拣信号后,分拣单元的变频器即起动,驱动传送带电动机以80%最高运行频率(由人机界面指定)的速度把工件带入分拣区进行分拣,工件分拣原则与单站运行相同。当分拣气缸活塞杆推出工件并返回后,向系统发出分拣完成信号。

9)工作周期结束。仅当分拣单元分拣工作完成,且输送单元机械手装置回到原点后,系统的一个工作周期才结束。如果在工作周期内没有触摸过停止按钮,系统在延时1s后开始下一周期工作。如果在工作周期内曾经触摸过停止按钮,系统工作结束,橙色警示灯熄灭,绿色警示灯仍保持常亮。系统工作结束后若再按下起动按钮,则系统重新工作。

(3)异常工作状态测试

1)工件供给状态的信号警示。如果发生来自供料单元或装配单元Ⅰ的"工件或芯体不足"预报警信号或"工件或芯体没有"报警信号,则系统动作如下:

① 如果发生"工件或芯体不足"预报警信号,红色警示灯以1Hz的频率闪烁,绿色和橙色警示灯保持常亮,系统继续工作。

② 如果发生"工件或芯体没有"报警信号,红色警示灯以亮1s、灭0.5s的方式闪烁,橙色警示灯熄灭,绿色警示灯保持常亮。

若"工件没有"报警信号来自供料单元,且供料单元物料台上已推出工件,则系统继续运行,直至完成该工作周期尚未完成的工作。当该工作周期工作结束后,系统将停止工作,直至"工件没有"报警信号消失,系统才能再起动。

若"芯体没有"报警信号来自装配单元Ⅰ,且装配单元Ⅰ回转台上已落下小圆柱芯体,则系统继续运行,直至完成该工作周期尚未完成的工作。当该工作周期工作结束后,系统将停止工作,直至"芯体没有"报警信号消失,系统才能再起动。

2)急停与复位。在系统工作过程中按下输送单元的急停开关,输送单元将立即停车。在急停复位后,应从急停前的断点开始继续运行。

四、系统联机运行功能的实现

(一)设备的安装和调整

YL-335B自动化生产线分拣单元、输送单元的机械安装、气路连接及调整、电气接线等的工作步骤和注意事项在学习情境五、学习情境六中已经详细描述,这里不再重复。

对系统进行整体安装时,必须确定各工作单元的安装定位,为此,首先要确定安装的基准点,即从铝合金桌面右侧边缘算起。在学习情境六中图6-32指出了基准点到原点距离

（X方向）为310mm，这一点应首先确定。然后根据：①原点位置与供料单元物料台中心沿X方向重合；②供料单元物料台中心至装配单元Ⅰ装配中心距离为300mm；③装配单元Ⅰ装配台中心至加工单元加工台中心距离为650mm；④加工单元加工台中心至分拣单元进料口中心距离为390mm；即可确定各工作单元在X方向的位置。

由于工作台的安装特点，原点位置一旦确定后，输送单元的安装位置也已确定。

在空工作台上进行系统安装的步骤如下。

1）完成输送单元装置侧的安装，包括直线运动传动组件、机械手装置、拖链装置、电磁阀组件、装置侧电气接口等的安装；机械手装置上各传感器引出线、连接到各气缸的气管沿拖链的敷设和绑扎；连接到装置侧电气接口的接线；单元气路的连接等。

2）完成供料、加工和装配三个工作单元在工作台上的定位。它们沿Y方向的定位，以输送单元机械手装置在伸出状态时能顺利在它们的物料台上抓取和放下工件为准。

3）分拣单元在完成其装置侧的装配后，在工作台上进行定位安装。沿Y方向的定位，应使传送带上进料口中心点与输送单元直线导轨中心线重合；沿X方向的定位，应确保输送单元机械手装置运送工件到分拣单元时，能准确地把工件放到进料口中心。

需要指出的是，在安装工作完成后，必须进行必要的检查及局部试验，确保及时发现问题。在投入全线运行前，应清理工作台上的残留线头、管线及工具等，养成良好的职业习惯。

（二）有关参数的设置与测试

按工作任务书规定，电气接线完成后，应进行变频器、伺服驱动器有关参数的设定，现场测试旋转编码器的脉冲当量。上述工作已在学习情境五、学习情境六中进行了详细介绍，这里不再重复。

（三）人机界面组态

1. 工程分析和创建

根据工作任务，对工程进行分析及规划。

（1）工程框架　有三个用户界面，即首页界面、输送单元测试界面和运行界面。其中，首页界面是起动界面；一个策略，即循环策略。

（2）数据对象　数据对象有三个界面上工作状态的指示灯、单机/全线转换开关、按钮（有测试模式按钮、运行模式按钮、复位按钮、起动测试按钮、返回首页界面按钮、起动按钮和停止按钮）、机械手装置单步动作测试的各按键开关、变频器频率设定、实时频率输出、伺服电动机转速及机械手当前位置等。

（3）图形制作

1）首页界面。

① 图片：通过位图装载实现。

② 文字：通过标签构件实现。

③ 状态指示灯、按钮：由对象元件库引入。

2）输送单元测试界面。

① 文字：通过标签构件实现。

② 各状态指示灯：由对象元件库引入。

③ 机械手装置单步动作测试用的按键开关、起动测试按钮、复位按钮、返回首页界面

按钮:由对象元件库引入。

④ 机械手当前位置、伺服电动机转速:通过标签构件实现。

3)运行界面。

① 文字:通过标签构件实现。

② 各工作单元及全线的工作状态指示灯、时钟:由对象元件库引入。

③ 单机/全线转换开关、起动按钮、停止按钮:由对象元件库引入。

④ 变频器频率设定:通过输入框构件实现。

⑤ 实时频率输出、伺服电动机转速:通过标签构件实现。

⑥ 机械手当前位置:通过标签构件和滑动输入器实现。

(4) 流程控制　通过循环策略中的脚本程序策略块实现。

进行上述规划后,就可以创建工程,然后进行组态了。步骤:运行 MCGS 嵌入版组态环境软件,按照前面介绍的方法打开"工作台"界面。在该界面中单击"新建窗口"按钮,建立"窗口 0""窗口 1""窗口 2",如图 7-21 所示。然后分别设置三个窗口的属性。

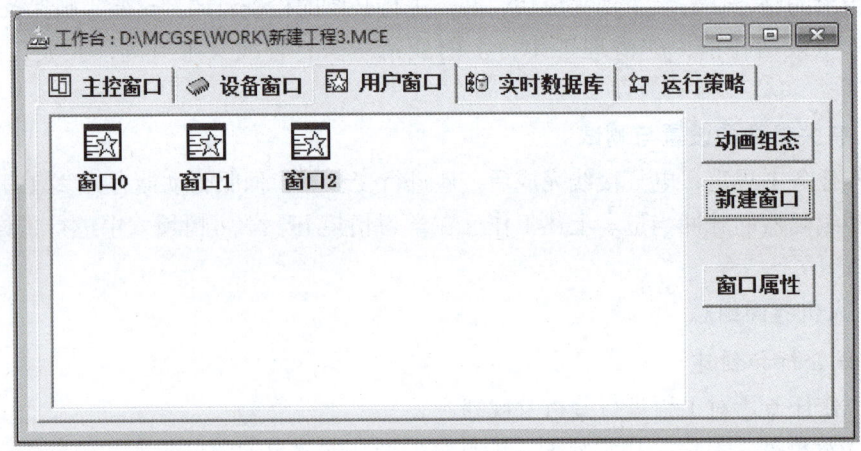

图 7-21　新建窗口

2. 定义数据对象和连接设备

(1) 定义数据对象　定义数据对象的步骤如下。

1)单击工作台中的"实时数据库"标签,进入实时数据库选项卡。

2)单击"新增对象"按钮,在选项卡的数据对象列表中增加新的数据对象,系统默认定义的名称为 Data1、Data2、Data3 等(多次单击按钮可增加多个数据对象)。

3)选中对象,单击"对象属性"按钮,或双击选中对象,打开"数据对象属性设置"对话框,编辑属性。表 7-6 列出了全部与 PLC 连接的数据对象。

(2) 连接设备　将定义好的数据对象和 PLC 内部变量进行连接,步骤如下:

1)首先在工作台中单击"设备窗口"标签使其激活,然后在工作台中双击"设备窗口"图标进入"设备组态:设备窗口"界面,此时界面内为空白,没有任何设备。

2)单击工具栏中的"工具箱"图标 ⚒,初次打开设备工具箱时可能为空白,需要定制所需设备工具。其方法是:单击设备工具箱中的"设备管理"按钮,弹出"设备管理"对话框,如图 7-22 所示。在左边的"可选设备"列表中,选择"通用串口父设备",然后单击"增加"按钮,将其添加到"选定设备"列表中。用同样的方法选择"三菱_FX系列编程口",将其添加到"选定设备"列表中。单击"确认"按钮后返回到"设备组态:设备窗口"界面,此时,设备工具箱列表中已有刚刚定制的两个设备工具,如图7-23所示。

表7-6 触摸屏与PLC连接的数据对象

序号	对象名称	类型	序号	对象名称	类型
1	原点指示	开关型	23	升降控制	开关型
2	下降状态	开关型	24	夹紧与放松控制	开关型
3	提升状态	开关型	25	左右旋控制	开关型
4	左旋状态	开关型	26	运行_全线	开关型
5	右旋状态	开关型	27	急停_输送	开关型
6	伸出状态	开关型	28	单机/全线_供料	开关型
7	缩回状态	开关型	29	运行_供料	开关型
8	夹紧状态	开关型	30	料不足_供料	开关型
9	运行模式	开关型	31	缺料_供料	开关型
10	越程故障_输送	开关型	32	单机/全线_装配Ⅰ	开关型
11	运行_输送	开关型	33	运行_装配Ⅰ	开关型
12	单机/全线_输送	开关型	34	芯体不足_装配Ⅰ	开关型
13	单机/全线_全线	开关型	35	芯体没有_装配Ⅰ	开关型
14	初始状态	开关型	36	单机/全线_加工	开关型
15	停止按钮_全线	开关型	37	运行_加工	开关型
16	起动按钮_全线	开关型	38	单机/全线_分拣	开关型
17	单机/全线切换_全线	开关型	39	运行_分拣	开关型
18	网络正常_全线	开关型	40	频率输出	数值型
19	网络故障_全线	开关型	41	伺服电动机转速	数值型
20	复位按钮_单站测试	开关型	42	变频器频率设定	数值型
21	起动测试按钮	开关型	43	机械手当前位置	数值型
22	伸缩控制	开关型	44	移动	数值型

3)在设备工具箱中先后双击"通用串口父设备"和"三菱_FX系列编程口",将其添加至"设备组态:设备窗口"界面,如图7-23所示。弹出提示对话框"是否使用'三菱_FX系列编程口'驱动的默认通信参数设置串口父设备参数?",如图7-24所示,选择"是"。单击"存盘"按钮,设备添加完成。

4)在设备"设备组态:设备窗口"界面双击"通用串口父设备",进行通用串口父设备的基本属性设置,按三菱FX系列编程口的通信要求设置通用串口父设备的基本属性,如图7-25所示。设置如下:① 串口端口号(1~255):0 - COM1;② 数据位位数:0 - 7位;③ 数据校验方式:2 - 偶校验;④ 其他为默认设置。

5)双击"三菱_FX系列编程口",进入"设备编辑窗口"对话框,如图7-26所示。左下方CPU类型选择"4 - FX3UCPU"。右边"通道名称"默认为只读X0000~只读X0007,可以单击"删除全部通道"按钮进行删除。

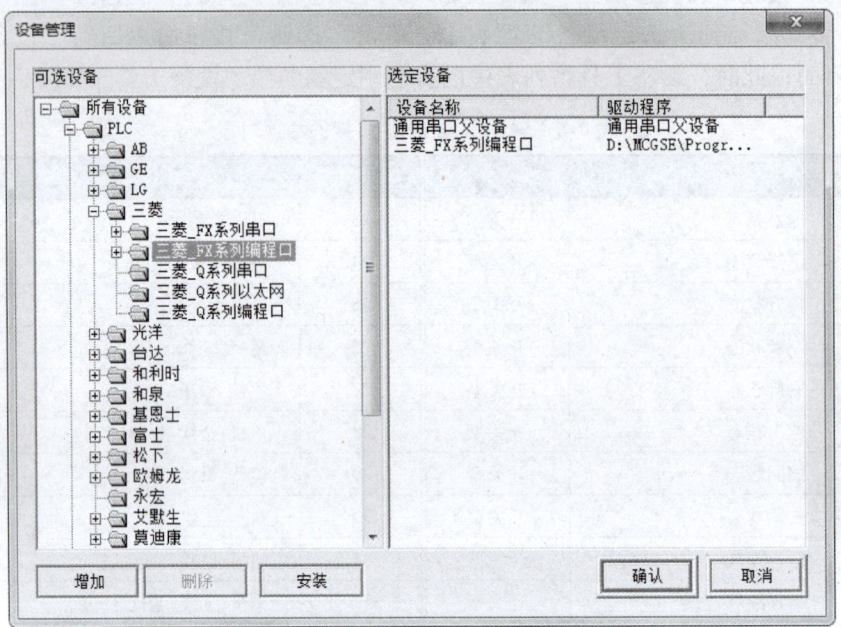

图 7-22 "设备管理"对话框

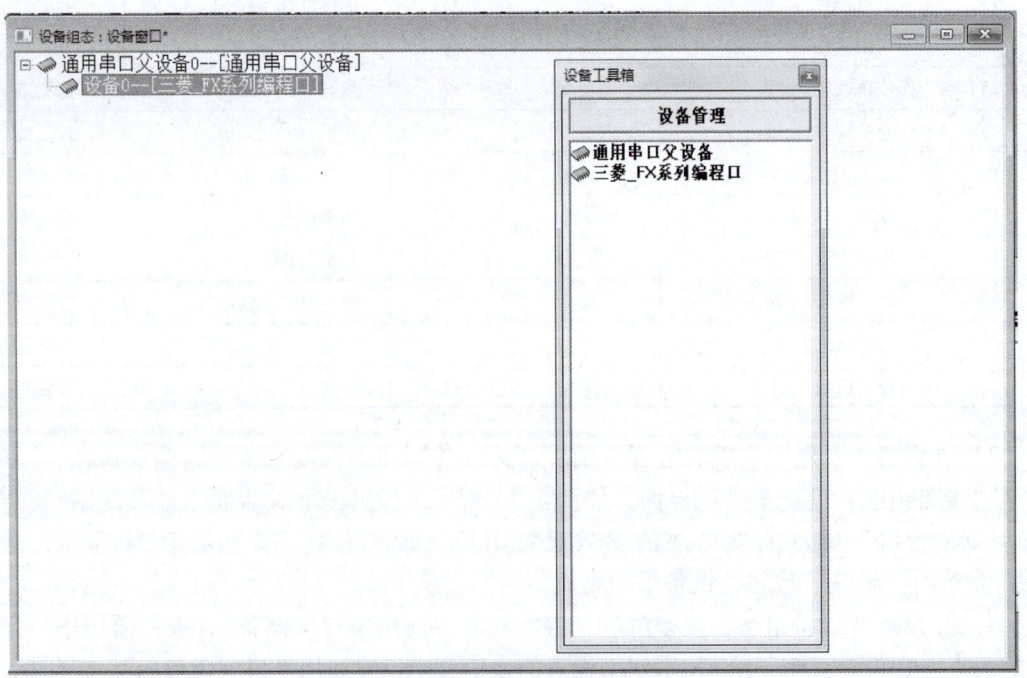

图 7-23 "设备组态:设备窗口"界面

6)进行变量连接,这里以"原点指示"变量为例进行说明。

① 单击"增加设备通道"按钮,弹出"添加设备通道"对话框,如图 7-27 所示。参数设置如下。

a)通道类型:X 输入寄存器。

学习情境七　YL-335B自动化生产线联机调试

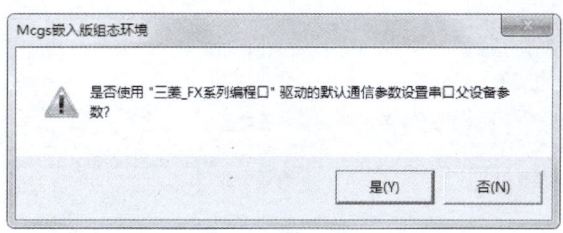

图 7-24　提示对话框

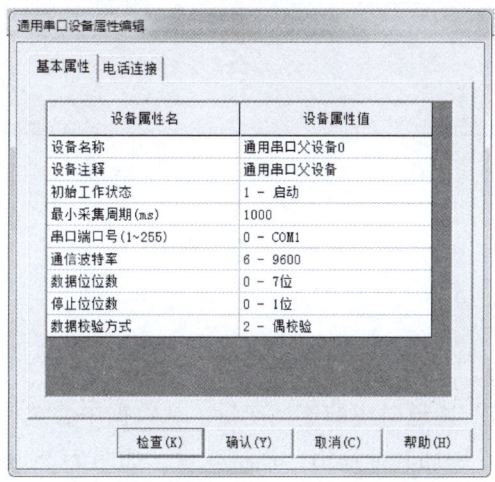

图 7-25　通用串口父设备的基本属性设置

图 7-26　"设备编辑窗口"对话框

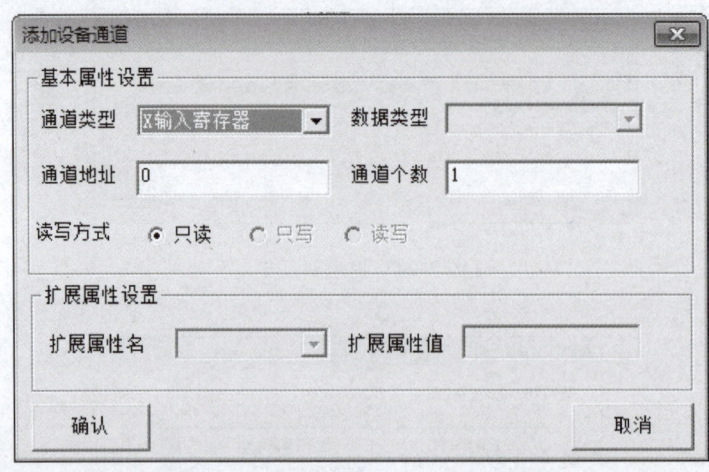

图7-27 "添加设备通道"对话框

b）通道地址：0。

c）通道个数：1。

d）读写方式：只读。

② 单击"确认"按钮，完成基本属性设置。

③ 双击"只读 X0000"通道对应的连接变量，从数据中心选择变量"原点指示"。

用同样的方法按表7-6增加其他通道，连接变量，如图7-28所示，完成后单击"确认"按钮。

3. 工程安全机制

（1）定义用户和用户组　为了保证整个系统能安全运行，需要对系统权限进行管理。单击"工具"菜单，在其下拉菜单中选择"用户权限管理"命令，弹出"用户管理器"对话框，如图7-29所示。

在 MCGS 中，固定有一个名为"管理员组"的用户组和一个名为"负责人"的用户，它们的名称不能修改。管理员组中的用户有权利在运行时管理所有的权限分配工作，管理员组的这些特性是由 MCGS 决定的，其他所有用户组都没有这些权利。

在图7-29所示的"用户管理器"对话框中，上半部分为已建用户的用户名列表，下半部分为已建用户组的列表。在对话框底部的按钮有"新增用户""复制用户""属性..."
"删除用户"等可对用户操作的按钮。

当激活用户组名列表时，在窗口底部显示的按钮是"新增用户组""属性...""删除用户组"等可对用户组操作的按钮，如图7-30所示。

在图7-30中，单击"新增用户组"按钮，弹出"用户组属性设置"对话框，如图7-31所示。用户组名称为"操作员组"，用户组描述为"成员仅能进行操作"，单击"确认"按钮，回到"用户管理器"对话框，此时，用户组名下面显示新增加的操作员组，如图7-32所示。

在图7-32中，单击用户名下面的空白处，再单击"新增用户组"按钮，会弹出"用户属性设置"对话框，如图7-33所示，可分别进行用户名称、用户描述、用户密码和隶属用

学习情境七 YL-335B自动化生产线联机调试

索引	连接变量	通道名称	通道处理
0000		通信状态	
0001	原点指示	只读X0000	
0002	下降状态	只读X0003	
0003	提升状态	只读X0004	
0004	左旋状态	只读X0005	
0005	右旋状态	只读X0006	
0006	伸出状态	只读X0007	
0007	缩回状态	只读X0010	
0008	夹紧状态	只读X0011	
0009	运行模式	只读X0027	
0010	越程故障_输送	只读M0007	
0011	运行_输送	只读M0010	
0012	单机/全线_输送	只读M0034	
0013	单机/全线_全线	只读M0035	
0014	初始状态	只读M0051	
0015	停止按钮_全线	只写M0061	
0016	起动按钮_全线	只写M0062	
0017	单机/全线切…	读写M0063	
0018	网络正常_全线	只读M0070	
0019	网络故障_全线	只读M0071	
0020	复位按钮_单…	只写M0100	
0021	起动测试按钮	只写M0101	
0022	伸缩控制	只写M0102	
0023	升降控制	只写M0103	
0024	夹紧与放松控制	只写M0104	
0025	左右旋控制	只写M0105	
0026	运行_全线	只读M1000	
0027	急停_输送	只读M1002	
0028	单机/全线_供料	只读M1064	
0029	运行_供料	只读M1066	
0030	料不足_供料	只读M1068	
0031	缺料_供料	只读M1069	
0034	单机/全线_装配Ⅰ	只读M1192	
0035	运行_装配Ⅰ	只读M1194	
0036	芯体不足_装配Ⅰ	只读M1196	
0037	芯体没有_装配Ⅰ	只读M1197	
0032	单机/全线_加工	只读M1128	
0033	运行_加工	只读M1130	
0038	单机/全线_分拣	只读M1256	
0039	运行_分拣	只读M1258	
0040	频率输出	DDF0040	
0041	伺服电动机转速	只读DWB0202	
0042	变频器频率设定	只写DWUB1002	
0043	机械手当前位置	DDF2000	

图 7-28 连接变量的全部通道

户组的设置。在该对话框中，用户密码要输入两遍。用户所隶属的用户组可通过勾选操作员组（**注意：一个用户可以隶属多个用户组**）设置。单击"确认"按钮，即完成用户的添加，如图 7-34 所示。

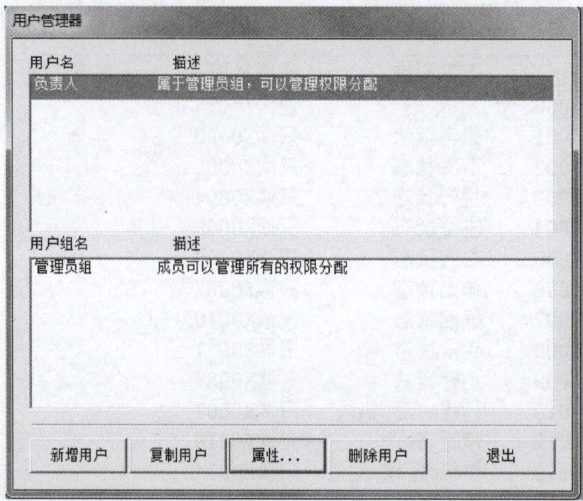

图 7-29 "用户管理器"对话框

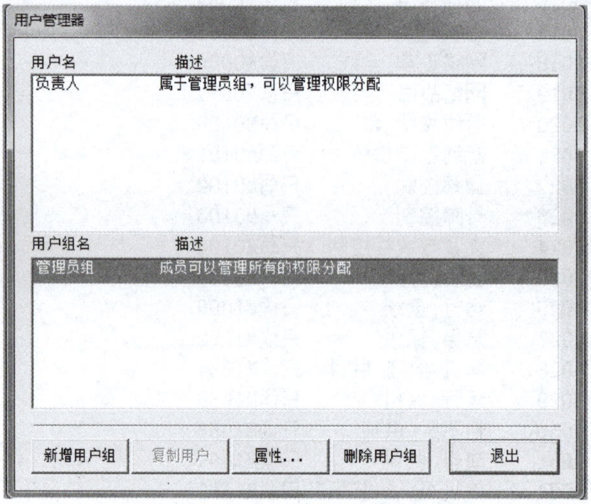

图 7-30 激活用户组名

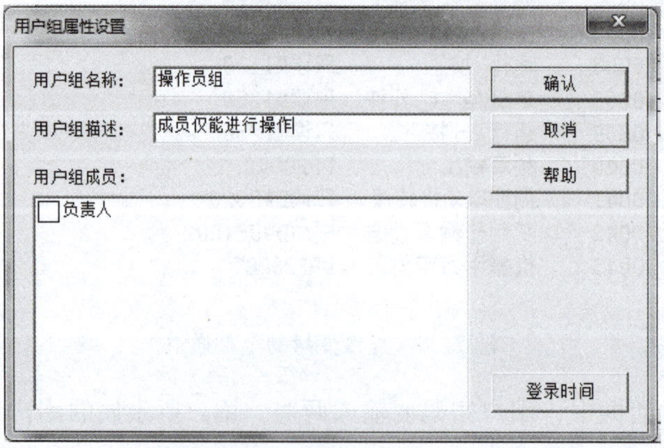

图 7-31 "用户组属性设置"对话框

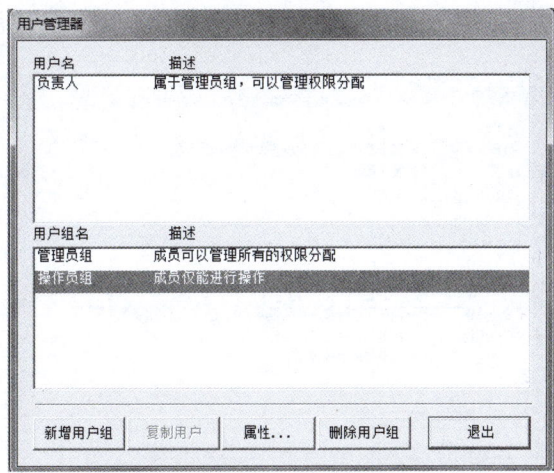

图 7-32 用户管理器中新增操作员组

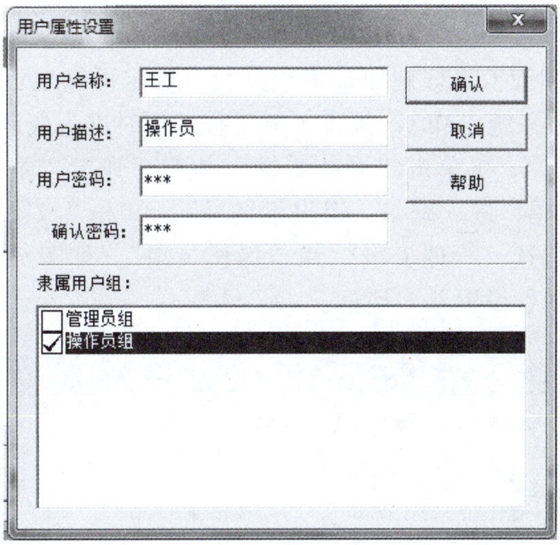

图 7-33 "用户属性设置"对话框

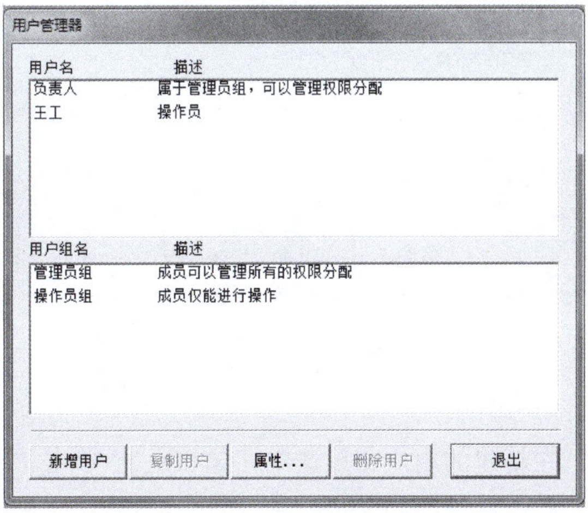

图 7-34 用户管理器中新增一个用户

按照与上述同样的方法进行技师组及隶属技师组的组员小吴的添加，如图 7-35 所示。

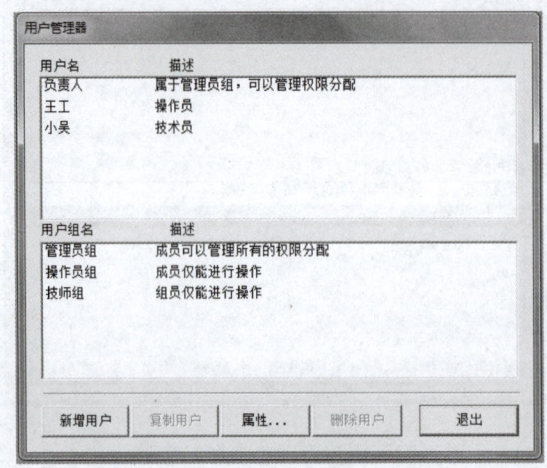

图 7-35　进行用户组和用户添加

（2）系统权限设置　为了更好地保证工程安全、稳定可靠地运行，防止与工程系统无关的人员进入或退出工程系统，MCGS 提供了对工程运行时进入或退出工程的权限管理。在工作台中单击"主控窗口"，再单击"系统属性"按钮，弹出"主控窗口属性设置"对话框，如图 7-36 所示；选择"进入登录，退出不登录"，单击"权限设置"按钮，弹出"用户权限设置"对话框；勾选"管理员组"和"操作员组"，如图 7-37 所示，单击"确认"按钮，返回"主控窗口属性设置"对话框。

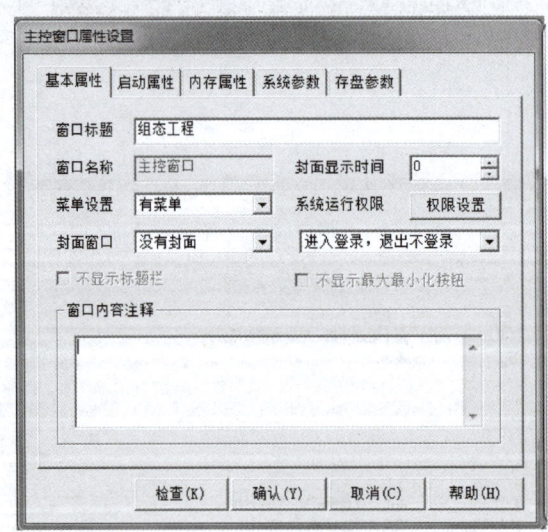

图 7-36　"主控窗口属性设置"对话框

4. 首页界面组态

（1）建立首页界面　在新建的用户窗口选中"窗口 0"，单击"窗口属性"按钮，进行用户窗口属性设置。

1）将窗口名称改为"首页界面"，窗口标题改为"首页界面"，如图 7-38 所示。

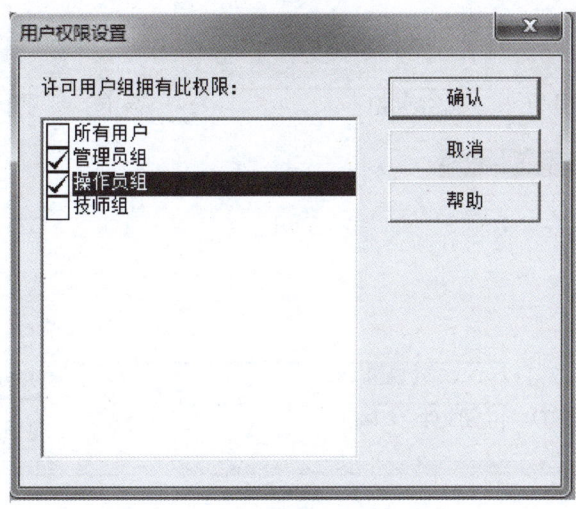

图 7-37 "用户权限设置"对话框

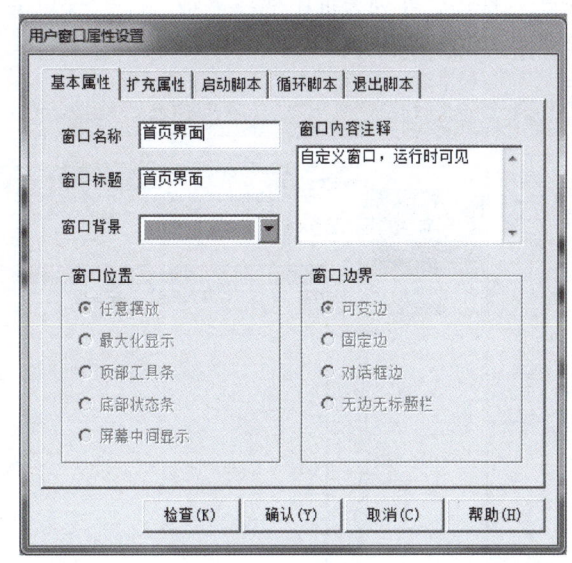

图 7-38 "用户窗口属性设置"对话框

2）在"用户窗口"中，右击"首页界面"窗口图标，在下拉菜单中选择"设置为启动窗口"选项，将该窗口设置为运行时自动加载的窗口。

（2）绘制首页界面 选中"首页界面"，单击"动画组态"，进入动画组态对话框，开始编辑画面。

1）装载位图。单击工具栏中的"工具箱"图标 打开"工具箱"，在"工具箱"内选择"位图"图标 ，鼠标的光标呈十字形，在界面左上角位置拖拽鼠标，拉出一个矩形，使其填充窗口右侧适当大小。

在位图上右击，选择"装载位图"，找到要装载的位图，单击选择该位图，如图 7-39 所示，然后单击"打开"按钮，则图片已装载。

2）制作测试模式指示和运行模式指示灯。下面以运行模式指示灯为例进行介绍。

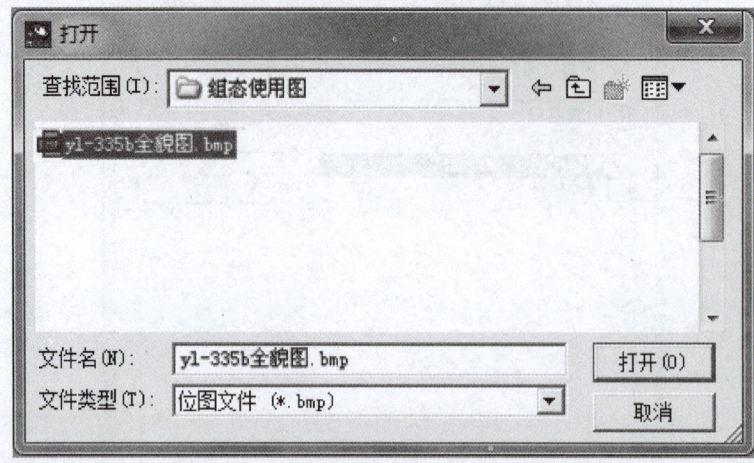

图7-39　查找要装载的位图

① 单击工具箱中的"插入元件"图标,弹出"对象元件库管理"对话框,单击"对象元件列表"中的"指示灯"选项,在列表框中选择"指示灯6",单击"确认"按钮。双击指示灯,弹出的对话框如图7-40所示。

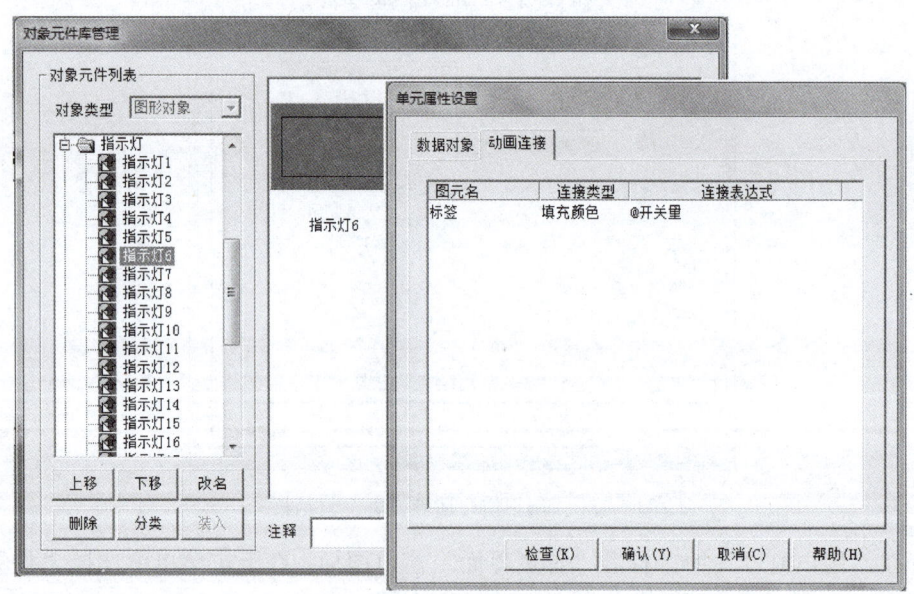

图7-40　指示灯元件及其属性

② 选择"数据对象"标签,单击"?"按钮,从数据中心选择"模式切换"变量。

③ 选择"动画连接"标签,单击"填充颜色",右边出现">"按钮,如图7-41所示。

④ 单击">"按钮,弹出图7-42所示对话框。进入"属性设置"选项卡,选择填充颜色为白色。再选择"填充颜色"标签,进入"填充颜色"选项卡,选择分段点0对应颜色为白色,分段点1对应颜色为浅绿色,如图7-43所示,单击"确认"按钮完成。

3）制作测试模式按钮和运行模式按钮。下面以测试模式按钮为例进行介绍。

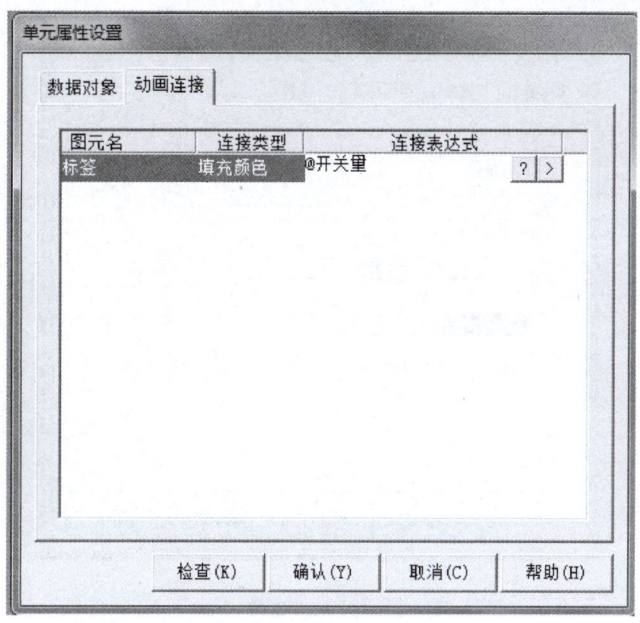

图7-41 指示灯元件属性设置（一）

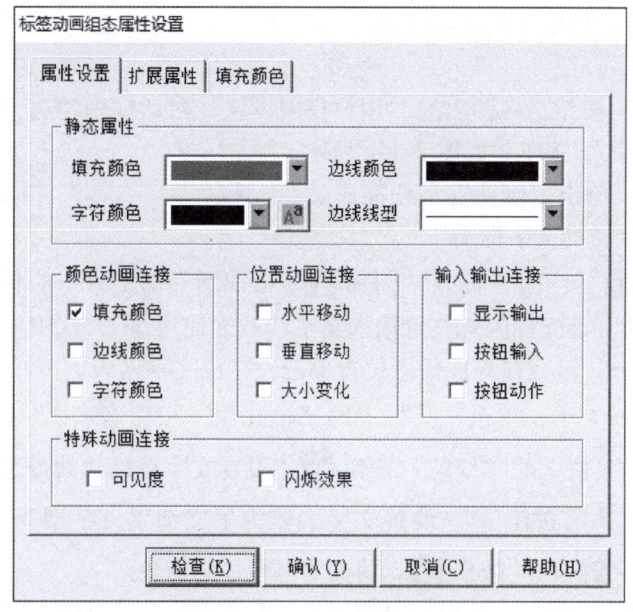

图7-42 指示灯元件属性设置（二）

① 单击工具箱中的"标准按钮"图标 ，用鼠标在界面中拖出一个大小合适的按钮，双击该按钮，弹出图7-44所示对话框。

② 如图7-44a所示，在"基本属性"选项卡中，无论是抬起还是按下状态，文本都设置为"测试模式"；"抬起"状态字体设置为宋体，字体大小设置为五号，背景颜色设置为浅绿色；"按下"状态字体大小设置为小五号，其他同"抬起"状态。

③ 如图7-44b所示，在"脚本程序"选项卡中，单击"按下脚本"，并在方框内输入如下脚本程序：

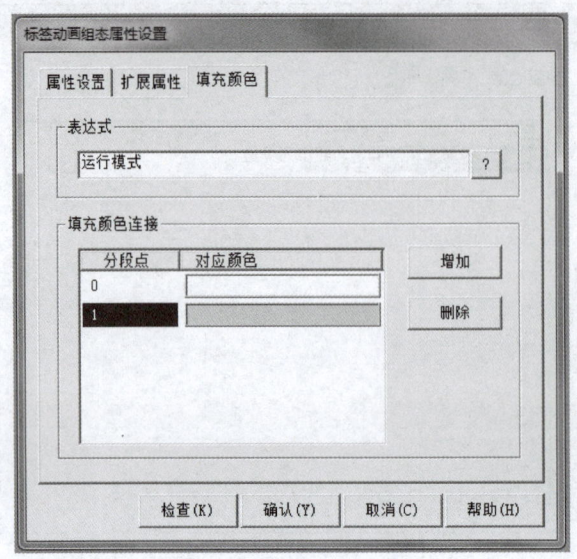

图 7-43 指示灯元件属性设置（三）

　　if　运行模式 =0　then
　　！SetWindow（输送站测试界面,1）
　　endif

④ 单击"权限"按钮，在弹出的"用户权限设置"对话框中勾选"管理员组"和"操作员组"，单击"确认"按钮，如图 7-44c 所示。

⑤ 其他项默认。单击"确认"按钮完成。

（3）制作循环移动的文字框图

1）选择"工具箱"内的"标签"图标 **A**，拖拽到界面上方中心位置，根据需要拉出一个大小适合的矩形。在光标闪烁位置输入文字"欢迎使用 YL－335B 自动化生产线实训考核装备！"，按［Enter］键或在界面任意位置单击，完成文字输入。

2）静态属性设置如下：单击工具栏上的"填充色"按钮 ，设定文字框的背景颜色为没有填充；单击工具栏上的"线色"按钮，设置文字框的边线颜色为没有边线；单击工具栏上的"字符字体"按钮，设置文字字体为华文细黑，字型为粗体，大小为二号；单击工具栏上的"字符颜色"按钮，将文字颜色设为蓝色。

3）为了使文字循环移动，在"位置动画连接"中勾选"水平移动"，这时在对话框上端就增添"水平移动"标签。水平移动选项卡的设置如图 7-45 所示。

设置说明如下：

① 为了实现"水平移动"的动画连接，首先要确定对应连接对象的表达式，然后再定义表达式的值所对应的位置偏移量。为此，在实时数据库中定义一个内部数据对象"移动"作为表达式，它是一个与文字对象位置偏移量成比例的增量值，当表达式"移动"的值为 0 时，文字对象的位置向左移动 0 点（即不动），当表达式"移动"的值为 1 时，对象的位置向右移动 5 点（5），这就是说，"移动"变量与文字对象的位置之间是斜率为 5 的线性关系。

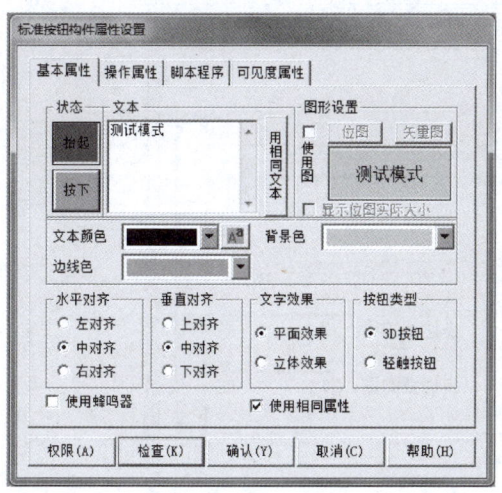

a)"基本属性"选项卡

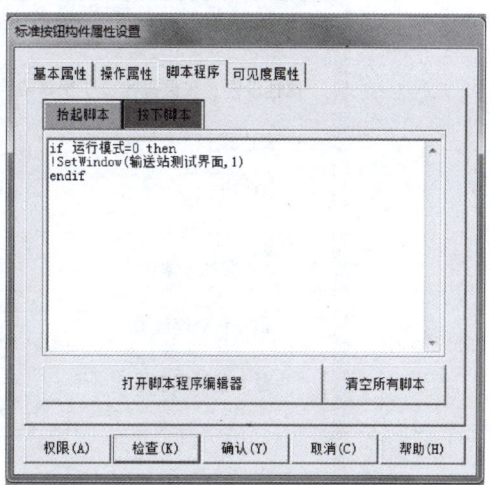

b)"脚本程序"选项卡

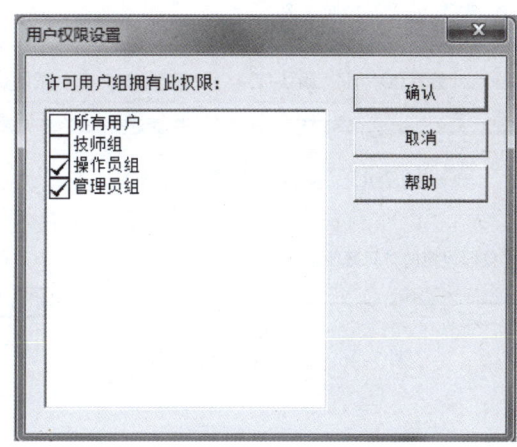

c)"用户权限设置"对话框

图 7-44 测试模式按钮构件属性设置

② 触摸屏图形对象所在的水平位置定义：以左上角为坐标原点，单位为像素点，向左为负方向，向右为正方向。TPC7062Ti 的分辨率是 800×480，文字串"欢迎使用 YL-335B 自动化生产线实训考核装备！"向右全部移出的偏移量约为 700 像素，故表达式"移动"的值为 140。文字循环移动的策略是，如果文字串向右全部移出，则返回初始位置重新移动。

③ 组态"循环策略"的具体操作如下。

a) 在"运行策略"中双击"循环策略"，进入"策略组态：循环策略"对话框。

b) 双击 ![icon] 图标，进入"策略属性设置"对话框，将循环时间设为 100ms，单击"确认"按钮。

c) 在"策略组态：循环策略"对话框中单击工具栏中的"新增策略行"按钮 ![icon]，增加一策略行，如图 7-46 所示。

d) 右击 ![icon] 图标，在弹出的快捷菜单中选择"策略工具箱"命令，弹出"策略工具箱"对话框，单击"脚本程序"，将鼠标指针移到策略块图标 ![icon] 上并单击，添加脚本程

229

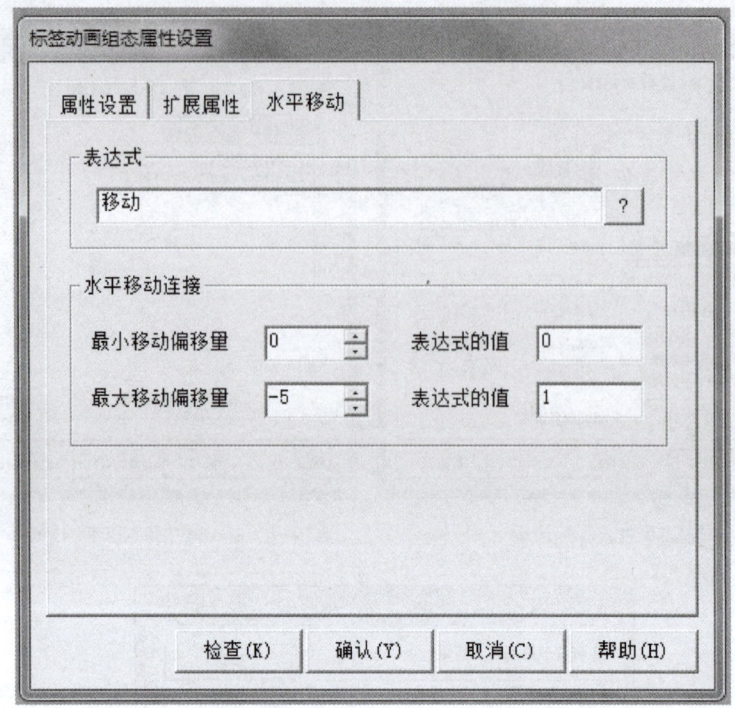

图 7-45　设置水平移动属性

图 7-46　新增策略行操作

序构件，如图 7-47 所示。

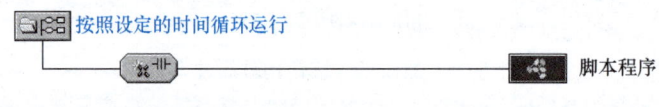

图 7-47　添加脚本程序构件

e）双击 图标，进行策略条件设置，表达式中输入"1"，即始终满足条件。

f）双击 图标，进入脚本程序编辑环境，输入下面的程序：

　　if　移动 <= 140　then
　　　　移动 = 移动 + 1
　　else
　　　　移动 = -140
　　endif

g）单击"确认"按钮，脚本程序编写完毕。

（4）编制首页界面的启动脚本　在"用户窗口"中选中"首页界面"窗口图标，单击"窗口属性"按钮，打开"用户窗口属性设置"对话框，如图 7-48 所示。单击"启动脚本"标签，编制启动脚本"！LogOn( )"，如图 7-49 所示，单击"确认"按钮完成。

学习情境七　YL-335B自动化生产线联机调试

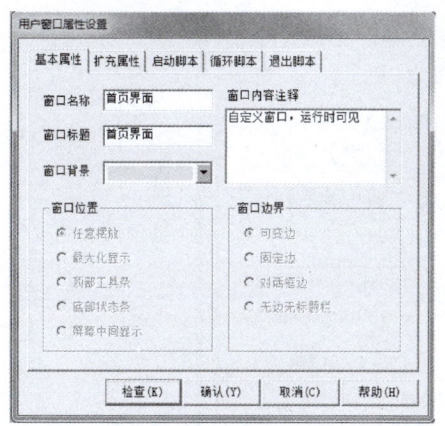

图7-48　首页界面用户窗口属性设置

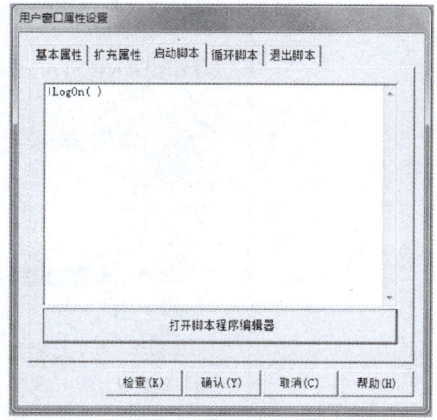

图7-49　首页界面启动脚本设置

5. 输送单元测试界面组态

(1) 建立输送单元测试界面

1) 选中"窗口1",单击"窗口属性"按钮,进行用户窗口属性设置。

2) 将窗口名称改为"输送单元测试界面",窗口标题改为"输送单元测试界面";单击"窗口背景"下拉菜单,在"其他颜色"中选择所需的颜色,如图7-50所示。

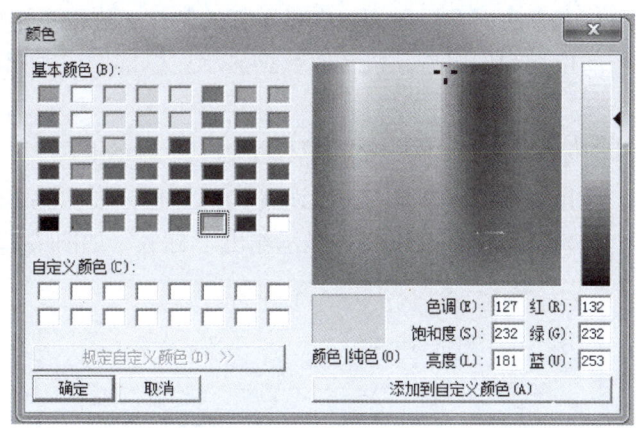

图7-50　选择窗口背景颜色

(2) 输送单元测试界面的制作和组态　按下列步骤制作和组态输送单元测试界面。

1) 制作输送单元测试界面的标题文字。方法与前述相同,这里不再赘述。

2) 制作复位按钮和起动测试按钮。以起动测试按钮为例进行介绍。

① 单击工具箱中的"标准按钮"图标,用鼠标在界面中拖出一个大小合适的按钮,双击按钮,弹出图7-51所示对话框。

② 在"基本属性"选项卡中,无论是抬起还是按下状态,文本都设置为"起动测试按钮";"抬起"状态字体设置为宋体,字体大小设置为五号,背景颜色设置为浅绿色;"按下"状态字体大小设置为小五号,其他同"抬起"状态。

③ 在"操作属性"选项卡中,"抬起"状态下,数据对象操作清0,起动按钮;"按下"

231

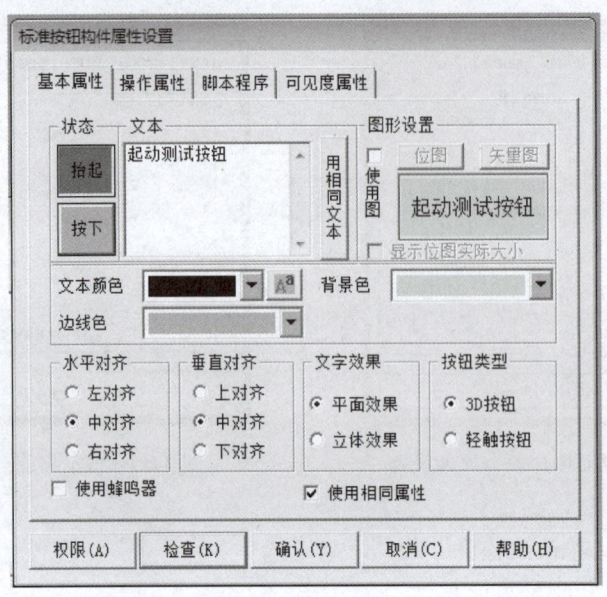

图 7-51 "标准按钮构件属性设置"对话框

状态下,数据对象操作置 1,起动按钮。

④ 其他项默认。单击"确认"按钮完成。

3)制作状态指示灯。方法同首页界面状态指示灯的制作,这里不再赘述。

4)制作机械手当前位置和伺服电动机转速数据显示。以伺服电动机转速显示为例进行介绍。

① 选中工具箱中"标签"图标 A,拖动鼠标绘制 1 个显示框。

② 双击显示框,弹出"标签动画组态属性设置"对话框,在"输入输出连接"选项组中勾选"显示输出",该对话框中则会出现"显示输出"标签,如图 7-52 所示。

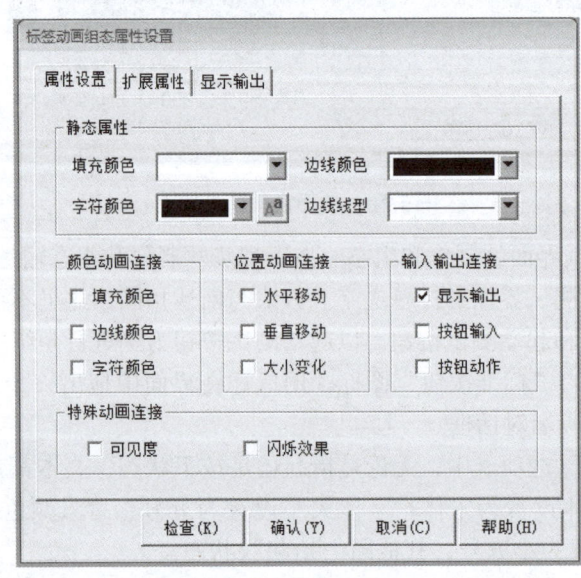

图 7-52 标签动画组态属性设置(一)

③ 单击"显示输出"标签，设置显示输出属性。

a) 表达式：伺服电动机转速。

b) 单位：r/min。

c) 输出值类型：数值量输出。

d) 输出格式：十进制。

e) 小数位数：0。

④ 单击"确认"按钮，如图 7-53 所示，制作完毕。

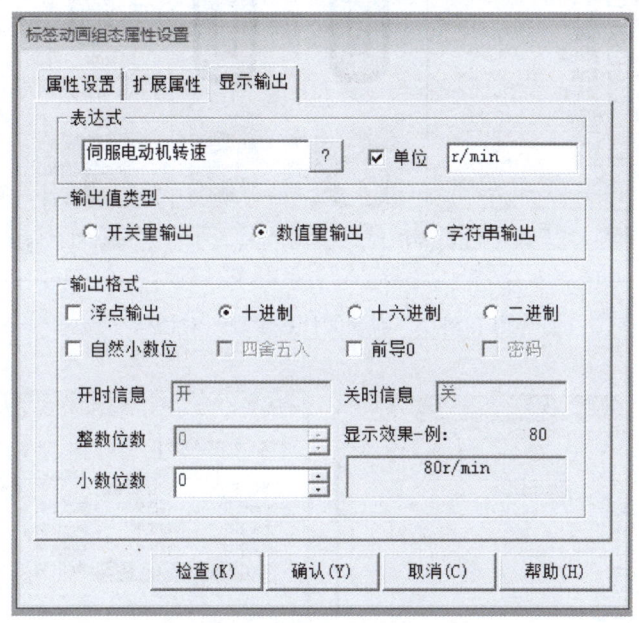

图 7-53　标签动画组态属性设置（二）

5）制作机械手装置单步动作测试画面并组态。由图 7-19 可知，机械手装置单步动作组态包括 4 个按键开关和指示气缸工作状态的 8 个指示灯，指示灯的组态方法与前述相同，下面以伸缩控制为例介绍按键开关的制作。

① 单击工具箱中的"插入元件"图标 ，弹出"对象元件库管理"对话框，如图 7-54 所示，单击"对象元件列表"中的"开关"选项，在右侧列表框中选择"开关 8"，单击"确定"按钮，双击开关，弹出图 7-55 所示的对话框。

② 在"数据对象"选项卡中分别单击"按钮输入"和"可见度"右边的"?"按钮，在数据中心中均选择"伸缩控制"变量，单击"确认"按钮。

③ 在"动画连接"选项卡中分别单击"按钮输入"和"可见度"右边的"?"按钮，在数据中心中均选择"伸缩控制"变量，单击"确认"按钮。

④ 在图 7-55 中分别单击"按钮输入"和"可见度"右边的" > "按钮，在"属性设置"选项卡的"输入输出连接"选项组中勾选"按钮动作"，在"按钮动作"选项卡中勾选"数据对象值操作"，同时将伸缩控制变量取反，其他项默认，如图 7-56 所示。

6）制作圆角矩形框。单击工具箱中"圆角矩形"图标 ，在界面的左上方用鼠标拖出一个大小适合的圆角矩形，双击圆角矩形，出现图 7-57 所示的对话框。

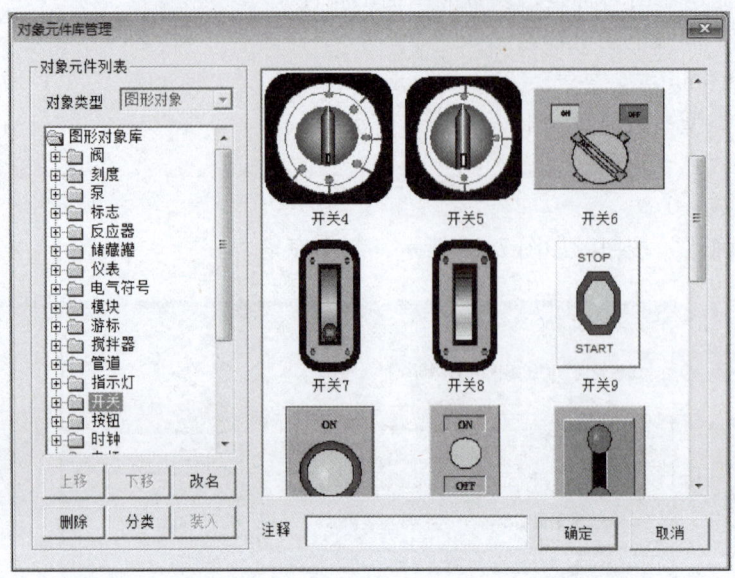

图 7-54 "对象元件库管理"对话框

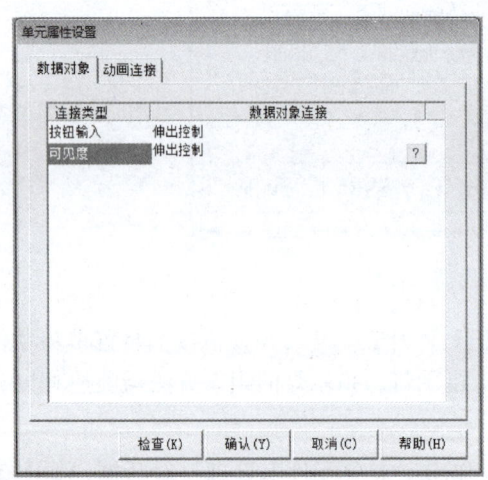
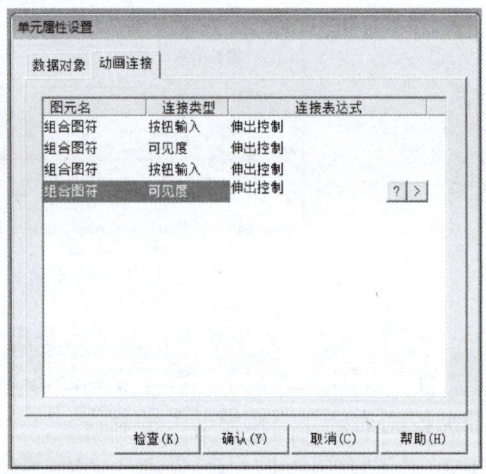

a)"数据对象"选项卡设置　　　　　　　　b)"动画连接"选项卡设置

图 7-55 按键开关属性设置（一）

属性设置：填充颜色设置为"没有填充"；边线颜色选红色；其他默认。

7）制作"返回首页界面"按钮。单击工具箱中"标准按钮"图标 ▢，用鼠标在界面中拖出一个大小合适的按钮，双击该按钮，弹出"标准按钮构件属性设置"对话框。在"基本属性"选项卡中，抬起和按下文本均输入"返回首页界面"，背景颜色选择浅红色；在"脚本程序"选项卡中单击"按下脚本"，并在方框内输入脚本程序如下：

　　　if　初始状态=1　then
　　　　！SetWindow(首页界面,1)
　　　endif

其他选项设置默认，单击"确认"按钮完成，如图 7-58 所示。

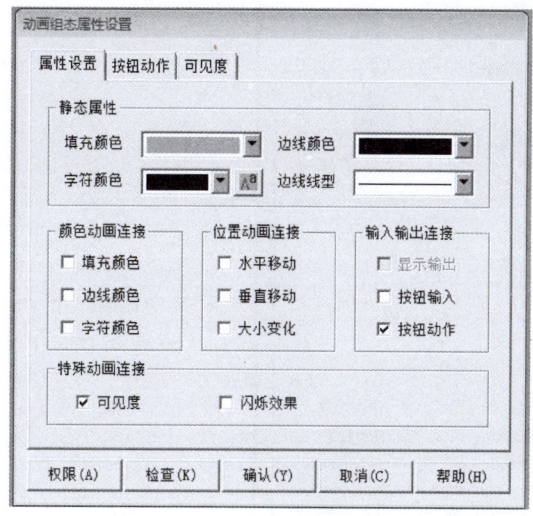 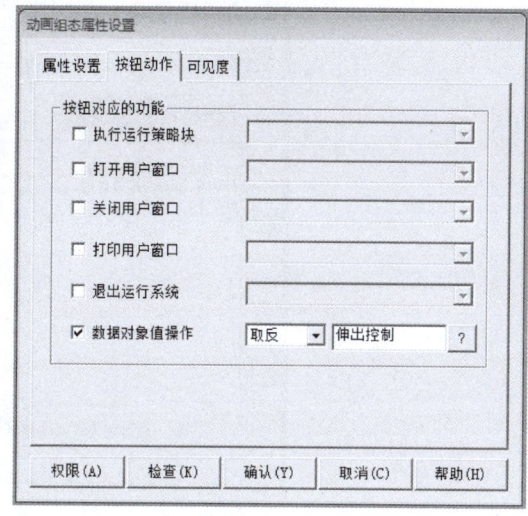

a)"属性设置"选项卡设置　　　　　　　　b)"按钮动作"选项卡设置

图 7-56　按键开关属性设置（二）

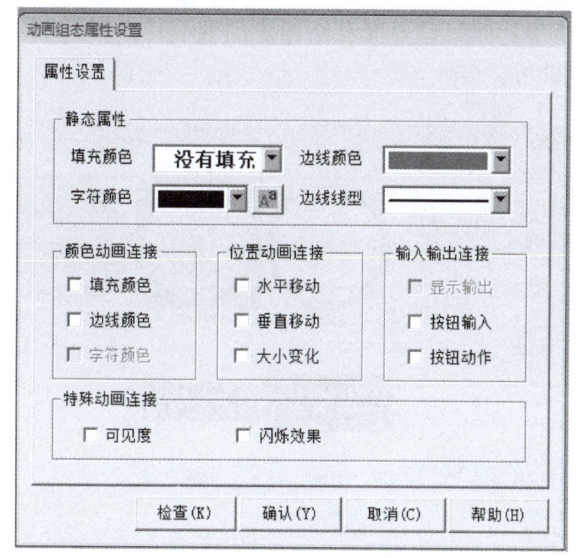

图 7-57　圆角矩形框属性设置

6. 运行界面组态

（1）建立运行界面

1）选中"窗口2"，单击"窗口属性"按钮进行用户窗口属性设置。

2）将窗口名称改为"运行界面"，窗口标题改为"运行界面"。选择"窗口背景"下拉菜单，在"其他颜色"中选择所需的颜色。

（2）运行界面制作和组态

1）制作运行界面的标题文字、插入时钟。标题文字制作方法与首页界面的标题文字制作相同，单击工具箱中的"插入元件"图标，弹出"对象元件库管理"对话框。单击对

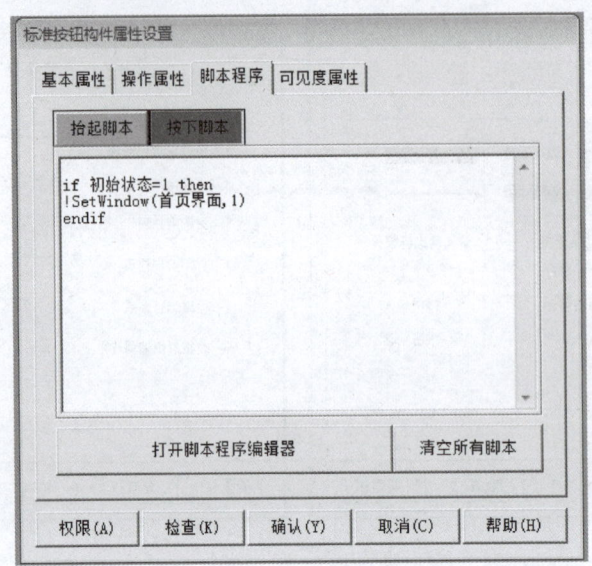

图 7-58　返回首页界面按钮属性设置

话框左侧"对象元件列表"中的"时钟"选项，在右侧列表框中选择"时钟 4"，单击"确定"按钮，如图 7-59 所示。此时，界面左上角会出现时钟 4 的图形，将其调整为适当大小，移动到界面右上角位置即可。

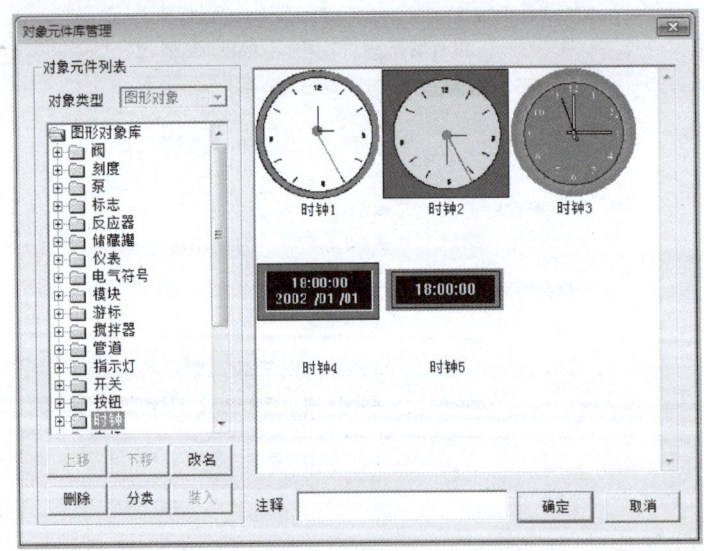

图 7-59　时钟元件库

2）在工具箱中选择直线构件，把标题文字下方的区域划分为图 7-60 所示的两部分。区域左侧制作各站单元画面，右侧制作全线运行画面。

3）制作各站单元画面并组态。以供料单元组态为例，其画面如图 7-61 所示。图中指出了各构件的名称，这些构件均为状态指示灯，其制作方法与首页界面的运行模式状态指示灯类似，但"料不足"和"缺料"须有闪烁报警功能。下面以"料不足"指示灯为例进行说明。

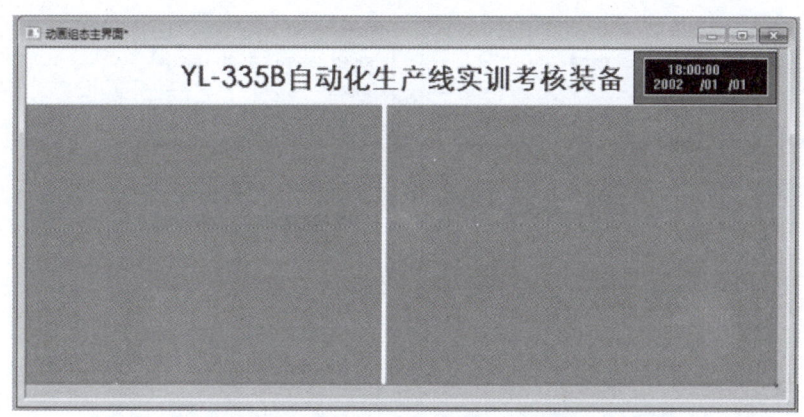

图 7-60　划分界面区域

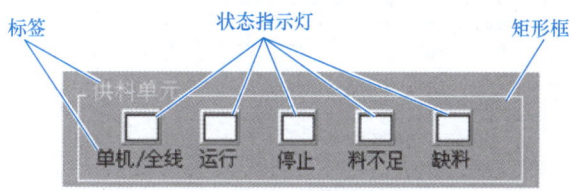

图 7-61　供料单元组态画面

① 单击工具箱中的"插入元件"图标 ，弹出"对象元件库管理"对话框，单击"对象元件列表"中的"指示灯"选项，在右侧列表框中选择"指示灯6"，单击"确定"按钮。双击指示灯，弹出"单元属性设置"对话框。

② 在"数据对象"选项卡中单击"填充颜色"，右侧出现"?"按钮，单击该按钮，在数据中心中选择"料不足_供料"变量。

③ 在"动画连接"选项卡中单击"填充颜色"，右侧出现">"按钮，单击该按钮，弹出"标签动画组态属性设置"对话框。在该对话框中单击"属性设置"选项卡，选择填充颜色为白色，在"特殊动画连接"选项组勾选"闪烁效果"，此时"填充颜色"标签旁边就会出现"闪烁效果"标签，如图 7-62a 所示。

④ 单击"填充颜色"标签，进入"填充颜色"选项卡，选择分段点 0 对应颜色为白色，分段点 1 对应颜为红色，如图 7-62b 所示。

⑤ 单击"闪烁效果"标签，进入"闪烁效果"选项卡，表达式选择为"料不足_供料"；在"闪烁实现方式"选项组中点选"用图元属性的变化实现闪烁"；填充颜色选择黄色，如图 7-62c 所示，单击"确认"按钮完成。

4）制作全线部分画面。

① 制作单机全线切换旋钮。单击工具箱中"插入元件"图标 ，弹出"对象元件库管理"对话框，选择"开关6"，单击"确定"按钮。双击旋钮，弹如图 7-63 所示的"单元属性设置"对话框。"数据对象"选项卡中的"按钮输入"和"可见度"数据对象连接均为"单击全线切换"，单击"确认"按钮完成。

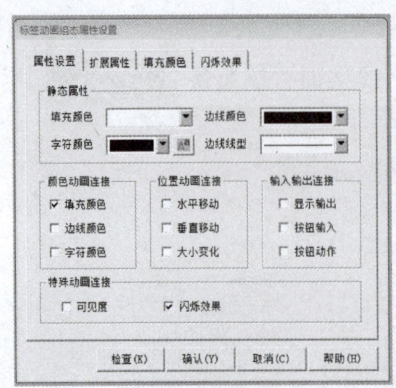
a)"属性设置"选项卡

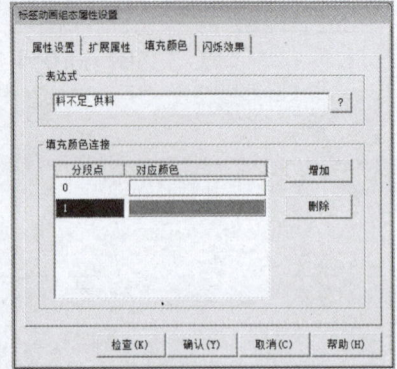
b)"填充颜色"选项卡

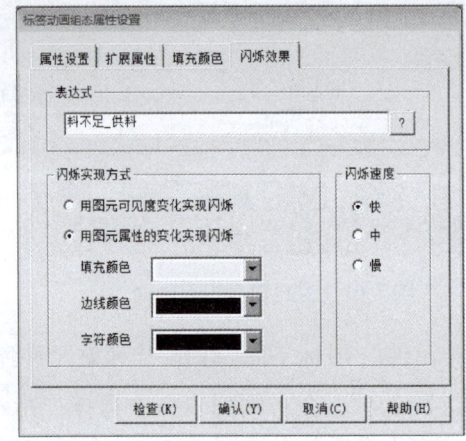
c)"闪烁效果"选项卡

图 7-62　具有报警时闪烁功能的指示灯制作

② 制作数值输入框。

a) 单击工具箱中的"输入框"图标,拖动鼠标,绘制一个输入框。

b) 双击输入框,进行属性设置,这里只需要设置操作属性。具体设置内容分别为对应数据对象的名称:变频器频率设定;使用单位:Hz;最小值:20;最大值:40;小数点位:0。设置结果如图 7-64 所示。

③ 制作滑动输入器。

a) 单击工具箱中的"滑动输入器"图标,当鼠标指针呈十字形后,拖动鼠标到适当大小,并调整滑动块到适当的位置。

b) 双击滑动输入器构件,弹出如图 7-65 所示的对话框。

按照下面的值设置各参数。

在"基本属性"选项卡中,滑块指向为"指向左(上)"。

在"刻度与标注属性"选项卡中,主划线数目为"11";次划线数目为"2";小数位数为"0"。

在"操作属性"选项卡中,对应数据对象名称为"机械手当前位置";滑块在最左(下)边时对应的值为"1100";滑块在最右(上)边时对应的值为"0"。

其他为默认值。

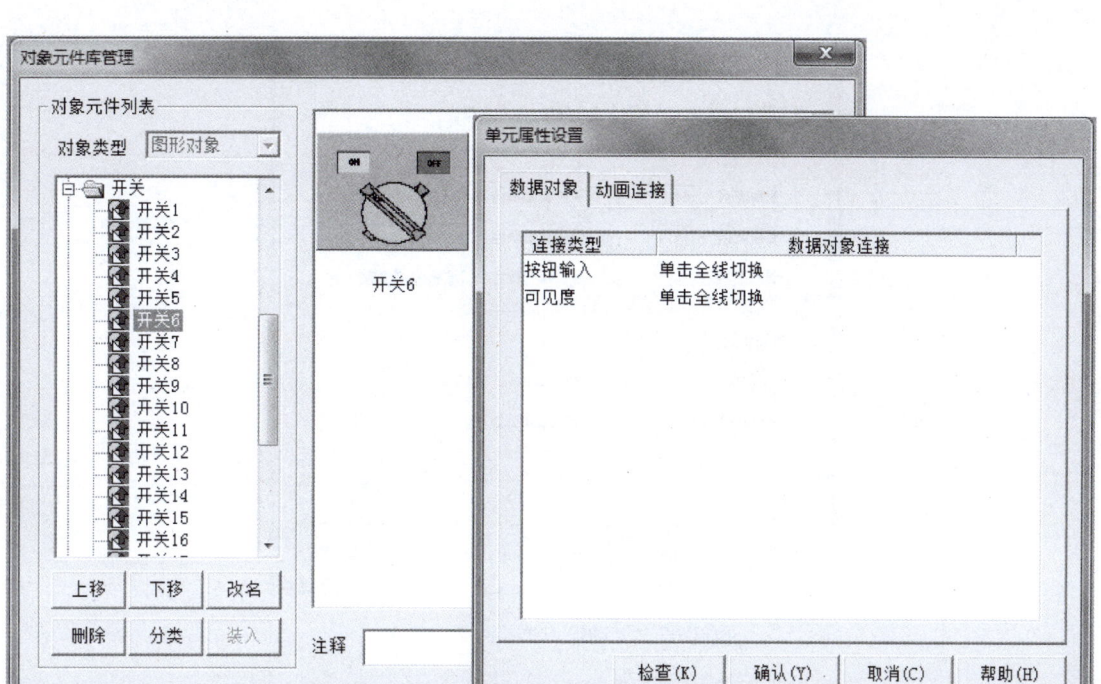

图 7-63 切换旋钮元件及其属性

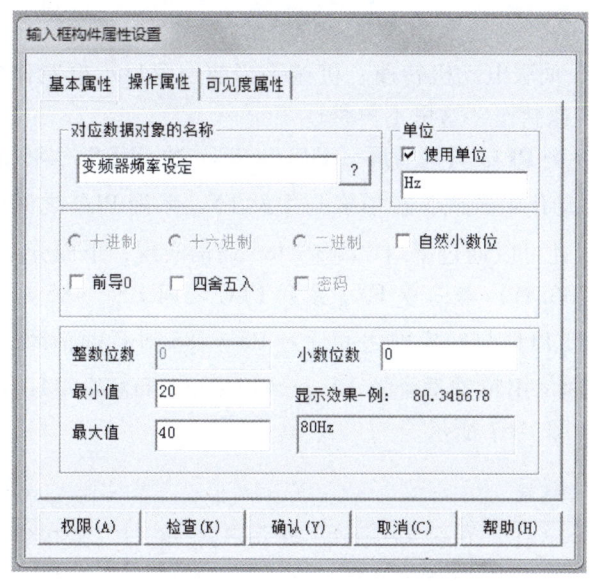

图 7-64 输入框构件属性设置

c）单击"权限"按钮，进入用户权限设置对话框，选择管理员组，按"确认"按钮完成制作。

注意：用户权限设置为管理员级别，这一步是必要的，因为滑动输入器构件具有读写属性，为了确保运行时用户不能干预（写入）机械手当前位置，必须对用户权限加以限制。制作完成的滑动输入器构件如图 7-66 所示。

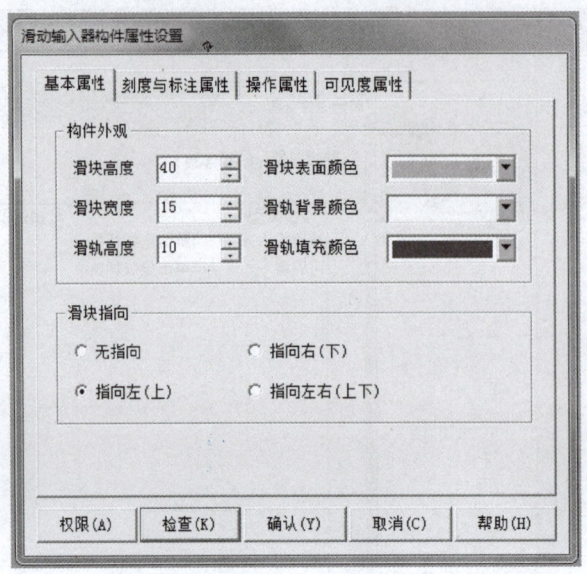

图7-65 滑动输入器构件属性设置

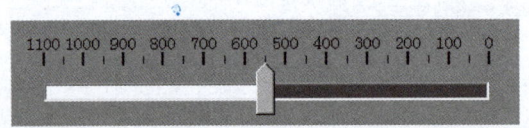

图7-66 滑动输入器构件

④ 实时频率输出、伺服电动机转速、机械手当前位置显示框制作的方法同输送单元测试界面的伺服电动机转速制作,这里不再赘述。

(四)主站 FX$_{3U}$ 系列 PLC 与触摸屏(TPC7062Ti)之间 RS-485 通信的设置

对于 YL-335B 自动化生产线,触摸屏与主站 FX$_{3U}$ 系列 PLC 之间的通信除了前面介绍的通过编程口实现外,还可以通过串口以 RS-485 通信实现,下面介绍相关内容。

1. 触摸屏(TPC7062Ti)与三菱 FX$_{3U}$ 系列 PLC 之间 RS-485 通信的接线

当主站 FX$_{3U}$-48MT PLC 与触摸屏之间通过 RS-485 进行通信时,在联机运行状态下,主站 PLC 左侧须连接通信用特殊适配器 FX$_{3U}$-485ADP。TPC7062Ti 和 FX$_{3U}$ 系列 PLC 之间 RS-485 通信的接线如图7-67 所示。

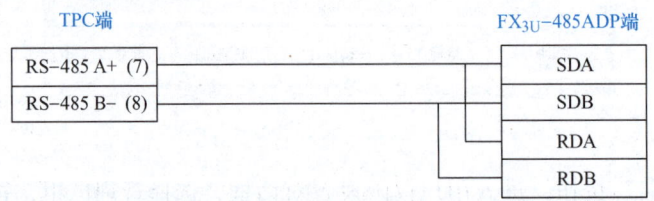

图7-67 TPC7062Ti 与 FX$_{3U}$ 系列 PLC 之间 RS-485 通信的接线

注:TPC 端采用9针 D 形母头:引脚7 为黄色线和绿色线,引脚8 为红色线和蓝色线。

通信用特殊适配器 FX$_{3U}$-485ADP 端:SDA 为黄色线;RDA 为绿色线;SDB 为红色线;RDB 为蓝色线。

建议：采用 5 芯屏蔽线，长度约为 2m。

2. 触摸屏和 PLC 通信软件的设置

（1）触摸屏的设置

1）组态硬件。在 MCGS 工作台单击"设备窗口"标签，再单击"设备组态"按钮，打开"设备组态：设备窗口"界面，单击工具栏上的"设备工具箱"图标 ，进入图 7-23 所示"设备工具箱"对话框。

在"设备工具箱"对话框单击"设备管理"按钮，便进入图 7-22 所示"设备管理"对话框。在该对话框左侧"可选设备"下的"所有设备"栏单击"PLC"前的"＋"，再单击"三菱"前面的"＋"，然后单击"三菱 FX 系列串口"前面的"＋"，找到"三菱_FX 系列串口"，双击添加到设备工具箱里，在"所有设备"栏的"通用设备"中找到"通用串口父设备"，并双击添加到设备工具箱里，在"设备工具箱"对话框分别双击"通用串口父设备"和"三菱_FX 系列串口"，组态后的父设备与子设备如图 7-68 所示。

图 7-68 设备组态

2）修改父设备的参数。在图 7-68 中双击"通用串口父设备 0 -［通用串口父设备］"，弹出"通用串口设备属性编辑"对话框，修改后的父设备参数如图 7-69 所示。

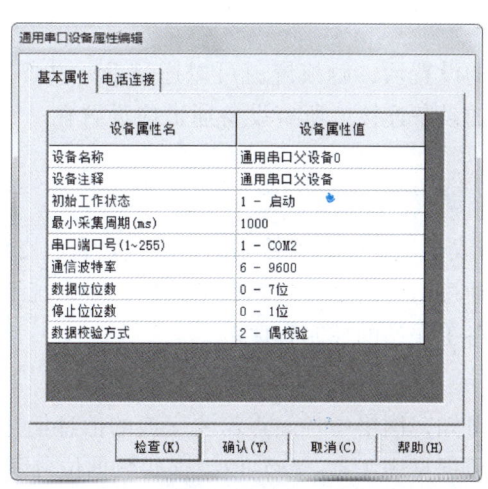

图 7-69 修改通用串口父设备的参数

说明：串口端口号应选COM2，原因见表7-7。

表7-7　串口端口号与引脚定义对照关系表

接　　口	PIN	引脚定义
COM1	2	RS－232RXD
COM1	3	RS－232TXD
COM1	5	GND
COM2	7	RS－485＋
COM2	8	RS－485－

3）修改子设备的参数。在图7-68中双击"设备0-[三菱_FX系列串口]"，打开设备编辑窗口，修改后子设备的参数如图7-70所示。

（2）PLC的设置　打开GX Works2软件，新建-工程，进入编程界面，在导航窗口选择"PLC参数"，如图7-71所示，双击"PLC参数"，打开"FX参数设置"对话框，修改完成的通信参数如图7-72所示，并将设置好的参数写入PLC。

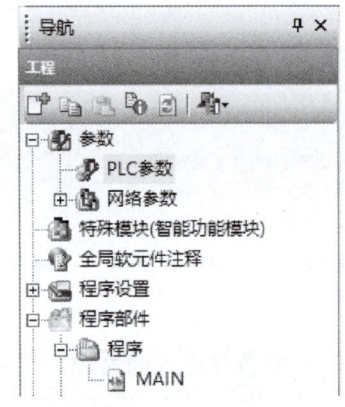

图7-70　修改子设备的参数　　　　　图7-71　PLC参数的选择

在完成上述相关参数的设置后，触摸屏就可以通过RS－485与PLC进行通信了。这里需要说明的是，前面介绍的设备连接，所有设备通道应设置在"设备0-[三菱_FX系列串口]"下。

（五）PLC程序编制和调试

YL－335B自动化生产线是一个分布式控制的自动化设备，在设计它的整体控制程序时，应首先从其系统性着手，通过组建网络，规划通信数据，使系统组织起来；然后根据各工作单元的工艺任务分别编制各工作站的控制程序。

1．规划通信数据

通过分析任务书要求可知，网络中各站点需要交换的信息量并不大，可采用模式1的刷新方式。各站通信所需的数据见表7-8～表7-12。这些数据位分别由各站PLC程序写入，全部数据为$N:N$网络中所有站点共享。

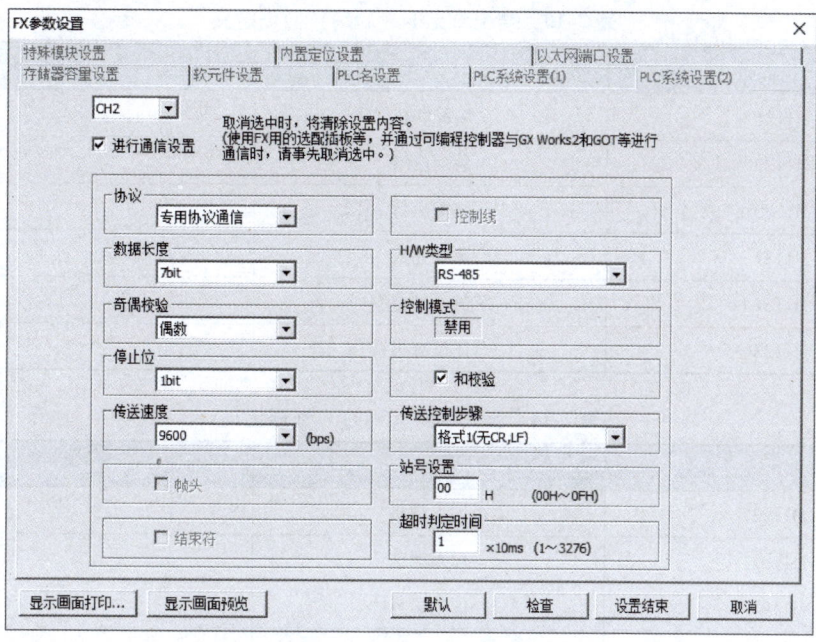

图 7-72　触摸屏与 FX_{3U} 系列 PLC 进行通信时的 FX 参数设置

表 7-8　输送单元（0#站）数据定义

输送单元位地址和字地址	数 据 定 义	备　注
M1000	全线运行	
M1001	输送单元复位中	
M1002	全线急停	
M1004	系统就绪	
M1005	HMI 联机	
M1006	请求供料	
M1007	允许装配	
M1008	允许加工	
M1009	允许分拣	
D0	最高频率设定	

表 7-9　供料单元（1#站）数据定义

供料单元位地址	数 据 定 义	备　注
M1064	供料联机	
M1065	供料就绪	
M1066	供料运行	
M1067	供料信号	
M1068	料不足报警	
M1069	缺料报警	

表7-10 装配单元Ⅰ（2#站）数据定义

装配单元Ⅰ位地址	数据定义	备 注
M1128	装配联机	
M1129	装配就绪	
M1130	装配运行	
M1131	装配完成	
M1132	芯体不足报警	
M1133	芯体没有报警	

表7-11 加工单元（3#站）数据定义

加工单元位地址	数据定义	备 注
M1192	加工联机	
M1193	加工就绪	
M1194	加工运行	
M1195	加工完成	

表7-12 分拣单元（4#站）数据定义

分拣单元位地址	数据定义	备 注
M1256	分拣联机	
M1257	初始状态	
M1258	分拣运行	
M1259	分拣完成	

用于通信的数值数据只有一个，即来自触摸屏的频率给定数据，该数据传送到输送单元后，由输送单元发送到网络上，供分拣单元使用。该数据被写入到字数据存储区的 D0 单元内。

2. 从站单元控制程序的编制

YL-335B 自动化生产线各工作站单站运行时的编程思路在前面各情境中均已进行介绍。在联机运行时，由工作任务书规定的各从站工艺过程基本固定，原单站程序中工艺控制程序变动不大。在单站程序的基础上修改、编制联机运行程序，实现上并不难。下面以供料单元的联机编程为例说明编程思路。

联机运行情况下的主要变动：一是在运行条件上有所不同，主令信号来自系统通过网络下传的信号；二是各工作站之间通过网络不断交换信号，由此确定各站的程序流向和运行条件。

对于前者，首先须明确工作站当前的工作方式，以此确定当前有效的主令信号。工作任务书明确地规定了工作方式切换的条件，目的是避免误操作的发生，确保系统可靠运行。工作方式切换条件的逻辑判断在上电初始化（M8002 为 ON）后立即进行。梯形图如图 7-73 所示。

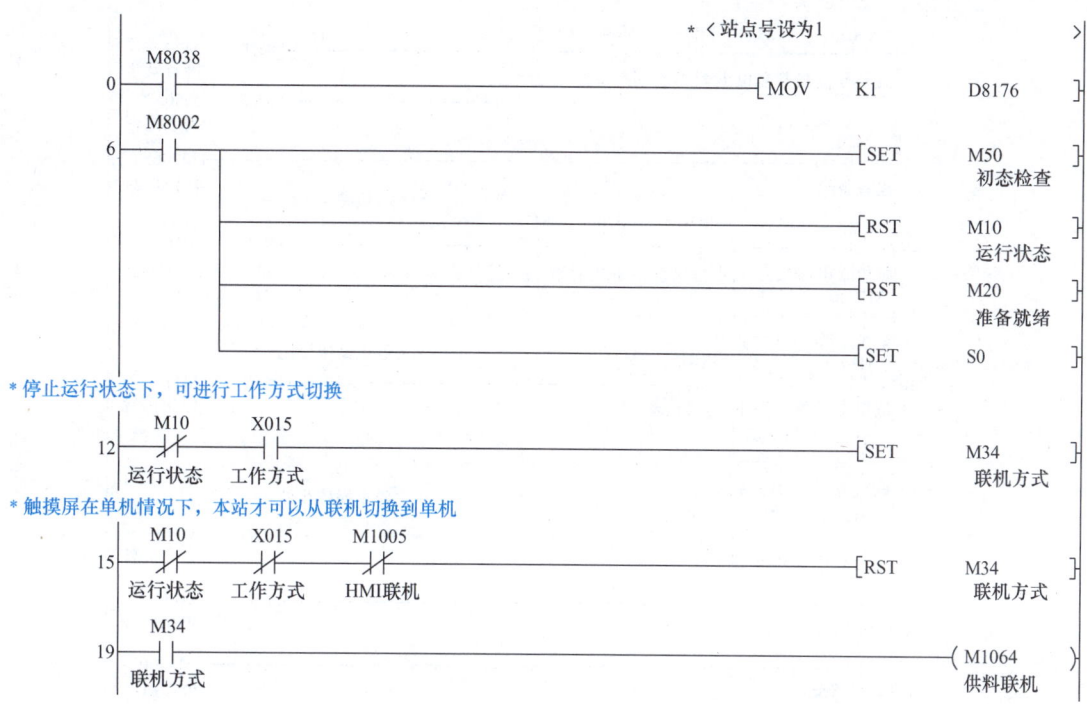

图 7-73 工作站初始化和工作方式确定梯形图

接下来的工作与前面单站时类似，即：①进行初始状态检查，判别工作站是否准备就绪；②若准备就绪，则收到全线运行信号或本站起动信号后投入运行状态；③在运行状态下，不断监视停止命令是否到来，一旦到来立即置位停止信号，待工作站的工艺过程完成一个工作周期后，停止工作。梯形图如图 7-74 所示。

下一步便进入工作站的工艺控制过程，即从初始步 S0 开始的步进顺序控制过程。这一步进程序与前面单站情况基本相同，只是增加了通过共享位元件（M1067）向系统报告本站工作状态的程序，梯形图程序如图 7-75 所示。

最后一部分为供料单元联机的工作状态指示。联机的工作状态指示可通过在每一扫描周期调用"工作状态指示"子程序实现，工作状态包括：是否准备就绪、运行/停止状态、供料不足预报警、缺料报警等状态。状态指示子程序如图 7-76 所示。

其他从站的编程方法与供料单元基本类似，此处不再详述。建议读者对照各工作站单站程序编制装配单元Ⅰ、加工单元和分拣单元三个从站的联机程序，并将单站与联机程序加以比较和分析。

3. 主站单元控制程序的编制

输送单元是 YL-335B 自动化生产线中最为重要同时也是承担任务最为繁重的工作单元。主要体现在：①输送单元 PLC 与触摸屏相连接，接收来自触摸屏的主令信号，同时把系统状态信息回馈到触摸屏；②作为网络的主站，要进行大量网络信息的处理；③通过触摸屏实现本单元机械手装置单步动作测试、回原点测试及传送工件的功能测试，联机方式下的工艺生产任务与单站运行时略有差异。因此，把输送单元的单站控制程序修改为联机控制，工作量要大一些。下面着重讨论编程中应予以注意的问题和有关编程思路。

（1）内存的配置 为了使程序更为清晰合理，编写程序前应尽可能详细地规划所需使

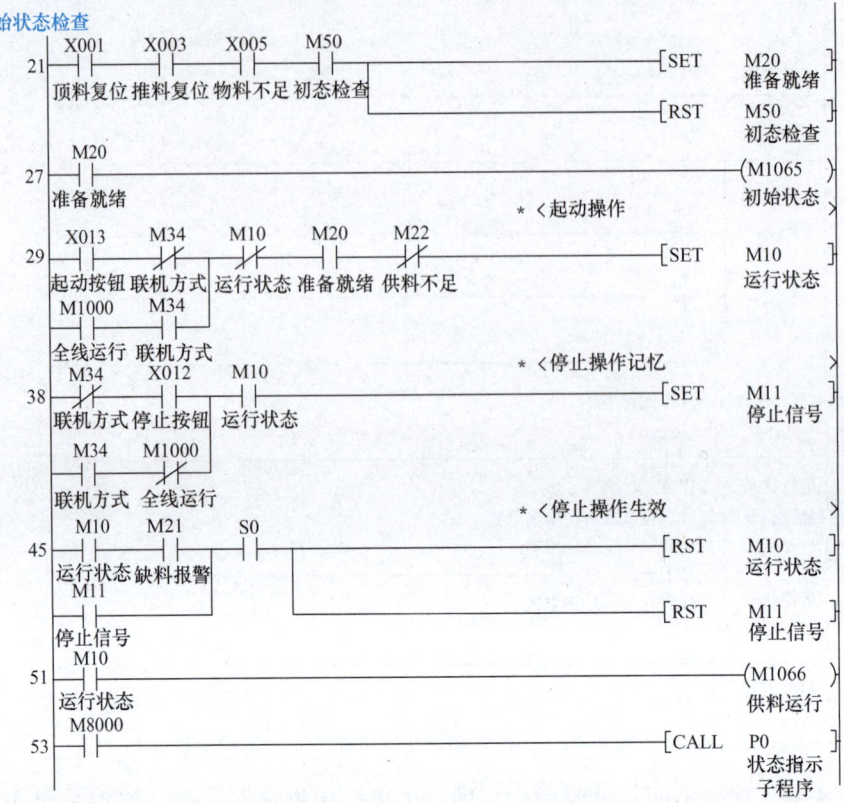

图 7-74 供料单元联机工作梯形图

用的内存。前面已经规划了供网络变量使用的内存、存储区的地址范围。在人机界面组态中,也规划了人机界面与 PLC 连接变量的设备通道,详见表 7-13。

表 7-13 人机界面与 PLC 连接变量的设备通道

序号	连接变量	通道名称	序号	连接变量	通道名称
1	原点指示	X000(只读)	15	停止按钮_全线	M61(只写)
2	下降状态	X003(只读)	16	起动按钮_全线	M62(只写)
3	提升状态	X004(只读)	17	单机/全线切换_全线	M63(读写)
4	左旋状态	X005(只读)	18	网络正常_全线	M70(只读)
5	右旋状态	X006(只读)	19	网络故障_全线	M71(只读)
6	伸出状态	X007(只读)	20	复位按钮_单站测试	M100(只写)
7	缩回状态	X010(只读)	21	起动测试按钮	M101(只写)
8	夹紧状态	X011(只读)	22	伸缩控制	M102(只写)
9	运行模式	X027(只读)	23	升降控制	M103(只写)
10	越程故障_输送	M7(只读)	24	夹紧与放松控制	M104(只写)
11	运行_输送	M10(只读)	25	左右旋控制	M105(只写)
12	单机/全线_输送	M34(只读)	26	运行_全线	M1000(只读)
13	单机/全线_全线	M35(只读)	27	急停_输送	M1002(只读)
14	初始状态	M51(只读)	28	单机/全线_供料	M1064(只读)

（续）

序号	连接变量	通道名称	序号	连接变量	通道名称
29	运行_供料	M1066（只读）	37	运行_加工	M1194（只读）
30	料不足_供料	M1068（只读）	38	单机/全线_分拣	M1256（只读）
31	缺料_供料	M1069（只读）	39	运行_分拣	M1258（只读）
32	单机/全线_装配Ⅰ	M1128（只读）	40	频率输出	D40（只读）
33	运行_装配工	M1130（只读）	41	伺服电动机转速	D202（只读）
34	芯体不足_装配Ⅰ	M1132（只读）	42	变频器频率设定	D1002（只写）
35	芯体没有_装配Ⅰ	M1133（只读）	43	机械手当前位置	D2000（只读）
36	单机/全线_加工	M1192（只读）			

* 供料部分程序开始

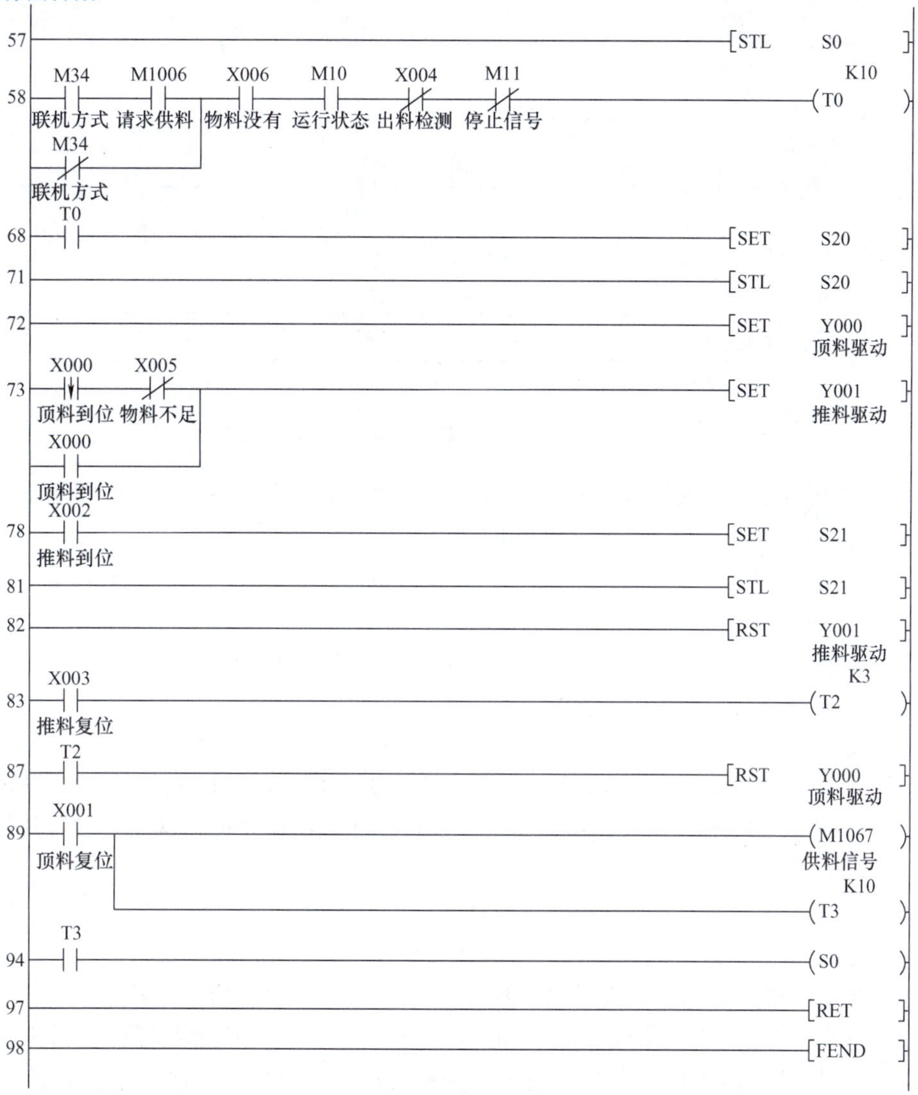

图 7-75　供料单元联机工作供料控制梯形图

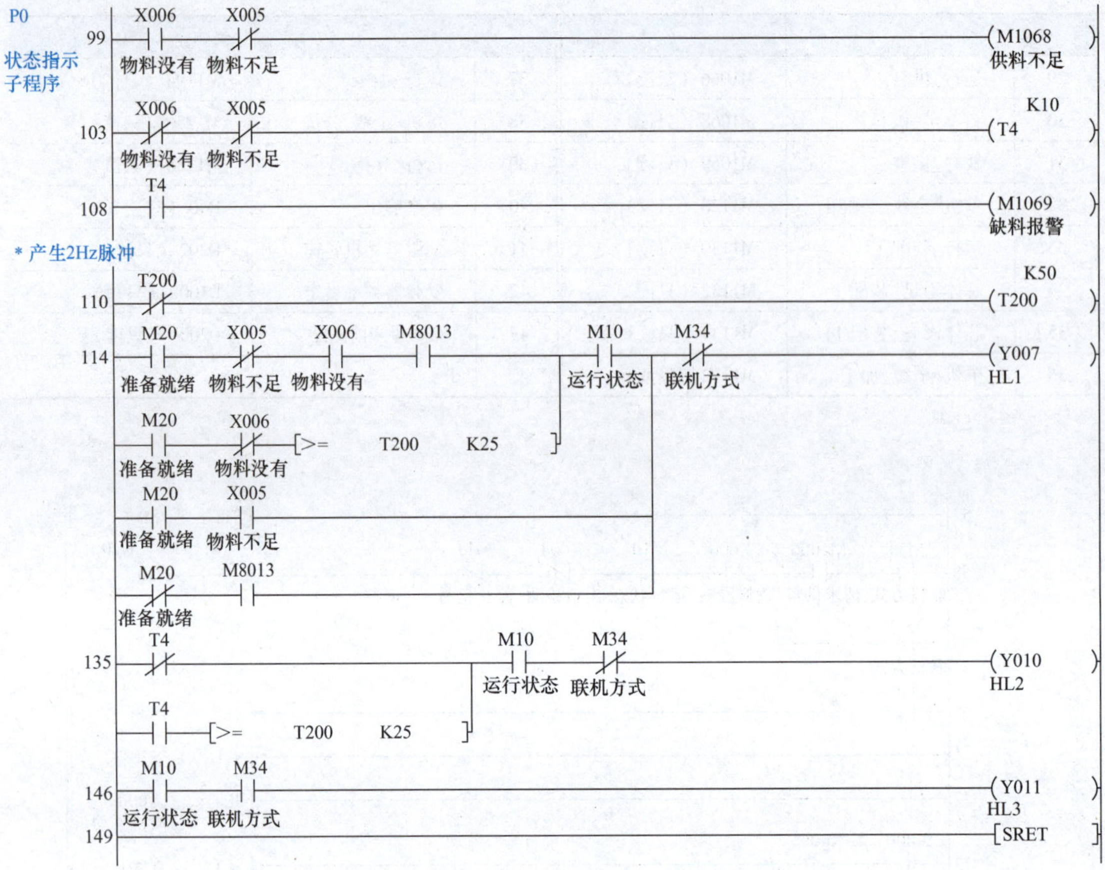

图 7-76 供料单元联机工作状态指示子程序

只有在配置了上面所提及的存储器后,才能考虑编程中所需的其他中间变量。避免非法访问内部存储器,是编程中必须注意的问题。

(2) 主程序结构 由于输送单元承担的任务较多,联机运行时,主程序有较大的变动。

1) 每一扫描周期都调用网络读写子程序和通信子程序。

2) 完成系统工作方式的逻辑判断,除了输送单元本身要处于联机方式外,所有从站都必须处于联机方式。

3) 联机方式下,系统复位的主令信号,由 HMI 发出。在初始状态检查中,系统准备就绪的条件,除输送单元本身就绪外,所有从站均应准备就绪。因此,初态检查复位子程序中,除了完成输送单元本站初始状态检查和复位操作外,还要通过网络读取各从站准备就绪信息。

4) 总体来说,整体运行过程仍是按初态检查→准备就绪,等待起动→投入运行等几个阶段逐步进行的,但阶段的开始或结束的条件则发生了变化。

5) 为了实现急停功能,程序主体控制部分需要放在主控指令中执行,即放在 MC(主控) 和 MCR(主控复位) 指令间。当顺控指令断开时,顺控内部的元件保持现状的有累计定时器、计数器、用置位和复位指令驱动的元件;变成断开的元件有非累计定时器、用OUT 指令驱动的元件。主站主程序如图 7-77a ~ e 所示。

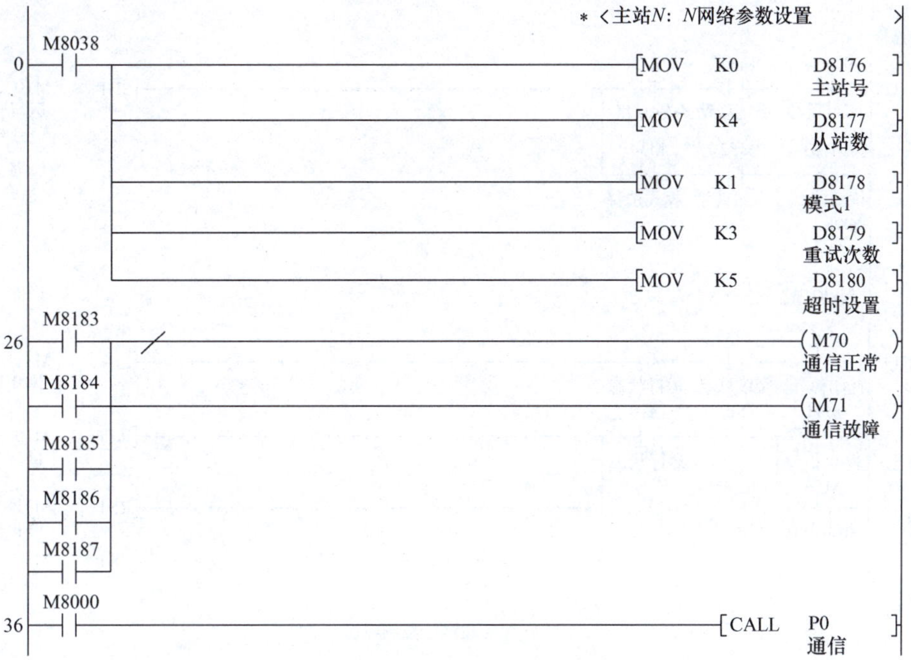

学习情境七　YL-335B自动化生产线联机调试

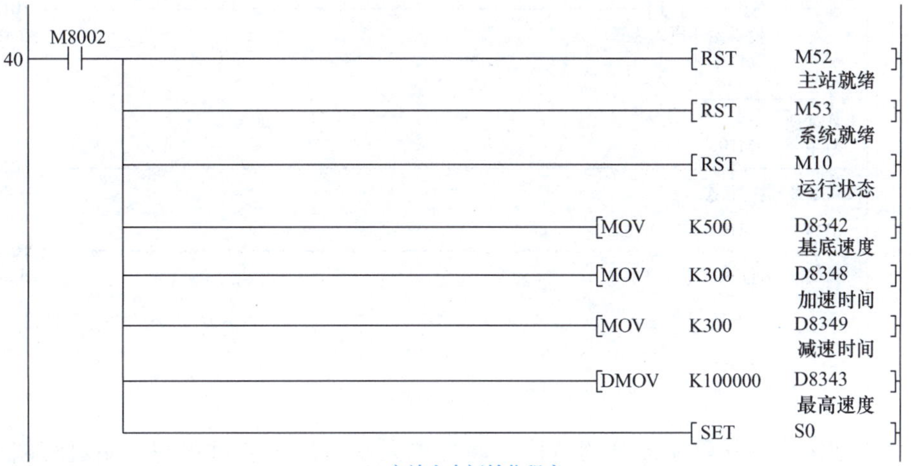

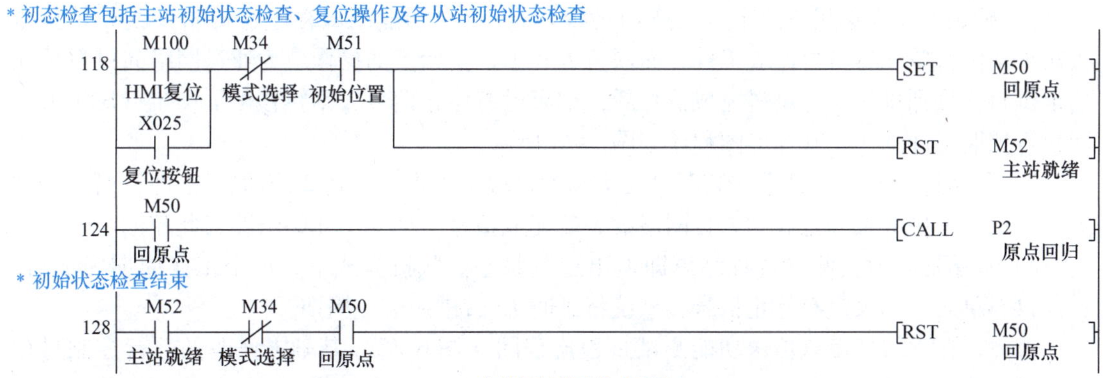

图 7-77　联机方式主站主程序

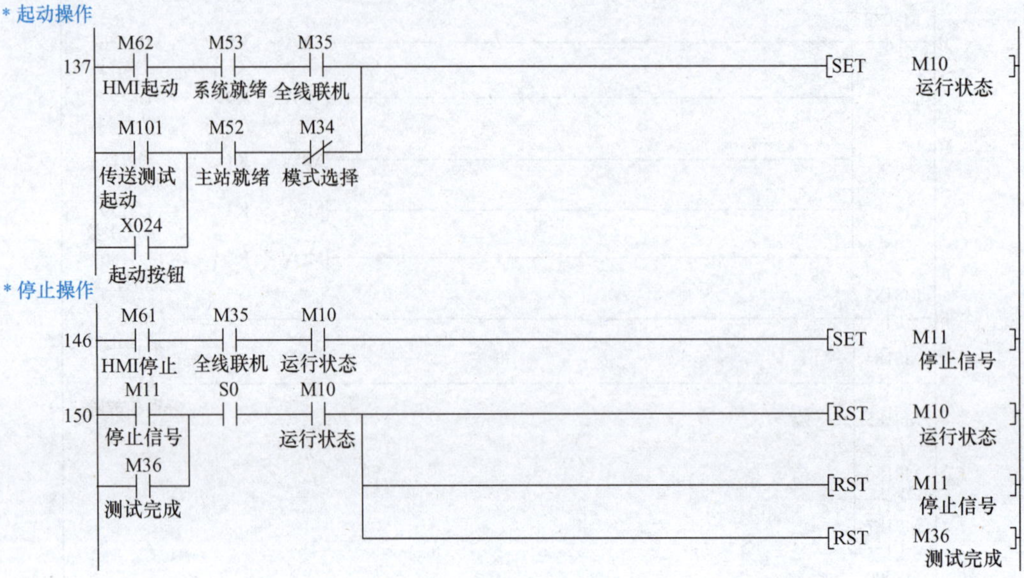

d) 起动和停止控制程序

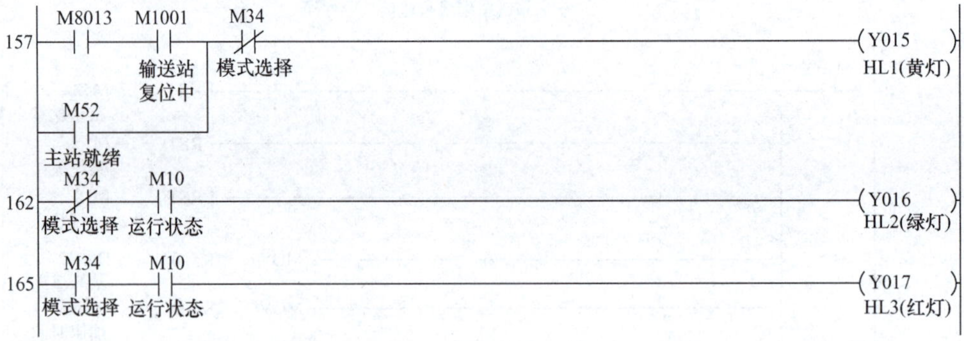

e) 主站状态指示控制程序

图 7-77 联机方式主站主程序（续）

（3）主站运行控制程序部分的结构　输送单元联机的工艺过程与单站过程略有不同，控制程序须修改之处并不多。主要有如下几点。

1）输送单元在单机方式下（见学习情境六），传送功能测试程序在初始步就开始执行机械手从供料单元物料台抓取工件，而联机方式下，初始步的操作应为通过网络向供料单元请求供料，收到供料单元供料完成信号后，如果没有停止信号，则转移至下一步（S20 步），即执行抓取工件动作，其梯形图程序如图 7-78 所示。

2）单站运行时，机械手在装配单元Ⅰ装配台放下工件，等待 2s 后取回工件，而联机方式下，取回工件的条件是收到来自网络的装配完成信号。加工单元的情况与此相同。

3）单站运行时，测试过程结束即退出运行状态。联机方式下，一个工作周期完成后，返回供料单元，如果没有停止信号，系统将延时 1s 后进入下一周期。

至此，在学习情境六传送功能测试过程流程图（图 6-42）基础上修改的运行控制过程流程图如图 7-79 所示。

（4）子程序部分　输送单元在联机运行方式下，其子程序部分包括通信子程序、机械

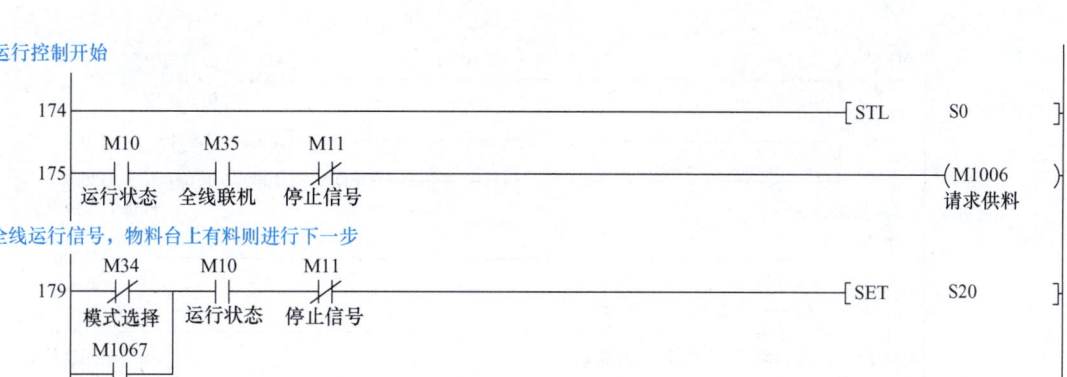

图 7-78 主站初始步程序

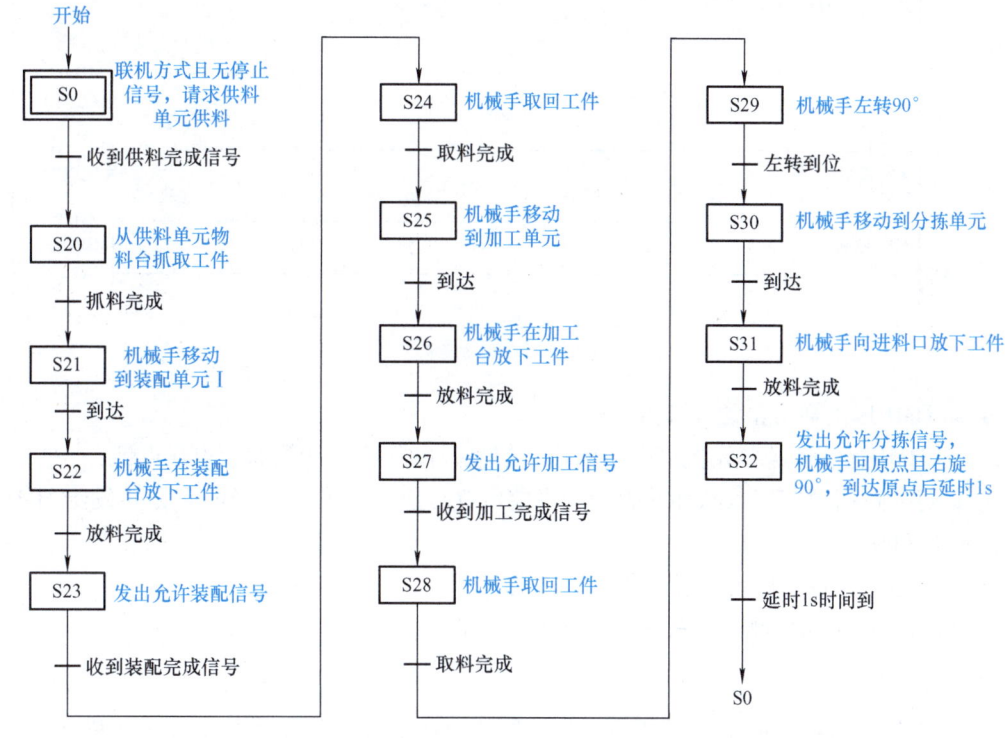

图 7-79 联机方式下输送单元运行控制过程流程图

手单步动作测试子程序、回原点子程序、抓料子程序和放料子程序。其中，回原点子程序、抓料子程序和放料子程序与输送单元单机运行完全相同，此处不再赘述。这里主要介绍通信子程序及机械手单步动作测试子程序的编程。

通信子程序的功能包括从站报警信号处理、转发（从站间、HMI）及向 HMI 提供输送单元机械手当前位置信息。主程序在每一扫描周期都调用这一子程序，如图 7-80 所示。

1）报警信号处理、转发

① 供料单元工件不足和工件没有的报警信号转发往装配单元Ⅰ，为警示灯工作提供信息。

② 处理供料单元"工件没有"或装配单元Ⅰ"芯体没有"的报警信号。

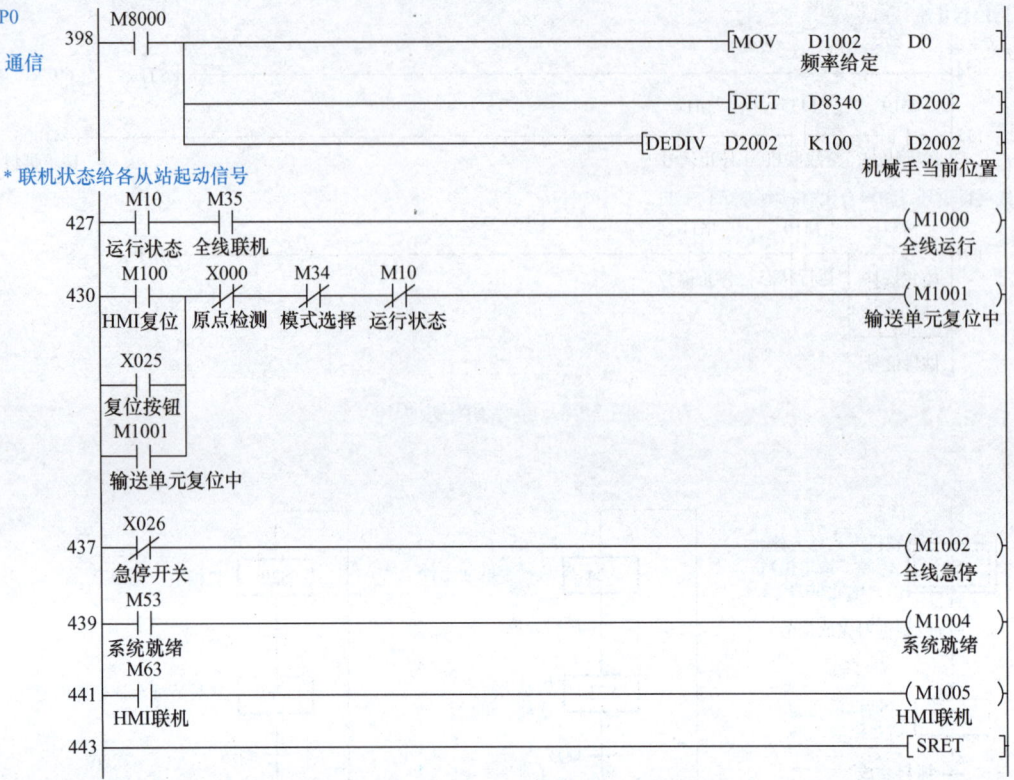

图 7-80 通信子程序

③ 向 HMI 提供网络正常/故障信息。

2）向 HMI 提供输送单元机械手当前位置信息，由脉冲累计数除于 100 得到。

① 在每一扫描周期把以脉冲数表示的当前位置转换为长度信息（mm），转发给 HMI 的连接变量 D2000。

② 每当返回原点完成后，脉冲累计数被清零。

3）机械手单步动作测试子程序如图 7-81 所示。

（六）问题与思考

1）在系统联机控制的工作任务中，各工作单元在单站运行模式与全线运行模式下，其工艺控制过程基本相同，实施重点在于系统整体控制的组织过程。

但在实际应用中，自动化生产线各工作单元在单站运行模式与全线运行模式下的控制过程要求可能并不相同。例如，某些工作单元在单站运行模式时仅用于调试及维护等。如果在单站运行模式与全线运行模式下的控制要求不相同，工作程序应如何编制？试设计一个工作单元加以实现。

2）自动化生产线在实际运行中，可能由于一些难以预测的因素而死机或失控，如通信网络由于干扰而发生故障、传感器故障、环境因素的变化等。在编制系统程序时，除尽可能全面考虑各种因素，找出对策外，还应考虑出现失控时安全退出或复位的问题。试考虑在联机方式下输送单元失控时的处理措施。

3）若按下急停开关时机械手装置正在向某一目标点移动，急停复位后如果要求输送单

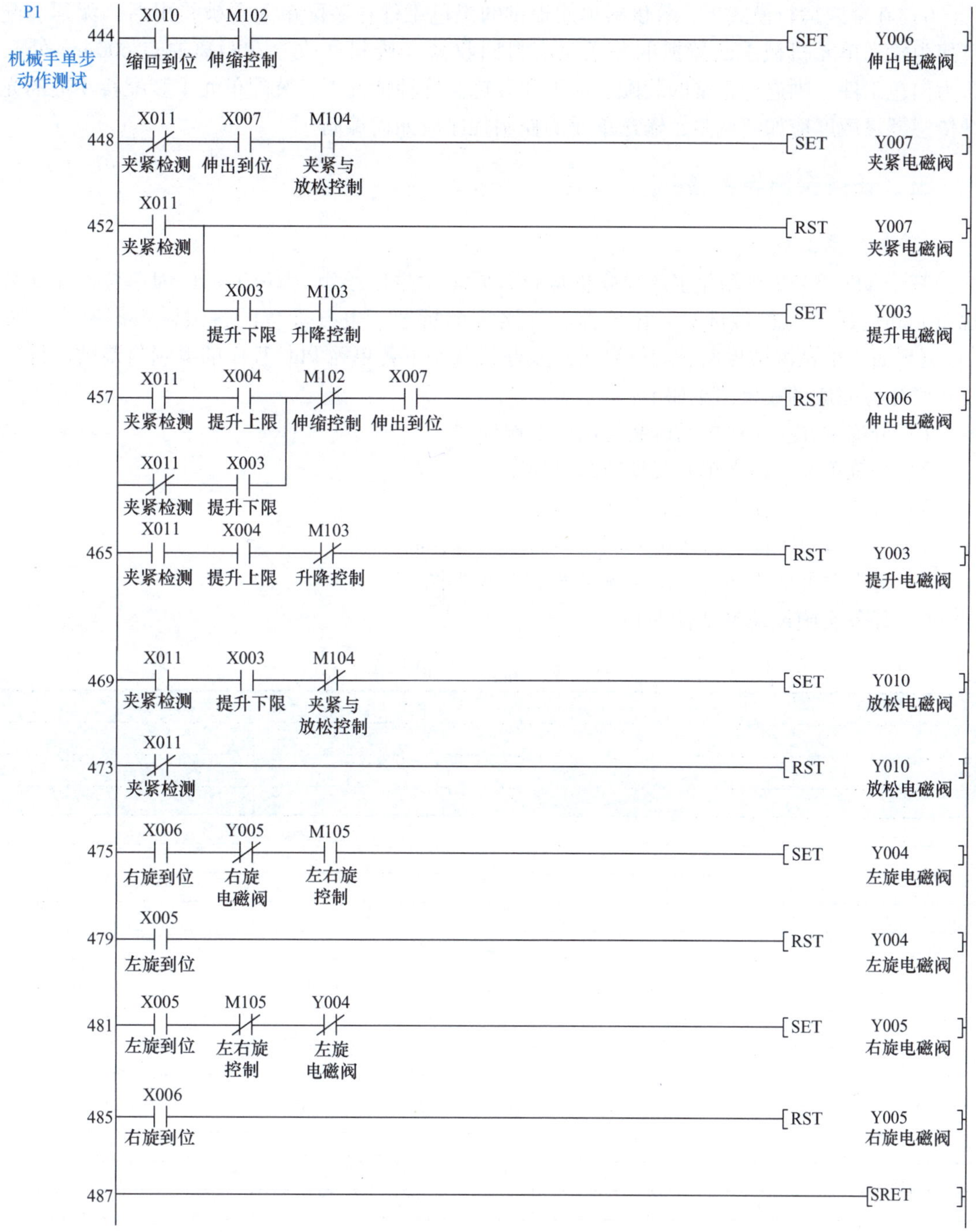

图 7-81 机械手单步动作测试子程序

元机械手装置先返回原点位置,然后再向原目标点运动,控制程序应如何编制?

4) 在全线运行模式下,若要求输送单元与加工单元共用一台 PLC,控制程序应该如何编制?

5) 在全线运行模式下,当供料单元推出的工件为金属工件时,输送单元机械手装置直接将其送至分拣单元,若为塑料工件,则进行正常的装配、加工和分拣。此时,供料单元和输送单元的控制程序应如何编制?

6）在全线运行模式下，若供料单元提供的黑色工件在装配单元Ⅰ被检出后，无须装配直接由输送单元机械手装置抓取并送至废料回收盒（废料回收盒在距离原点600mm处），若为白色工件，则进行正常的装配、加工和分拣。这种情况下，装配单元Ⅰ装配料斗上的光纤传感器灵敏度应如何调整？输送单元的控制程序应如何编制？

五、任务实施与考核

（一）任务实施

基于YL-335B自动化生产线联机运行，要求学生以小组（2~3人）为单位，完成分拣单元和输送单元机械部分、传感器、气路等的拆装，电气部分的接线，组态三个画面（首页界面、单站测试界面、运行界面）及联机状态下各单元PLC程序的编制与调试运行。

学生应完成的成果清单如下：
1）分拣单元、输送单元拆装与调试工作计划。
2）分拣单元、输送单元气动回路原理图。
3）分拣单元、输送单元PLC的I/O接线图。
4）组态首页界面、输送单元测试界面及运行界面。
5）五个单元联机运行及单站测试的PLC梯形图。
6）任务实施记录单见表7-14。

表7-14 任务实施记录单

课程名称	自动化生产线拆装与调试		
学习情境七	YL-335B自动化生产线联机调试		
实施方式	学生集中时间独立完成，教师检查指导		
序号	实施过程	出现的问题	解决的方法
实施总结			
班级		组号	姓名
指导教师签字			日期

学习情境七 YL-335B自动化生产线联机调试

（二）任务考核

填写任务考核评价表，见表7-15。

表7-15 任务考核评价表

课程名称			自动化生产线拆装与调试				
学习情境七			YL-335B自动化生产线联机调试				
评价项目	内容	配分	要求	互评	教师评价	综合评价	
实施过程	机械部分拆装与调整	16分	能正确使用拆装工具完成机械部分的拆装，机械部分动作应顺畅协调，紧固件应无松动，辅助件应安装到位				
	气路部分拆装与连接	7分	气动系统拆装正确，气动元件安装紧固，气路连接正确，无漏气现象，气缸运行顺畅平稳，动作速度合理				
	电气部分拆装与接线	7分	PLC拆装正确，接线规范整齐，接线符合工艺要求（接线端口的导线应套上标号管，且标注规范，PLC侧所有端子接线必须采用压接方式），接线端子连接牢固，无松动现象，电气接线满足原理图要求				
功能测试	首页界面、单站测试界面组态	5分	首页界面、输送单元测试界面组态正确				
	触摸屏控制单站测试	5分	能利用单站测试界面控制输送单元单步测试和传送测试				
	手动单站测试	10分	供料单元、加工单元、装配单元Ⅰ及分拣单元能按控制要求正确动作				
	运行界面组态与全线运行	10分	运行界面组态正确，能按控制要求全线运行				
团队协作职业素养	分工与配合	5分	任务分配合理，分工明确，配合紧密				
	职业素养	5分	注重安全操作，工具及器件摆放整齐				
任务书及成果清单的填写	任务书	10分	搜集信息，引导问题回答正确				
	工作计划	3分	计划步骤安排合理，时间安排合理				
	材料清单	2分	材料齐全				
	气动回路原理图	3分	气动回路原理图绘制正确、规范				
	I/O接线图	4分	I/O接线图绘制正确，符号规范				
	梯形图	4分	程序正确				
	调试运行记录单	4分	气动回路调试及整体运行调试过程记录完整、真实				
总评							
班级			姓名		组号		组长签字
指导教师签字					日期		

参 考 文 献

[1] 程向娇, 王哲禄. 自动化生产线技术综合应用 [M]. 3版. 大连: 大连理工大学出版社, 2023.
[2] 钟苏丽, 刘敏. 自动化生产线安装与调试 [M]. 2版. 北京: 高等教育出版社, 2024.
[3] 严惠, 张同苏. 自动化生产线安装与调试: 三菱FX系列 [M]. 3版. 北京: 中国铁道出版社有限公司, 2022.
[4] 杜丽萍. 自动化生产线安装与调试 [M]. 2版. 北京: 机械工业出版社, 2023.
[5] 吕景泉, 王兴东. 自动化生产线安装与调试 [M]. 北京: 中国铁道出版社有限公司, 2020.
[6] 何用辉. 自动化生产线安装与调试 [M]. 3版. 北京: 机械工业出版社, 2022.
[7] 马冬宝, 张赛昆. 自动化生产线安装与调试 [M]. 北京: 机械工业出版社, 2023.
[8] 刘长国, 黄俊强. MCGS嵌入版组态应用技术 [M]. 2版. 北京: 机械工业出版社, 2021.
[9] 王烈准. FX_{3U}系列PLC应用技术项目教程 [M]. 北京: 机械工业出版社, 2021.